高校土木工程专业规划教材

高层建筑施工（第二版）

赵志缙　赵　帆　编著

中国建筑工业出版社

图书在版编目（CIP）数据

高层建筑施工/赵志缙，赵帆编著.—2版.—北京：
中国建筑工业出版社，2004（2022.12重印）
高校土木工程专业规划教材
ISBN 978-7-112-07185-2

Ⅰ.高…　Ⅱ.①赵…②赵…　Ⅲ.高层建筑-工
程施工-高等学校-教材　Ⅳ.TU974

中国版本图书馆 CIP 数据核字（2004）第 127897 号

本书为高等学校建筑工程专业系列教材之一，内容包括：概述，基坑工程，桩基工程，大体积混凝土基础结构施工，高层建筑施工用起重运输机械，高层建筑施工用脚手架，现浇混凝土结构高层建筑施工，装配式混凝土结构高层建筑施工，钢结构高层建筑施工等。

本书可作为高等学校建筑工程专业的教学用书，也可供建筑施工人员参考。

* * *

责任编辑：朱首明　刘平平
责任设计：崔兰萍
责任校对：李志瑛　王　莉

高校土木工程专业规划教材
高层建筑施工（第二版）
赵志缙　赵　帆　编著
*
中国建筑工业出版社出版、发行（北京西郊百万庄）
各地新华书店、建筑书店经销
北京建筑工业印刷厂印刷
*
开本：787×1092 毫米　1/16　印张：19½　字数：472 千字
2005 年 1 月第二版　　2022 年 12 月第四十次印刷
定价：**33.00** 元
ISBN 978-7-112-07185-2
（20763）

第二版前言

教学用书《高层建筑施工》第一版是 1996 年出版的，被很多高等学校用作教材或参考书，先后多次印刷，印数达数万册。

由于高层建筑施工工艺理论和技术发展很快，近年来又有不少新技术出现，而且有关的规范、规程变动亦较大。为了更贴近时代，及时介绍我国高层建筑施工成熟而先进的施工技术和有关计算理论，我们在《高层建筑施工》第一版的基础上，结合我国已公布实施的有关规范和规程，并参照这些年来高层建筑施工新技术发展情况，编写了这本《高层建筑施工》第二版。与第一版相比较，第二版有了较大的变化，由 11 章改写为 8 章，删去了一些过时的内容，也增加了不少新内容，尤其在基坑工程和高层建筑施工用脚手架等方面改动较大。

限于作者的水平，再加上时间仓促，存在不足之处在所难免，我们热忱欢迎读者给予批评指正，以便将来不断改进，使其日益完善。

本教材的第一章的四、五、六、七节；第三章；第六章；第七章由赵帆编写。概述；第一章的一、二、三节；第二章；第四章；第五章；第八章由赵志缙编写。

第一版前言

近年来我国高层建筑的发展规模愈来愈大，有的大城市一年施工的高层建筑达数百幢，不少中、小城市亦开始建造高层建筑。

为使学生能对高层建筑的施工有一个全面的了解，近年来不少高等学校的建筑工程专业开设了选修课"高层建筑施工"。有的学校亦为硕士研究生开设该课程或类似的课程。但该课程至今缺少一本较适用的教材或参考书，有的学校选用作者编著的《高层建筑基础工程施工》和《高层建筑结构工程施工》两本书作为参考书，但这两本书独立成体系，作为教材使用不方便。为此，作者试图重新编写一本《高层建筑施工》，作为选修课的教材试用。

该教材是在《高层建筑基础工程施工》和《高层建筑结构工程施工》两本书的基础上整理、修改和补充而写成的。

高层建筑施工的理论和工程实践发展很快，由于大规模的工程建设，我国的高层建筑施工技术亦飞快地发展，有的方面已接近或赶上世界先进水平。作者虽然希望在该教材中全面反映我国和世界上高层建筑施工的先进技术和经验，但限于作者的水平，再加上时间有限，相信本教材一定还存在许多不足之处，热忱欢迎读者给予批评指正，以便将来不断改进。

本教材的第一章、第三章、第六章、第八章由赵帆编写，概述、第二章、第四章、第五章、第七章、第九章、第十章、第十一章由赵志缙编写。

目　　录

概　　述

为了解决城市用地有限和人口密集的矛盾，出现了高层建筑。国际交往的日益频繁和世界各国旅游事业的发展，更促进了高层建筑的蓬勃发展。同时，随着建筑科学技术的不断进步，在建筑领域内也出现了不少新结构、新材料和新工艺，这些又为现代高层建筑的发展提供了条件。

我国的高层建筑从 20 世纪 80 年代开始有了迅猛发展，北京、上海、广州、深圳等大城市都建造一大批高层建筑，有些甚至是世界著名的高层建筑（如金茂大厦等），仅上海市目前已建成的高层建筑就在 4500 幢以上，这在世界大城市都是少有的。由于经济的迅速发展，目前我国的高层建筑已由大、中城市发展到小城市，在一些经济发达地区的县级城市内亦建有不少的高层建筑。

一、高层建筑的定义

多少层或多么高的建筑物算是高层建筑？不同的国家和地区有不同的理解。而且从不同的角度，如结构、消防和运输来看待该问题，亦会得出不同的结论。1972 年召开的国际高层建筑会议确定为：

第一类高层建筑　　9 ~ 16 层（最高到 50m）

第二类高层建筑　　17 ~ 25 层（最高到 75m）

第三类高层建筑　　26 ~ 40 层（最高到 100m）

超高层建筑　　　　40 层以上（高度 100m 以上）

我国建设部《民用建筑设计通则》（JGJ 37—87）中规定，高层建筑是指 10 层以上的住宅及总高度超过 24m 的公共建筑及综合建筑。

二、高层建筑的发展

高层建筑在古代就有，我国古代建造的不少高塔，就属于高层建筑。如 1400 多年前，即公元 523 年建于河南登封县的嵩岳寺塔，10 层，高 40m，为砖砌单筒体结构。公元 704 年改建的西安大雁塔，7 层，高 64m。公元 1055 年建于河北定县的料敌塔，11 层，高达 82m，砖砌双筒体结构，更为罕见。此外，还有建于 1056 年，9 层，高 67m 的山西应县木塔等。这些高塔皆为砖砌或木制的筒体结构，外形为封闭的八边形或十二边形。这种形状有利于抗风和抗地震，也有较大的刚度，在结构体系上是很合理的。

同时，我国古代也出现了高层框架结构。如公元 984 年建于河北蓟县的独乐寺观音阁，即为高 22.5m 的木框架结构。其他如高 40m 的河北承德普宁寺的大乘阁等亦为木框架结构。

我国这些现存的古代高层建筑，经受了几百年、甚至上千年的风雨侵蚀和地震等的考验，至今基本完好，这充分显示了我国劳动人民的高度智慧和才能，也表明我国古代对高层建筑就有较高的设计和施工水平。

在国外古代亦建有高层建筑，古罗马帝国的一些城市就曾用砖石承重结构建造了 10

层左右的建筑。公元 1000 年前后，意大利建造过一些高层建筑。例如，公元 1100～1109 年，意大利的 Bologna 城就建造了 41 座砖石承重的塔楼，其中有的竟高达 98m 和 60m。19 世纪前后，西欧一些城市还用砖石承重结构建造了高达 10 层左右的高层建筑。

古代的高层建筑，由于受当时技术经济条件的限制，不论是承重的砖墙或筒体结构，壁都很厚，使用空间小，建筑物越高，这个问题就越突出。如 1891 年在美国芝加哥建造的 Monadnock 大楼，为 16 层的砖结构，其底部的砖墙厚度竟达 1.8m。这种小空间的高层建筑不能适应人们生活和生产活动的需要。因而，采用高强和轻质材料，发展各种大空间的抗风、抗震结构体系，就成为高层建筑结构发展的必然趋势。

近代高层建筑是从 19 世纪以后逐渐发展起来的，这与采用钢铁结构作为承重结构有关。1801 年英国曼彻斯特棉纺厂，高 7 层，首先采用铸铁框架作为建筑物内部的承重骨架。1843 年美国长岛的黑港灯塔，亦采用了熟铁框架结构。这就为将钢铁材料用于承重结构开辟了一条途径。此后一段时间内所建造的 10 层左右的高层建筑，大多采用内部铁框架与外承重砖墙相结合的结构型式。1883 年美国芝加哥的 11 层保险公司大楼，首先采用由铸铁柱和钢梁组成的金属框架来承受全部荷重，外墙只是自承重，这已是近代高层建筑结构的萌芽了。

1889 年美国芝加哥的一幢 9 层大楼，首先采用钢框架结构。1903 年法国巴黎的 Franklin 公寓采用了钢筋混凝土结构。与此同时，美国辛辛纳提城一幢 16 层的大楼也采用了钢筋混凝土框架结构。开始了将钢、钢筋混凝土框架用于高层建筑的时代。此后，从 19 世纪 80 年代末至 20 世纪初，一些国家又兴建了一批高层建筑，使高层建筑出现了新的飞跃。不但建筑物的高度一跃而为 20～50 层，而且在结构中采用了剪力墙和钢支撑，建筑物的使用空间显著扩大了。

19 世纪末至 20 世纪初是近代高层建筑发展的初始阶段，这一时期的高层建筑结构虽然有了很大的进步，但因受到建筑材料和设计理论等限制，一般结构的自重较大，而且结构型式也较单调，多为框架结构。

近代高层建筑的迅速发展，是从 20 世纪 50 年代开始的。由于轻质高强材料的发展，新的设计理论和电子计算机的应用，以及新的施工机械和施工技术的涌现，都为大规模地、较经济地修建高层建筑提供了可能。同时，由于城市人口密度的猛增，地价昂贵，迫使建筑物向高空发展也成了客观上的需要，因而不少国家都大规模地建造高层建筑，到目前为止，在不少国家内，高层建筑几乎占了整个城市建筑面积的 30%～40%。

目前，美国的高层建筑数量较多，160m 以上的就有 100 多幢。目前世界上最高的建筑是 450m 高的马来西亚吉隆坡城市中心大厦，此外，109 层高达 445m 的西尔斯大厦（美国芝加哥）；1972 年建于纽约的 110 层、高 412m 的世界贸易中心双塔大厦（已毁）；1931 年建于纽约的 102 层、高 381m 的帝国大厦；88 层、高 420.5m 的上海金茂大厦；68 层、高 384m 的深圳地王商业大厦；80 层、高 389.9m 的广州中天广场以及台北 101 大厦等也都是闻名于世的高层建筑。其他如英国、法国、日本、加拿大、澳大利亚、新加坡、俄罗斯、波兰、南非等国家和我国香港地区等也修建了许多高层建筑。

我国的高层建筑始于 20 世纪初。1906 年建造了上海和平饭店南楼，1922 年建造了天津海河饭店（12 层），1929 年建造上海和平饭店北楼（11 层）和锦江饭店北楼（14 层），1934 年建造上海国际饭店（24 层）和上海大厦（20 层）以及广州爱群大厦（15 层），至

1937年抗日战争开始，我国约建有10层以上的高层建筑35幢，主要集中在上海、广州、天津等沿海大城市。高82.5m的国际饭店当时是远东最高的建筑。

20世纪50年代，我国在北京、广州、沈阳、兰州等地曾建造了一批高层建筑。60年代，在广州建造27层、高87.6m的广州宾馆。70年代，在北京、上海、天津、广州、南京、武汉、青岛、长沙等地兴建了一定数量的高层建筑，其中广州于1977年建成的33层、高115m的白云宾馆，当时除港澳地区外是国内最高的建筑。进入80年代，我国的高层建筑蓬勃发展，各大中城市和一批县级城市都兴建了大量高层建筑。金茂大厦、中天广场、地王大厦等高度在100m以上的超高层建筑我国建造的数量十分庞大。

三、高层建筑施工技术的发展

从20世纪80年代以来，尤其是近年来通过大量的工程实践，我国的高层建筑施工技术得到很大的发展，已达到世界先进水平。

在基础工程方面，高层建筑多采用桩基础、筏式基础、箱形基础、或桩基与箱形基础的复合基础。存在着深基坑支护、桩基施工、大体积混凝土浇筑、深层降水等施工问题。由于深基坑的增多，支护技术发展很快，多采用钻孔灌注桩、地下连续墙、深层搅拌水泥土墙、加筋水泥土墙和土钉墙等。计算理论和施工工艺有很大改进。支撑方式有传统的内部钢管（或型钢）和混凝土支撑，亦有在坑外用土锚拉固。内部支撑形式也有多种，有对撑、角撑、桁架式边撑和圆环式支撑等。土锚的钻孔、灌浆和预应力张拉工艺亦有很大提高。在地下连续墙用于深基坑支护方面，还推广了"两墙合一"和逆作法技术，能有效的降低支护结构费用和缩短施工工期。近年来土钉墙和复合土钉墙的推广在降低支护结构费用方面亦有显著效果。

在深基坑施工降低地下水位方面，已能利用轻型井点、喷射井点、真空深井泵和电渗井点技术进行深层降水，而且在预防因降水而引起附近地面沉降方面亦有一些有效措施。

桩基础方面，混凝土方桩、预应力混凝土管桩、钢桩等预制打入桩皆有应用，有的桩长已达70m以上，但由于打桩设备和工艺的改善，亦能顺利打入。近年在推广预应力混凝土管桩方面发展较快。在减少打桩对周围有害影响方面亦总结了一些经验，采用了一些有效措施。近年来混凝土灌注桩有很大发展，还可施工直径3m、长104m或直径2.5m、长110m的灌注桩、成孔机械、成孔工艺和动力试验都有很大提高。而且还可提高混凝土灌注桩的承载力和减少沉降，对于钻孔灌注桩发展了后压浆技术、挤扩多分支承力盘灌注桩和挤扩多支盘灌注桩。在沉管灌注桩方面也发展了夯压成型（夯扩桩）灌注桩。而且还研究试用了全套管法（贝诺特法）施工技术，使混凝土灌注桩桩身能相割，具有了防水能力，在支护结构排桩中可取消防水帷幕。

大体积混凝土裂缝控制的计算理论日益完善，为减少或避免产生温度裂缝，各地都采用了一些有效措施。由于预拌混凝土和泵送技术的推广，大大提高了大体积混凝土浇筑速度，上海世贸商城24000m³的基础底板36h即浇筑完毕。在测温技术和信息化施工方面亦积累了不少经验。

在结构工程方面，已形成组合模板、大模板、爬升模板和滑升模板的成套工艺，对钢结构超高层建筑的施工技术亦有了长足的进步。组合模板方面除55系列钢模板外，还推广了肋高70、75mm的中型组合钢模板；还有55、63、70、75、78、90系列的钢框竹（木）胶合板模板，板块尺寸更大，使用更方便。还研究推广了早拆体系，能减少模板配

3

置数量。大模板工艺在剪力墙结构和筒体结构中已广泛应用，已形成"全现浇"、"内浇外挂"、"内浇外砌"成套工艺，且已向大开间建筑方向发展。楼板除各种预制、现浇板外，还应用了各种配筋的薄板叠合楼板。爬升模板首先用于上海，工艺已成熟，不但用于浇筑外墙，亦可内、外墙皆用爬升模板浇筑，在提升设备方面已有手动、液压和电动提升设备，有带爬架的，亦有无爬架的，尤其与升降脚手结合应用，优点更为显著。滑模工艺可施工高耸结构、剪力墙或筒体结构的高层建筑，亦可施工一些特种结构（如沉井等），在支承杆的稳定以及施工期间墙体的强度和稳定计算方面亦有很大改进。此外，对一些特种模板也有发展，如上海金茂大厦施工用的"分体组合自动调平整体提升式钢平台模板系统"和新型附着升降脚手和大模板一体化系统等。

在钢筋技术方面，推广了钢筋对焊、电渣压力焊、气压焊以及机械连接（套筒挤压、锥螺纹和直螺纹套筒连接）；在植筋方面亦有不少发展。

在混凝土技术方面除大力发展预拌混凝土外，近年来还推广预拌砂浆；在高性能混凝土和特种混凝土（纤维混凝土、聚合物混凝土、防辐射混凝土、水下不分散混凝土等）方面亦有提高。

在脚手架方面，针对高层建筑施工的需要研制了自升降的附着式升降脚手架，已推广使用，效果良好。

在超高层钢结构施工方面，无论是厚钢板焊接技术、高强螺栓和安装工艺方面都日益完善，国产的 H 型钢钢结构已成功的用于高层住宅。

此外，在砌筑技术、防水技术和高级装饰装修方面都有长足进步。随着我国高层和超高层建筑的进一步发展，传统技术会进一步提高，一些新结构、新技术、新材料亦将不断出现。

第一章 基 坑 工 程

第一节 基坑工程的内容、设计原则与安全等级

近年来我国随着经济建设和城市建设的快速发展，地下工程日益增多。高层建筑的多层地下室、地铁车站、地下车库、地下商场、地下人防工程、桥墩等施工时都需开挖较深的基坑。

大量深基坑工程的出现，促进了设计计算理论的提高和施工工艺的发展，通过大量的工程实践和科学研究，逐步形成了基坑工程这一新的学科，它涉及多个学科，受土质、环境、气候等多变因素影响大，而且深大基坑投资巨大，因而深受注意，是土木工程学科内目前发展最迅速的学科之一。对其正确设计和施工，能带来巨大的经济和社会效益，对加快工程进度和保护工程周围环境能发挥重要作用。

一、基坑工程的内容

基坑土方开挖的施工工艺一般有两种：放坡开挖（无支护开挖）和在支护体系保护下开挖（有支护开挖）。前者既简单又经济，但需具备放坡开挖的条件，即基坑不太深而且基坑平面之外有足够的空间供放坡之用。因此，在空旷地区或周围环境允许放坡而又能保证边坡稳定条件下应优先选用。

在城市中心建筑物稠密地区，往往不具备基坑放坡开挖的条件，此时就只能采用在支护结构保护下垂直或基本垂直进行开挖。

在有支护开挖的情况下，基坑工程一般包括下述内容：

（1）基坑工程勘察；

（2）基坑支护结构的设计和施工；

（3）控制基坑地下水位；

（4）基坑土方工程的开挖和运输；

（5）基坑土方开挖过程中的工程监测；

（6）基坑周围的环境保护。

对上述内容，以下将较详细的阐述。

二、基坑支护结构的设计原则与方法

基坑支护结构设计的原则为：

（1）安全可靠：支护结构要满足强度、稳定和变形的要求，确保基坑施工及周围环境的安全；

（2）经济合理：在支护结构安全可靠的前提下，从造价、工期及环境保护等方面经过技术经济比较，最终确定具有明显优势的方案；

（3）便利施工：在安全可靠经济合理的原则下，要考虑施工的可能性和方便施工。

根据现行国家行业标准《建筑基坑支护技术规程》，基坑支护结构应采用分项系数表

示的极限状态设计方法进行设计。

基坑支护结构的极限状态，分为以下两类：

1. 承载能力极限状态

对应于这种极限状态的是支护结构达到最大承载能力，或土体失稳、过大变形导致支护结构或基坑周边环境破坏。

2. 正常使用极限状态

对应于这种极限状态的是支护结构的变形已妨碍地下结构施工，或影响基坑周边环境的正常使用功能。

基坑支护结构均应进行承载能力极限状态的计算，对于安全等级为一级及对支护结构变形有限定的二级建筑基坑侧壁，尚应对基坑周边环境及支护结构变形进行验算。

三、基坑支护结构的安全等级

根据《建筑基坑支护技术规程》，基坑侧壁的安全等级分为三级（表1-1），设计时不同等级采用相对应的重要性系数 γ_0。

基坑侧壁安全等级及重要性系数　　　表 1-1

安全等级	破坏后果	重要性系数 γ_0
一级	支护结构破坏、土体失稳或过大变形对周边环境及地下结构施工影响很严重	1.10
二级	支护结构破坏、土体失稳或过大变形对周边环境及地下结构施工影响一般	1.00
三级	支护结构破坏、土体失稳或过大变形对周边环境及地下结构施工影响不严重	0.90

注：有特殊要求的建筑基坑侧壁安全等级可根据具体情况另行确定。

建筑基坑分级的标准各种规范不尽相同，表1-2为现行国标《建筑地基基础工程施工质量验收规范》对基坑分级和变形监控值的规定。

基坑变形的监控值（cm）　　　表 1-2

基坑类别	围护结构墙顶位移监控值	围护结构墙体最大位移监控值	地面最大沉降监控值
一级基坑	3	5	3
二级基坑	6	8	6
三级基坑	8	10	10

注：1. 符合下列情况之一，为一级基坑：

（1）重要工程或支护结构做主体结构的一部分；

（2）开挖深度大于10m；

（3）与临近建筑物、重要设施的距离在开挖深度以内的基坑；

（4）基坑范围内有历史文物、近代优秀建筑、重要管线等需严加保护的基坑。

2. 三级基坑为开挖深度小于7m，且周围环境无特别要求的基坑。

3. 除一级和三级外的基坑属于二级基坑。

4. 当周围已有的设施有特殊要求时，尚应符合这些要求。

第二节 基坑工程勘察

为了正确地进行支护结构设计和合理组织基坑工程施工，事先需对基坑及其周围进行下述勘察：

一、岩土勘察

在建筑地基详细勘察阶段，宜同时对基坑工程需要的内容进行勘察。

勘察范围取决于开挖深度及场地的岩土工程条件，宜在开挖边界外开挖深度 1~2 倍范围内布置勘探点，对于软土勘察范围尚宜扩大。

勘探点的间距可为 15~30m，地层变化较大时，应增加勘探点查明分布规律。

基坑周边勘探点的深度不宜小于 1 倍开挖深度，软土地区应穿越软土层。

岩土勘察一般应提供下述资料：

(1) 场地土层的类型、特点、土层性质；

(2) 基坑及围护墙边界附近，场地填土、暗浜、古河道及地下障碍物等不良地质现象的分布范围与深度，表明其对基坑工程的影响；

(3) 场地浅层潜水和坑底深部承压水的埋藏情况，土层渗流特性及产生流砂、管涌的可能性；

(4) 支护结构设计和施工所需土、水指标；

1) 土的常规物理试验指标；

2) 土的抗剪强度指标；

3) 室内或原位试验测试的土的渗透系数。

土的抗剪强度指标内摩擦角 φ 和黏聚力 c，一般宜采用直剪试验的固结快剪取得，要提供峰值和平均值。

当支护结构需要时，还可采用原位测试方法测定土的基床系数等指标。

二、水文地质勘察

应提供下列情况和数据：

(1) 地下各含水层的视见水位和静止水位；

(2) 地下各含水层中水的补给情况和动态变化情况，与附近水体的连通情况；

(3) 基坑底以下承压水的水头高度和含水层的界面；

(4) 分析施工过程中水位变化对支护结构和基坑周边环境的影响，提出应采取的措施。

三、基坑周边环境勘察

应包括以下内容：

(1) 查明影响范围内建（构）筑物类型、层数、基础类型和埋深、基础荷载大小及上部结构现状；

(2) 查明基坑周边各类地下设施，包括给水、排水、电缆、煤气、污水、雨水、热力等管线的分布与性状；

(3) 查明基坑四周道路的距离及车辆载重情况；

(4) 查明场地四周和邻近地区地表水汇流和排泻情况，地下水管渗漏情况及对基坑开挖的影响。

此外，在进行支护结构设计之前，尚应对下述地下结构设计资料进行收集和了解：

(1) 主体工程地下室的平面布置以及与建筑红线的相对位置，这对选择支护结构型式及支撑布置等有关；

(2) 主体工程基础的桩位布置图，这与支撑体系中的立柱布置有关，应尽量利用工程

桩作为立柱桩以降低造价;

(3) 主体结构地下室层数、各层楼板和底板的布置与标高以及地面标高,这与确定开挖深度,选择围护墙与支撑型式和布置以及换撑等有关。

第三节 支护结构设计

一、支护结构选型

支护结构按其工作机理和围护墙形式分为下列几种类型:

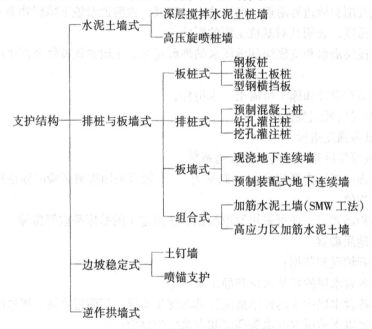

排桩与板墙式,一般由围护墙、支撑体系(或土锚)及防水帷幕等组成。

水泥土墙式,依靠本身自重和刚度保护坑壁,一般不设支撑,特殊情况下采取措施后亦可局部加设支撑。

土钉墙由密集的土钉群、被加固的原位土体和喷射的混凝土面层等组成。

现将常用的几种支护结构介绍如下:

(一) 围护墙选型

1. 水泥土墙

水泥土墙是用深层搅拌机就地将土和输入的水泥浆强制搅拌,形成连续搭接的水泥土柱状加固体围护墙。

水泥土加固体的防渗系数不大于 10^{-7}cm/s,能止水防渗。因此这种重力式围护墙具有挡土和防渗的双重功能。

水泥土围护墙截面呈格栅形,相邻桩搭接长度不小于 200mm。截面置换率对于淤泥不宜小于 0.8,淤泥质土不宜小于 0.7,一般黏性土、黏土、砂土不宜小于 0.6。格栅长宽比不宜大于 2。

墙体宽度 b 和插入坑底深度 h_d,根据坑深、土层分布及其物理力学性能、周围环境情况、地面荷载等计算确定。墙体宽度以 500mm 进级，即 $b = 2.7$、3.2、3.7、4.2m 等。插入深度前后排可稍有不同。

水泥土的强度取决于水泥掺入比（水泥重量与加固土体重量的比值），水泥土围护墙常用的水泥掺入比为 12% ~ 14%。其令期 1 个月的无侧限抗压强度 q_u 应不低于 0.8MPa。

水泥土墙的优点是：由于坑内无支撑，便于机械化快速挖土；具有挡土、防渗双重功能，比较经济。其缺点是：不宜用于深基坑，一般坑深不宜大于 6m；位移相对较大，尤其在基坑边长大时；墙体厚度相对较大，红线位置和周围环境要作得出才行，而且施工时要防止对周围环境的影响。

水泥土墙宜用于坑深不宜大于 6m；基坑侧壁安全等级为二、三级者；地基土承载力不宜大于 150kPa 的情况。

高压旋喷桩墙的加固材料亦为水泥浆，它是利用高压经过旋转的喷嘴将水泥浆喷入土层与土体混合形成柱状水泥加固体，相互搭接形成桩墙用来挡土和止水。其施工费用高于深层搅拌水泥土墙，但它可用于空间较小处。

2. 钢板桩

钢板桩有两种：槽钢钢板桩和热轧锁口钢板桩。

（1）槽钢钢板桩

这种简易的钢板桩围护墙由槽钢并排或正反扣搭接组成。槽钢长 6 ~ 8m，型号由计算确定。打入地下后顶部接近地面处设一道拉锚或支撑。由于其截面抗弯能力弱，一般用于深度不超过 4m 的基坑。由于搭接处不严密，一般不能完全止水。如地下水位高，需要时可用轻型井点降低地下水位。一般只用于一些小型工程。其优点是材料来源广，施工简便，可以重复使用。

（2）热轧锁口钢板桩（图 1-1）

热轧锁口钢板桩的形式有 U 形、L 形、一字形、H 形和组合型。建筑工程中常用前两种，基坑深度较大时才用后两种，但我国较少用。

钢板桩由于一次性投资大，施工中多以租赁方式租用，用后拔出归还。

钢板桩的优点是材料质量可靠，在软土地区打设方便，施工速度快而且简便；有一定的挡水能力（小趾口者挡水能力更好）；可多次重复使用；一般费用较低。其缺点是钢板桩刚度不够大，用于较深的基坑时支撑（或拉锚）工作量大，否则变形较大；在透水性较好的土层中不能完全挡水；拔除时易带土，如处理不当会引起土层移动，可能危害周围的环境。

常用的 U 型钢板桩，多用于周围环境要求不甚高的深 5 ~ 8m 的基坑，视支撑（拉锚）加设情况而定。

3. 型钢横挡板（图 1-2）

型钢横挡板围护墙亦称桩板式支护结构。这种围护墙由工字钢（或 H 型钢）桩和横挡板（亦称衬板）组成，再加上围檩、支撑等则形成一种支护体系。施工时先按一定间距打设工字钢或 H 型钢桩，然后在开挖土方时边挖边加设横挡板。施工结束拔出工字钢或 H 型钢桩，并在安全允许条件下尽可能回收横挡板。

横挡板直接承受土压力和水压力，由横挡板传给工字钢桩，再通过围檩传至支撑或拉锚。横挡板长度取决于工字钢桩的间距，而厚度由计算确定，多用厚度 60mm 的木板或预制混凝土薄板。

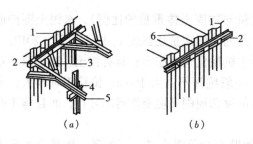

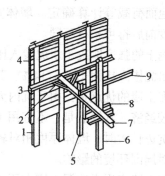

图 1-1　钢板桩支护结构

（a）内撑方式；（b）锚拉方式

1—钢板桩；2—围檩；3—角撑；4—立柱与支撑；

5—支撑；6—锚拉杆

图 1-2　型钢横挡板支护结构

1—工字钢（H型钢）；2—八字撑；

3—腰梁；4—横挡板；5—垂直联系

杆件；6—立柱；7—横撑；8—立柱

上的支撑件；9—水平联系杆

型钢横挡板围护墙多用于土质较好、地下水位较低的地区。

4. 钻孔灌筑桩（图1-3）

根据目前的施工工艺，钻孔灌筑桩为间隔排列，缝隙不小于100mm，因此它不具备挡水功能，需另做挡水帷幕，目前我国应用较多的是厚1.2m的水泥土墙，用于地下水位较低地区则不需做挡水帷幕。

钻孔灌筑桩施工无噪声、无振动、无挤土，刚度大，抗弯能力强，变形较小，在全国都有应用。多用于基坑侧壁安全等级为一、二、三级，坑深7~15m的基坑工程，在软土地区多加设内支搅（或拉锚），悬臂式结构不宜大于5m。桩径和配筋计算确定，常用直径600、700、800、900、1000mm。

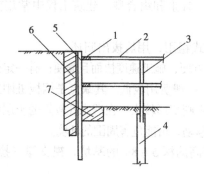

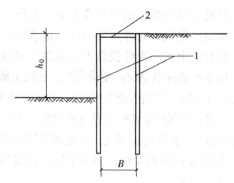

图 1-3　钻孔灌筑桩排围护墙

1—围檩；2—支撑；3—立柱；4—工程桩；5—钻孔灌

筑桩围护墙；6—水泥土搅拌桩挡水帷幕；7—坑底水

泥土搅拌桩加固

图 1-4　双排桩围护墙

1—钻孔灌筑桩；2—联系横梁

有的工程为不用支撑简化施工，采用相隔一定距离的双排钻孔灌筑桩与桩顶横梁组成空间结构围护墙，使悬臂桩围护墙可用于 -14.5m 的基坑（图1-4）。

如基坑周围狭窄，不允许在钻孔灌筑桩后再施工1.2m厚的水泥土桩挡水帷幕时，可考虑在水泥土墙中套打钻孔灌筑桩。

5. 挖孔桩

挖孔桩围护墙也属桩排式围护墙，在我国东南沿海地区有的采用。其成孔是人工挖土，多为大直径桩，宜用于土质较好地区。如土质松软、地下水位高时，需边挖土边施工衬圈，衬圈多为混凝土结构。在地下水位较高地区施工挖孔桩，还要注意挡水问题，否则地下水大量流入桩孔，大量的抽排水会引起邻近地区地下水位下降，因土体固结而出现较大的地面沉降。

挖孔桩由于人下孔开挖，便于检验土层，亦易扩孔；可多桩同时施工，施工速度可保证；大直径挖孔桩用作围护桩可不设或少设支撑。但施工挖孔桩劳动强度高；施工条件差；如遇有流砂还有一定危险。

6. 地下连续墙

地下连续墙是于基坑开挖之前，用特殊挖槽设备、在泥浆护壁之下开挖深槽，然后下钢筋笼浇筑混凝土形成的地下土中的混凝土墙。

我国常用壁板式地下连续墙，目前常用的厚度为 600、800、1000mm，多用于 -12m以下的深基坑。

地下连续墙用作围护墙的优点是：施工时对周围环境影响小，能紧邻建（构）筑物等进行施工；刚度大、整体性好，变形小，能用于深基坑；处理好接头能较好地抗渗止水；如用逆作法施工，可实现两墙合一，能降低成本。其缺点是单纯用作围护墙费用较高。

由于具备上述优点，我国一些大城市，著名的高层建筑的深基坑，多采用地下连续墙作为支护结构围护墙。适用于基坑侧壁安全等级为一、二、三级者；在软土中悬臂式结构不宜大于 5m。

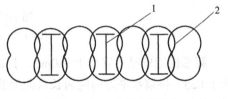

图 1-5 加筋水泥土围护墙

1—插在水泥土桩中的 H 型钢；2—水泥土桩

7. 加筋水泥土墙（SMW 工法）

即在水泥土搅拌桩内插入 H 型钢，使之成为同时具有受力和抗渗两种功能的支护结构围护墙（图 1-5）。坑深大时亦可加设支撑。我国目前多用于 8～10m 基坑。

加筋水泥土墙施工机械为三根搅拌轴的深层搅拌机，全断面搅拌，H 型钢靠自重可顺利下插至设计标高，H 型钢用后可拔出。

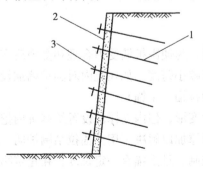

图 1-6 土钉墙

1—土钉；2—喷射细石混凝土面层；3—垫板层厚 50～100mm，依次进行直至坑底。基坑坡面有较陡的坡度。

加筋水泥土桩围护墙的水泥掺入比达 20%，因此水泥土的强度较高，与 H 型钢粘结好，能共同作用。

8. 土钉墙

土钉墙（图 1-6）是一种边坡稳定式的支护，其作用与被动起挡土作用的上述围护墙不同，它是起主动嵌固作用，增加边坡的稳定性，使基坑开挖后坡面保持稳定。

施工时，每挖深 1.5m 左右，钻孔插入钢筋或钢管并灌浆，然后挂细钢筋网，喷射细石混凝土面土钉墙用于基坑侧壁安全等级宜为二、三级的非软土场地;基坑深度不宜大于12m;当地下水位高于基坑底面时,应采取降水或截水措施。目前在软土场地亦有应用。

9. 逆作拱墙

当基坑平面形状适合时,可采用拱墙作为围护墙。拱墙有圆形闭合拱墙、椭圆形闭合拱墙和组合拱墙。对于组合拱墙,可将局部拱墙视为两铰拱。

拱墙截面宜为Z字型(图1-7),拱壁的上、下端宜加肋梁(图1-7a);当基坑较深,一道Z字型拱墙不够时,可由数道拱墙叠合组成(图1-7b),或沿拱墙高度设置数道肋梁(图1-7c),肋梁竖向间距不宜小于2.5m。亦可不加设肋梁而用加厚肋壁(图1-7d)的办法解决。

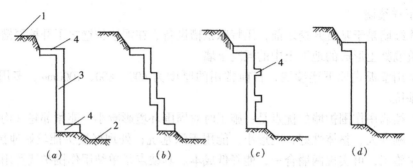

图1-7 拱墙截面示意图

1—地面;2—基坑底;3—拱墙;4—肋梁

圆形拱墙壁厚不宜小于400mm,其他拱墙壁厚不宜小于500mm。混凝土强度等级不宜低于C25。拱墙水平方向应通长双面配筋,钢筋总配筋率不小于0.7%。

拱墙在垂直方向应分道施工,每道施工高度视土层直立高度而定,不宜超过2.5m。待上道拱墙合拢且混凝土强度达到设计强度的70%后,才可进行下道拱墙施工。上下两道拱墙的竖向施工缝应错开,错开距离不宜小于2m。拱墙宜连续施工,每道拱墙施工时间不宜超过36h。

逆作拱墙宜用于基坑侧壁安全等级为三级者;淤泥和淤泥质土场地不宜应用;拱墙轴线的矢跨比不宜小于1/8;基坑深度不宜大于12m;地下水位高于基坑底面时,应采取降水或截水措施。

(二)支撑体系选型

对于排桩、板墙式支护结构,当基坑深度较大时,为使围护墙受力合理和受力后变形控制在一定范围内,需沿围护墙竖向增设支承点,以减小跨度。如在坑内对围护墙加设支承称为内支撑;如在坑外对围护墙设拉支承,则称为拉锚(土锚)。

内支撑受力合理、安全可靠、易于控制围护墙的变形,但内支撑的设置给基坑内挖土和地下室结构的支模和浇筑带来一些不便,需通过换撑加以解决。用土锚拉结围护墙,坑内施工无任何阻挡,但于软土地区土锚的变形较难控制,且土锚有一定长度,在建筑物密集地区如超出红线尚需专门申请。一般情况下,在土质好的地区,如具备锚杆施工设备和技术,应发展土锚;在软土地区为便于控制围护墙的变形,应以内支撑为主。对撑式的内支撑见图1-8。

支护结构的内支撑体系包括腰梁或冠梁（围檩）、支撑和立柱。腰梁固定在围护墙上，将围护墙承受的侧压力传给支撑（纵、横两个方向）。支撑是受压构件，长度超过一定限度时稳定性不好，所以中间需加设立柱，立柱下端需稳固，立柱插入工程桩内，实在对不准工程桩，只得另外专门设置桩（灌筑桩）。

1. 内支撑类型

内支撑按照材料分为钢支撑和混凝土支撑两类。

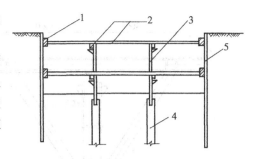

图 1-8　对撑式的内支撑
1—腰梁；2—支撑；3—立柱；4—桩（工程桩或专设桩）；5—围护墙

（1）钢支撑：钢支撑常用者为钢管支撑和型钢支撑两种。钢管支撑多用 $\phi609$ 钢管，有多种壁厚（10、12、14mm）可供选择，壁厚大者承载能力高。型钢支撑（图 1-9）多用 H 型钢，有多种规格以适应不同的承载力。在纵、横向支撑的交叉部位，可用上下叠交固定（图 1-9 所示）；亦可用专门加工的"十"形定型接头，以便连接纵、横向支撑构件。前者纵、横向支撑不在一个平面上，整体刚度差；后者则在一个平面上，刚度大，受力性能好。在端头的活络头子和琵琶斜撑的具体构造参见图 1-10。

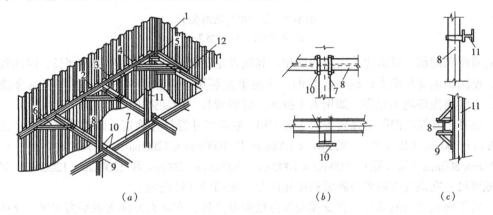

图 1-9　型钢支撑构造
（a）示意图；（b）纵横支撑连接；（c）支撑与立柱连接
1—钢板桩；2—型钢腰梁；3—连接板；4—斜撑连接件；5—角撑；6—斜撑；7—横向支撑；8—纵向支撑；9—三角托架；10—交叉部紧固件；11—立柱；12—角部连接件

钢支撑的优点是安装和拆除方便、速度快，能尽快发挥支撑的作用，减小时间效应，使围护墙变形减小；可以重复使用，多为租赁方式，便于专业化施工；可以施加预紧力，还可根据围护墙变形发展情况，多次调整预紧力值以限制围护墙变形发展。其缺点是整体刚度相对较弱，支撑的间距相对较小；由于两个方向施加预紧力，使纵、横向支撑的连接处处于铰接状态。

（2）混凝土支撑：是随着挖土的加深，根据设计规定的位置现场支模浇筑而成。其优点是形状多样性，可浇筑成直线、曲线构件，可根据基坑平面形状浇筑成最优化的布置型式；整体刚度大，安全可靠，可使围护墙变形小，有利于保护周围环境；可方便地变化构

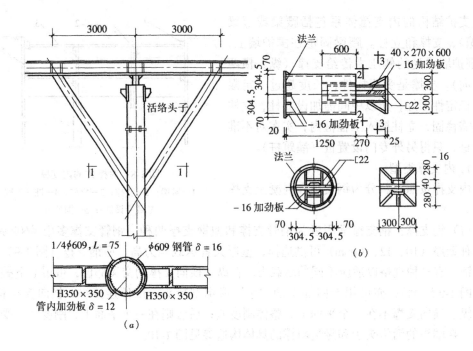

图 1-10 琵琶撑与活络头子
(a) 琵琶撑；(b) 活络头子

件的截面和配筋，以适应其内力的变化。其缺点是支撑成型和发挥作用时间长，时间效应大，使围护墙变形增大；属一次性的，不能重复利用；拆除相对困难，如用控制爆破拆除，有时周围环境不允许，如用人工拆除，时间较长、劳动强度大。

混凝土支撑的混凝土强度等级多为 C30，截面尺寸经计算确定。腰梁的截面尺寸常用 600mm×800mm（高×宽）、800mm×1000mm 和 1000mm×1200mm；支撑的截面尺寸常用 600mm×800mm（高×宽）、800mm×1000mm、800mm×1200mm 和 1000mm×1200mm。支撑的截面尺寸在高度方向要与腰梁高度相匹配。配筋经计算确定。

对平面尺寸大的基坑，在支撑交叉点处需设立柱，在垂直方向支承平面支撑。立柱可为四个角钢组成的格构式钢柱、圆钢管或型钢。考虑到承台施工时便于穿钢筋，格构式钢柱应用较多。立柱的下端最好插入作为工程桩使用的灌注桩内，插入深度不宜小于 2m，如立柱不对准工程桩的灌注桩，立柱就要作专用的灌注桩基础。

在软土地区有时在同一个基坑中上述两种支撑同时应用。为了控制地面变形、保护好周围环境，上层支撑用混凝土支撑；基坑下部为了加快支撑的装拆、加快施工速度，采用钢支撑。

2. 内支撑的布置和型式

内支撑的布置要综合考虑下列因素：

(1) 基坑平面形状、尺寸和开挖深度；

(2) 基坑周围的环境保护要求和邻近地下工程的施工情况；

(3) 主体工程地下结构的布置；

(4) 土方开挖和主体工程地下结构的施工顺序和施工方法。

支撑布置不应妨碍主体工程地下结构的施工，为此事先应详细了解地下结构的设计图纸。对于大的基坑，基坑工程的施工速度，在很大程度上取决于土方开挖的速度，为此，内支撑的布置应尽可能便利土方开挖，尤其是机械下坑开挖。相邻支撑之间的水平距离，在结构合理的前提下，尽可能扩大其间距，以便挖土机运作。

支撑体系在平面上的布置形式（图1-11），有角撑、对撑、桁架式、框架式、环形等。有时在同一基坑中混合使用，如角撑加对撑、环梁加边桁（框）架、环梁加角撑等。主要是因地制宜，根据基坑的平面形状和尺寸设置最适合的支撑。

一般情况下，对于平面形状接近方形且尺寸不大的基坑，宜采用角撑，使基坑中间有较大的空间，便于组织挖土。对于形状接近方形但尺寸较大的基坑，采用环形或边桁架式、边框架式支撑，受力性能较好，亦能提供较大的空间便于挖土。对于长条形的基坑宜采用对撑或对撑加角撑，安全可靠，便于控制变形。

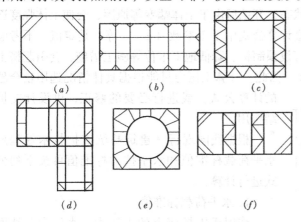

图 1-11　支撑的平面布置形式
（a）角撑；（b）对撑；（c）边桁架式；（d）边框架式；
（e）环梁与边框架；（f）角撑加对撑

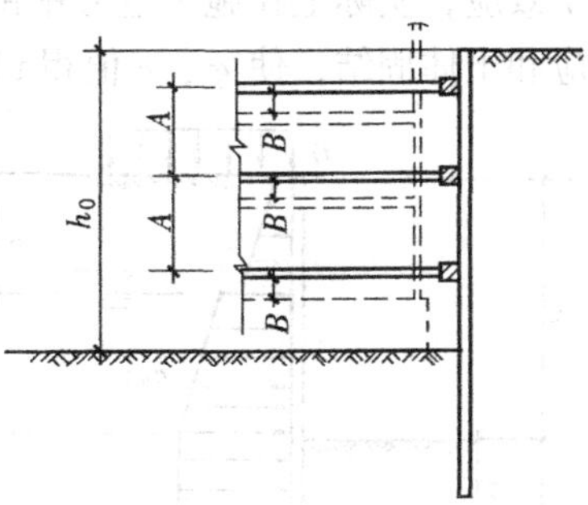

图 1-12　支撑竖向布置

钢支撑多为角撑、对撑等直线杆件的支撑。混凝土支撑由于为现浇，任何型式的支撑皆便于施工。

支撑在竖向的布置（图1-12），主要取决于基坑深度、围护墙种类、挖土方式、地下结构各层楼盖和底板的位置等。基坑深度愈大，支撑层数愈多，使围护墙受力合理，不产生过大的弯矩和变形。支撑设置的标高要避开地下结构楼盖的位置，以便于支模浇筑地下结构时换撑，支撑多数布置在楼盖之下和底板之上，其间净距离 B 最好不小于 600mm。支撑竖向间距还与挖土方式有关，如人工挖土，支撑竖向间距 A 不宜小于 3m，如挖土机下坑挖土，A 最好不小于 4m，特殊情况例外。

在支模浇筑地下结构时，在拆除上面一道支撑前，先设换撑，换撑位置都在底板上表面和楼板标高处。如靠近地下室外墙附近楼板有缺失时，为便于传力，在楼板缺失处要增设临时钢支撑。换撑时需要在换撑（多为混凝土板带或间断的条块）达到设计规定的强度、起支撑作用后才能拆除上面一道支撑。换撑工况在计算支护结构时亦需加以计算。

二、支护结构的围护墙计算

支护结构类型很多，其计算方法亦不同。常用的支护结构，排桩和地下连续墙是一种计算方法，土钉墙和水泥土墙各有其计算方法。但其所受荷载和抗力基本相同。

（一）荷载与抗力计算

作用于围护墙上的水平荷载，主要是土压力、水压力和地面附加荷载产生的水平荷载。

围护墙所承受的土压力，因为影响的因素很多，不仅取决于土质，还与围护墙的刚度、施工方法、空间尺寸、时间长短、气候条件等都有关，要精确的计算有一定困难。

目前计算土压力多用朗金（Rankine）土压力理论。朗金土压力理论的墙后填土为匀质无黏性砂土，非一般基坑的杂填土、黏性土、粉土、淤泥质土等，不呈散粒状；朗金理论土体应力是先筑墙后填土，土体应力是增加的过程，而基坑开挖是土体应力释放过程，完全不同；朗金理论将土压力视为定值，实际上在开挖过程中是变化的。所解决的围护墙土压力为平面问题，实际上土压力存在显著的空间效应；朗金理论属极限平衡原理，属静态设计原理，而土压力处于动态平衡状态，开挖后由于土体蠕变等原因，会使土体强度逐渐降低，具有时间效应；另外，在朗金计算公式中土工参数（φ、c 等）是定值，不考虑施工效应，实际上在施工过程中由于打设预制桩、降低地下水位等施工措施，会引起挤土效应和土体固结，使 φ、c 值得到提高。因此，计算土压力只能根据具体情况选用较合理的计算公式，或进行必要的修正，供设计支护结构用。

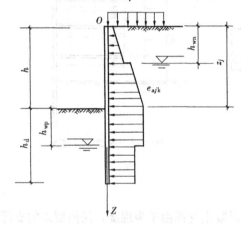

图 1-13　水平荷载标准值计算图

根据我国现行《建筑基坑支护技术规程》，水平荷载标准值和水平抗力标准值可按下列公式进行计算：

1. 水平荷载标准值

作用于围护墙上的土压力、水压力和地面附加荷载产生的水平荷载标准值 e_{ajk}（图 1-13），应按当地可靠经验确定，当无经验时按下列规定计算：

（1）对于碎石土和砂土：

1）当计算点位于地下水位以上时

$$e_{ajk} = \sigma_{ajk} K_{ai} - 2c_{ik} \sqrt{K_{ai}} \tag{1-1}$$

2）当计算点位于地下水位以下时

$$e_{ajk} = \sigma_{ajk} K_{ai} - 2c_{ik} \sqrt{K_{ai}} + [(z_i - h_{wa}) - (m_j - h_{wa})\eta_{wa}K_{ai}]\gamma_w \tag{1-2}$$

式中　σ_{ajk}——作用于深度 z_i 处的竖向应力标准值，按式（1-4）计算；

K_{ai}——第 i 层土的主动土压力系数；

$$K_{ai} = \tan^2\left(45° - \frac{\varphi_{ik}}{2}\right)$$

φ_{ik}——三轴试验确定的第 i 层土的内摩擦角标准值；

c_{ik}——三轴试验（当有可靠经验时，可采用直接剪切试验）确定的第 i 层土固结不排水（块）剪黏聚力标准值；

z_j——计算点深度；

m_j——计算参数，当 $z_j < h$ 时，取 z_j；当 $z_j \geqslant h$ 时，取 h；

h_{wa}——基坑外侧地下水位深度;

η_{wa}——计算系数,当 $h_{wa} \leqslant h$ 时,取1;当 $h_{wa} > h$ 时,取零;

γ_w——水的重度。

(2) 对于粉土和黏土:

$$e_{ajk} = \sigma_{ajk}K_{ai} - 2c_{ik}\sqrt{K_{ai}} \tag{1-3}$$

当按上述公式计算的基坑开挖面以上水平荷载标准值小于零时,则取其值为零。

(3) 基坑外侧竖向应力标准值 σ_{ajk} 按下式规定计算:

$$\sigma_{ajk} = \sigma_{rk} + \sigma_{ok} + \sigma_{1k} \tag{1-4}$$

1) 计算点深度 z_j 处自重竖向应力 σ_{rk}:

当计算点位于基坑开挖面以上时:

$$\sigma_{rk} = \gamma_{mj}z_j \tag{1-5}$$

当计算点位于基坑开挖面以下时

$$\sigma_{rk} = \gamma_{mh}h \tag{1-6}$$

式中 γ_{mj}——深度 z_j 以上土的加权平均天然重度;

γ_{mh}——开挖面以上土的加权平均天然重度。

2) 当支护结构外侧地面作用均布荷载 q_0 时(图1-14),基坑外侧任意深度处竖向应力标准值 σ_{ok},按下式计算:

$$\sigma_{ok} = q_0 \tag{1-7}$$

3) 当距离支护结构外侧 b_1 处地表作用有宽度为 b_0 的条形附加荷载 q_1 时(图 1-15),基坑外侧深度 CD 范围内的附加竖向应力标准值 σ_{1k},按下式计算:

$$\sigma_{1k} = q_1\frac{b_0}{b_0 + 2b_1} \tag{1-8}$$

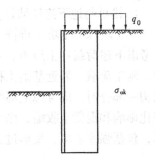

图 1-14 地面均布荷载时基坑
外侧附加竖向应力计算简图

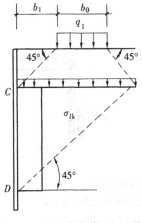

图 1-15 局部荷载作用下基坑
外侧附加竖向应力计算简图

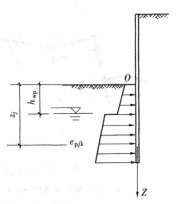

图 1-16 水平抗力标准值计算简图

2. 水平抗力标准值

(1) 基坑内侧水平抗力标准值 e_{pjk} 宜按下列规定计算(图 1-16):

1）对于砂土和碎石土

$$e_{pjk} = \sigma_{pjk}K_{pi} + 2c_{ik}\sqrt{K_{pi}} + (z_j - h_{wp})(1 - K_{pj})\gamma_w \qquad (1-9)$$

式中　σ_{pjk}——作用于基坑底面以下深度 z_j 处的竖向应力标准值；

$$e_{pjk} = \gamma_{mj}z_j \qquad (1-10)$$

　　　K_{pi}——第 i 层土的被动土压力系数；

$$K_{pi} = \tan^2\left(45° + \frac{\varphi_{ik}}{2}\right)$$

2）对于黏性土及粉土：

$$e_{pjk} = \sigma_{pjk}K_{pi} + 2c_{ik}\sqrt{K_{pi}} \qquad (1-11)$$

（2）作用于基坑底面以下深度 z_j 处的竖向应力标准值 σ_{pjk}，可按下式计算：

$$\sigma_{pjk} = \gamma_{mj}z_j \qquad (1-12)$$

式中　γ_{mj}——深度 z_j 以上土的加权平均天然重度。

（二）支护结构计算

1．排桩与地下连续墙计算

对于较深的基坑，排桩、地下连续墙围护墙应用最多，其承受的荷载比较复杂，一般应考虑下述荷载：土压力、水压力、地面超载、影响范围内的地面上建筑物和构筑物荷载、施工荷载、邻近基础工程施工的影响（如打桩、基坑土方开挖、降水等）。作为主体结构一部分时，应考虑上部结构传来的荷载及地震作用，需要时应结合工程经验考虑温度变化影响和混凝土收缩、徐变引起的作用以及时空效应。排桩和地下连续墙支护结构的破坏，包括强度破坏、变形过大和稳定性破坏（图 1-17）。其强度破坏或变形过大包括：

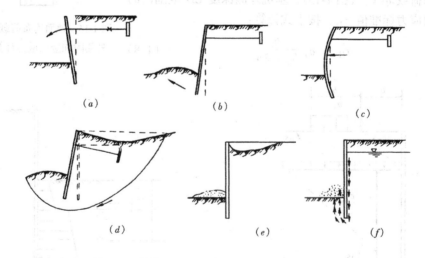

图 1-17　排桩和地下连续墙支护结构的破坏形式

（a）拉锚破坏或支撑压曲；（b）底部走动；（c）平面变形过大或弯曲破坏；

（d）墙后土体整体滑动失稳；（e）坑底隆起；（f）管涌

（1）拉锚破坏或支撑压曲：过多地增加了地面荷载引起的附加荷载，或土压力过大、计算有误，引起拉杆断裂，或锚固部分失效、腰梁破坏，或内部支撑断面过小受压失稳。为此需计算拉锚承受的拉力或支撑荷载，正确选择其截面或锚固体。

（2）围护墙底部走动：当围护墙底部嵌固深度不够，或由于挖土超深、水的冲刷等原因都可能产生这种破坏。为此需正确计算支护结构的入土深度。

（3）围护墙的平面变形过大或弯曲破坏：围护墙的截面过小、对土压力估算不准确、墙后增加大量地面荷载或挖土超深等都可能引起这种破坏。

平面变形过大会引起墙后地面过大的沉降，亦会给周围附近的建（构）筑物、道路、管线等造成损害。

排桩和地下连续墙支护结构的稳定性破坏包括：

（1）墙后土体整体滑动失稳：如拉锚的长度不够，软黏土发生圆弧滑动，会引起支护结构的整体失稳。

（2）坑底隆起：在软黏土地区，如挖土深度大，嵌固深度不够，可能由于挖土处卸载过多，在墙后土重及地面荷载作用下引起坑底隆起。对挖土深度大的深坑需进行这方面的验算，必要时需对坑底土进行加固处理或增大挡墙的入土深度。

（3）管涌：在砂性土地区，当地下水位较高、坑深很大和挡墙嵌固深度不够时，挖土后在水头差产生的动水压力作用下，地下水会绕过支护墙连同砂土一同涌入基坑。

排桩和地下连续墙的计算方法很多，有静力平衡法、布鲁姆（Blum）法、弹性线法（图解法）、等值梁法、基床系数法、弹性地基杆系有限元法等，有些计算法在本教科的第一版中曾有介绍。此处根据我国现行《建筑基坑支护技术规程》介绍其提供的"弹性支点法"的计算方法。

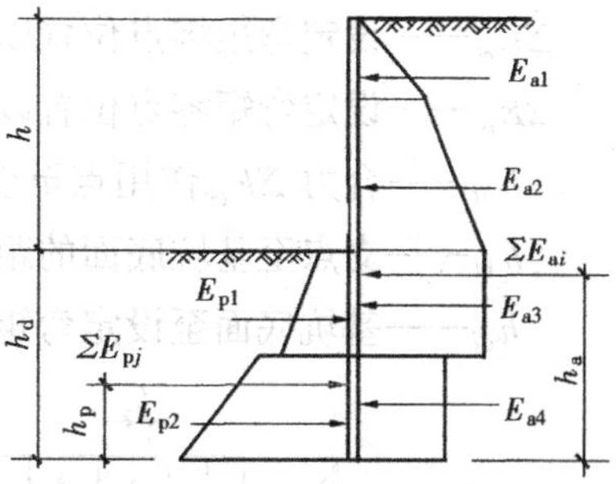

（1）嵌固深度计算

排桩、地下连续墙嵌固深度设计值，按下列规定计算：

图 1-18 悬臂式支护结构围护墙
嵌固深度计算简图

1）悬臂式支护结构围护墙的嵌固深度计算

悬臂式支护结构围护墙的嵌固深度设计值 h_d（图 1-18），宜按下式确定：

$$h_p \Sigma F_{pj} - 1.2\gamma_0 h_a \Sigma E_{ai} \geqslant 0 \tag{1-13}$$

式中　ΣF_{pj}——桩、墙底以上基坑内侧各土层水平抗力标准值 e_{pjk}［按式（1-9）、式（1-11）计算］的合力之和；

　　　h_p——合力 ΣF_{pj} 作用点至桩、墙底的距离；

　　　ΣE_{ai}——桩、墙底以上基坑外侧各土层水平荷载标准值 e_{aik} 的合力之和；

　　　h_a——合力 ΣE_{ai} 作用点至桩、墙底的距离。

2）单层支点支护结构围护支点力及墙嵌固深度计算

单层支点支护结构围护墙的支点力（图 1-19）及嵌固深度设计值 h_d（图 1-20）宜按下式计算：

A. 基坑底面以下，支护结构设定弯矩零点位置至基坑底面的距离 h_{cl}，按下式确定：

$$e_{alk} = e_{plk} \tag{1-14}$$

B. 支点力 T_{cl} 按下式计算：

$$T_{cl} = \frac{h_{al}\Sigma F_{ac} - h_{pl}\Sigma F_{pc}}{h_{Tl} + h_{cl}} \tag{1-15}$$

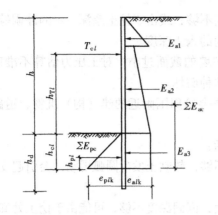 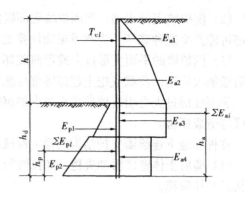

图 1-19 单层支点支护结构支点力计算简图　　图 1-20 单层支点支护结构围护墙嵌固深度计算简图

式中　e_{alk}——水平荷载标准值；

e_{plk}——水平抗力标准值；

h_{al}——合力 ΣE_{ac} 作用点至设定弯矩零点的距离；

ΣE_{ac}——设定弯矩零点位置以上基坑外侧各土层水平荷载标准值的合力；

ΣE_{pc}——设定弯矩零点位置以上基坑内侧各土层水平抗力标准值的合力；

h_{pl}——合力 ΣE_{pc} 作用点至设定弯矩零点的距离；

h_{Tl}——支点至基坑底面的距离；

h_{cl}——基坑底面至设定弯矩零点位置的距离。

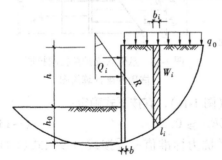

图 1-21　多层支点支护结构围护墙
嵌固深度计算简图

C. 围护墙嵌固深度设计值 h_d，按下式计算：
$$h_p\Sigma E_{pj} + T_{cl}(h_{Tl} + h_d) - 1.2\gamma_0 h_a \Sigma E_{ai} \geqslant 0$$
$$(1\text{-}16)$$

3）多层支点支护结构围护墙嵌固深度计算

多层支点支护结构围护墙的嵌固深度设计值 h_d，按整体稳定条件采用圆弧滑动简单条分法计算（图 1-21）：

$$\Sigma c_{ik}l_i + \Sigma(q_0 b_i + w_i)\cos\theta_i \mathrm{tg}\varphi_{ik}$$
$$- \gamma_k\Sigma(q_0 b_i + w_i)\sin\theta_i \geqslant 0 \quad (1\text{-}17)$$

式中　c_{ik}、φ_{ik}——最危险滑动面上第 i 土条滑动面上土的固结不排水（快）剪黏聚力、内摩擦角标准值；

l_i——第 i 土条的弧长；

b_i——第 i 土条的宽度；

γ_k——整体稳定分项系数，应根据经验确定，当无经验时可取 1.3；

w_i——作用于滑裂面上第 i 土条的重量，按上覆土层的天然土重计算；

θ_i——第 i 土条弧线中点切线与水平线夹角。

当嵌固深度下部存在软弱土层时，应继续验算软下卧层的整体稳定性。

对于均质黏性土及地下水以上的粉土或砂类土，嵌固深度计算值 h_0，可按下式确定：

$$h_0 = n_0 h \tag{1-18}$$

式中　n_0——嵌固深度系数，当 γ_k 取 1.3 时，根据三轴试验（当有可靠经验时，可采用直接剪切试验）确定土层固结（不排水）快剪内摩擦角 φ_k 及黏聚力系数 $\delta = c_k/\gamma h$，查表 1-3 取值。

围护墙的嵌固深度设计值，则为

$$h_d = 1.1 h_0 \tag{1-19}$$

嵌固深度系数 n_0 值（地面超载 $q_0 = 0$）　　　　　　表 1-3

δ \ φ_k	7.5	10.0	12.5	15.0	17.5	20.0	20.5	25.0	27.5	30.0	32.5	35.0	37.5	40.0	42.5
0.00	3.18	2.24	1.69	1.28	1.05	0.80	0.67	0.55	0.40	0.31	0.26	0.25	0.15	<0.1	
0.02	2.87	2.03	1.51	1.15	0.90	0.72	0.58	0.44	0.36	0.26	0.19	0.14	<0.1		
0.4	2.54	1.74	1.29	1.01	0.74	0.60	0.47	0.36	0.24	0.19	0.13	<0.1			
0.06	2.19	1.54	1.11	0.81	0.63	0.48	0.36	0.27	0.17	0.12	<0.1				
0.08	1.89	1.28	0.94	0.69	0.51	0.35	0.26	0.15	<0.1	<0.1					
0.10	1.57	1.05	0.74	0.52	0.35	0.13	<0.1								
0.12	1.22	0.81	0.54	0.36	0.22	<0.1	<0.1								
0.14	0.95	0.55	0.35	0.24	<0.1										
0.16	0.68	0.35	0.24	<0.1											
0.18	0.34	0.24	<0.1												
0.20	0.24	<0.1													
0.22	<0.1														

当嵌固深度下部存在软弱土层时，尚应继续验算下卧层的整体稳定性。

当按上述方法计算确定的悬臂式及单层支点支护结构围护墙的嵌固深度设计值 $h_d < 0.3h$ 时，宜取 $h_d = 0.3h$；多层支点支护结构围护墙的嵌固深度设计值 $h_d < 0.2h$ 时，宜取 $h_d = 0.2h$。

当基坑底为碎石土及砂土、基坑内排水且作用有渗透水压力时，侧向截水的排桩、地下连续墙围护墙除应满足上述计算外，其嵌固深度设计值尚应按下式抗渗透稳定条件确定（图 1-22）：

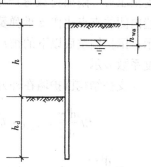

图 1-22　抗渗透稳定计算简图

$$h_d \geqslant 1.20 \gamma_0 (h - h_{wa}) \tag{1-20}$$

（2）内力与变形计算

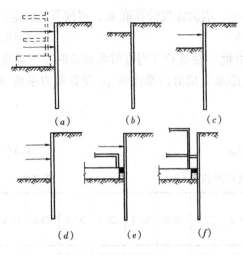

图 1-23 围护墙计算工况示意图

(a) 内支撑和地下结构布置；(b) 挖土至第一层支撑
底标高；(c) 加设第一层支撑；，继续挖土至第二层
支撑底标高；(d) 加设第二层支撑，继续挖土至坑底
设计标高；(e) 进行换撑，在底板顶面形成支撑，同
时拆去第二层支撑；(f) 再进行换撑，在地下室楼板
处再形成支撑，同时拆去第一层支撑

支护结构围护墙和支撑体系的内力和变形
的计算，要根据基坑开挖和地下结构的施工过
程，分别按不同的工况进行计算，从中找出最
大的内力和变形值，供设计围护墙和支撑体系
之用。如图 1-23 所示之基坑支护结构的支撑方
案和地下结构布置情况，在计算围护墙、支撑
的内力和变形时，则需计算下述各工况：第一
次挖土至第一层混凝土支撑之底面（如开槽浇
筑第一层支撑，则可挖土至第一层支撑顶面），
此工况围护墙为一悬臂的围护墙；待第一层支
撑形成并达到设计规定的强度后，第二次挖土
至第二层混凝土支撑之底面，此工况围护墙存
在一层支撑；待第二层支撑形成并达到设计规
定强度后，第三次挖土则至坑底设计标高；待
底板（承台）浇筑后并达到设计规定强度后，
进行换撑，即在底板顶面浇筑混凝土带形成支
撑点，同时拆去第二层支撑，以便支设模板浇
筑 -2 层的墙板和顶楼板；待 -2 层的墙板和

顶楼板浇筑并达到设计规定强度后，再进行换撑，即在 -2 层顶楼板处加设支撑（一般浇
筑间断的混凝土带）形成支撑点，同时拆去第一层支撑，以便支设模板继续向上浇筑地下
室墙板和楼板。为此，图 1-23 (a) 所示之支护结构围护墙，则需按图 1-23 (b) ~ (f)
五种工况分别进行计算其内力和变形。

支护结构围护墙的内力和变形的计算方法很多，下面介绍现行《建筑基坑支护技术规
程》中推荐的弹性支点法：

弹性支点法的计算简图如图 1-24 所示。围护墙外侧承
受土压力、附加荷载等产生的水平荷载标准值 e_{aik}；围护
墙内侧的支点化作支承弹簧，以支撑体系水平刚度系数表
示；围护墙坑底以下的被动侧的水平抗力，以水平抗力刚
度系数表示。

支护结构围护墙在外力作用下的挠曲方程如下所示：

$$EI \frac{d^4 y}{dZ} - e_{aik} \cdot b_s = 0 \quad (0 \leqslant z \leqslant h_n) \quad (1\text{-}21)$$

$$EI \frac{d^4 y}{dZ} + mb_0(z - h_n)y - e_{aik} \cdot b_s = 0 \quad (z \geqslant h_n)$$

(1-22)

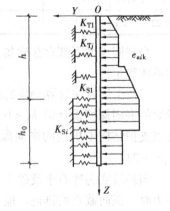

图 1-24 弹性支点法的计算简图

支点处的边界条件按下式确定：

$$T_j = k_{Tj}(y_j - y_{0j}) + T_{0j} \quad (1\text{-}23)$$

式中　　EI——结构计算宽度内的抗弯刚度；

　　　　m——地基土水平抗力系数的比例系数；

　　　　b_0——抗力计算宽度，地下连续墙取单位宽度；排桩结构，对圆形桩取 $b_0 = 0.9$
　　　　　　　$(1.5d + 0.5)$（d 为桩直径），对方形桩取 $b_0 = 1.5b + 0.5$（b 为方桩边长），
　　　　　　　如计算的抗力计算宽度大于排桩间距时，应取排桩间距；

　　　　z——支护结构顶部至计算点的距离；

　　　　h_n——第 n 工况基坑开挖深度；

　　　　y——计算点处的水平变形；

　　　　b_s——荷载计算宽度，排桩取桩中心距，地下连续墙取单位宽度；

　　　　k_{Tj}——第 j 层支点的水平刚度系数；

　　　　y_j——第 j 层支点处的水平位移值；

　　　　y_{0j}——在支点设置前，第 j 层支点处的水平位移值；

　　　　T_{0j}——第 j 层支点处的预加力。当 $T_j \leqslant T_{0j}$ 时，第 j 层支点力 T_j 应按该层支点位移
　　　　　　　为 y_{0j} 的边界条件确定。

式（1-22）中的 m 值，应根据单桩水平荷载试验结果按下式计算：

$$m = \frac{\left(\dfrac{H_{cr}}{x_{cr}} v_x\right)^{5/3}}{b_0 (EI)^{2/3}} \qquad (1\text{-}24)$$

当无试验结果或减少当地经验时，m 值按下列经验公式计算：

$$m = \frac{1}{\Delta}(0.2\varphi_{ik}^2 - \varphi_{ik} + c_{ik}) \qquad (1\text{-}25)$$

式中　　m——地基土水平抗力系数的比例系数（MN/m^4），该值为基坑开挖面以下 $2(d +$
　　　　　　　$1)$ m 深度内各土层的综合值；

　　　　H_{cr}——单桩水平临界荷载（MN），按《建筑桩基技术规范》（JGJ 94—94）附录 E 方
　　　　　　　法确定；

　　　　x_{cr}——单桩水平临界荷载对应的位移（m）；

　　　　v_x——桩顶位移系数，按表 1-4 采用（先假定 m，试算 α）；

v_x 值 表 1-4

换算深度 αh_d	≥4.0	3.5	3.0	2.8	2.6	2.4
v_x	2.441	2.502	2.727	2.905	3.163	3.526

注：$\alpha = \sqrt[5]{\dfrac{m b_0}{EI}}$。

　　　　b_0——计算宽度；地下连续墙取单位宽度；排桩结构，对圆形桩取 $b_0 = 0.9$（$1.5d$
　　　　　　　$+ 0.5$）（d 为桩直径），对方形桩取 $b_0 = 1.5b + 0.5$（b 为方桩边长）；

　　　　φ_{ik}——第 i 层土的固结不排水（快）剪内摩擦角标准值（°）；

　　　　c_{ik}——第 i 层土的固结不排水（快）剪黏聚力标准值（kPa）；

　　　　Δ——基坑底面处位移量（mm），按地区经验取值，无经验时可取 10。

式（1-23）中的支点水平刚度系数，视支点为锚杆或支撑体系而有所不同。

当支点为锚杆时，锚杆水平刚度系数 k_T，应按锚杆的基本试验来确定。当无试验资料时，可按下式计算：

$$k_T = \frac{3AE_sE_cA_c}{3l_fE_eA_e + E_sAl_a}\cos^2\theta \qquad (1\text{-}26)$$

式中　A——杆体的截面面积；

　　　E_s——杆体的弹性模量；

　　　E_c——锚固体组合弹性模量，按下式计算：

$$E_c = \frac{AE_s + (A_c - A)E_m}{A_c}$$

　　　E_m——锚固体中注浆体弹性模量；

　　　A_c——锚固体的截面面积；

　　　l_f——锚杆自由段长度；

　　　l_a——锚杆锚固段长度；

　　　θ——锚杆的水平倾角。

当支点为支撑体系时，支撑体系（含具有一定刚度的冠梁）或其与锚杆混合的支撑体系的水平刚度系数 k_T，应按支撑体系与排桩、地下连续墙的空间作用协同分析方法确定；亦可根据空间作用协同分析方法直接确定支撑体系及排桩或地下连续墙的内力与变形。

当基坑周边支护结构的荷载相同、支撑体系采用对撑并沿具有较大刚度的腰梁或冠梁等间距布置时，水平刚度系数 k_T 可按下式计算：

$$k_T = \frac{2\alpha EA}{L}\frac{s_a}{s} \qquad (1\text{-}27)$$

式中　k_T——支撑结构的水平刚度系数；

　　　α——与支撑松弛有关的系数，取 $0.8 \sim 1.0$；

　　　E——支撑构件材料的弹性模量；

　　　A——支撑构件的断面面积；

　　　L——支撑构件的受压计算长度；

　　　s——支撑的水平间距；

　　　s_a——按平面问题计算时的计算宽度，排桩取中心距，地下连续墙取单位宽度或一个墙段。

1）悬臂式支护结构围护墙的弯矩计算值 M_c 和剪力计算值 V_c 的计算（图 1-25）M_c 和 V_c 可按下列公式计算：

$$M_c = h_{mz}\Sigma E_{mz} - h_{az}\Sigma E_{az} \qquad (1\text{-}28)$$

$$V_c = \Sigma E_{mz} - \Sigma E_{az} \qquad (1\text{-}29)$$

式中　ΣE_{mz}——计算截面以上根据式（1-21）、（1-22）确定的基坑内侧各土层弹性抗力值 $mb_0(z - h_n)y$ 的合力之和；

　　　h_{mz}——合力 ΣE_{mz} 作用点至计算截面的距离；

　　　ΣE_{az}——计算截面以上根据式（1-21）、（1-22）确定的基坑外侧各土层水平荷载标准值 $e_{aik}b_s$ 的合力之和；

h_{az}——合力 ΣE_{az} 作用点至计算截面的距离。

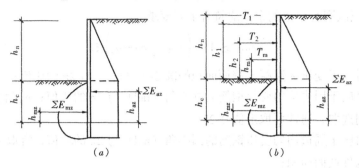

图 1-25 支护结构围护墙内力计算简图

(a) 悬臂式围护墙；(b) 有支点的围护墙

2) 有支点的支护结构围护墙的弯矩计算值 M_c 和剪力计算值 V_c 的计算（图 1-25b）此种情况的 M_c 和 V_c 按下式计算：

$$M_c = \Sigma T_j(h_j + h_c) + h_{mz}\Sigma E_{mz} - h_{az}\Sigma E_{az} \tag{1-30}$$

$$V_c = \Sigma T_j + \Sigma E_{mz} - \Sigma E_{az} \tag{1-31}$$

式中　h_j——支点力 T_j 至基坑底的距离；

　　　h_c——基坑底面至计算截面的距离，当计算截面在基坑底面以上时取负值。

(3) 围护墙结构计算

1) 内力及支点力设计值的计算

按上述方法算出截面的弯矩、剪力和支点力的计算值后，根据《建筑基坑支护技术规程》（JGJ 120—99）的规定按下列规定计算其设计值：

A. 截面弯矩设计值 M

$$M = 1.25\gamma_0 M_c \tag{1-32}$$

式中　γ_0——重要性系数，见表 6-64。

B. 截面剪力设计值 V

$$V = 1.25\gamma_0 V_c \tag{1-33}$$

C. 支点结构第 j 层支点力设计值 T_{dj}

$$T_{dj} = 1.25\gamma_0 T_{cj} \tag{1-34}$$

2) 截面承载力计算

对于圆形的灌筑桩其截面承载力按下式计算：

A. 沿截面受拉区和受压区的周边配置局部均匀纵向钢筋或集中纵向钢筋的圆形截面钢筋混凝土桩，其正截面受弯承载力按下式计算：

$$\alpha f_{cm} A\left(1 - \frac{\sin 2\pi\alpha}{2\pi\alpha}\right) + f_y(A'_{sr} + A'_{sc} - A_{sr} - A_{sc}) = 0 \tag{1-35}$$

$$M \leqslant \frac{2}{3}f_{cm}Ar\frac{\sin^3\pi\alpha}{\pi} + f_y A_{sr}\gamma_s\frac{\sin\pi\alpha_s}{\pi\alpha_s} + f_y A_{sc}y_{sc} + f_y A'_{sr}\gamma_s\frac{\sin\pi\alpha'_s}{\pi\alpha'_s} + f_y A'_{sc}y'_{sc} \tag{1-36}$$

选取的距离 y_{sc}、y'_{sc} 应符合下列条件：

$$y_{sc} \geqslant \gamma_s\cos\pi\alpha_s \tag{1-37}$$

$$y'_{sc} \geq \gamma_s \cos\pi\,\alpha'_s \tag{1-38}$$

混凝土受压区圆心半角的余弦应符合下列要求：

$$\cos\pi\alpha \geq 1 - \left(1 + \frac{\gamma_s}{r}\cos\pi\alpha_s\right)\xi_b \tag{1-39}$$

式中　α——对应于受压区混凝土截面面积的圆心角（rad）与 2π 的比值；

α_s——对应于周边均匀受拉钢筋的圆心角（rad）与 2π 的比值；α_s 宜在 1/6～1/3 之间选取，通常可取定值 0.25；

α'_s——对应于周边均匀受压钢筋的圆心角（rad）与 2π 的比值，宜取 $\alpha'_s \leq 0.5\alpha$；

A——构件截面面积；

A_{sr}、A'_{sr}——均匀配置在圆心角 $2\pi\alpha_s$、$2\pi\alpha'_s$ 内沿周边的纵向受拉、受压钢筋的截面面积；

A_{sc}、A'_{sc}——集中配置在圆心角 $2\pi\alpha_s$、$2\pi\alpha'_s$ 的混凝土弓形面积范围内的纵向受拉、受压钢筋的截面面积；

γ——圆形截面的半径；

γ_s——纵向钢筋所在圆周的半径；

y_{sc}、y'_{sc}——纵向受拉、受压钢筋截面面积 A_{sc}、A'_{sc} 的重心至圆心的距离；

f_y——钢筋的抗拉强度设计值；

f_{cm}——混凝土弯曲抗压强度设计值；

ξ_b——矩形截面的相对界限受压区高度。

计算的受压区混凝土截面面积的圆心角（rad）与 2π 的比值 α，宜符合下列条件：

$$\alpha \geq 1/35 \tag{1-40}$$

当不符合上述条件时，其正截面受弯承载力可按下式计算：

$$M \leq f_y A_{sr}\left(0.78\gamma + \gamma_s\frac{\sin\pi\alpha_s}{\pi\alpha_s}\right) + f_y A_{sc}(0.78\gamma + y_{sc}) \tag{1-41}$$

沿圆形截面受拉区和受压区周边实际配置均匀纵向钢筋的圆心角，应分别取为 $2\dfrac{n-1}{n}\pi\alpha_s$ 和 $2\dfrac{m-1}{m}\pi\alpha'_s$，其中 n、m 分别为受拉区、受压区配置均匀纵向钢筋的根数。

配置在圆形截面受拉区的纵向钢筋的最小配筋率（按全截面面积计算），在任何情况下不宜小于 0.2%。在不配置纵向受力钢筋的圆周范围内，应设置周边纵向构造钢筋，纵向构造钢筋直径不应小于纵向受力钢筋直径的 1/2，且不应小于 10mm；纵向构造钢筋的环向间距，不应大于圆截面的半径和 250mm 两者中的较小值，且不得少于 1 根。

B. 沿周边均匀配置纵向钢筋的圆形截面（图 1-26）钢筋混凝土桩，当纵向钢筋不少于 6 根时，其受弯承载力按下式计算：

$$M = \frac{2}{3}f_{cm} \cdot r^3 \cdot \sin^3\pi\alpha + f_y \cdot A_s \cdot r_s\frac{\sin\pi\alpha + \sin\pi\alpha_t}{\pi} \tag{1-42}$$

且　　　　$$\alpha f_{cm} \cdot A\left(1 - \frac{\sin2\pi\alpha}{2\pi\alpha}\right) + (\alpha - \alpha_t)f_y \cdot A_s = 0 \tag{1-43}$$

$$\alpha_t = 1.25 - 2\alpha \tag{1-44}$$

式中　M——单桩抗弯承载力（N·mm）；

A——桩的横截面面积（mm²）；

A_s——纵向钢筋截面积（mm²）；

r——桩的半径（mm）；

r_s——纵向钢筋所在的圆周半径（mm），$r_s = r - a_s$，a_s 为钢筋保护层厚度（mm）；

α——对应于受压区混凝土截面面积的圆心角（弧度）与 2π 的比值；

α_t——纵向受拉钢筋截面积与全部纵向钢筋截面积的比值；

f_{cm}——混凝土强度设计值（MPa）；

f_y——钢筋强度设计值（MPa）。

具体计算步骤如下：

a. 根据经验取灌注桩配筋量 A_s；

b. 计算系数 $K = f_y \cdot A_s / f_{cm} \cdot A$，根据 K 值查表 1-5 得出系数 α 值，或据式（1-43）求得 α 值；

c. 将 α 值代入式（1-42）求出单桩抗弯承载力 M；

d. 比较 M 值与单桩承受的弯矩值，若过大则减小 A_s 值，若过小则增加 A_s 值，重复 b、c 步骤，直至满足为止。

α 值表 表 1-5

K	α	α_t	K	α	α_t	K	α	α_t	K	α	α_t
0.01	0.113	1.204	0.26	0.272	0.706	0.51	0.311	0.628	0.76	0.332	0.586
0.02	0.139	0.972	0.27	0.274	0.702	0.52	0.312	0.626	0.77	0.333	0.584
0.03	0.156	0.938	0.28	0.276	0.698	0.53	0.313	0.624	0.78	0.334	0.582
0.04	0.169	0.912	0.29	0.278	0.694	0.54	0.314	0.622	0.79	0.334	0.580
0.05	0.180	0.890	0.30	0.280	0.690	0.55	0.315	0.620	0.80	0.335	0.578
0.06	0.189	0.872	0.31	0.282	0.686	0.56	0.316	0.618	0.81	0.336	0.578
0.07	0.197	0.856	0.32	0.284	0.682	0.57	0.317	0.616	0.82	0.336	0.576
0.08	0.204	0.842	0.33	0.286	0.678	0.58	0.318	0.614	0.83	0.337	0.576
0.09	0.210	0.830	0.34	0.288	0.674	0.59	0.319	0.612	0.84	0.337	0.574
0.10	0.216	0.818	0.35	0.289	0.672	0.60	0.320	0.610	0.85	0.338	0.572
0.11	0.222	0.806	0.36	0.291	0.668	0.61	0.321	0.608	0.86	0.339	0.572
0.12	0.226	0.798	0.37	0.293	0.664	0.62	0.322	0.606	0.87	0.339	0.570
0.13	0.231	0.788	0.38	0.294	0.662	0.63	0.323	0.604	0.88	0.340	0.570
0.14	0.235	0.780	0.39	0.296	0.658	0.64	0.323	0.604	0.89	0.340	0.568
0.15	0.239	0.772	0.40	0.297	0.656	0.65	0.324	0.602	0.90	0.341	0.568
0.16	0.243	0.764	0.41	0.298	0.654	0.66	0.325	0.600	0.91	0.341	0.566
0.17	0.247	0.756	0.42	0.300	0.650	0.67	0.326	0.598	0.92	0.342	0.566
0.18	0.250	0.750	0.43	0.301	0.648	0.68	0.327	0.596	0.93	0.342	0.566
0.19	0.253	0.744	0.44	0.303	0.644	0.69	0.327	0.596	0.94	0.343	0.564
0.20	0.256	0.738	0.45	0.304	0.642	0.70	0.328	0.594	0.95	0.343	0.562
0.21	0.259	0.732	0.46	0.305	0.640	0.71	0.329	0.592	0.96	0.344	0.562
0.22	0.262	0.726	0.47	0.306	0.638	0.72	0.330	0.590	0.97	0.344	0.562
0.23	0.264	0.722	0.48	0.307	0.636	0.73	0.330	0.590	0.98	0.345	0.560
0.24	0.267	0.716	0.49	0.309	0.632	0.74	0.331	0.588	0.99	0.345	0.560
0.25	0.269	0.712	0.50	0.310	0.630	0.75	0.332	0.586	1.00	0.346	0.558

C. 等效矩形截面配筋

灌注桩以圆截面受弯而采用的沿周边均匀配筋的计算公式，是考虑了任何方向都要具有相同的抗弯能力，而挡土桩的受拉侧是一定的，钢筋的布置则应是有方位性的，布置在非受拉侧的钢筋实际上是没有起到受拉作用的。设想将受拉主筋配置在桩体受拉一侧，而不是沿周边均匀配筋，这就是等效矩形截面配筋。主筋受拉，其他为构造筋。

如图 1-27 所示，令 $bd^3/12 = \dfrac{1}{64}\pi D_0^4$，并使 $b = d$，

则 $b = d = 0.876 D_0$

如此将灌注桩截面等效成 $b \times d$ 的方形截面进行配筋，按钢筋混凝土梁的截面进行计算，便可求出受拉侧主筋的截面积。

另外还可以采用式（1-45）求纵向钢筋采用单边配筋时桩截面的受弯承载力 M_c：

$$M_c = A_s f_y (y_1 + y_2) \tag{1-45}$$

式中
$$y_1 = \frac{r \sin^3 \pi \alpha}{1.5\alpha - 0.75 \sin 2\alpha}$$

$$y_2 = 2\sqrt{2} r_s / \pi$$

式中各符号意义同前。

需要注意的是，采用集中受拉侧配筋方法时，施工时要特别注意钢筋笼吊装的方向，并防止钢筋笼扭转，将钢筋集中的侧向做上标志，每根钢筋笼安装完毕后，做详细检查，最好做隐蔽工程检查，以防钢筋笼方向不对而造成灌注桩受力时破坏。

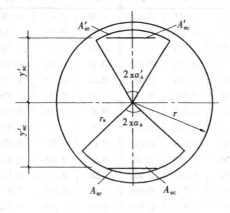

图 1-26　配置局部均匀配筋
和集中配筋的圆形截面

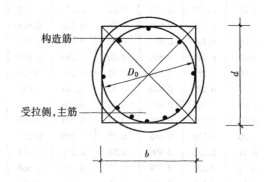

图 1-27　等效矩形截面配筋

D. 排桩的构造配筋

钻孔灌注桩的最小配筋率为 0.42%，主筋保护层厚度不应小于 50mm。

钢箍宜采用 $\phi 6 \sim \phi 8$ 螺旋筋，间距一般为 200～300mm，每隔 1500～2000mm 应布置一根直径不小于 12mm 的焊接加强箍筋，以增加钢筋笼的整体刚度，有利于钢筋笼吊放和浇灌水下混凝土时整体性。

钢筋笼的配筋量由计算确定，钢筋笼一般离孔底 200～500mm。

E. 排桩设计示例

【例】　某工程采用 $\phi 600$ 灌注桩作为围护墙，桩中心距 750mm，经计算围护墙最大弯矩为 520kN·m/m，试配筋。

【解】

①单桩承受最大弯矩 $M_m = 520 \text{kN} \cdot \text{m/m} \times 0.75 \text{m} = 390 \text{kN} \cdot \text{m}$

②按均匀周边配筋计算

取灌注桩采用 C30，$f_{cm} = 16.5 \text{MPa}$，HRB335 级钢筋 $f_y = 310 \text{MPa}$，保护层厚度 $a_s = 50 \text{mm}$，则 $r_s = r - a_s = 300 - 50 = 250 \text{mm}$

设钢筋配置为 $16 \Phi 22$，$A_s = 6082 \text{mm}^2$，而 $A = \pi r^2 = 2.83 \times 10^5 \text{mm}^2$，有：$K = f_y A_s / f_{cm} \cdot A = 310 \times 6082 / 16.5 \times 2.83 \times 10^5 = 0.404$

查表 1-5 得：$\alpha = 0.2974$，$\alpha_t = 0.6552$

代入式（1-42），得

$$
\begin{aligned}
M &= \frac{2}{3} f_{cm} \cdot r^3 \cdot \sin \pi \alpha + f_y \cdot A_s \cdot r_s \cdot \frac{\sin \pi \alpha + \sin \pi \alpha_t}{\pi} \\
&= \frac{2}{3} \times 16.5 \times 300^3 \cdot \sin(0.2974 \cdot \pi) \\
&\quad + 310 \times 250 \times 6082 \times \frac{\sin(0.2974\pi) + \sin(0.6552\pi)}{\pi} \\
&= 2.39 \times 10^8 + 2.53 \times 10^8 \\
&= 4.92 \times 10^8 (\text{N} \cdot \text{mm}) \\
&= 492 (\text{kN} \cdot \text{m}) > 390 \text{kN} \cdot \text{m}
\end{aligned}
$$

故按 $16 \Phi 22$ 配筋可以满足要求。

③按等效矩形截面配置纵向钢筋计算。

设钢筋配置为 $8 \Phi 22$，$A_s = 3041 \text{mm}^2$

有：$K = f_y \cdot A_s / f_{cm} \cdot A = 3041 \times 310 / 16.5 \times \pi \times 300^2 = 0.202$

查表 1-5 得 $\alpha = 0.2566$

代入式（1-45）得

$$
\begin{aligned}
M &= A_s f_y (y_1 + y_2) = A_s f_y \left(\frac{r \sin^3 \alpha}{1.5\alpha - 0.75\sin 2\alpha} + \frac{2\sqrt{2} r_s}{\pi} \right) \\
&= 3041 \times 310 \left[\frac{300 \cdot \sin^3(0.2566)}{1.5 \times 0.2566 - 0.75\sin(2 \times 0.2566)} + \frac{2\sqrt{2} \times 250}{\pi} \right] \\
&= 4.89 \times 10^8 (\text{N} \cdot \text{mm}) \\
&= 489 \text{kN} \cdot \text{m} > 390 \text{kN} \cdot \text{m}
\end{aligned}
$$

故按 $8 \Phi 22$ 进行单边纵向配筋可以满足要求。

从本例可以看出，采用等效矩形截面纵向配筋可以比周边均匀配筋节省主筋一半左右，但是还需在非受拉侧配置构造钢筋，因此总纵向钢筋配筋量可节省大约 30% ~ 40%。

2. 水泥土墙计算

水泥土墙设计，应包括：方案选择；结构布置；结构计算；水泥掺量与外加剂配合比确定；构造处理；土方开挖；施工监测。

水泥土墙一般宜用于坑深不大于6m的基坑支护，特殊情况例外。

（1）水泥土墙布置

水泥土墙的平面布置，主要是确定支护结构的平面形状、格栅形式及局部构造等。平面布置时宜考虑下述原则：

1）支护结构沿地下结构底板外围布置，支护结构与地下结构底板应保持一定净距，以便于底板、墙板侧模的支撑与拆除，并保证地下结构外墙板防水层施工作业空间。

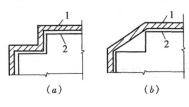

图1-28 水泥土墙平面形状

（a）向内拆角—较为不利的形状；
（b）向外拱形—较为有利的形状
1—支护结构；2—基础底板边线

当地下结构外墙设计有外防水层时，支护结构离地下结构外墙的净距不宜小于800mm；当地下结构设计无外防水层时，该净距可适当减小，但不宜小于500mm；如施工场地狭窄，地下室设计无外防水层且基础底板不挑出墙面时，该净距还可减小，考虑到水泥土墙的施工偏差及支护结构的位移，净距不宜小于200mm。此时，模板可采用砖胎模、多层夹板等不拆除模板。如地下室基础底板挑出墙面，则可以使地下室底板边与水泥土墙的净距控制在200mm左右。

2）水泥土墙应尽可能避免内向的折角，而采用向外拱的折线形（图1-28），以利减小支护结构位移，避免由两个方向位移而使水泥土墙内折角处产生裂缝。

3）水泥土墙的组成通常采用桩体搭接、格栅布置，常用格栅的形式如图1-29。

A. 搭接长度 L_d

搅拌桩桩径 $d_0 = 700$mm 时，L_d 一般取 200mm；

$d_0 = 600$mm 时，L_d 一般取 150mm；

$d_0 = 500$mm 时，L_d 一般取 100～150mm。

水泥土桩与桩之间的搭接长度应根据挡土及止水要求设定，考虑抗渗作用时，桩的有效搭接长度不宜小于150mm；当不考虑止水作用时，搭接宽度不宜小于100mm。在土质较差时，桩的搭接长度不宜小于200mm。

B. 支护挡墙的组合宽度 b

水泥土搅拌桩搭接组合成的围护墙宽度根据桩径 d_0 及搭接长度 L_d，形成一定的模数，其宽度 b 可按下式计算：

$$b = d_0 + (n - 1)(d_0 - L_d) \tag{1-46}$$

式中　b——水泥土搅拌桩组合宽度（m）；

d_0——搅拌桩桩径（m）；

L_d——搅拌桩之间的搭接长度（m）；

n——搅拌桩搭接布置的单排数。

C. 沿水泥土墙纵向的格栅间距离 L_g

当格栅为单排桩时，L_g 取 1500～2500mm；

当格栅为双排桩时，L_g 取 2000～3000mm；

当格栅为多排桩时，L_g 也可相应的放大。

格栅间距应与搅拌桩纵向桩距相协调，一般为桩距的3～6倍。

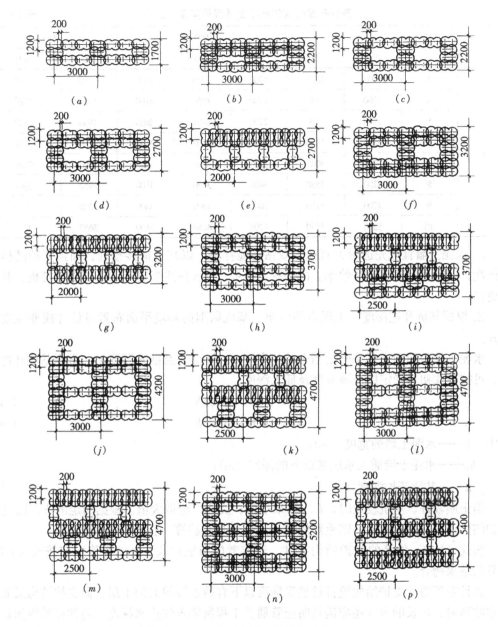

图 1-29　典型的水泥土桩格栅式布置

（a）$n=3$；（b）、（c）$n=4$；（h）、（d）、（e）$n=5$；（f）、（g）$n=6$；
（h）$n=7$；（i）、（j）$n=8$；（k）、（l）、（m）$n=9$；（n）、（p）$n=10$

图 1-29 为典型的水泥土桩格栅式布置形式。当采用双钻头搅拌桩机施工时，桩的布置应尽可能使钻头方向一致，以便于施工。当发生钻头方向不一致时，一台桩机往往因钻头不可转向而无法施工，故需由两台桩机先后施工两个不同方向的桩体，这样先后施工的桩在搭接上质量不易控制。

表 1-6 为采用图 1-29 布置形式的不同桩径、不同搭接长度的水泥土墙墙体宽度。

各种布置形式的水泥土墙墙体宽度（mm） 表 1-6

d_0		700		600			500	
	L_d	200	150	200	150	100	150	100
	3	1700	1800	1400	1500	1600	1200	1300
	4	2200	2350	1800	1950	2100	1550	1700
	5	2700	2900	2200	2400	2600	1900	2100
n	6	3200	3450	2600	2850	3100	2250	2500
	7	3700	4000	3000	3300	3600	2600	2900
	8	4200	4550	3400	3750	4100	2950	3300
	9	4700	5100	3800	4200	4600	3300	3700
	10	5200	5650	4200	4650	5100	3650	4100

D. 水泥土墙宜优先选用大直径、双钻头搅拌桩，以减少搭接接缝，加强支护结构的整体性，同时也可提高生产效率。国外有 4 钻头、6 钻头甚至更多钻头的搅拌桩机，其效果更佳。

E. 根据基坑开挖深度、土压力的分布、基坑周围的环境平面布置可设计成变宽度的形式。

水泥土墙的剖面主要是确定挡土墙的宽度 b、桩长 h 及插入深度 h_d，根据基坑开挖深度，可按下式初步确定挡土墙宽度及插入深度：

$$b = (0.5 \sim 0.8)h \qquad (1-47)$$

$$h_d = (0.8 \sim 1.2)h \qquad (1-48)$$

式中 b——水泥土墙的宽度（m）；

h_d——水泥土墙插入基坑底以下的深度（m）；

h——基坑开挖深度（m）。

当土质较好、基坑较浅时，b、h_d 取小值；反之，应取大值。根据初定的 b、h_d 进行支护结构计算，如不满足，则重新假设 b、h_d 后再行验算，直至满足为止。

按式（1-47）估算的支护结构宽度，还应考虑布桩形式，b 的取值应与按式（1-46）计算的结果吻合。

如计算所得的支护结构搅拌桩桩底标高以下有透水性较大的土层，而支护结构又兼作止水帷幕时，桩长的设计还应满足防止管涌及工程所要求的止水深度，通常可采用加长部分桩长的方法，使搅拌桩插入透水性较小的土层或加长后满足止水要求。插入透水性较小的土层的长度可取 $(1 \sim 2)d_0$，加长部分的宽度不宜小于 1/2 的加长段长度并不小于 1200mm（图 1-30），以防止支护结构位移造成加长段折断而失去止水效果。此外，加长部分在沿支护结构纵向必须是连续的。

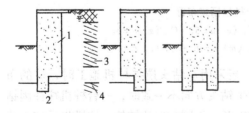

图 1-30 采用局部加长形式保证
支护结构的止水效果

1—水泥土墙；2—加长段（用于止水）；3—透水
性较大的土层；4—透水性较小的土层

（2）水泥土墙计算

水泥土墙的全面计算应包括表 1-7 中的内

容。我国《建筑基坑支护技术规程》（JGJ 120—99）规定的计算内容和方法如下所示：

水泥土墙计算内容 表 1-7

项　　目	验　　算
抗倾覆稳定	必须验算
抗滑动稳定	必须验算
整体稳定	墙体下部为软弱土层时应验算
抗隆起稳定	墙体下部为软弱土层时应验算
抗管涌（抗渗透）稳定	坑底或墙体下部为砂石及砂土时应验算
桩体强度	基坑开挖深度较大时应验算
基底地基承载力	墙体下部为软弱土层时应验算
格栅稳定	格栅分格较大时应验算
位　　移	对支护结构及墙背土体有位移控制要求时应验算

1）嵌固深度计算

水泥土墙的嵌固深度设计值 h_d 的计算，同多层支点的排桩、地下连续墙嵌固深度设计值 h_d 的计算，亦宜按圆弧滑动简单条分法进行计算，参见图 1-21，此处不再重复。

当基坑底的土质为砂土和碎石土、而且基坑内降排水且作用有渗透水压时，水泥土墙的嵌固深度除按圆弧滑动简单条分法计算外，尚应按图 1-22 所示按抗渗透稳定条件进行验算。

当按上述方法计算的嵌固深度设计值 h_d 小于 $0.4h$ 时，宜取 $0.4h$。

2）墙体厚度计算

水泥土墙厚度设计值 b，宜根据抗倾覆稳定条件计算确定。

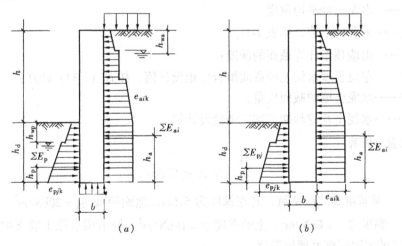

图 1-31　水泥土墙宽度计算简图
（a）墙底位于碎石土或砂土；（b）墙底位于黏土或粉土

A. 当水泥土墙底部位于碎石土或砂土时（图 1-31a），墙体厚度设计值宜按下式确定：

$$b \geqslant \sqrt{\dfrac{10(1.2\gamma_0 h_a \Sigma E_{ai} - h_p \Sigma E_{pj})}{5\gamma_{cs}(h + h_d) - 2\gamma_0 \gamma_w (2h + 3h_d - h_{wp} - 2h_{wa})}} \tag{1-49}$$

33

式中　ΣE_{ai}——水泥土墙底以上基坑外侧水平荷载标准值的合力之和；

　　　ΣE_{pi}——水泥土墙底以上基坑内侧水平抗力标准值的合力之和；

　　　h_a——合力 ΣE_{ai} 作用点至水泥土墙底的距离；

　　　h_p——合力 ΣE_p 作用点至水泥土墙底的距离；

　　　γ_{cs}——水泥土墙的平均重度；

　　　γ_w——水的重度；

　　　h_{wa}——基坑外侧地下水位深度；

　　　h_{wp}——基坑内侧地下水位深度。

B. 当水泥土墙底部位于黏性土或粉土中时（图 1-31b），墙体厚度设计值 b，宜按下列经验公式计算：

$$b \geqslant \sqrt{\frac{2(1.2\gamma_0 h_a \Sigma E_{ai} - h_p \Sigma E_{pj})}{\gamma_{cs}(h + h_d)}} \qquad (1\text{-}50)$$

当按上述计算方法确定的水泥土墙厚度小于 $0.4h$ 时，宜取 $0.4h$。

3）正截面承载力验算

水泥土墙厚度设计值，除应符合上述要求外，其正截面承载力尚需符合下述要求：

A. 压应力验算

$$1.25\gamma_0\gamma_{cs}z + \frac{M}{W} \leqslant f_{cs} \qquad (1\text{-}51)$$

式中　γ_{cs}——水泥土墙平均重度；

　　　γ_0——重要性系数，见表 1-1；

　　　z——由墙顶至计算截面的深度；

　　　M——单位长度水泥土墙截面组合弯矩设计值，按式（1-32）计算；

　　　W——水泥土墙的截面模量；

　　　f_{cs}——水泥土开挖龄期的抗压强度设计值。

B. 拉应力验算

$$\frac{M}{W} - \gamma_{cs}z \leqslant 0.06f_{cs} \qquad (1\text{-}52)$$

【例】　某基坑属二级基坑，开挖深度为 5.5m，地面荷载 $q_0 = 20\text{kN/m}^2$，土的内摩擦角 $\varphi = 15°$，黏聚力 $c = 8\text{kN/m}^2$，土的重度 $\gamma = 18\text{kN/m}^3$，拟采用水泥土墙支护结构，试计算水泥土墙的嵌固深度及墙体厚度。

【解】　按《建筑基坑支护技术规程》（JGJ 120—99）计算。

①嵌固深度计算

本工程为均质黏性土且无地下水，按 $h_0 = n_0 h$ 计算

土层固结快剪黏聚力系数

$$\delta = \frac{c}{\gamma h} = \frac{8}{18 \times 5.5} = 0.08$$

根据 φ、δ 查表 1-3 得 $n_0 = 0.69$

则，嵌固深度为

$$h_0 = n_0 h = 0.69 \times 5.5 = 3.8\text{m}$$

二级基坑重要性参数 γ_0 取 1，则嵌固深度设计值 h_d 为

$$h_d = 1.10 h_0 = 1.10 \times 3.8 = 4.18\text{(m)}$$

取 4.5m。

②水平荷载及抗力计算

a. 水平荷载

$$K_{ai} = \text{tg}^2\left(45° - \frac{15°}{2}\right) = \text{tg}^2\left(45° - \frac{15°}{2}\right) = 0.59$$

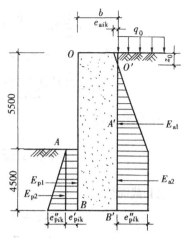

图 1-32　水平荷载及抗力计算简图

OO' 截面处：

$$\sigma_{aik} = \sigma_{\gamma k} + \sigma_{0k} + \sigma_{1k} = q_0 = 20\text{(kN/m}^2)$$

$$\sigma'_{aik} = \sigma_{aik} \cdot K_{ai} - 2c_i \sqrt{K_{ai}}$$

$$= 20 \times 0.59 - 2 \times 8 \sqrt{0.59} = -0.49\text{(kN/m}^2)$$

AA' 截面处：

$$\sigma_{aik} = \sigma_{\gamma k} + \sigma_{0k} + \sigma_{1k} = \gamma_{mi} z_i + q_0$$

$$= 18 \times 5.5 + 20 = 119\text{(kN/m}^2)$$

$$\sigma''_{aik} = \sigma_{aik} \cdot K_{ai} - 2c \sqrt{K_{ai}}$$

$$= 119 \times 0.59 - 2 \times 8 \sqrt{0.59} = 57.9\text{(kN/m}^2)$$

$$z_0 = \frac{0.49}{57.9 + 0.49} \times 5.5 = 0.046\text{(m)}$$

$\because z_0$ 很小，近似取 $z_0 = 0$

$$E_{A1} = \frac{1}{2} e''_{aik} \cdot h = \frac{1}{2} \times 57.9 \times 5.5$$

$$= 159.2\text{(kN/m)}$$

$$h_{a2} = \frac{1}{3} h + h_d = \frac{1}{3} \times 5.5 + 4.5$$

$$= 6.33\text{(m)}$$

$$E_{a2} = e''_{aik} \cdot h_d = 57.9 \times 4.5$$

$$= 260.6\text{(kN/m)}$$

$$h_{a2} = \frac{1}{2}h_d = \frac{1}{2} \times 4.5 = 2.25(m)$$

$$\Sigma E_{ai} = E_{a1} + E_{a2} = 159.2 + 260.6 = 419.8(kN/m)$$

$$h_a = \frac{E_{a1}h_{a1} + E_{a2}h_{a2}}{\Sigma E_a} = \frac{159.2 \times 6.33 + 260.6 \times 2.25}{419.8} = 3.8(m)$$

b. 水平抗力

$$K_{pi} = tg^2\left(45° + \frac{\varphi}{2}\right) = tg^2\left(45° + \frac{15°}{2}\right) = 1.7$$

AA' 截面处:

$$\sigma_{pik} = 0$$

$$e'_{pik} = 2c\sqrt{K_{pi}} = 2.8\sqrt{1.7} = 20.9(kN/m^2)$$

$$E_{p1} = e'_{pik} \cdot h_d = 20.9 \times 4.5 = 94.1(kN/m)$$

$$h_{p1} = \frac{1}{2}h_d = 2.25(m)$$

BB' 截面处:

$$\sigma_{pik} = \gamma_{mi}z_i = 18 \cdot 4.5 = 81(kN/m^2)$$

$$e''_{pik} = \sigma_{pik} \cdot K_{pi} = 81 \times 1.7$$
$$= 137.7(kN/m^2)$$

$$E_{p2} = \frac{1}{2}e''_{pik} \cdot h_d = \frac{1}{2} \times 137.7 \times 4.5 = 309.8(kN/m)$$

$$h_{p2} = \frac{1}{3}h_d = 1.5(m)$$

$$\Sigma E_{pj} = E_{p1} + E_{p2} = 94.1 + 309.8 = 403.9(kN/m)$$

$$h_p = \frac{E_{p1}h_{p1} + E_{p2}h_{p2}}{\Sigma E_p} = \frac{94.1 \times 2.25 + 309.8 \times 1.5}{403.9} = 1.67(m)$$

③墙体厚度

$$b = \sqrt{\frac{2(1.2\gamma_0 h_a\Sigma E_{ai} - h_p\Sigma E_{pj})}{\gamma_{cs}(h + h_d)}}$$

$$= \sqrt{\frac{2(1.2 \times 1.0 \times 3.8 \times 419.8 - 1.67 \times 403.9)}{19(5.5 + 4.5)}}$$

$$= 3.6(m)$$

采用 2Φ700 水泥土搅拌桩,搭接 200,格栅式布置,按表1-6取 b = 3.70m,共设置 7 排。

3. 土钉墙计算

土钉墙由密集的土钉群、被加固的原位土、喷射的细石混凝土石层和必要的防水系统组成。通常做法是先在土中钻孔,置入变形钢筋,然后沿孔全长注浆。土钉(钢管)亦可采用直接击入的方法置入土中。

土钉是一种原位土加筋加固技术，土钉体的设置过程要尽可能地减少对土体的扰动；从施工角度看，土钉墙是随着从上到下的土方开挖过程，逐层将土钉设置于土体中，可以与土方开挖同步施工。

土钉墙用作基坑开挖的支护结构时，其墙体从上到下分层构筑，典型的施工步骤为：基坑开挖一定深度；在这一深度的作业面上设置一排土钉并灌浆；喷射混凝土面层，继续向下开挖并重复上述步骤直至设计的基坑开挖深度。

（1）基本规定

1）土钉墙支护适用于可塑、硬塑或坚硬的黏性土；胶结或弱胶结（包括毛细水粘结）的粉土、砂土和角砾；填土；风化岩层等。

在松散砂和夹有局部软塑、流塑黏性土的土层中采用土钉墙支护时，应在开挖前预先对开挖面上的土体进行加固，如采用注浆、深层搅拌水泥土桩或微型桩托换，称为复合土钉墙。

2）土钉墙支护适用于基坑侧壁安全等级为二、三级者。

3）采用土钉墙支护的基坑，深度不宜大于12m，使用期限不宜超过18个月。

4）土钉墙支护工程的设计、施工与监测宜统一由支护工程的施工单位负责，以便于及时根据现场测试与监控结果进行反馈设计。

5）土钉支护的设计施工应重视水的影响，并应在地表和支护内部设置适宜的排水系统以疏导地表径流和地表、地下渗透水。当地下水的流量较大，在支护作业面上难以成孔和形成喷射混凝土面层时，应在施工前降低地下水位，并在地下水位以上进行支护施工。

6）土钉支护的设计施工应考虑施工作业周期和降雨、振动等环境因素对陡坡开挖面上暂时裸露土体稳定性的影响，应随开挖随支护，以减少边坡变形。

7）土钉支护的设计施工应包括现场测试与监控以及反馈设计的内容。施工单位应制定详细的监测方案，无监测方案不得进行施工。

8）土钉支护施工前应具备下列设计文件：

A．工程调查与岩土工程勘察报告；

B．支护施工图，包括支护平面、剖面图及总体尺寸；标明全部土钉（包括测试用土钉）的位置并逐一编号，给出土钉的尺寸（直径、孔径、长度）、倾角和间距，喷射混凝土面层的厚度与钢筋网尺寸，土钉与喷混凝土面层的连接构造方法；规定钢材、砂浆、混凝土等材料的规格与强度等级；

C．排水系统施工图，以及需要工程降水时的降水方案设计；

D．施工方案和施工组织设计，规定基坑分层、分段开挖的深度和长度，边坡开挖面的裸露时间限制等；

E．支护整体稳定性分析与土钉及喷射混凝土面层的设计计算书；

F．现场测试监控方案，以及为防止危及周围建筑物、道路、地下设施而采取的措施和应急方案。

9）当支护变形需要严格限制且在不良土体中施工时，宜联合使用其他支护技术，将土钉支护扩展为土钉-预应力锚杆联合支护、土钉-桩联合支护、土钉-防渗墙联合支护等，并参照相应标准结合土钉规程进行设计施工。

（2）土钉墙设计计算

1）设计内容

土钉墙支护设计，一般包括下述内容：

A. 根据工程情况和以往经验，初选支护各部件的尺寸和参数；

B. 进行分析计算，主要计算内容有：

a. 支护的内部整体稳定性分析和外部整体性分析；

b. 土钉计算；

c. 喷射混凝土面层的设计计算，以及土钉与面层的连接计算；

通过上述计算，对各部件初选尺寸和参数进行修改和调整，绘出施工图。对重要的工程，宜采用有限元法对支护的内力和变形进行分析。

d. 根据施工过程中获得的量测和监控数据以及发现的问题，进行反馈设计。

土钉支护设计采用的土体物理力学性能参数以及土钉与周围土体之间的界面粘结力参数均应以实测结果作为依据，取值时应考虑到基坑施工及使用过程中由于地下水位和土体含水量变化对这些参数的影响，并对其测试值作出偏于安全的调整。

土的力学性能参数 c、φ、土钉与土体界面粘结强度 τ 的计算值取标准值，界面粘结强度的标准值可取为现场实测平均值的 0.8 倍。以上参数应按不同土层分别确定。

土钉支护的设计计算可取单位长度支护按平面应变问题进行分析。对基坑平面上靠近凹角的区段，可考虑三维空间作用的有利影响，对该处的支护参数（如土钉的长度和密度）作部分调整。对基坑平面上的凸角区段，应局部加强。

2）支护各部件的尺寸和参数

对于主要承受土体自重作用的钻孔注浆钉支护，其各部件尺寸可参考以下数据初步选用：

A. 土钉钢筋用 HPB235、HRB335 等热轧变形钢筋，直径在 16 ~ 32mm 的范围内；

B. 土钉孔径在 70 ~ 120mm 之间，注浆强度等级不低于 M10；

C. 土钉长度 l 与基坑深度 H 之比对非饱和土宜在 0.6 ~ 1.2 的范围内，密实砂土和坚硬黏土中可取低值；对软塑黏性土，比值 l/H 不应小于 1.0。为了减少支护变形，控制地面开裂，顶部土钉的长度宜适当增加。非饱和土中的底部土钉长度可适当减少，但不宜小于 $0.5H$；含水量高的黏性土中的底部土钉长度则不应缩减；

D. 土钉的水平和竖向间距 s_h 和 s_v 宜在 1.2 ~ 2m 的范围内，在饱和黏性土中可小到 1m，在干硬黏土中可超过 2m；土钉的竖向间距应与每步开挖深度相对应。沿面层布置的土钉密度不应低于每 $6m^2$ 一根；

E. 喷射混凝土面层的厚度不宜小于 80mm，混凝土强度等级不低于 C20，3d 强度不低于 10MPa。喷射混凝土面层内应设置钢筋网，钢筋网的钢筋直径 6 ~ 10mm，网格尺寸 150 ~ 300mm。当面层厚度大于 120mm 时，宜设置二层钢筋网。上下段钢筋网搭接长度应大于 300mm。

F. 土钉钻孔的向下倾角宜在 0° ~ 20° 的范围内，当利用重力向孔中注浆时，倾角不宜小于 15°，当用压力注浆且有可靠排气措施时倾角宜接近水平。当上层土软弱时，可适当加大下倾角，使土钉插入强度较高的下层土中。当遇有局部障碍物时，允许调整钻孔位置和方向。

土钉钢筋与喷射混凝土面层的连接采用图 1-33 所示的方法。可在土钉端部两侧沿土钉长度方向焊上短段钢筋，并与面层内连接相邻土钉端部的通长加强筋互相焊接。对于重要的工程或支护面层受有较大侧压时，宜将土钉做成螺纹端，通过螺母、楔形垫圈及方形钢垫板与面层连接。

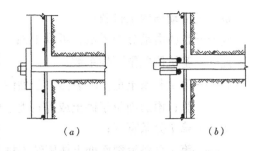

(a)　　　　(b)

图 1-33　土钉与喷射混凝土面层的连接

土钉支护的喷射混凝土面层宜插入基坑底部以下，插入深度不少于 0.2m；在基坑顶部也宜设置宽度为 1~2m 的喷射混凝土护顶。

当土质较差，且基坑边坡靠近重要建筑设施需严格控制支护变形时，宜在开挖前先沿基坑边缘设置密排的竖向微型桩（图 1-34），其间距不宜大于 1m，深入基坑底部 1~3m。微型桩可用无缝钢管或焊管，直径 48~150mm，管壁上应设置出浆孔。小直径的钢管可分段在不同挖深处用击打方法置入并注浆；较大直径（大于 100mm）的钢管宜采用钻孔置入并注浆，在距孔底 1/3 孔深范围内的管壁上设置注浆孔，注浆孔直径 10~15mm，间距 400~500mm。

图 1-34　基坑边缘设置的密
排竖向微型桩
1—注浆钢管微型桩

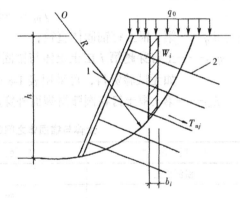

图 1-35　土钉墙内部整体稳定性验算简图
1—喷射混凝土面层；2—土钉

3）土钉墙支护整体稳定性分析

土钉墙内部整体稳定性分析，是指边坡土体中可能出现的破坏面发生在支护内部并穿过全部或部分土钉（图 1-35）。

土钉墙应根据施工期间不同开挖深度及基坑底面以下可能发生的滑动面，采用圆弧滑动简单条分法（图 1-35）按下式进行验算：

$$\sum_{i=1}^{n} c_{ik} L_i s + s \sum_{i=1}^{n} (w_i + q_0 b_i) \cos\theta_i \tan\varphi_{ik}$$

$$+ \sum_{j=1}^{m} T_{nj} \left[\cos(\alpha_j + \theta_j) + \frac{1}{2} \sin(\alpha_j + \theta_j) \tan\varphi_{ik} \right]$$

$$- s\gamma_k \gamma_0 \sum_{i=1}^{n} (w_i + q_0 b_i) \sin\theta_i \geqslant 0 \qquad (1\text{-}53)$$

式中　n——滑动体分条数；

m——滑动体内土钉数；

γ_k——整体滑动分项系数，可取1.3；

γ_0——基坑侧壁重要性系数；

w_i——第i分条重，滑裂面位于黏性土或粉土中时，按上覆土层的饱和土重度计算；滑裂面位于砂土或碎石类土中时，按上覆土层的浮重度计算；

b_i——第i分条宽度；

c_{ik}——第i分条滑裂面处土体固结不排水（快）剪黏聚力标准值；

φ_{ik}——第i分条滑裂面处土体固结不排水（快）剪内摩擦角标准值；

θ_i——第i分条滑裂面处中点切线与水平面夹角；

α_j——土钉与水平面之间的夹角；

L_i——第i分条滑动面处弧长；

s——计算滑动体单元厚度；

T_{nj}——第j根土钉圆弧滑裂面外锚固体与土体的极限抗拉力。

按下式计算：

$$T_{nj} = \pi d_{nj} \sum q_{sik} L_{ni} \tag{1-54}$$

式中 d_{nj}——第j根土钉锚固体直径；

q_{sik}——土钉穿越第i层土土体与锚固体间极限摩阻力标准值，应由现场试验确定，如无试验资料，可采用表1-8确定；

L_{ni}——第j根土钉在圆弧滑裂面外穿越第i层稳定土体内的长度。

土体与锚固体之间的极限摩阻力标准值　　　　　　　　　表1-8

土 层 种 类	土 的 状 态	q_{sik}（kPa）
淤泥质土		20～30
黏性土	软　塑 坚　硬 硬　塑 可　塑	35～45 65～80 55～65 45～55
粉　土	中　密	60～110
砂性土	松　散 密　实 中　密 稍　密	50～90 170～220 130～170 90～130

注：表中数值系采用直孔一次常压灌浆工艺的计算值。当采用二次灌浆、扩孔工艺时可适当提高。

土钉支护的外部整体稳定性分析与重力式挡土墙的稳定分析相同，可将由土钉加固的整个土体视作重力式挡土墙，分别验算：

A. 整个支护沿底面水平滑动（图1-36a）。

B. 整个支护绕基坑底角倾覆，并验算此时支护底面的地基承载力（图1-36b）。

以上验算可参照《建筑地基基础设计规范》（GB 50007—2002）中的计算公式。计算时可近似取墙体背面的土压力为水平作用的主动土压力取墙体的宽度等于底部土钉的水平投影长度。抗水平滑动的安全系数应不小于1.2；抗整体倾覆的安全系数应不小于1.3，且此时的墙体底面最大竖向压应力不应大于墙底土体作为地基持力层的地基承载力设计值 f 的 1.2 倍。

c. 整个支护连同外部土体沿深部的圆弧破坏面失稳（图 1-36c），可按内部整体稳定性分析进行验算，但此时的可能破坏面在土钉的设置范围以外，计算时土钉的 T_{nj} 为零。

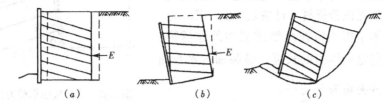

图 1-36 土钉墙外部整体稳定性分析

当土体中有较薄弱的土层或薄弱层面时，还应考虑上部土体在背面土压力作用下沿薄弱土层或薄弱层面滑动失稳的可能性，其验算方法与整个支护沿底面水平滑动时相同。

4）土钉计算

土钉计算只考虑土钉的受拉作用。土钉的长度除满足设计抗拉承载力的要求外，同时还应满足土钉墙内部整体稳定性的需要。

对于单根土钉，其抗拉承载力应满足下式要求：

$$1.25\gamma_0 T_{jk} \leqslant T_{uj} \tag{1-55}$$

式中　γ_0——基坑侧壁重要性系数；

　　　T_{jk}——第 j 根土钉受拉荷载标准值，按式（1-56）计算；

　　　T_{uj}——第 j 根土钉抗拉承载力设计值，按式（1-58）计算。

单根土钉受拉荷载标准值，按下式计算：

$$T_{jk} = \xi e_{ajk} s_{xj} s_{zj} / \cos\alpha_j \tag{1-56}$$

式中　ξ——荷载折减系数，按下式计算：

$$\xi = \mathrm{tg}\frac{\beta - \varphi_k}{2}\left[\frac{1}{\mathrm{tg}\dfrac{\beta + \varphi_k}{2}} - \frac{1}{\mathrm{tg}\beta}\right] \Big/ \mathrm{tg}^2\left(45° - \frac{\varphi}{2}\right) \tag{1-57}$$

　　　β——土钉墙坡面与水平面的夹角；

　　　φ_k——土的内摩擦角标准值；

　　　e_{ajk}——第 j 个土钉位置处的基坑水平荷载（土压力和地面荷载产生的侧压力等）标准值；

　　s_{xj}、s_{zj}——第 j 根土钉与相邻土钉的平均水平、垂直间距；

　　　α_j——第 j 根土钉与水平面的夹角。

对于基坑侧壁安全等级为二级的土钉抗拉承载力设计值 T_{uj}，应通过试验确定。基坑侧壁安全等级为三级时，T_{uj} 可按下式计算（图 1-37）：

$$T_{uj} = \frac{1}{\gamma_s}\pi d_{nj}\Sigma q_{sik} l_i \tag{1-58}$$

式中　γ_s——土钉抗拉抗力分项系数，取 1.3；

　　　　d_{nj}——第 j 根土钉锚固体直径；

　　　　q_{sik}——土钉穿越第 i 层土土体与锚固体间极限摩阻力标准值，应由现场试验确定，如无试验资料，可按表 1-8 采用；

　　　　l_i——第 j 根土钉在直线破裂面外穿越第 i 稳定土体内的长度，破裂面与水平面的夹角为 $\dfrac{\beta + \varphi_k}{2}$。

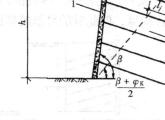

图 1-37　土钉抗拉承载力计算简图
1—喷射混凝土面层；2—土钉

5）喷射混凝土面层计算

在土体自重及地面均布荷载 q 作用下，喷射混凝土面层所受侧向压力 e_0 可按下式估算：

$$e_0 = e_{01} + e_a \tag{1-59}$$

$$e_{01} = 0.7 \left(0.5 + \frac{s - 0.5}{5} \right) e_1 \leqslant 0.7 e_1 \tag{1-60}$$

式中　e_a——地面均布荷载 q 引起的侧压力；

　　　　e_1——土钉位置处由土体自重产生的侧压力；

　　　　s——相邻土钉水平间距和垂直间距中的较大值。

荷载分项系数取 1.2。另外，按基坑侧壁安全等级取重要性系数。

喷射混凝土面层按以土钉为支座的连续板进行强度验算，作用于面层上的侧压力，在同一间距内可按均布考虑，其反力作为土钉的端部拉力。验算内容包括板在跨中和支座截面处的受弯、板在支座截面处的冲切等。

上述计算，适用于以钢筋作为钉体的钻孔注浆型土钉。对于其他类型的土钉如注浆的钢管击入型土钉或不注浆的角钢击入型土钉，亦可参照上述计算原则进行土钉墙支护的稳定性分析。

至于复合型土钉墙，目前应用较多的是水泥土搅拌桩-土钉墙和微型桩-土钉墙两种型式。前者是在基坑开挖线外侧设置一排至两排（多数为一排）水泥土搅拌桩，以解决隔水、开挖后面层土体强度不足而不能自立、喷射混凝土面层与土体粘结力不足的问题；同时，由于水泥土搅拌桩有一定插入深度，可避免坑底隆起、管涌、渗流等情况发生。

后者微型桩-土钉墙，是在基坑开挖线外侧击入一排或两排（多数为一排）竖向立管进行超前支护，立管内高压注入水泥浆形成微型桩。微型桩虽不能形成隔水帷幕，但可以增强土体的自立能力，并可防止坑底涌土。

由于复合型土钉墙中的水泥土搅拌桩和微型桩，主要是解决基坑开挖中的隔水、土体自立和防止管涌等问题，在土钉墙计算中不考虑其受力作用，仍按上述方法进行土钉墙计算。

三、支护结构的支撑（拉锚）系统计算

（一）内支撑计算

内支撑有钢支撑和混凝土支撑两类，其计算方法不同。

1. 钢支撑计算

钢支撑两端承受腰（冠）梁传来的压力，因有自重以及有时上面堆放材料等，所以钢支撑为一压弯杆件。

（1）单跨压弯杆件的内力与变形的计算

图 1-38 为单跨受压杆件，其内力与位移的计算方法如下。

图 1-38　单跨压弯杆件　　　　　　　图 1-39　单跨压弯杆件隔离体

取单跨压弯杆件的隔离体如图 1-39 所示：

A 端支座反力

$$V_a = \frac{1}{2}ql - \frac{M_a - M_b}{l} \tag{1-61}$$

式中　g——压弯杆件上的均布荷载与自重；

　　　l——杆件跨度。

x 处的弯矩为：

$$M(x) = V_a x + Py(x) + M_a - \frac{1}{2}qx^2$$

$$= \frac{1}{2}qx(l - x) - \frac{l - x}{x}M_a - \frac{x}{l}M_b + Py(x) \tag{1-62}$$

式中　M_a、M_b——压杆两端的弯矩；

　　　P——压杆的轴向力；

　　　$y(x)$——x 处的挠度。

当 $M_a = M_b = 0,y(x) = 0$ 时，压杆的跨中弯矩为

$$M = \frac{1}{8}ql^2 \tag{1-63}$$

忽略剪切变形及弯曲后杆轴弯矩效应的影响，有

$$EI\frac{\mathrm{d}^2 y(x)}{\mathrm{d}x^2} = -M(x) \tag{1-64}$$

又

$$\frac{\mathrm{d}^2 y(x)}{\mathrm{d}x^2} + \frac{P}{EI}y = M(x) \tag{1-65}$$

式（1-64）代入式（1-65），解得此微分方程通解为

$$y(x) = A\cos kx - B\sin kx + \frac{q}{2P}x(x - l) - \frac{q}{k^2 P} + \frac{M_a - M_b}{Pl}x - \frac{M_a}{P} \tag{1-66}$$

式中　$k^2 = \dfrac{P}{EI}$

根据杆端挠度为零的边界条件

$$y(0) = 0,y(l) = 0$$

可求得

$$A = \frac{q}{k^2 P} + \frac{M_a}{P}$$

$$B = \frac{q}{k^2 P}\tan\frac{kl}{2} - \frac{M_a}{P}\tan kl + \frac{M_b}{P}\cos kl \quad \right\} \tag{1-67}$$

根据式（1-66）可求出支撑上任一点的挠度。

下面计算梁端转角及梁上的任一截面的弯矩。

$$\frac{\mathrm{d}y(x)}{\mathrm{d}x} = -Ak\sin kx + Bk\cos kx + \frac{q}{2P}(2x - l) + \frac{M_a - M_b}{Pl}$$

$$\frac{\mathrm{d}^2 y(x)}{\mathrm{d}x^2} = -k^2(A\cos kx + B\sin kx) + \frac{q}{P}$$

所以

$$\theta_a = \left(\frac{\mathrm{d}y(x)}{\mathrm{d}x}\right)_{x=0} = \alpha M_a - \beta M_b + \gamma$$

$$\theta_b = \left(\frac{\mathrm{d}y(x)}{-\mathrm{d}x}\right)_{x=1} = -\beta M_a + \alpha M_b + \gamma \quad \right\} \tag{1-68}$$

式中

$$\alpha = (1 - kl\cot kl)/Pl$$

$$\beta = (1 - kl\csc kl)/Pl$$

$$\gamma = \frac{q}{kP}\tan\frac{kl}{2} - \frac{ql}{2P} \quad \right\} \tag{1-69}$$

则

$$M(x) = -EI\frac{\mathrm{d}^2 y(x)}{\mathrm{d}x^2} = M_a(\cos kx - \cot kl\sin kx) + M_b\cos kl\sin kx$$

$$+ \frac{q}{k^2}\Big(\cos kx + \tan\frac{kl}{2}\sin kx - 1\Big) \tag{1-70}$$

（2）多跨连续压弯杆件的内力与变形的计算

如图 1-40 所示，多跨连续压弯杆件中相邻两跨第 $i-1$ 跨和第 i 跨，以 $M_j(j = i-1,$ $i, i+1)$ 表示杆件在第 j 个支座处的弯矩。

设第 $i-1$ 跨在 i 支座转角为 θ，第 i 跨在 i 支座处转角为 θ'。根据式（1-68）有

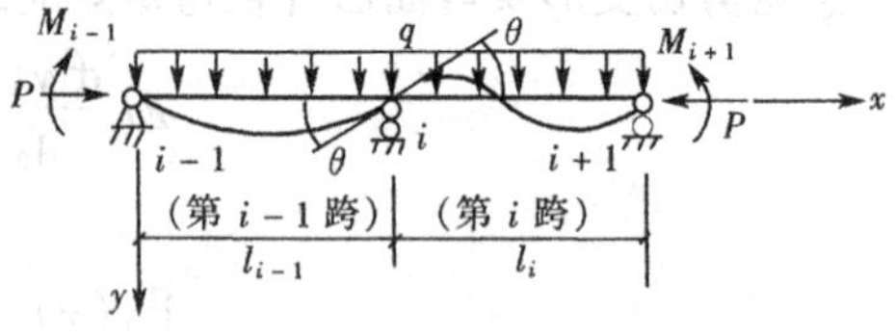

图 1-40　多跨连续压弯杆件隔离体

$$\theta = -M_{i-1}\beta_{i-1} + M_i\alpha_{i-1} + \gamma_{i-1}$$

$$\theta' = M_i\alpha_i - M_{i-1}\beta_i + \gamma_i$$

结构在弹性阶段内满足变形协调条件 $\theta = -\theta'$，所以

$$\beta_{i-1}M_{i-1} - (\alpha_{i-1} + \alpha_i)M_i + \beta_i M_{i-1} - (\gamma_{i-1} + \gamma_i) = 0 \tag{1-71}$$

这就是多跨连续压弯杆件的三弯矩方程。

当各跨跨度和刚度相同时，式（1-71）可简化为

$$\beta M_{i-1} - 2\alpha M_i + \beta M_{i+1} - 2\gamma = 0 \tag{1-72}$$

一个 n 跨连续压弯杆件共有 $n+1$ 个支座，对其中 $n-1$ 个中间支座可根据式（1-71）

或式（1-73）写出 $n-1$ 个三弯矩方程；对两个边支座可根据已知边界条件写出弯矩。因此，可求出杆件在每一支座处弯矩 $M_i(i=1,2,\cdots n+1)$，从而计算任意跨内任意截面的挠度、弯矩。

在实际设计中，求得临界荷载后可求得杆件的计算长度，然后按钢结构的设计方法计算钢支撑的最大允许轴压力。

图 1-41 即为单跨压杆允许轴压力和压杆计算长度的关系曲线的例子。

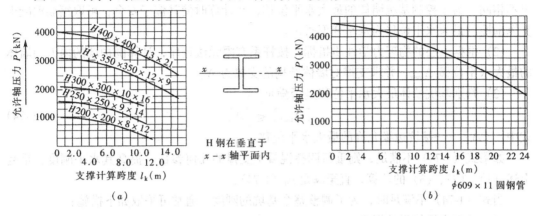

图 1-41　压杆允许轴压力与计算跨度的关系曲线

2. 混凝土支撑计算

目前深基坑的平面尺寸越来越大，基坑深度也越来越深。如果采用将支撑体系分解成单根压杆来进行计算的设计已不能满足工程的需要，如果设计的支撑体系缺乏整体刚度，其安全性就没有可靠的保证。

为解决上述问题，将支撑体系在结构上设计成一个水平的封闭框架，并尽可能采用混凝土现浇结构，这样就大大提高了它的整体刚度。因为支撑是一种临时结构，只需要满足施工阶段的各项技术参数和工况要求。在方便施工、节省投资的前提下，尽可能地优化结构的几何布置，选择有足够刚度和受力性能良好的几何形式，从而实现安全、经济的最佳设计。

深基坑支护结构一般由围护墙和支撑体系两部分组成，挡土的围护墙与封闭支撑结构共同组成一空间结构体系，两者共同承受土体的约束及荷载的作用。因此，支撑体系的水平位移包括两部分：一是在荷载作用下，支撑体系的变形；二是刚体位移（包括平移及转动），是由于基坑开挖过程中，基坑各侧面的荷载不同而发生的，该刚体位移的发生使基坑各侧面的荷载重新调整，直至平衡。

在不考虑刚体位称的前提下，为简化计算，可以围护墙和支撑体系在考虑相互作用后分别单独计算，围护墙沿基坑周边取单位长度为计算单元进行计算。这在上面已经介绍过。混凝土支撑体系按平面封闭框架结构设计，其外荷载由围护墙直接作用在封闭框架周边的腰梁上。封闭框架的周边约束条件视基坑形状、地基土物理力学性质和围护墙的刚度而定。对这个封闭框架结构，要计算在最不利荷载作用下，产生的最不利的内力组合和最大水平位移。按照基坑的挖土方式及挖土的不同阶段考虑多种不同工况，对每一种工况的不利荷载，分别计算围护墙和混凝土支撑体系的内力和水平位移。

这些计算都需利用已有的计算程序用计算机来完成。计算程序大致如下：

（1）选择合适的结构几何参数，计算混凝土支撑的水平变形刚度 K_c。

$$K_c = \frac{1}{\delta} \qquad (1\text{-}73)$$

式中　δ——混凝土支撑的变形柔度。其物理意义为：当混凝土支撑沿基坑周边承受单位均布支撑力 $R = 1$ 时，支撑点（即腰梁）的水平位移。

由于混凝土支撑在支撑力作用下，围檩上不同截面的水平位移不相同，支撑刚度 K_c 也不相同。为了控制基坑墙体的最大水平位移，在计算时使其偏于安全，可取钢筋混凝土支撑围檩的最大水平位移为水平变形柔度。

（2）根据土层的物理力学性质指标，按杆系有限元法程序，计算围护墙的内力和墙体的最大水平位移 Δ_{max}，并求支撑对墙体结构的支撑力 N。

（3）判别基坑墙体最大水平位移是否满足

$$[\Delta_{max}] \leqslant [\Delta] \qquad (1\text{-}74)$$

式中　$[\Delta]$——基坑边缘允许的最大水平位移。

如果式（1-74）不满足，则重新调整混凝土支撑的几何参数，提高其水平刚度，重复上述（1）、（2）、（3）的计算，直至满足式（1-74）。

当式（1-74）不满足时，为了调整整个基坑的刚度，通常可采取如下措施：

（1）调整支撑体系的标高；

（2）加大支撑杆件的截面尺寸，即增加支撑体系的水平变形刚度；

（3）加大挡墙墙体厚度或加大插入深度。

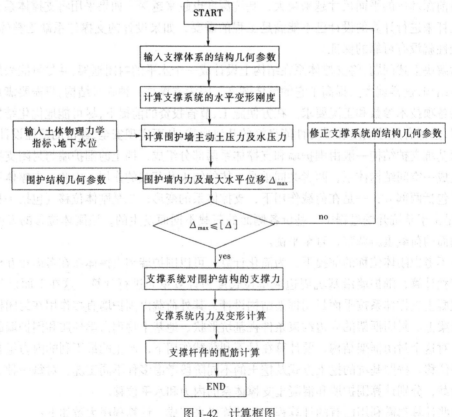

图 1-42　计算框图

上述三种调整措施中，调整支撑体系的标高，对基坑水平变形的控制最有效，如果仍无法满足，再按（2）、（3）进行调整，直至式（1-74）满足。

（4）用有限元法计算混凝土支撑的内力并进行配筋计算。

计算框图如图1-42所示。

平面呈矩形的基坑，当采用灌注桩挡土和角撑体系的支撑时，由于长边承受坑外土压力的总和要比短边大，往往会产生机构位移，如图1-43所示。

当基坑各侧壁荷载相差较大时，如相邻基坑同时开挖，基坑坑外附近的相邻工程进行打桩施工以及其它因素引起基坑侧壁的不平衡荷载，亦可能引起整个基坑向一侧"漂移"，使支撑体系的刚体位移很大。

为了计算上述机构位移或刚体位移，需将支撑体系与围护墙一同视为空间结构进行分析。

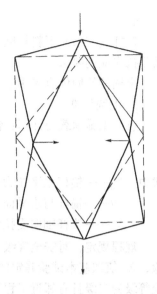

图1-43　机构位移示意图

（二）土锚计算

在土质较好地区，以外拉方式用土锚锚固支护结构的围护墙，可便利基坑土方开挖和主体结构地下工程的施工，对尺寸较大的基坑一般也较经济。

土锚一般由锚头、锚头垫座、钻孔、防护套管、拉杆（拉索）、锚固体、锚底板（有时无）等组成（图1-44）。

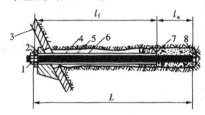

图1-44　土锚构造

1—锚头；2—锚头垫座；3—围护墙；4—钻孔；
5—防护套管；6—拉杆（拉索）；7—锚固体；
8—锚底板

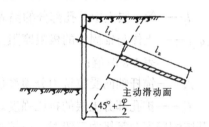

图1-45　土锚的自由段与锚固段的划分

l_f—自由段（非锚固段）；
l_a—锚固段

土锚根据潜在滑裂面，分为自由段（非锚固段）l_f 和锚固段 l_a（图1-45）。土锚的自由段处于不稳定土层中。要使拉杆与土层脱离，一旦土层滑动，它可以自由伸缩，其作用是将锚头所承受的荷载传递到锚固段。锚固段处于稳定土层中，它通过与土层的紧密接触将锚杆所承受的荷载分布到周围土层中去。锚固段是承载力的主要来源。

1. 土锚布置

根据《建筑基坑支护技术规程》，土锚的上下排垂直间距不宜小于2m；水平间距不宜小于1.5m；土锚锚固体上覆土层厚度不宜小于4m。

土锚的倾角宜为15°～25°，且不应大于45°。

土锚自由段长度不宜小于5m，并应超过潜在滑裂面1.5m。土锚的锚固段长度不宜小于 4m。

拉杆（拉索）下料长度，应为自由段、锚固段及外露长度之和。外露长度需满足锚固及张拉作业的要求。

土锚的锚固体宜采用水泥浆或水泥砂浆，其强度等级不宜低于 M100。

2. 土锚计算

(1) 土锚承载力计算：锚杆承载力计算，应符合下式要求：

$$T_{d} \leqslant N_{u}\cos\theta \tag{1-75}$$

式中　T_{d}——锚杆水平拉力设计值，由式（1-75）计算；

　　　θ——锚杆与水平面的倾角；

　　　N_{u}——锚杆轴向受拉承载力设计值。

规程规定，对安全等级为一级和缺乏地区经验的二级基坑侧壁，土锚应进行基本试验，N_{u} 值取基本试验确定的极限承载力除以受拉抗力分项系数 γ_{s}（$\gamma_{s}=1.3$）；基坑侧壁安全等级为二级且有邻近工程经验时，可按式（1-76）计算土锚轴向受拉承载力设计值，并进行锚杆验收试验：

$$N_{u} = \frac{\pi}{\gamma_{s}}\left[d\Sigma q_{sik}l_{i} + 2C(d_{1}^{2} - d^{2}) + d_{1}\Sigma q_{sjk}l_{j}\right] \tag{1-76}$$

式中　d_{1}——扩孔锚固体直径；

　　　d——非扩孔锚杆或扩孔锚杆的直孔段锚固体直径；

　　　l_{i}——第 i 层土中直孔部分的锚固段长度；

　　　l_{j}——第 j 层土中扩孔部分的锚固段长度；

　　q_{sik}、q_{sjk}——土体与锚固体的极限摩阻力标准值，应根据当地经验取值，当无经验时可按表 1-8 取值；

　　　γ_{s}——锚杆轴向受拉抗力分项系数，取 1.3；

　　　C——扩孔部分土层的抗压强度。

基坑侧壁安全等级为三级时，亦按式（1-76）计算 N_{u} 值。

对于塑性指数大于 17 的黏性土层中的土锚，应进行徐变试验。

(2) 拉杆（拉索）截面计算：普通钢筋的截面面积，按下式计算：

$$A_{s} = \frac{T_{d}}{f_{y}\cos\theta} \tag{1-77}$$

预应力钢筋的截面面积，按下式计算：

$$A_{p} = \frac{T_{d}}{f_{py}\cos\theta} \tag{1-78}$$

式中　A_{s}、A_{p}——普通钢筋、预应力钢筋拉杆的截面面积；

　　　f_{y}、f_{py}——普通钢筋、预应力钢筋拉杆的抗拉强度设计值。

(3) 土锚的整体稳定性验算：进行土锚设计时，不仅要研究土锚的承载能力，而且要研究支护结构与土层锚杆所支护土体的稳定性，以保证在使用期间土体不产生滑动失稳。

土锚的稳定性，分为整体稳定性和深部破裂面稳定性两种，其破坏形式如图 1-46 所示，需分别予以验算。

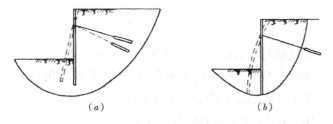

图 1-46　土锚的失稳
（a）整体失稳；（b）深部破裂面破坏

整体失稳时，土层滑动面在支护结构的下面，由于土体的滑动，使支护结构和土锚失效而整体失稳。对于此种情况可按土坡稳定的验算方法进行验算。

深部破裂面在基坑支护结构的下端处，这种破坏形式是德国的 E. Kranz 于 1953 年提出的，可利用 Kranz 的简易计算法进行验算。

Kranz 简易计算法的计算简图如图 1-47 所示。通过锚固体的中点 c 与基坑支护结构下端的假想支承点 b（可近似取底端）连一直线 bc，假定 bc 线即为深部滑动线，再通过点 c 垂直向上作直线 cd，cd 为假想墙。这样，由假想墙、深部滑动线和支护结构包围的土体 $abcd$ 上，除土体自重 G 之外，还有作用在假想墙上的主动土压力 E_1、作用于支护结构上的主动土压力的反作用力 E_a 和作用于 bc 面上的反力 Q。当土体 $abcd$ 处于平衡状态时，即可利用力多边形求得土层锚杆所能承受的最大拉力 A 及其水平分力 A_h，如果 A_h 与土层锚杆设计的水平分力 A'_h 之比值大于或等于 1.5，就认为不会出现上述的深部破裂面破坏。

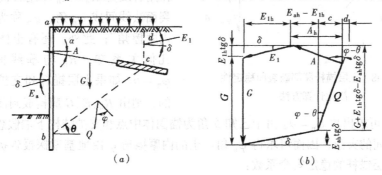

图 1-47　土锚深部破裂面稳定性计算简图
（a）作用于 $abcd$ 土体上的力；（b）力多边形

单根土锚的 Kranz 力多边形如图 1-47（b）所示，如果将各力化成其水平分力，则从力多边形中可得出下述计算公式：

$$A_h = E_{ah} - E_{1h} + c$$

$$c + d = (G + E_{1h}\tan\delta - E_{ah}\tan\delta)\tan(\varphi - \theta)$$

而

$$d = A_h\tan\alpha \cdot \tan(\varphi - \theta)$$

$$\therefore A_h = E_{ah} - E_{1h}(G + E_{1h}\tan\delta - E_{ah}\tan\delta)\tan(\varphi - \theta) - A_h\tan\alpha\tan(\varphi - \theta)$$

由上式可得出：

$$A_{\text{h}} = \frac{E_{\text{ah}} - E_{1\text{h}} + (G + E_{1\text{h}}\tan\delta - E_{\text{ah}}\tan\delta)\tan(\varphi - \theta)}{1 + \tan\alpha\tan(\varphi - \theta)} \qquad (1\text{-}79)$$

安全系数
$$k = \frac{A_{\text{h}}}{A'_{\text{h}}} \geqslant 1.5$$

式中　　　G——假想墙与深部滑动线范围内的土体重量（N）；

　　　　　E_{a}——作用在基坑支护结构上的主动土压力的反作用力（N）；

　　　　　E_1——作用在假想墙上的主动土压力（N）；

　　　　　Q——作用在 bc 面上反力的合力（N）；

　　　　　φ——土的内摩擦角（°）；

　　　　　δ——基坑支护结构与土之间的摩擦角（°）；

　　　　　θ——深部滑动面与水平面间的夹角（°）；

　　　　　α——土层锚杆的倾角（°）；

　　　　　A'_{h}——土层锚杆设计的水平分力（N）；

$E_{1\text{h}}$、E_{ah}、A_{h}——分别为 E_1、E_{a}、A 的水平分力（N）。

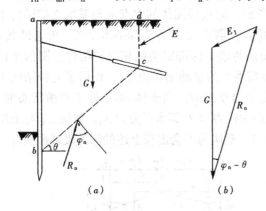

图 1-48　土层锚杆深部破裂面稳定性
简化计算方法

英国的 Locher 于 1969 年又提出简化的计算方法（图 1-48）。该简化计算方法是由锚固体中点 c 向上作垂线 cd，在该垂上面上作用有主动土压力 E；将 c 点与基坑支护结构下端的假想支承点 b 连一直线 bc，bc 即深部破裂面，在该深部破裂面上作用有反力 R_{n}，R_{n} 作用方向线与深部破裂面法线间成 φ_{n} 角，φ_{n} 称为土的"标称内摩擦角"；此外，还有土体重量 G。由几何关系知，R_{n} 与垂线间的夹角为 $\varphi_{\text{n}} - \theta$。如果土层锚杆和支护结构是稳定的，则由 R_{n}、E、G 应构成封闭三角形（图 1-48b），由此可求出角 $\varphi_{\text{n}} - \theta$。由于已知 θ 角为锚固体中点和支护结构下端假想支承点连线与水平线之间的夹角，因而可求得 φ_{n} 角。土的内摩擦角 φ 由地基勘探报告提供，则由下式可求得土层锚杆的稳定安全系数：

$$K = \frac{\tan\varphi}{\tan\varphi_{\text{n}}} \qquad (1\text{-}80)$$

3. 土锚计算实例

某大厦高 24 层，地下室 2～3 层，基础挖土深度 13m，土质为砂土和卵石，桩基采用直径 800mm 的人工挖孔的灌注桩，桩距 1.5m。工程施工场地狭窄，两面临街，一面紧靠民房，基础挖土不可能放坡大开挖，需用支护结构挡土，垂直开挖，但挡土板桩不能在地面进行拉结，如作为悬臂桩则截面不满足要求，且变形亦大，因此决定采用一道土锚拉结板桩。

（1）土锚受力计算

根据地质资料和施工条件，确定如下参数：

1）土锚设置在地面下 4.5m 处，水平间距 1.5m，钻孔的孔径为 $\phi140mm$，土层锚杆的倾角 13°；

2）地面均布荷载按 $10kN/m^2$ 计算；

3）计算主动土压力时，按照土层种类，土的平均重力密度 $\gamma_a = 19kN/m^3$，计算被动土压力时，根据土层情况，土的平均重力密度 $\gamma_p = 19.5kN/m^3$。主动土压力处土的内摩擦角 $\varphi_a = 40°$，被动土压力处土的内摩擦角 $\varphi_p = 45°$，土的内聚力 $c = 0$。

$$\therefore \quad \text{主动土压力系数} \ K_a = \tan^2\left(45° - \frac{\varphi_a}{2}\right) = \tan^2\left(45° - \frac{40°}{2}\right)$$
$$= 0.217$$
$$\text{被动土压力系数} \ K_P = \tan^2\left(45° + \frac{\varphi_P}{2}\right) = \tan^2\left(45° + \frac{45°}{2}\right)$$
$$= 5.83$$

A. 挡土板桩的入土深度计算（图 1-49）

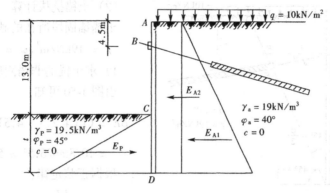

图 1-49　挡土板桩入土深度计算简图

按挡土板桩纵向单位长度计算，则

主动土压力：

$$E_{A1} = \frac{1}{2}\gamma_a(h + t)^2 K_a = \frac{1}{2} \times 19(13 + t)^2 \times 0.217$$

由地面荷载引起的附加压力：

$$E_{A2} = q(h + t)K_a = 10 \times (13 + t) \times 0.217$$

被动土压力：

$$E_P = \frac{1}{2}\gamma_p t^2 K_P = \frac{1}{2} \times 19.5 \times t^2 \times 5.83$$

$$\Sigma M_B = 0 \ 得$$

$$\frac{1}{2} \times 19 \times (13 + t)^2 \times 0.217\left[\frac{2}{3}(13 + t) - 4.5\right] + 10 \times (13 + t) \times 0.217$$

$$\left[\frac{1}{2}(13 + t) - 4.5\right] - \frac{1}{2} \times 19.5 \times t^2 \times 5.83\left(\frac{2}{3}t + 13 - 4.5\right) = 0$$

解之，得 $t = 2.26m$，取板桩入土深度为 2.30m。

B. 计算土锚的水平拉力

根据板桩入土深度 $t = 2.30\text{m}$，则

$$E_{A1} = \frac{1}{2}\gamma_a(h+t)^2 K_a = \frac{1}{2} \times 19(13+2.3)^2 \times 0.217 = 482.5\text{kN}$$

$$E_{A2} = q(h+t)K_a = 10(13+2.3) \times 0.217 = 33.2\text{kN}$$

$$E_P = \frac{1}{2}\gamma_p t^2 K_p = \frac{1}{2} \times 19.5 \times 2.3^2 \times 5.83 = 301\text{kN}$$

由 $\Sigma M_D = 0$ 可求出土层锚杆所承受拉力 T 的水平分力 T_A：

$$T_A(13+2.3-4.5) = E_{A1}\frac{13+2.3}{3} + E_{A2}\frac{13+2.3}{2} - E_P\frac{2.3}{3}$$

将上述 E_{A1}、E_{A2}、E_P 的数值代入，则求得：$T_A = 229.9\text{kN}$

由于土锚的间距为 1.5m，所以每根土锚所承受拉力的水平分力为：

$$T_{A1.5} = 1.5 \times 229.9 = 344.8\text{kN}$$

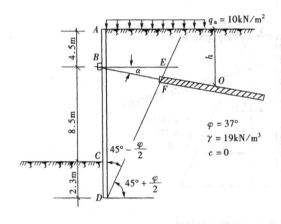

图 1-50 锚固段长度计算简图

(2) 土锚抗拔计算

土锚锚固段所在的砂土层：

$$\gamma = 19\text{kN/m}^3, \varphi = 37°, K_0 = 1$$

1）求土锚的非锚固段长度（BF）

由图 1-50 可知：

$$BE = (13+2.3-4.5)\tan\left(45° - \frac{\varphi}{2}\right)$$
$$= 10.8\tan26.5° = 5.38\text{m}$$

根据正弦定律：

$$\frac{BE}{\sin\angle BFE} = \frac{BE}{\sin\angle BEF}$$

$$\therefore BF = \frac{BE\sin\angle BEF}{\sin\angle BFE}$$

而

$$\angle BEF = 90° - \left(45° - \frac{\varphi}{2}\right) = 90° - \left(45° - \frac{37°}{2}\right)$$
$$= 63.5°$$

$$\angle BFE = 180° - \alpha - 63.5° = 180° - 13° - 63.5° = 103.5°$$

因此

$$BF = \frac{5.38 \times \sin63.5°}{\sin103.5°} = 4.95\text{m}$$

∴非锚固段长度为 4.95m。

2）求土锚的锚固段长度

土锚拉力的水平分力 $T_{A1.5} = 344.8\text{kN}$，而土锚的倾角 $\alpha = 13°$，则该土锚的轴向拉力 $T = 344.8/\cos13° = 353.8\text{kN}$。

由于该土锚非高压灌浆，土体抗剪强度按下式计算：

$$\tau_z = c + k_0\gamma h \text{tg}\varphi$$

假定锚固段长度为 10m，图 1-50 中的 O 点为锚固段的中点，则

$$BO = BF + FO = 4.95 + 5.00 = 9.95\text{m}$$

锚固段中点 O 至地面的距离

$$h = 4.5 + BO\sin 13° = 4.5 + 9.95\sin 13° = 6.74\text{m}$$

$$\therefore \tau_z = c + k_0\gamma h \operatorname{tg}\varphi = 0 + 1 \times 19 \times 6.74 \times \operatorname{tg}37° = 96.5\text{kN/m}^2$$

如果取安全系数 $K = 1.50$，则锚固段长度：

$$l = \frac{T \cdot K}{\pi d \tau_z} = \frac{353.8 \times 1.5}{\pi \times 0.14 \times 96.5} = 12.50\text{m}$$

因此，原假定锚固段长度 10m 应予以修正。所以

$$h = 4.5 + \left(4.95 + \frac{12.5}{2}\right)\sin 13° = 7.02\text{m}$$

$$\therefore \qquad \tau_z = c + k_0\gamma h \operatorname{tg}\varphi = 0 + 1 \times 19 \times 7.02 \times \operatorname{tg}37°$$

$$= 100.5\text{kN/m}^2$$

锚固段长度 $\qquad l = \frac{T \cdot K}{\pi d \tau_z} = \frac{353.8 \times 1.5}{\pi \times 0.14 \times 100.5} = 12\text{m}$

因此，最后确定取锚固段长度为 12m。

（3）钢拉杆截面选择

如钢拉杆选用 $1\phi 40$，则其抗拉设计强度为：

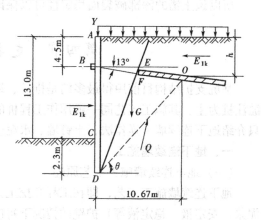

$A \cdot f_y = 1256 \times 290 = 364.2\text{kN} > T = 353.8\text{kN}$ 满足要求。

（4）土锚的深部破裂面稳定性验算（图1-51）

每根土锚的水平分力

$$T_{A1.5} = 344.8\text{kN}$$

$$\theta = \operatorname{arctg}\frac{(13 + 2.3) - 7.02}{\left(4.95 + \dfrac{12}{2}\right)\cos 13°} = 37.8°$$

图 1-51 深部破裂面稳定性验算

土体重力 $\qquad G = \dfrac{7.02 + (13 + 2.3)}{2} \times 10.67 \times 1.5 \times 19$

$$= 3393.7\text{kN}$$

设 $\delta = 0$，则作用在支护结构上主动土压力的反作用力（考虑地面荷载）为：

$$E_{ah} = \frac{1}{2}\gamma H^2 K_a 1.5 + qH K_a 1.5$$

$$= \frac{1}{2} \times 19 \times (13 + 2.3)^2 \times \operatorname{tg}^2\left(45° - \frac{37°}{2}\right)1.5$$

$$+ 10 \times (13 + 2.3) \times \operatorname{tg}^2\left(45° - \frac{37°}{2}\right)1.5$$

$$= 884.2\text{kN}$$

作用在假想墙上的主动土压力：

$$E_{1h} = \frac{1}{2}\gamma h^2 K_a 1.5 + qhK_a 1.5$$

$$= \frac{1}{2} \times 19 \times 7.02^2 \times \text{tg}^2\left(45° - \frac{37°}{2}\right)1.5$$

$$+ 10 \times 7.02 \times \text{tg}^2\left(45° - \frac{37°}{2}\right)1.5$$

$$= 200.3\text{kN}$$

根据下式得：

$$KA_h = \frac{E_{ah} - E_{1h} + (G + E_{1h}\text{tg}\delta - E_{ah}\text{tg}\delta)\text{tg}(\varphi - \theta)}{1 + \text{tg}\alpha\text{tg}(\varphi - \theta)}$$

$$= \frac{884.2 - 200.3 + (3393.7 + 0 - 0)\text{tg}(37° - 37.8°)}{1 + \text{tg}13°\text{tg}(37° - 37.8°)}$$

$$= 638.4\text{kN}$$

安全系数 $\qquad f = \frac{KA_h}{YA_h} = \frac{638.4}{344.8} = 1.85 > 1.50$

所以该土锚的深部破裂面稳定性可以保证。

第四节　支护结构施工

基坑支护结构目前用得最多的是排桩、地下连续墙、水泥土墙和土钉墙。排桩以钻孔灌注桩为主，其施工工艺同一般用作工程桩的钻孔灌注桩一样，将在第二章中详述。此处只介绍地下连续墙、逆作法、土钉墙、水泥土墙和钢板桩的施工。

一、地下连续墙施工

（一）地下连续墙施工工艺原理

地下连续墙施工工艺，即在工程开挖土方之前，用特制的挖槽机械在泥浆（又称触变泥浆、安定液、稳定液等）护壁的情况下每次开挖一定长度（一个单元槽段）的沟槽，待开挖至设计深度并清除沉淀下来的泥渣后，将在地面上加工好的钢筋骨架（一般称为钢筋笼）用起重机械吊放入充满泥浆的沟槽内，用导管向沟槽内浇筑混凝土，由于混凝土是由沟槽底部开始逐渐向上浇筑，所以随着混凝土的浇筑即将泥浆置换出来，待混凝土浇至设计标高后，一个单元槽段即施工完毕。各个单元槽段之间由特制的接头连接，形成连续的地下钢筋混凝土墙。如呈封闭状，则工程开挖土方后，地下连续墙就既可挡土又可防水，便利了地下工程和深基础的施工。如将地下连续墙同时作为地下室的承重结构做到"两墙合一"，则经济效益更好。

（二）构造处理

1. 混凝土强度及保护层

现浇钢筋混凝土地下连续墙，其设计混凝土强度等级不得低于C30，考虑到在泥浆中浇筑，施工时要求提高到不得低于C35。

水泥用量不得少于 370kg/m^3，水灰比不大于0.6，坍落度宜为 $180 \sim 210\text{mm}$。

混凝土保护层厚度，根据结构的重要性、骨料粒径、施工条件及工程和水文地质条件而定。根据现浇地下连续墙是在泥浆中浇筑混凝土的特点，对于正式结构其混凝土保护层厚度不应小于 70mm，对于用作支护结构的临时结构，则不应小于 40mm。

2. 接头设计

地下连续墙的接头形式很多，一般根据受力和防渗要求进行选择。地下连续墙的接头分为两大类：施工接头和结构接头。施工接头是浇筑地下连续墙时在墙的纵向连接两相邻单元墙段的接头；结构接头是已竣工的地下连续墙在水平向与其他构件（地下连续墙和内部结构，如梁、柱、墙、板等）相连接的接头。

（1）施工接头（纵向接头）

确定槽段间接头的构造设计时应考虑以下因素：

1）对下一单元槽段的成槽施工不会造成困难。

2）不会造成混凝土从接头下端及侧面流入背面。

3）能承受混凝土侧压力，不致严重变形。

4）根据结构设计的要求，传递单元槽段之间的应力，并起到伸缩接头的作用。

5）槽段较深需将接头管分段吊入时应装拆方便。

6）在难以准确进行测定的泥浆中能够较准确的进行施工。

7）造价低廉。

常用的施工接头有以下几种：

1）接头管（亦称锁口管）接头。这是当前地下连续墙施工应用最多的一种施工接头。施工时，待一个单元槽段土方挖好后，于槽段端部用吊车放入接头管，然后吊放钢筋笼并浇筑混凝土，待浇筑的混凝土强度达到 0.05～0.20MPa 时（一般在混凝土浇筑后 3～5h，视气温而定），开始用吊车或液压顶升架提拔接头管，上拔速度应与混凝土浇筑速度、混凝土强度增长速度相适应，一般为 2～4m/h，应在混凝土浇筑结束后 8h 以内将接头管全部拔出。接头管直径一般比墙厚小 50mm，可根据需要分段接长。接头管拔出后，单元槽段的端部形成半圆形，继续施工即形成两相邻单元槽段的接头，它可以增强整体性和防水能力，其施工过程如图 1-52 所示。

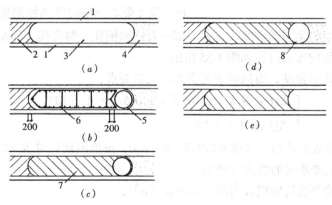

图 1-52　接头管接头的施工程序

（a）开挖槽段；（b）吊放接头管和钢筋笼；（c）浇筑混凝土；（d）拔出接头管；（e）形成接头

1—导墙；2—已浇筑混凝土的单元槽段；3—开挖的槽段；4—未开挖的槽段；5—接头管；

6—钢筋笼；7—正浇筑混凝土的单元槽段；8—接头管拔出后的孔洞

2）接头箱接头。接头箱接头可以使地下连续墙形成整体接头，接头的刚度较好。

接头箱接头的施工方法与接头管接头相似，只是以接头箱代替接头管。一个单元槽段

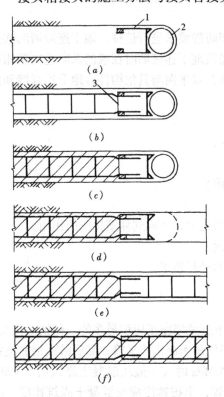

图 1-53 接头箱接头的施工程序
（a）插入接头箱；（b）吊放钢筋笼；（c）浇筑混凝土；（d）吊出接头管；（e）吊放后一槽段的钢筋笼；（f）浇筑后一槽段的混凝土，形成整体接头
1—接头箱；2—接头管；3—焊在钢筋笼上的钢板

挖土结束后，吊放接头箱，再吊放钢筋笼。接头箱在浇筑混凝土的一面是开口的，所以钢筋笼端部的水平钢筋可插入接头箱内。浇筑混凝土时，接头箱的开口面被焊在钢筋笼端部的钢板封住，因而浇筑的混凝土不能进入接头箱。混凝土初凝后，与接头管一样逐步吊出接头箱，待后一个单元槽段再浇筑混凝土时，由于两相邻单元槽段的水平钢筋交错搭接，而形成整体接头，其施工过程如图 1-53 所示。

此外，图 1-54 所示用 U 形接头管与滑板式接头箱施工的钢板接头，是另一种整体式接头的做法，经过我国实践已证明是有效的。

这种整体式钢板接头是在两相邻单元槽段的交界处，利用 U 形接头管放入开有方孔且焊有封头钢板的接头钢板，以增强接头的整体性。接头钢板上开有大量方孔，其目的是为增强接头钢板与混凝土之间的粘结。滑板式接头箱的端部设有充气的锦纶塑料管，用来密封止浆，防止新浇筑混凝土浸透。为了便于抽拔接头箱，在接头箱与封头钢板和 U 形接头管接触处皆设有聚四氟乙烯滑板。

施工这种钢板接头时，由于接头箱与 U 形接头管的长度皆为按设计确定的定值，不能任意接长，因此要求挖槽时严格控制槽底标高。吊放 U 形接头管时，要紧贴半圆形槽壁，且其下部一直插到槽底，勿将其上部搁置在导墙上。这种整体式钢板接头的施工过程如图 1-55 所示。

接头钢板的抗剪强度，需同时满足下列二式的要求：

$$\begin{cases} KQ \leqslant 9.8 + 12.65F + 1.045f_{cc} \cdot A_c \cdot 10^{-3} & (1\text{-}81) \\ KQ \leqslant A_0 f_v \cdot 10^{-3} & (1\text{-}82) \end{cases}$$

式中　K——强度安全系数，按抗裂设计时 $K=3.0$，按极限设计时 $K=2.0$；

　　　Q——接头处承受的剪力（kN）；

　　　F——扣除开孔后的钢板两面净表面积（m²）；

　　　f_{cc}——混凝土轴心抗压强度设计值（kN/m²）；

　　　A_c——接头钢板的总局部受压面积（m²）；

$$A_c = L \cdot \delta$$

　　　L——接头钢板的总局部受压边长（m）；

$$L = n \frac{\text{一个孔洞的边长}}{2} + \frac{\text{钢板长度}}{2}$$

n——半块接头钢板的孔洞数;

δ——接头钢板的厚度(m);

A_0——接头钢板在接头处的截面积(m^2);

f_v——钢板的抗剪强度设计值(kN/m^2)。

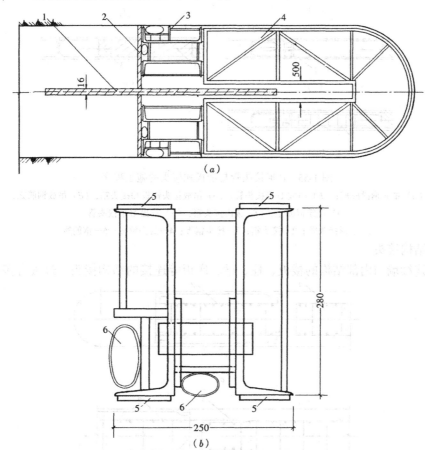

图 1-54 U 形接头管与滑板式接头箱

(a) U 形接头管; (b) 滑板式接头箱

1—接头钢板; 2—封头钢板; 3—滑板式接头箱;

4—U 形接头管; 5—聚四氟乙烯滑板; 6—锦纶塑料管

3) 隔板式接头。隔板式接头按隔板的形状分为平隔板、榫形隔板和 V 形隔板。(图 1-56)。由于隔板与槽壁之间难免有缝隙,为防止新浇筑的混凝土渗入,要在钢筋笼的两边铺贴维尼龙等化纤布。化纤布可把单元槽段钢筋笼全部罩住,也可以只有 2~3m 宽。要注意吊入钢筋笼时不要损坏化纤布。

带有接头钢筋的榫形隔板式接头,能使各单元墙段形成一个整体,是一种较好的接头方式。但插入钢筋笼较困难,且接头处混凝土的流动亦受到阻碍,施工时要特别加以注意。

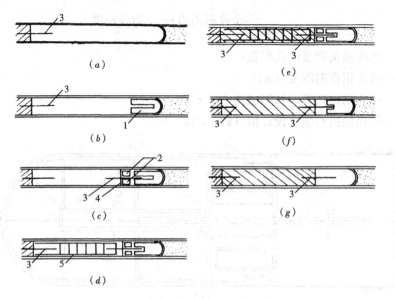

图 1-55 U 形接头管与滑板式接头的施工程序

(a) 单元槽段成槽；(b) 吊放 U 形接头管；(c) 吊放接头钢板和接头箱；(d) 吊放钢筋笼；

(e) 浇筑混凝土；(f) 拔出接头箱；(g) 拔出 U 形接头管

1—U 形接头管；2—接头箱；3—接头钢板；4—封头钢板；5—钢筋笼

(2) 结构接头

地下连续墙与内部结构的楼板、柱、梁、底板等连接的结构接头，过去有多种做法，

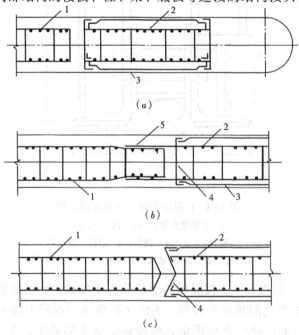

图 1-56 隔板式接头

(a) 平隔板；(b) 榫形隔板；(c) V 形隔板

1—正在施工槽段的钢筋笼；2—已浇筑混凝土槽段的钢筋笼；

3—化纤布；4—钢隔板；5—接头钢筋

如预埋连接钢筋、预埋连接钢板、预埋剪力连接件等，这些做法是将预埋件与钢筋笼固定，浇筑混凝土后将预埋钢筋弯折出墙面或使预埋件外露，然后与梁、板等受力钢筋焊接进行连接。但近年来结构接头利用最多的方法是预埋锥（直）螺纹套筒，将其与钢筋笼固定，要求位置十分准确，挖土露出后即可与梁、板受力钢筋连接。

地下连续墙内有时还有其他的预埋件或预留孔洞等，可利用泡沫苯乙烯塑料、木箱等覆盖，但要注意不要因泥浆浮力而产生位称或损坏，而且在基坑开挖时要易于从混凝土面上取下。

（三）地下连续墙施工

1. 施工前的准备工作

在进行地下连续墙设计和施工之前，必须认真调查现场情况和地质、水文等情况，以确保施工的顺利进行。

（1）施工现场情况调查

现场情况调查的目的是为了解决下述问题：施工机械进入现场和进行组装的可能性；挖槽时弃土的处理和外运；给排水和供电条件；地下障碍物和相邻建（构）筑物情况；噪声、振动与污染等公害引起的有关问题等。

1）有关机械进场条件调查

要把施工用机械、设备和材料等运进现场，除调查地形之外，还需调查所要经过的道路情况，尤其是道路宽度、坡度、弯道半径、路面状况和桥梁承载能力等，以便解决挖槽机械、重型机械等进场的可能性。

2）有关给排水、供电条件的调查

地下连续墙施工需要用大量的水，挖槽机械等亦需耗用一定的电力，因而需要调查现有的供水和供电条件（电压、容量、引入现场的难易程度），如现场暂时不具备，则要设法创造条件。

地下连续墙施工时需用泥浆护壁，泥浆中又混有大量土碴，因此排出的水往往非常混浊，容易引起下水道堵塞和河流污染等公害，需先经沉淀后再排放。最好进行泥水分离，然后再排放。

3）有关现有建（构）筑物的调查

当地下连续墙的位置靠近现有建（构）筑物时，要调查其结构及基础情况，还要了解其基础埋置深度及其以下的土质情况，以便确定地下连续墙的位置、槽段长度、挖槽方法、墙体刚度及土体开挖后墙体的支撑等。同时还要研究现有建（构）筑物产生的侧压力是否会增大地下连续墙体的内力和影响槽壁的稳定性。

4）地下障碍物对地下连续墙施工影响的调查

埋在地下的桩、废弃的混凝土结构物、混凝土块体和各种管道等，是地下连续墙施工时的主要障碍物。应在开工前进行详细的勘查，并尽可能在地下连续墙施工之前加以排除，或者采取其他必要的措施，否则会给施工带来很大的困难。

5）噪声、振动与环境污染的调查

地下连续墙施工时的噪声、振动都较小，一般情况下对周围无大的影响。但是在靠近医院、学校等要求安静的地区施工，亦会带来一些问题，因此需加以注意。

另外，泥浆对地下水有污染，排水与弃土也会引起对环境的污染，因此必须考虑防止污染的措施。

(2) 水文、地质情况调查

地下连续墙的设计、施工和完工后的使用，在很大程度上取决于事先是否对水文、地质情况有全面、正确的了解。因此必须认真进行地质勘探，要根据工程情况、挖槽长度、地形起伏等正确确定钻孔位置，钻孔深度应超过地下连续墙的设计深度。地质勘探中应注意收集有关地下水的资料，如地下水位及水位变化情况、地下水流动速度、承压水层的分布与压力大小，必要时还需对地下水的水质进行水质分析。

确定深槽的开挖方法、决定单元槽段长度、估计挖土效率、考虑护壁泥浆的配合比和循环工艺等，都与地质情况密切有关。如深槽用钻抓法施工，目前钻导孔所用的工程潜水电钻是正循环出土，当遇到砂土或粉砂层时，要注意不要因钻头喷浆冲刷而使钻孔直径过大，或造成局部坍方，从而影响地下连续墙的施工质量。又如遇到卵石层，由于泥浆正循环出土不能带出卵石而使其积聚于孔底，会造成不能继续钻孔的困难。

导杆抓斗的挖槽效率也与地质条件有关，土质坚硬时挖土的效率会降低。同样，多头钻的成槽效率亦与地质条件密切有关。由于多头钻是采用反循环出土，在土质松软时，挖掘效率就取决于排污能力和补浆质量；在土质坚硬时，它的挖掘效率就取决于钻头的切削能力，如土质过于坚硬，就会使挖掘速度下降。地质条件对于反循环出土的泥浆处理方法的选择亦有很大关系。

此外，槽壁的稳定性也取决于土层的物理力学性质、地下水位高低、泥浆质量和单元槽段的长度。在制订施工方案时，为了验算槽壁的稳定性，就需要了解各土层土的重力密度 γ、内摩擦角 φ、内聚力 c 等物理力学指标。

另外，在研究地下连续墙施工用泥浆向地层渗透是否会污染邻近的水井等水源时，亦需利用土的渗透系数等指标参数。根据上述分析可以清楚地看出，全面而正确的掌握施工地区的水文、地质情况，对地下连续墙施工是十分重要的。

(3) 制订地下连续墙的施工方案

由于地下连续墙的施工质量在施工期间不能直接用肉眼观察，一旦发生质量事故返工处理就较为困难，所以在施工之前详细制订施工方案是十分重要的。在详细研究了工程规模、质量要求、水文地质资料、现场周围环境、是否存在施工障碍和施工作业条件等之后，编制工程的施工组织设计。地下连续墙的施工组织设计，一般应包括下述内容：

1) 工程规模和特点，水文、地质和周围情况以及其他与施工有关条件的说明。

2) 挖掘机械等施工设备的选择。

3) 导墙设计。

4) 单元槽段划分及其施工顺序。

5) 预埋件和地下连续墙与内部结构连接的设计和施工详图。

6) 护壁泥浆的配合比、泥浆循环管路布置、泥浆处理和管理。

7) 废泥浆和土碴的处理。

8) 钢筋笼加工详图，钢筋笼加工、运输和吊放所用的设备和方法。

9) 混凝土配合比设计，混凝土供应和浇筑方法。

10) 动力供应和供水、排水设施。

11) 施工平面图布置：包括挖掘机械运行路线；挖掘机械和混凝土浇灌机架布置；出

土运输路线和堆土处；泥浆制备和处理设备；钢筋笼加工及堆放场地；混凝土搅拌站或混凝土运输路线；其他必要的临时设施等。

12）工程施工进度计划，材料及劳动力等的供应计划。

13）安全措施、质量管理措施和技术组织措施等。

2. 地下连续墙的施工工艺过程

目前我国建筑工程中应用最多的是现浇的混凝土壁板式地下连续墙，多为临时围护墙，亦有用作主体结构一部分同时又兼作围护墙的地下连续墙。

对于现浇混凝土壁板式地下连续墙，其施工工艺过程通常如图 1-57 所示。其中修筑导墙、泥浆制备与处理、深槽挖掘、钢筋笼制备与吊装以及混凝土浇筑，是地下连续墙施工中主要的工序。

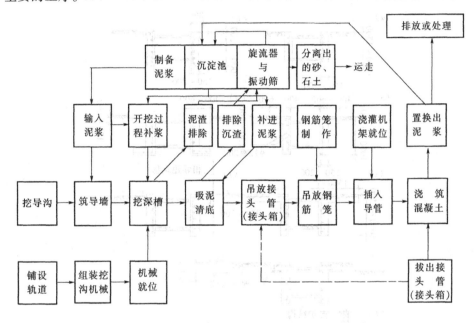

图 1-57　现浇混凝土地下连续墙的施工工艺过程

3. 地下连续墙施工技术

（1）修筑导墙

导墙是地下连续墙挖槽之前修筑的临时结构，对挖槽起重要作用。

1）导墙的作用

导墙的作用如下：

A. 挡土墙。在挖掘地下连续墙沟槽时，接近地表的土极不稳定，容易坍陷，而泥浆也不能起到护壁的作用，因此在单元槽段挖完之前，导墙就起挡土墙作用。

B. 作为测量的基准。它规定了沟槽的位置，表明单元槽段的划分，同时亦作为测量挖槽标高、垂直度和精度的基准。

C. 作为重物的支承。它既是挖槽机械轨道的支承，又是钢筋笼、接头管等搁置的支点，有时还承受其他施工设备的荷载。

D. 存蓄泥浆。导墙可存蓄泥浆，稳定槽内泥浆液面。泥浆液面应始终保持在导墙面以下 20cm，并高于地下水位 1.0m，以稳定槽壁。

此外，导墙还可防止泥浆漏失；防止雨水等地面水流入槽内；地下连续墙距离现有建筑物很近时，施工时还起一定的补强作用；在路面下施工时，可起到支承横撑的水平导梁的作用。

2）导墙的形式

导墙一般为现浇的混凝土结构。但亦有钢制的或预制混凝土的装配式结构，可多次重复使用。不论采用哪种结构，都应具有必要的强度、刚度和精度，而且一定要满足挖槽机械的施工要求。

图 1-58 所示是适用于各种施工条件的现浇钢筋混凝土导墙的形式：形式（a）、（b）断面最简单，它适用于表层土良好（如紧密的黏性土等）和导墙上荷载较小的情况。

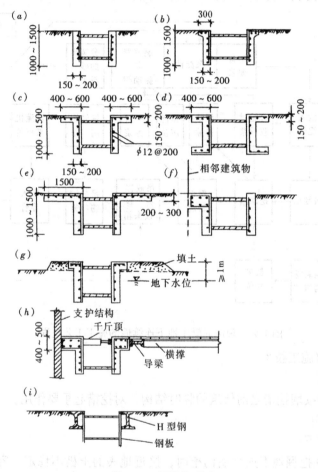

图 1-58　导墙的形式

形式（c）、（d）为应用较多的两种，适用于表层土为杂填土、软黏土等承载能力较弱的土层，因而将导墙做成倒"L"形或上、下部皆向外伸出的"［"形。

形式（e）适用于作用在导墙上的荷载很大的情况，可根据荷载的大小计算确定其伸出部分的长度。

当地下连续墙距离现有建（构）筑物很近，对相邻结构需要加以保护时，宜采用形式

（*f*）的导墙，其邻近建（构）筑物的一肢适当加强，在施工期间可阻止相邻结构变形。

当地下水位很高而又不采用井点降水的方法降水时，为确保导墙内泥浆液面高于地下水位 1m 以上，需将导墙面上提而高出地面。在这种情况下，需在导墙周边填土，可采用形式（*g*）的导墙。

当施工作业面在地下（如在路面以下）时，导墙需要支撑已施工结构的作为临时支承用的水平导梁，可采用形式（*h*）的导墙。此时导墙需适当加强，而且导墙内侧的横撑宜用千斤顶代替。

金属结构的可拆装导墙的形式很多，形式（*i*）是其中的一种，它由 H 型钢（常用者 300×300）和钢板组成。这种导墙可重复使用。

3）导墙施工

现浇混凝土导墙的施工顺序为：平整场地→测量定位→挖槽及处理弃土→绑扎钢筋→支模板→浇筑混凝土→拆模并设置横撑→导墙外侧回填土（如无外侧模板，可不进行此项工作）。

当表土较好，在导墙施工期间能保持外侧土壁垂直自立时，则以土壁代替模板，避免回填土，以防槽外地表水渗入槽内。如表土开挖后外侧土壁不能垂直自立，则外侧亦需设立模板。导墙外侧的回填土应用黏土回填密实，防止地面水从导墙背后渗入槽内，引起槽段坍方。

导墙的厚度一般为 0.15～0.20m，墙趾不宜小于 0.20m，深度一般为 1.0～2.0m。导墙的配筋多为 φ12@200，水平钢筋必须连接起来，使导墙成为整体。导墙施工接头位置应与地下连续墙施工接头位置错开。

导墙面应高于地面约 10cm，可防止地面水流入槽内污染泥浆。导墙的内墙面应平行于地下连续墙轴线，对轴线距离的最大允许偏差为 ±10mm；内外导墙面的净距，应为地下连续墙名义墙厚加 40mm，净距的允许误差为 ±5mm，墙面应垂直；导墙顶面应水平，全长范围内的高差应小于 ±10mm，局部高差应小于 5mm。导墙的基底应和土面密贴，以防槽内泥浆渗入导墙后面。

现浇钢筋混凝土导墙拆模以后，应沿其纵向每隔 1m 左右加设上、下两道木支撑（常用规格为 5cm×10cm 和 10cm×10cm），将两片导墙支撑起来，在导墙的混凝土达到设计强度之前，禁止任何重型机械和运输设备在旁边行驶，以防导墙受压变形。

（2）泥浆护壁

1）泥浆的作用

地下连续墙的深槽是在泥浆护壁下进行挖掘的。泥浆的费用占工程费用的一定比例，泥浆材料的选用既要考虑护壁效果，又要考虑其经济性，应尽可能地利用当地材料。泥浆在成槽过程中有下述作用：

A. 护壁作用。泥浆具有一定的相对密度，如槽内泥浆液面高出地下水位一定高度，泥浆在槽内就对槽壁产生一定的静水压力，可抵抗作用在槽壁上的侧向土压力和水压力，相当于一种液体支撑，可以防止槽壁倒坍和剥落，并防止地下水渗入。

另外，泥浆在槽壁上会形成一层透水性很低的泥皮，从而可使泥浆的静水压力有效地作用于槽壁上，能防止槽壁剥落。泥浆就粘附在土颗粒上，可减少槽壁的透水性，亦可防止槽壁坍落。

B. 携碴作用。泥浆具有一定的黏度，它能将钻头式挖槽机挖下来的土碴悬浮起来，既便于土碴随同泥浆一同排出槽外，又可避免土碴沉积在工作面上影响挖槽机的挖槽效率。

C. 冷却和滑润作用。冲击式或钻头式挖槽机在泥浆中挖槽，以泥浆作冲洗液，钻具在连续冲击或回转中温度剧烈升高，泥浆既可降低钻具的温度，又可起滑润作用而减轻钻具的磨损，有利于延长钻具的使用寿命和提高深槽挖掘的效率。

泥浆性能对槽壁稳定的影响，可由 G．G．Meyehof 公式表现出来：

$$H_{cr} = \frac{NC_u}{K_0 \gamma' - \gamma'_1} \qquad (1-83)$$

式中　H_{cr}——沟槽的临界深度（m）；

　　　　N——条形基础的承载力系数，对于矩形沟槽 $N = 4\left(1 + \frac{B}{L}\right)$；

　　　　B——沟槽宽度（m）；

　　　　L——沟槽的平面长度（m）；

　　　　C_u——土的不排水抗剪强度（N/mm²）；

　　　　K_0——静止土压力系数；

　　　　γ'——土扣除浮力的重力密度（N/mm³）；

　　　　γ'_1——泥浆扣除浮力的重力密度（N/mm³）。

沟槽的倒坍安全系数，对于黏性土为：

$$K = \frac{NC_u}{P_{0m} - P_{1m}} \qquad (1-84)$$

对于无黏性的砂土（内聚力 $c = 0$），倒坍安全系数则为：

$$K = \frac{2(\gamma - \gamma_1)^{\frac{1}{2}} tg\varphi}{\gamma - \gamma_1} \qquad (1-85)$$

式中　P_{0m}——沟槽开挖面外侧的土压力和水压力（MPa）；

　　　　P_{1m}——沟槽开挖面内侧的泥浆压力（MPa）；

　　　　γ——砂土的重力密度（N/mm²）；

　　　　γ_1——泥浆的重力密度（N/mm²）；

　　　　φ——砂土的内摩擦角（°）。

沟槽壁面的横向变形 S 按下式计算：

$$S = (1 - \gamma^2)(K_0 \gamma' - \gamma_1) \frac{hL}{G_0} \qquad (1-86)$$

式中　γ——土的泊松比；

　　　　h——从地面算起至计算点的深度（mm）；

　　　　G_0——土的压缩模量（MPa）；

其他符号同前。

2）泥浆的成分

地下连续墙挖槽用护壁泥浆（膨润土泥浆）的制备，有下列几种方法：

制备泥浆——挖槽前利用专用设备事先制备好泥浆，挖槽时输入沟槽；

自成泥浆——用钻头式挖槽机挖槽时，向沟槽内输入清水，清水与钻削下来的泥土拌合，边挖槽边形成泥浆。泥浆的性能指标要符合规定的要求；

半自成泥浆——当自成泥浆的某些性能指标不符合规定的要求时，在形成自成泥浆的过程中，加入一些需要的成分。

此处所谓的泥浆成分是指制备泥浆的成分。护壁泥浆除通常使用的膨润土泥浆外，还有聚合物泥浆、CMC 泥浆和盐水泥浆，其主要成分和外加剂见表 1-9。

护壁泥浆的种类及其主要成分　　　　　　　　表 1-9

泥浆种类	主要成分	常用的外加剂
膨胀土泥浆	膨润土、水	分散剂、增黏剂、加重剂、防漏剂
聚合物泥浆	聚合物、水	
CMC 泥浆	CMC、水	膨润水
盐水泥浆	膨润土、盐水	分散剂、特殊黏土

聚合物泥浆是以长链有机聚合物和无机硅酸盐为主体的泥浆，我国目前尚未使用。CMC 泥浆及盐水泥浆只用于海岸附近等特殊条件下。

A. 膨润土。膨润土是一种颗粒极细、遇水显著膨胀、黏性和可塑性都很大的特殊黏土，它是经加热、干燥和粉碎之后，用旋流分离器按其粉末粒径大小分级后出售的。其质量因产地、出厂时间和粒径大小不同而差异很大。其基本性质如下：

a. 物理性质：

相对密度　　　　　　　　　　　　　　2.40～2.95；

粉末体的表观相对密度　　　　　　　　0.83～1.13；

液限　　　　　　　　　　　　　　　　330～590（%）；

比表面积　　　　　　　　　　　　　　80～100（m^2/g）；

6%～12%溶解度时的 pH 值　　　　　　8～10。

b. 化学成分：见表 1-10。

膨润土的化学成分　　　　　　　　表 1-10

产　地	SiO$_2$	Al$_2$O$_3$	Fe$_2$O$_3$	MgO	CaO	细度（目/cm^2）	硅铝率
吉林九台	75.46	13.23	1.52	2.09	1.49	300	5.1
浙江临安	64.09	15.21	2.57	0.19	0.96	260	3.6
南京龙泉	61.75	15.68	2.15	2.57	2.21	260	3.4

注：硅铝率 $= \dfrac{SiO_2}{Al_2O_3 + Fe_2O_3}$。

c. 结构：膨润土的主要成分是蒙脱石，它由 Si-Al-Si 三层结构重叠而成，在很薄的不定形的板状表面上吸附了大量的阳离子。一般情况下表面吸附的阳离子是钠离子（Na$^+$）和钙离子（Ca^{++}），吸附钠离子的称为钠膨润土，吸附钙离子的称为钙膨润土。

d. 基本特性：膨润土的基本特性有：

（a）触变性能　膨润土和水混合后，由于膨润土的湿胀性而使流体的黏度增大，在静置状态下，膨润土悬浮液的流动性变小，但一经搅动（搅拌、振动、摇晃等）又会恢复原来的流动性，这种特性称为触变性。

(b) 湿胀性能　如在膨润土中加入清水混合后，水就很快进入蒙脱石的晶格层之间，产生显著地湿胀。湿胀的程度依蒙脱石表面吸附的不同离子而异，钠膨润土的湿胀性大，而钙膨润土的湿胀性较小，一般用1g膨润土所能吸收的水量（cc）表示其湿胀度，钠膨润土约为8~12，钙膨润土为3~5。

(c) 胶体性能　膨润土颗粒在水中湿胀之后，变成一种带有负电荷的亲水胶体，它通过颗粒间的静电斥力使颗粒分散悬浮于胶体内而保持胶体稳定。支配这种胶体性质的主要是膨润土颗粒表面吸附的阳离子和悬浮液中的离子。如果悬浮液中的离子的交换能力大于吸附在膨润土颗粒上的阳离子，就产生离子交换，使悬浮液的性质产生变化。如果在施工时有大量离子混入悬浮液，而且与吸附在膨润土上的阳离子在电性上中和，则膨润土颗粒就不能保持分散的悬浮状态，会产生沉淀。

满足一定要求的黏土可代替膨润土制备泥浆。一般胶体率不低于95%、含砂率不大于4%、造浆能力每公斤黏土不低于2.5L、塑性指数大于25、颗粒直径小于0.005mm的含量超过50%的黏土，多适于制备泥浆。如用粉质黏土制浆，要求其塑性指数不小于15，颗粒直径大于0.1mm的含量不宜超过6%。

B. 水。水的pH值和其中的杂质，亦影响泥浆的性质。用自来水是无问题的。如用地下水、河水，或者使用性质不明的水时，宜事先进行拌合试验。

C. 外加剂。为使泥浆的性能适合于地下连续墙挖槽施工的要求，需根据具体情况有选择的加入适当的外加剂。常用的外加剂有下列几种：

a. 分散剂：如果水泥中的 Ca^{++} 离子、地下水或土中的 Na^{+} 离子或 Mg^{++} 离子混入泥浆，会使泥浆相对密度增大，黏度和凝胶化倾向增大，泥皮的形成能力降低，使膨润土凝聚而泥水分离，这不仅影响施工的精度，而且可能造成槽壁坍塌。

分散剂的种类很多，各有不同的作用，一般情况下其作用如下：

(a) 提高膨润土颗粒的电位。分散剂吸附在膨润土颗粒表面，提高其负电荷，增大排斥力，可抵消由于混入的阳离子产生电位中和而带来的影响。

(b) 使有害离子产生惰性。通过与有害离子的反应使其产生惰性。

(c) 置换有害离子。分散剂能置换吸附在膨润土颗粒表面的有害离子，使颗粒又重新在泥浆中呈分散状态。

常用的分散剂有下列四类：

(a) 碱类。多用碳酸钠（Na_2CO_3）和碳酸氢钠（$NaHCO_3$）。在泥浆受水泥污染时，它可与钙离子起化学反应变成碳酸钙，从而使钙离子惰性化。但是它没有使钠离子惰性化的作用。当掺加浓度较小时，效果较好；浓度过大反而会降低效果。极限浓度取决于膨润土的种类，一般为0.5%~1.0%左右。

(b) 木质素磺酸盐类。一般采用铁硼木质素磺酸钠（泰尔纳特FCL），它是以纸浆废液为原料的特殊木质素磺酸盐，呈黑褐色，易溶于水。对于防止盐的污染，与磷酸盐类和腐殖酸类分散剂有相同效果，但对于防止水泥污染的效果较差。

(c) 复合磷酸盐类。常用的是六甲基磷酸钠（$Na_6P_6O_{18}$）和三磷酸钠（$Na_5P_3O_{10}$），它能置换有害离子，常用的浓度为0.1%~0.5%。

（d）腐殖酸类。一般用腐殖酸钠，这是在褐煤等原料中加入稀硝酸之后得到褐煤氧化物，再用苛性钠中和后得到的。它具有提高电位和置换有害离子的作用。对于防止盐类污染泥浆，与磷酸盐类和木质素类有相同的效果，但对于防止水泥污染泥浆则不如磷酸盐类。

b. 增黏剂：一般常用羧甲基纤维素（CMC），它是一种高分子化学浆糊，呈白色粉末状，溶解于水后成为黏度很大的透明液体，触变性较小，其性质接近于牛顿流体。

泥浆中掺加 CMC 能起下列作用：

（a）不论哪种膨润土，掺入水重 0.03% ~ 0.10% 的 CMC，都可提高泥浆的黏度和屈服值；

（b）可以提高泥皮的形成能力，有利于维护槽壁的稳定性；

（c）可以包围膨润土颗粒，具有胶体保护作用，可防止水泥或盐类污染泥浆。

如果单独使用 CMC，会降低钢筋与混凝土间的握裹力，宜与分散剂共同使用，常用量为：增黏剂 CMC 为水重的 0.05% ~ 0.10%，分散剂 FCL 0.10% ~ 0.50%。

c. 加重剂：对于松软土层，地下水位高（或为承压水）或土压力很大，当泥浆和地下水之间的水位差不能保证槽壁稳定时，需加大泥浆的相对密度以维护槽壁的稳定。在上述情况下，单靠增大膨润土的浓度是不行的，因为泥浆太浓，泥浆输送困难，同时也影响挖槽效率。掺加一些相对密度大的掺合物，加大泥浆相对密度，增强泥浆的液体支撑力效果较好。常用的加重剂掺合物是重晶石（相对密度 4.1 ~ 4.2）、珍珠岩（相对密度 4.15 以上）、方铅矿粉末（相对密度 6.8）等，应用最多的是取材容易的重晶石。

d. 防漏剂：开挖沟槽时，如槽壁为透水性较大的砂或砂砾层，或由于泥浆黏度不够、形成泥皮的能力较弱等因素，会出现泥浆漏失现象。此时，需在泥浆中掺入一定数量的防漏剂，如锯末（用量为 1% ~ 2%）、蛭石粉末、稻草末、水泥（用量在 17kg/m^3 以下）、有机纤维素聚合物等。

3）泥浆质量的控制指标

在地下连续墙施工过程中，为检验泥浆的质量，使其具备物理和化学的稳定性、合适的流动性、良好的泥皮形成能力以及适当的相对密度，需对制备的泥浆和循环泥浆利用专用仪器进行质量控制，控制指标如下：

A. 相对密度。泥浆相对密度越大，对槽壁的压力也越大，槽壁也越稳固。但泥浆相对密度过大，也影响混凝土浇筑质量；而且由于流动性差而使泥浆循环设备的功率消耗增大。测定泥浆相对密度可用泥浆比重计。

泥浆相对密度宜每两小时测定一次。膨润土泥浆相对密度宜为 1.05 ~ 1.15，普通黏土泥浆相对密度宜为 1.15 ~ 1.25。

B. 黏度。黏度大，悬浮土碴、钻屑的能力强，但易糊钻头，钻挖的阻力大，生成的泥皮也厚；黏度小，悬浮土碴、钻屑的能力弱，防止泥浆漏失和流砂不利。

泥浆黏度要根据土层来选择（表 1-11）。

泥浆黏度的测定方法，有漏斗黏度计法和黏度-比重计（V·G 计）法。前者较简单，将漏斗（图 1-59）放在试验架上，用手指堵住下面出口，将 500mL 泥浆通过 0.25mm 的金属滤网装入漏斗，然后打开出口用秒表测定其全部流出所需时间（s），即为黏度指标。

不同土层护壁泥浆性质的控制指标　　　　　表1-11

性质 指标 土 层	黏度（s）	相对密度	含砂量（%）	失水量（%）	胶体率（%）	稳定性	泥皮厚度（mm）	静切力（kPa）	pH值
黏土层	18～20	1.15～1.25	＜4	＜30	＞96	＜0.003	＜4	3～10	＞7
砂砾石层	20～25	1.20～1.25	＜4	＜30	＞96	＜0.003	＜3	4～12	7～9
漂卵石层	25～30	1.10～1.20	＜4	＜30	＞96	＜0.004	＜4	6～12	7～9
碾压土层	20～22	1.15～1.20	＜6	＜30	＞96	＜0.003	＜4	—	7～8
漏失土层	25～40	1.10～1.25	＜15	＜30	＞97	—	—	—	—

C.含砂量。泥浆中所含不能分散的颗粒的体积占泥浆体积的百分比即含砂量。含砂量大，相对密度增大，黏度降低，悬浮土碴、钻屑的能力减弱，土碴等易沉落槽底，增加机械的磨损。

泥浆的含砂量愈小愈好，一般不宜超过5%。含砂量一般用ZNH型泥浆含砂量测定仪测定。

D.失水量和泥皮厚度。失水量表示泥浆在地层中失去水分的性能。在泥浆渗透失水的同时，其中不能透过土层的颗粒就粘附在槽壁上形成泥皮。泥皮反过来又可阻止或减少泥浆中水分的漏失。

薄而密实的泥皮，有利于槽壁稳固，厚而疏松的泥皮，对槽壁稳固不利。

失水量大的泥浆，形成的泥皮厚而疏松。合适的失水量为20～30mL/30min，泥皮厚度宜为1～3mm。

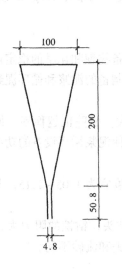

图1-59　漏斗黏度计

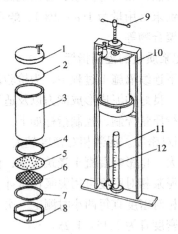

图1-60　过滤试验用器具

1—顶盖；2、4、7—垫圈；3—圆筒；5—滤纸；
6—金属滤网；8—底盘；9—紧固螺旋；
10—框架；11—量筒；12—支架

失水量和泥皮利用过滤试验同时进行测定，过滤试验用器具如图1-60所示。测定时，将垫圈、金属滤网（网眼为0.17～0.25mm）、滤纸放入底盘，其上放圆筒，在圆筒内装入不少于290mL的泥浆，将顶盖用紧固螺旋密封后，施加0.30MPa的压力达30min（压力要保持稳定），然后测定从底盘流入量筒（容量不小于 20mL）的水量（mL）和滤纸上的泥皮厚度（mm）。

E. pH 值。它表示泥浆的酸碱值。pH = 7 为中性，pH < 7 为酸性，pH > 7 为碱性。膨润土泥浆呈弱碱性，pH 值一般为 8～9，pH 值 > 11 泥浆会产生分层现象，失去护壁作用。在施工中如水泥或呈碱性的地下水混入泥浆，就增大泥浆的碱性；如在酸性土中挖槽或呈酸性的地下水混入，泥浆就呈酸性。pH 值的变化意味着有阳离子混入泥浆，所以 pH 值的变化能反映泥浆性质的变化。

泥浆的 pH 值可用石蕊试纸的比色法或酸度计测定，现场多用石蕊试纸测定。

F. 稳定性。指泥浆各成分混合后呈悬浮状态的性能。常用相对密度差试验确定。即将泥浆静置 24h，经过沉淀后，上、下层的相对密度差要求不大于 0.02。

G. 静切力。施加外力，使静止的泥浆开始流动的一瞬间阻止其流动的阻力称静切力。泥浆的静切力大，悬浮土碴和钻屑的能力强，但钻孔阻力也大；静切力小则土碴、钻屑易沉淀。

静切力指标一般取两个值，静止 1min 后测定，其值为 2～3kPa；静止 10min 后测定，其值应为 5～10kPa。

H. 胶体率。泥浆静置 24h 后，其呈悬浮状态的固体颗粒与水分离的程度，即泥浆部分体积与总体积之比为胶体率。

胶体率高的泥浆，可使土碴、钻屑呈悬浮状态。要求泥浆的胶体率高于 96%，否则要掺加碱（Na_2CO_3）或火碱（NaOH）进行处理。

上述泥浆性能的控制指标，在不同情况下试验的内容亦有所不同。

在确定泥浆配合比时，要测定黏度、相对密度、含砂量、稳定性、胶体率、静切力、pH 值、失水量和泥皮厚度。

在检验黏土造浆性能时，要测定胶体率、相对密度、稳定性、黏度和含砂量。

新生产的泥浆、回收重复利用的泥浆、浇筑混凝土前槽内的泥浆，主要测定黏度、相对密度和含砂量。

各种不同土层对泥浆的要求亦不同，可参考表 1-11 所示。

4）泥浆的制备与处理

此处着重介绍膨润土泥浆的制备与处理方法。

A. 制备泥浆前的准备工作。制备泥浆前，需对地基土、地下水和施工条件等进行调查。

对于土的调查，包括土层的分布和土质的种类（包括标准贯入度 N 值）；有无坍塌性较大的土层；有无裂缝、空洞、透水性大易于产生漏浆的土层；有无有机质土层等。

对于地下水的调查，要了解地下水位及其变化情况，能否保证泥浆液面高出地下水位 1m 以上；了解潜水层、承压水层分布和地下水流速；测定地下水中盐分和钙离子等有害离子的含量；了解有无化工厂的排水流入；测定地下水的 pH 值。

对于施工条件的调查，要了解槽深和槽宽；最大单元槽段长度和可能空置的时间；适合采用的挖槽机械和挖槽方法；泥浆循环方法、泥浆处理的可能性、能否在短时间内供应大量泥浆等。

B. 泥浆配合比。确定泥浆配合比时，首先根据为保持槽壁稳定所需的黏度来确定膨润土的掺量（一般为 6% ~ 9%）和增黏剂 CMC 的掺量（一般为 0.05% ~ 0.08%）。

分散剂的掺量一般为 0 ~ 0.5%。在地下水丰富的砂砾层中挖槽，有时不用分散剂。为使泥浆能形成良好的泥皮而掺加分散剂时，对于泥浆黏度的减小，可用增加膨润土或 CMC 的掺量来调节。分散剂的掺量超过一定限度后，不再增加分散效果，甚至有时反而会降低其效果。我国最常用的分散剂是纯碱。

如为提高泥浆的相对密度，增大其维护槽壁稳定能力而需掺加加重剂重晶石时，根据日本冲野的建议，可按下式计算重晶石的数量：

$$m = \frac{4V(d_2 - d_1)}{4 - d_2} \tag{1-87}$$

式中　m——重晶石的掺量（t）；

　　　V——泥浆量（kL）；

　　　d_1——原来泥浆的相对密度；

　　　d_2——需达到的泥浆相对密度。

至于防漏剂的掺量，不是一开始配制泥浆时就确定的，通常是根据挖槽过程中泥浆的漏失情况而逐渐掺加。常用的掺量为 0.5% ~ 1.0%，如遇漏失很大，掺量可能增大到 5%，或将不同的防漏剂混合使用。

配制泥浆时，先根据初步确定的配合比进行试配，如试配制出的泥浆符合规定的要求，则可投入使用，否则需修改初步确定的配合比。试配制出的泥浆要按泥浆控制指标的规定进行试验测定。

上海耀华皮尔金顿玻璃有限公司浮法玻璃熔窑施工用 50m × 90m、深 13m 基坑无支撑、无锚碇地下连续墙，其泥浆配合比见表 1-12。

护壁泥浆的配合比实例　　　　　　　　　　　　　　　　　　　**表 1-12**

泥　浆　用　途		泥　浆　材　料			
		水	陶土粉	纯　碱	CMC
一般槽段用新配制泥浆	配合比（%）	100	7	0.4 ~ 0.5	0.05 ~ 0.08
	每立方米用量（kg/m³）	1000	70	4 ~ 5	0.5 ~ 0.8
使用后再生处理的泥浆	配合比（%）	100	—	1.5	0.2
	每立方米用量（kg/m³）	1000	—	15	2
坍方槽段和特殊情况使用的泥浆	配合比（%）	100	14	1.5	0.2
	每立方米用量（kg/m³）	1000	140	15	2

北京王府井宾馆地下连续墙施工中所用护壁泥浆，是用美国产的商品碱性膨润土为原料拌制的，按比例直接加水拌制即可，不掺加外加剂。新浆的性能指标为：相对密度 1.05 ~ 1.15、黏度 27 ~ 60s、pH 值 9.5 ~ 12、含砂量不超过 6%。

C. 泥浆制备。泥浆制备包括泥浆搅拌和泥浆贮存。

泥浆搅拌机常用的有高速回转式搅拌机和喷射式搅拌机两类。

a. 高速回转式搅拌机（亦称螺旋桨式搅拌机）：这种搅拌机由搅拌筒和搅拌叶片组成，它是以高速回转（400 ~ 1000r/min）的叶片使泥浆产生激烈涡流而将泥浆搅拌均匀。

这种搅拌机有单筒式和双筒并列式，搅拌筒容量 0.2~1.2m³，有多种型号可供机有选择。

泥浆搅拌时间，取决于搅拌机搅拌筒大小和叶片回转速度、膨胀土浓度、泥浆搅拌后的贮存时间和加料方式等。一般搅拌后贮存时间较长者搅拌时间为 4min；搅拌后立即使用者搅拌时间为 7min。

b. 喷射式搅拌机：这是一种利用喷水射流进行拌合的搅拌方式，可以进行大容量的搅拌。其工作原理是用泵把水喷射成射流状，利用喷嘴附近的真空吸力，把加料器中膨润土吸出与射流进行拌合（图 1-61）。用此法拌合泥浆，在泥浆达到设计浓度之前，可以循环进行。即喷嘴喷出的泥浆进行贮浆罐，如未达到设计浓度，贮浆罐中之泥浆再由泵经喷嘴与膨润土拌合，如此循

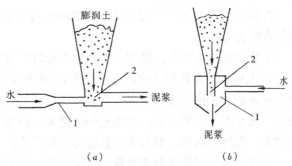

图 1-61　喷射式搅拌机工作原理
(a) 水平型；(b) 垂直型
1—喷嘴；2—真空部位

环直至泥浆达到设计浓度。我国一些地下连续墙施工中即用此法进行泥浆的制备。目前我国使用的喷射式搅拌机当泥浆浓度为 6%~10% 时，其制备能力为 8~60m³/h，泵的压力约为 0.3~0.4MPa。

此外，亦可将高速回转式搅拌机与喷射式搅拌机组合使用进行制备泥浆，即先经过喷嘴喷射拌合后再进入高速回转搅拌机拌合，直至泥浆达到设计浓度。喷射式搅拌机的效率高于高速回转式搅拌机，喷射式搅拌机耗电少，而且达到相同漏斗黏度时它的搅拌时间短。

制备膨润土泥浆一定要充分搅拌，如果膨润土溶胀不充分，会影响泥浆的失水量和粘度。一般情况下膨润土与水混合后 3h 就有很大的溶胀，可供施工使用，经过一天就可达到完全溶胀。

膨润土比较难溶于水，如搅拌机的搅拌叶片回转速度在 200r/min 以上，则可使膨润土较快地溶于水。

增粘剂 CMC 较难溶解，最好先用水将 CMC 溶解成 1%~3% 的溶液，再掺入泥浆进行拌合。否则，宜慢慢地向泥浆中掺加，如一次投入，易形成未溶解的泥团状物体，不能充分发挥其作用。如用喷射式搅拌机，则可提高 CMC 的溶解效率。

制备泥浆的投料顺序，一般为水、膨润土、CMC、分散剂、其他外加剂。由于 CMC 溶液可能会妨碍膨润土溶胀，宜在膨润土之后投入。

为了充分发挥泥浆在地下连续墙施工中的作用，最好在泥浆充分溶胀之后再使用，所以泥浆搅拌后宜贮存 3h 以上。贮存泥浆宜用钢的贮浆罐或地下、半地下式贮浆池，其容积应适应施工的需要。如用立式贮浆罐或离地一定高度的卧式贮浆罐，则可自流送浆或补浆，无需使用送浆泵。

D. 泥浆处理。在地下连续墙施工过程中，泥浆要与地下水、砂、土、混凝土接触，膨润土、掺合料等成分会有所消耗，而且也混入一些土碴和电解质离子等，使泥浆受到污染而质量恶化。泥浆的恶化程度与挖槽方法、土的种类、地下水性质和混凝土浇筑方法等

有关。其中尤其是挖槽方法影响更大，如用导杆抓斗或钻抓法挖槽，泥浆污染就较少，因为大量的土碴由抓斗直接抓出装车运走；而用反循环的多头钻成槽则泥浆污染较大，因为用这种方法挖槽时挖下来的土要由循环流动的泥浆带出。另外，如地下水内含盐分或化学物质，则会严重污染泥浆。

被污染后性质恶化了的泥浆，经处理后仍可重复使用，如污染严重难以处理或处理不经济者则舍弃。

泥浆处理分土碴分离处理（物理再生处理）和污染泥浆化学处理（化学再生处理）。

a. 土碴的分离处理（物理再生处理）：泥浆中混入大量土碴，会给地下连续墙施工带来下述问题：①由于泥浆中混入土碴，所形成的泥皮厚而弱，槽壁的稳定性较差；②浇筑混凝土时易卷入混凝土中；③槽底的沉碴多，将来地下连续墙建成后沉降大；④泥浆的黏度增大，循环较困难，而且泵、管道等磨损严重。

分离土碴可用机械处理和重力沉降处理，两种方法共同使用效果最好。

（a）重力沉降处理。重力沉降处理是利用泥浆与土碴的相对密度差使土碴产生沉淀以排除土碴的方法。沉淀池的容积愈大，泥浆在沉淀中停留的时间愈长，土碴沉淀分离的效果愈好。所以，如果现场条件允许应设置大容积的沉淀池。考虑到土碴沉淀会减少沉淀池的有效容积，所以沉淀池的容积应超过一个单元槽段挖土量的 1.5～2.0 倍。

沉淀池设于地下、地上、半地下皆可，考虑泥浆循环、再生、舍弃等工艺要求，一般要分隔成几个，其间由埋管或开槽口连通。

（b）机械处理。机械处理是利用振动筛与旋流器，反循环出土的泥浆机械处理过程，如图 1-62 所示。

a）振动筛：反循环排出的带有土碴的泥浆首先经过振动筛将泥浆和土碴分离。筛孔的大小决定了可分离土碴的粒径，筛孔愈小，可分离的土碴量愈高，但处理能力降低，一

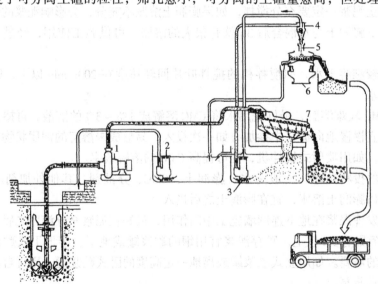

图 1-62 反循环出土的泥浆处理

1—吸力泵；2—回流泵；3—旋流器供给泵；4—旋流器；
5—排碴管；6—脱水机；7—振动筛

般用以除去 20 目（0.77mm）以上的土碴为宜。

常用振动筛的处理能力为 $2 \sim 5m^3/h$，振动数约 $900 \sim 1300r/min$，筛子多两段式（或两层式），上段 10 目左右，下段 20 目左右。

b）旋流器：旋流器工作原理如图 1-63 所示，含有土碴的泥浆在泵压（约 $0.25 \sim 0.35MPa$）作用下进入旋流器，由于高速旋转而产生离心力；

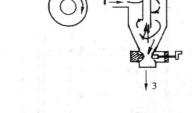

$$F = \omega^2 mr \qquad (1-88)$$

式中　F——离心力（N）;

　　　ω——角速度（rad）;

　　　m——质量（kg）;

　　　r——半径（m）。

图 1-63　旋流器工作原理
1—带土碴的泥浆；2—泥浆；3—土碴

由于土碴的质量较大，产生较大的离心力，被甩至旋流器壁上并下滑排出，而微粒土碴和泥浆则呈溢流由上面流出，至沉淀池中进行沉淀。

经过机械处理过的泥浆则流入沉淀池进行重力沉淀。黏度超过 25s 的泥浆则沉淀效果显著降低。一般 4h 以内的沉淀作用显著，16h 后则稳定。沉淀池（槽）的容积宜大些，应为一个单元槽段挖土量的 2 倍以上。

b. 污染泥浆的化学处理（化学再生处理）：浇筑混凝土置换出来的泥浆，因混入土碴并与混凝土接触而恶化。当膨润土泥浆中混入阳离子时，阳离子就吸附于膨润土颗粒的表面，土颗粒就易互相凝聚，增强泥浆的凝胶化倾向。如水泥浆中含有大量钙离子，浇筑混凝土时亦会使泥浆产生凝胶化。泥浆产生凝胶化后，泥浆的泥皮形成性能减弱，槽壁稳定性较差；黏性增高，土碴分离困难；在泵和管道内的流动阻力增大。

对上述恶化了的泥浆要进行化学处理。化学处理一般用分散剂，经化学处理后再进行土碴分离处理。

泥浆经过处理后，用控制泥浆质量的各项指标进行检验，如果需要可再补充掺入材料进行再生调制。经再生调制的泥浆，送入贮浆池（罐），待新掺入的材料与处理过的泥浆完全溶合后再重复使用。

（3）挖深槽

挖槽是地下连续墙施工中的关键工序，约占地下连续墙工期的一半，提高挖槽的效率是缩短工期的关键。同时，槽壁形状基本上决定了墙体外形，所以挖槽的精度又是保证地下连续墙质量的关键之一。

地下连续墙挖槽的主要工作，包括：单元槽段划分；挖槽机械的选择与正确使用；制订防止槽壁坍塌的措施与工程事故和特殊情况的处理等。

1）单元槽段划分

地下连续墙施工时，预先沿墙体长度方向把地下墙划分为许多某种长度的施工单元，这种施工单元称为"单元槽段"。挖槽是一个个单元槽段进行挖掘，在一个单元槽段内，挖土机械挖土时可以是一个或几个挖掘段。划分单元槽段就是将各种单元槽段的形状和长度表明在墙体平面图上，它是地下连续墙施工组织设计中的一个重要内容。

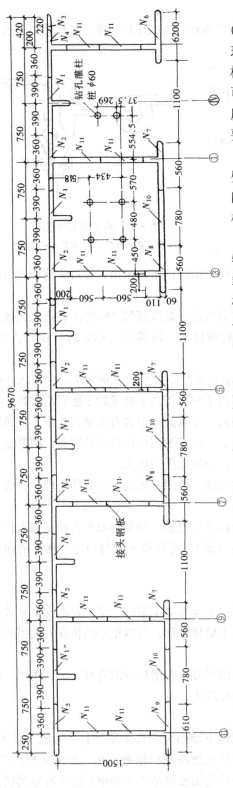

图 1-64　地下连续墙单元槽段划分

单元槽段的最小长度不得小于一个挖掘段（挖土机械的挖土工作装置的一次挖土长度）。从理论上讲单元槽段愈长愈好，因为这样可以减少槽段的接头数量，增加地下连续墙的整体性，又可提高其防水性能和施工效率。但是单元槽段长度受许多因素限制，在确定其长度时除考虑设计要求和结构特点外，还应考虑下述各因素：

A. 地质条件。当土层不稳定时，为防止槽壁倒坍，应减少单元槽段的长度，以缩短挖槽时间，这样挖槽后立即浇筑混凝土，消除或减少了槽段倒坍的可能性；

B. 地面荷载。如附近有高大建筑物、构筑物，或邻近地下连续墙有较大的地面荷载（静载、动载），在挖槽期间会增大侧向压力，影响槽壁的稳定性。为了保证槽壁的稳定，亦应缩短单元槽段的长度，以缩短槽壁的开挖和暴露时间；

C. 起重机的起重能力。由于一个单元槽段的钢筋笼多为整体吊装（过长时在竖直方向分段），所以要根据施工单位现有起重机械的起重能力估算钢筋笼的重量和尺寸，以此推算单元槽段的长度；

D. 单位时间内混凝土的供应能力。一般情况下一个单元槽段长度内的全部混凝土宜在 4h 内浇筑完毕，所以

单元槽段长度（m）

$$= \frac{4h \text{ 内混凝土的最大供应量（} m^3 \text{）}}{\text{墙宽（m）} \times \text{墙深（m）}}$$

E. 工地上具备的泥浆池（罐）的容积。一般情况下工地上已有泥浆池（罐）的容积，应不小于每一单元槽段挖土量的 2 倍所以泥浆池（罐）的容积亦影响单元槽段的长度。

此外，划分单元槽段时尚应考虑单元槽段之间的接头位置，一般情况下接头避免设在转角处及地下连续墙与内部结构的连接处，以保证地下连续墙的整体性。单元槽段划分还与接头形式有关。单元槽段的长度多取 5~7m，但也有取 10m 甚至更长的情况。图 1-64 为一实际工程单元槽段划分情况，由图中可以看出，外纵墙的槽段接

头皆避开了与横隔墙连接处，而横隔墙则用整体式接头进行连接。

2）挖槽机械

地下连续墙施工用的挖槽机械，是在地面上操作，穿过泥浆向地下深处开挖一条预定断面深槽（孔）的施工机械。由于地质条件十分复杂，地下连续墙的深度、宽度和技术要求也不同，目前还没有能够适用于各种情况下的万能挖槽机械，因此需要根据不同的地质条件和工程要求，选用合适的挖槽机械。

目前，在地下连续墙施工中国内外常用的挖槽机械，按其工作机理分为挖斗式、冲击式和回转式三大类，而每一类中又分为多种。

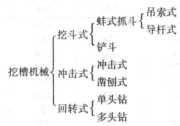

我国在地下连续墙施工中，目前应用最多的是吊索式蚌式抓斗、导杆式蚌式抓斗、多头钻和冲击式挖槽机，在一般土层中以导杆式蚌式抓斗为主，在风化岩石中以冲击式挖槽机为主。这些挖槽机械多数是参照国外经验自行研制的，也有从国外进口的。

A．挖斗式挖槽机。就是以其斗齿切削土体，切削下的土体收容在斗体内，从沟槽内提出地面开斗卸土，然后又返回沟槽内挖土，如此重复的循环作业进行挖槽。

挖斗式挖槽机都是先把斗齿或斗刃切入土体然后挖掘，切入土体是靠液压或斗体重量。

这类挖槽机械，适用于较松软的土质。根据经验，土的 N 值超过 30 则挖掘速度会急剧下降，N 值超过 50 即难以挖掘。对于较硬的土层宜用钻抓法，即预钻导孔，在抓斗两侧形成垂直自由面，挖土时斗体切入土体，闭斗挖掘即可。由于每挖一斗都需提出地面卸土，为了提高其挖土效率，施工深度不能太深。

为了保证挖掘方向，提高成槽精度，对于导杆抓斗是在挖斗上装长导杆，导杆沿着机架上的导向立柱上下滑动，成为液压抓斗，这样既保证了挖掘方向又增加了斗体压力，提高了对土的切入力。

蚌式抓斗构造简单、耐久性好、故障少，其载运机械多为履带式起重机，易于解决。常用的蚌式抓斗。见表 1-13。

蚌式抓斗为了提高抓斗的切土能力，一般都要加大斗体重量，为了提高挖槽的垂直精度，要在抓斗的两个侧面安装导向板，所以亦称"导板抓斗"。

蚌式抓斗以钢索操纵斗体上下和开闭者为"索式抓斗"。用导杆使抓斗上下并通过液压开闭斗体的为"导杆抓斗"。液压导杆抓斗挖土精度和效率都较高。

索式蚌式抓斗分中心提拉式与斗体推压式两类。

a．索式斗体推压式导杆抓斗：这种抓斗如图 1-65 所示。它主要由斗体、弃土压板、导板、导架、滑轮组、提杆等组成。这种抓斗在挖土时能推压抓斗斗体进行切土，而且增设弃土压板，所以能有效地切土和弃土。

索式导板抓斗用吊车或专用机架悬吊皆可施工。

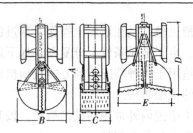

墙厚（mm）	450	500	600	800	1000	1200
闭斗高度 A（mm）	4250	4250	4250	4540	4540	4540
闭斗宽度 B（mm）	2200	2200	2200	2420	2420	2420
抓斗厚度 C（mm）	450	470	570	760	960	1200
开斗高度 D（mm）	3740	3740	3740	3816	3816	3816
开斗宽度 E（mm）	2500	2500	2500	2700	2700	2700
重量（kg）	3800	3900	4300	4450	4750	5750
钢索道数	4	5	5	6	6	6
闭斗力（kN）	160	180	190	210	225	266
斗齿数	2+2	2+3	2+3	3+4	3+4	3+4
钢索最大直径（mm）	$\phi22$	$\phi22$	$\phi22$	$\phi22$	$\phi25$	$\phi26$

对于较硬的土层，为提高挖土效率，或为提高挖土精度，可将索式导板抓斗与导向钻机组合成钻抓式成槽机进行挖槽。我国用的钻抓式成槽机如图 1-66 所示。施工时先用潜水电钻根据抓斗的开斗宽度钻两个导孔，孔径与墙厚相同，然后用抓斗抓除两导孔间的土体，效果较好。

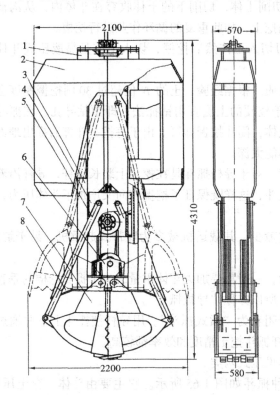

图 1-65　索式斗体推压式导板抓斗

1—导轮支架；2—导板；3—导架；4—动滑轮座；5—提杆；

6—定滑轮；7—斗体；8—弃土压板

不钻导孔进行挖槽，如果土层软弱挖槽速度过快，或在土层软硬变化处，均易造成槽壁弯曲影响垂直精度。另外，挖槽深度愈大亦愈易造成垂直度误差，所以深度大的挖槽宜用钻抓法，或用液压导杆抓斗。

要保证钻抓式成槽机的轨道铺设质量，道碴要铺填密实。在成槽机就位准备下钻时，应再次检查轨道的平整度，如有问题可使用千斤顶纠正。

为了提高导孔的垂直精度，应以适宜的钻孔速度进行钻孔，钻孔速度过快易引起钻孔轴线弯曲。此外，钻具的磨损会使孔径变小，导孔孔径尺寸不准确，会影响地下墙的施工精度。用钻抓成槽机施工时的工艺布置

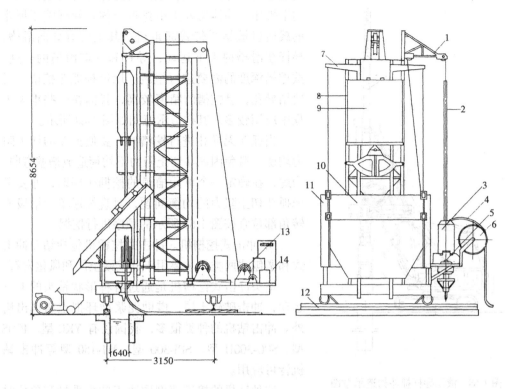

图 1-66 钻抓式成槽机

1—电钻吊臂；2—钻杆；3—潜水电钻；4—泥浆管及电缆；5—钳制台；6—转盘；
7—吊臂滑车；8—机架立柱；9—导板抓斗；10—出土上滑槽；11—出土下滑槽架；
12—轨道；13—卷扬机；14—控制箱

如图 1-67 所示。

b. 液压导杆抓斗：导杆抓斗 1955 年在法国首先使用，后推广至各国。抓斗的液压开

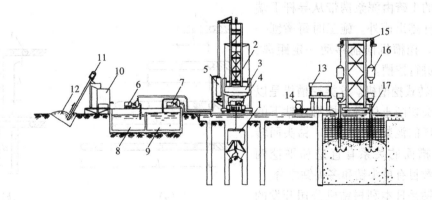

图 1-67　地下连续墙用钻抓法施工的工艺布置

1—导板抓斗；2—机架；3—出土滑槽；4—翻斗车；5—潜水电钻；6、7—吸泥泵；8—泥
浆池；9—泥浆沉淀池；10—泥浆搅拌机；11—螺旋输送机；12—膨润土；13—接头管顶
升架；14—油泵车；15—混凝土浇灌机；16—混凝土吊斗；17—混凝土导管

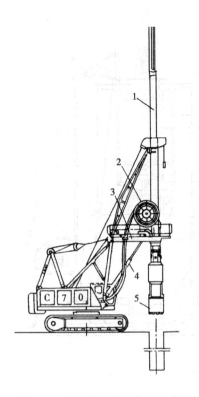

图 1-68　液压导杆抓斗构造示意图

1—导杆；2—液压管线回收轮；3—平台；
4—调整倾斜度用的千斤顶；5—抓斗

闭装置装在导杆下端，挖土时通过导杆自重使抓斗向下推压，斗体切入土中挖掘土体。导杆液压抓斗的载运机械是履带式起重机，其上装有导向滑槽，导杆在滑槽内上下运动，导杆和导向滑槽的长度，按挖槽深度的需要进行组装。用这种抓斗挖槽不需要钻导孔，且挖槽的精度较高，我国在一些重大工程中应用较多。其构造示意图如图 1-68 所示。

当抓斗无导孔进行挖槽时，要使抓斗的切土阻力均衡，避免因抓斗切土阻力不均衡造成槽壁弯曲。为此，在确定一个单元槽段的挖掘顺序时，亦要考虑抓斗切土阻力的均衡问题，对直线形单元槽段或转角部位宜按图 1-69 所示的顺序进行挖掘。

B. 冲击式挖槽机。冲击式挖槽机包括钻斗冲击式和凿刨式两类，主要用于开挖硬土层和风化岩石。

钻头冲击式挖槽机是通过各种形状钻头的上下运动，冲击破碎土层，借助泥浆循环把土碴携出槽外。冲击钻机的种类很多，我国已有 YKC 型、ICOS 型、SPC-300H 型、SPJ-300 型、MT-150 型等冲击钻机皆可应用。

这种钻机的挖槽速度取决于钻头重量和单位时间内的冲击次数，但这两者不能同时增大，一般一个增大而另一个就有减小的趋势，所以钻头重量和单位时间内的冲击次数都不能超过一次的极限，因而冲击钻机的挖槽速度较其他挖槽机低。钻头有各种形式，视工作需要选择。

此外，凿刨式挖槽机亦属于冲击式挖槽机一类，它是靠凿刨沿导杆上下运动以破碎土层，破碎的土碴由泥浆携带从导杆下端吸入经导杆排出槽外。施工时每凿刨一竖条土层，挖槽机向前移动一定距离，如此反复进行挖槽。

C. 回转式挖槽机。这类挖槽机是以回转的钻头切削土体进行挖掘，钻下的土碴随循环的泥浆排出地面。钻头回转方式与挖槽面的关系有直挖和平挖两种。钻头数目有单头钻和多头钻之分。

多头钻是日本利根钻机公司开发的地下连续墙挖槽机械，称为 BW 钻机。

我国所用的 SF-60 和 SF-80 型多头钻，是参考 BW 钻机结合我国国情设计和制造的。这种多头钻是一种采用动力

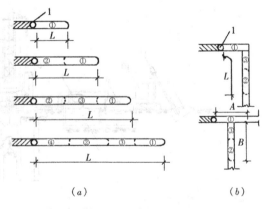

（a）　　　　　　　（b）

图 1-69　单元槽段内的挖掘顺序

（a）直线形单元槽段；（b）转角部位单元槽段

1—接头管处的孔；L（或 A + B）—单元槽段长度；

①、②、③、④—抓斗挖掘顺序

下放、泥浆反循环排碴、电子测斜纠偏和自动控制给进成槽的机械，具有一定的先进性，多头钻的构造如图 1-70 所示，整个机组的构成如图 1-71，其技术性能见表 1-14。

SF 型多头钻的技术性能　　　　　　　　　　　　　　表 1-14

类　别	项　目	SF-60 型	SF-80 型
钻机尺寸	外形尺寸（mm） 钻头个数（个） 钻头直径（mm） 机头重量（kg）	4340×2600×600 5 600 9700	4540×2800×800 5 800 10200
成槽能力	成槽厚度（mm） 一次成槽有效长度（mm）	600 2000	800 2000
成槽能力	设计挖掘深度（m） 挖掘效率（m/h） 成槽垂直精度	40~60 8.5~10.0 1/300	
机械性能	潜水电机（kW） 传动速比 钻头转速（r/min） 反循环管内径（mm） 输出扭矩（N·m）	4 极 18.5×2 $i=50$ 30 150 7000	

多头钻是利用两台潜水电钻带动行星减速机构和传动分配箱的齿轮，驱动钻头下部 5 个钻头等速对称旋转切割土体，并带动两边的 8 个侧刀（每边 4 个侧刀）上下运动，以切除钻头工作圆周间所余的三角形土体，所以它能一次钻成平面为长圆形的槽段。

多头钻的两侧装有一对与槽宽相等的导板以控制墙厚。多头钻是在钢索悬吊状态下进行挖槽，所以能保持自然的垂直状态。为了进一步提高成槽的垂直精度，钻机还设有电子测斜自动纠偏装置。

多头钻机还设有钻压测量装置，于悬挂多头钻机头的钢丝绳固定端装有拉力传感器，由电子秤可直接读出拉力值，由此可以换算出钻压。利用调节钢丝绳的荷重来调节钻压，以调节钻机的挖槽状态。

多头钻成槽机一般在轨道上行驶，亦可将多头钻装在履带式运载机上或其他特殊机架上。

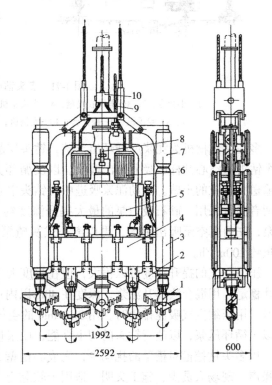

图 1-70　多头钻机的钻头

1—钻头；2—侧刀；3—导板；4—齿轮箱；5—减速箱；
6—潜水电动机；7—纠偏装置；8—高压进气管；
9—泥浆管；10—电缆结头

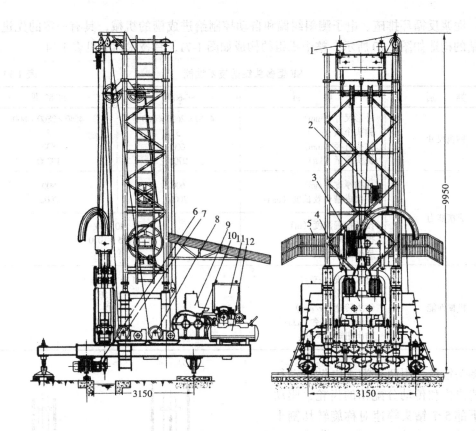

图 1-71 多头钻成槽机

1—小台令；2、3—电缆收线盘；4—多头钻机机头；5—雨篷；6—行走电动机；
7、8—卷扬机；9—操作台；10—卷扬机；11—配电箱；12—空气压缩机

多头钻成槽机为泥浆反循环出土碴，钻头切削下来的土碴由泥浆作为输送介质从中间一个钻头的空心钻杆中吸上排出槽段。以反循环方式排碴，泥浆在空中钻杆中的流速大，能输送大颗粒的土碴。驱动泥浆吸进中间钻头空心钻杆的是砂石吸力泵或压缩空气，也可以两者混合采用。砂石吸力泵的最大提升深度约 35m。吸力泵包括 SZ-4 真空泵和 4pH 灰碴泵，先由真空泵吸出引水，再以离心式灰碴泵来排泥，其吸出的土碴直径可达 50mm，流量约 $100m^3/h$。

压缩空气的提升深度可以很大，但在深度大于 6m 时才有效，一般深度在 10m 以下工作才稳定。用混合法提升泥浆，深度在 40m 以内用砂石吸力泵提升，40m 以上用压缩空气提升。用压缩空气吸泥排碴时，用 $9m^3/min$ 的空气压缩机供气。如遇特殊土层，钻机还可辅以正循环压浆，以改善钻头的切土性能，压浆量约 $30m^3/min$。

用多头钻挖槽对槽壁的扰动少，完成的槽壁光滑，吊放钢筋笼顺利，混凝土超量少，无噪声，现场人员少，施工文明。适用于软黏土、砂性土及小粒径的砂砾层等地质条件。特别在密集的建筑群内，或邻近高层及重要建筑物处皆能安全而高效率地进行施工。多头钻施工时的工艺布置如图 1-72 所示。

多头钻的钻进速度取决于土质坚硬程度和排泥速度。一般对于坚硬土层钻进速度取决于土层坚硬程度，而对于软土层则主要取决于排泥速度。

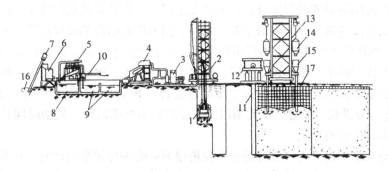

图 1-72　地下连续墙用多头钻施工的工艺布置

1—多头钻；2—机架；3—吸泥泵；4—振动筛；5—水力旋流器；6—泥浆搅拌
机；7—螺旋输送机；8—泥浆池；9—泥浆沉淀池；10—补浆用输浆管；11—接
头管；12—接头管顶升架；13—混凝土浇灌机；14—混凝土吊斗；15—混凝土
导管上的料斗；16—膨润土；17—轨道

3）防止槽壁坍方的措施

地下连续墙施工时保持槽壁稳定防止槽壁坍方是十分重要的问题。如发生坍方，不仅可能造成埋住挖槽机的危险，使工程拖延，同时可能引起地面沉陷而使挖槽机械倾覆，对邻近的建筑物和地下管线造成破坏。如在吊放钢筋笼之后，或在浇筑混凝土过程中产生坍方；坍方的土体会混入混凝土内，造成墙体缺陷，甚至会使墙体内外贯通，成为产生管涌的通道。因此，槽壁坍方是地下连续墙施工中严重的事故。

与槽壁稳定有关的因素是多方面的，但可以归纳为泥浆、地质条件与施工三个方面。

通过近年来的实测和研究，得知开挖后槽壁的变形是上部大下部小，一般在地面以下 7～15m 范围内有外鼓现象，所以绝大部分的坍方发生在地面以下 12m 的范围内。坍体多呈半圆筒形，中间大两头小，多是内外两侧对称地出现坍方。此外，槽壁变形还与机械振动的存在有关。

通过试验和理论研究，还证明地下水愈高，槽壁失稳的可能性也愈大。所以地下水位的相对高度，对槽壁稳定的影响很大，同时它也影响着泥浆相对密度的大小。地下水位即使有较小的变化，对槽壁的稳定亦有显著影响，特别是当挖深较浅时影响就更为显著。因此，如果由于降雨使地下水位急剧上升，地面水再绕过导墙流入槽段，这样就使泥浆对地下水的超压力减小，极易产生槽壁坍方。故采用泥浆护壁开挖深度大的地下连续墙时，要重视地下水的影响。必要时可部分或全部降低地下水位，对保证槽壁稳定会起很大的作用。

泥浆质量和泥浆液面的高低对槽壁稳定亦产生很大影响。泥浆液面愈高所需的泥浆相对密度愈小，即槽壁失稳的可能性愈小。由此可知泥浆液面一定要高出地下水位一定高度。从目前计算结果来看，泥浆液面宜高出地下水位 0.50～1.0m。因此，在施工期间如发现有漏浆或跑浆现象，应及时堵漏和补浆，以保证泥浆规定的液面，以防止出现坍塌。这一点在开挖深度 15m 以内的沟槽时尤为重要。

地基土的条件直接影响槽壁稳定。试验证明，土的内摩擦角 φ 愈小，所需泥浆的相对密度愈大；反之所需泥浆相对密度就愈小。因为土的内摩擦角在一定程度上反映土质好坏，内摩擦角大，土质条件好，就不容易发生坍塌。所以在施工地下连续墙时，要根据不同的土质条件选用不同的泥浆配合比，尤其在地层中存在软弱的淤泥质土层或粉砂层时。

施工单元槽段的划分亦影响槽壁的稳定性。因为单元槽段的长度决定了基槽的长深比（H/l），而长深比的大小影响土拱作用的发挥，而土拱作用影响土压力的大小。一般长深比越小，土拱作用越小，槽壁越不稳定；反之土拱作用大，槽壁趋于稳定。研究证明，当 $H/l > 9$ 时可把基槽的土拱作用作为二维问题处理，如 $H/l < 9$ 则宜作为三维问题处理，以 $H/l = 9$ 作为分界线。另外，单元槽段的长度亦影响挖槽时间，挖槽时间长，使泥浆质量恶化，亦影响槽壁的稳定。

在制订施工组织设计时，要对是否存在坍塌的危险进行详尽的研究，并采取相应的措施。根据上述分析可知，能够采取的措施有：缩小单元槽段长度；改善泥浆质量，根据土质选择泥浆配合比，保证泥浆在安全液位以上；注意地下水位的变化；减少地面荷载，防止附近的车辆和机械对地层产生振动等。

当挖槽出现坍塌迹象时，如泥浆大量漏失，液位明显下降，泥浆内有大量泡沫上冒或出现异常的扰动，导墙及附近地面出现沉降，排土量超过设计断面的土方量，多头钻或蚌式抓斗升降困难等，应首先及时地将挖槽机械提至地面，避免发生挖槽机械被坍方埋入地下的事故，然后迅速采取措施避免坍塌进一步扩大，以控制事态发展。常用的措施是迅速补浆以提高泥浆液面和回填黏性土，待所填的回填土稳定后再重新开挖。

（4）清底

槽段挖至设计标高后，用超声波测槽仪等方法测量槽段断面，如垂直度误差超过规定的精度（永久结构 1/300，临时结构 1/150）则需修槽，修槽可用冲击钻或锁口管并联冲击。对于槽段接头处亦需清理，可用刷子清刷或用压缩空气压吹。此后就应进行清底（有的在吊放钢筋笼后、浇筑混凝土前再进行一次清底，称为二次清底）。

挖槽结束后，悬浮在泥浆中的土颗粒将逐渐沉淀到槽底，此外，在挖槽过程中未被排出而残留在槽内的土碴，以及吊放钢筋笼时从槽壁上刮落的泥皮等都堆积在槽底。在挖槽结束后清除以沉碴为代表的槽底沉淀物的工作称为清底。槽底沉碴厚度，对永久结构 ≤100mm，对临时结构 ≤200mm。

如果槽底的沉碴未清除，则会带来下述危害：

1）在槽底的沉碴很难被浇筑的混凝土置换出来，它残留在槽底会成为地下连续墙底部与持力层地基之间的夹杂物，使地下连续墙的承载力降低，墙体沉降加大。沉碴还影响墙体底部的截水防渗能力，成为产生管涌的隐患。

2）沉碴混进浇筑的混凝土内会降低混凝土的强度。如在混凝土浇筑过程中，由于混凝土的流动将沉碴带至单元槽段的接头处，则严重影响接头部位的抗渗性。

3）沉碴会降低混凝土的流动性，降低混凝土的浇筑速度，还会造成钢筋笼上浮。

4）沉碴过多时，会使钢筋笼插不到设计位置，使结构的配筋发生变化。

5）在浇筑混凝土过程中沉碴的存在会加速泥浆变质，沉碴还会使浇筑混凝土上部的不良部分（需清除者）增加。

因此，清底是地下连续墙施工中的一项重要工作，必须做好。

至于应在挖槽结束后相隔多长时间开始清底，这取决于土碴的沉降速度。它与土碴的大小、土碴形状、泥浆和土碴的相对密度、泥浆的黏滞系数有关。一般认为挖槽结束后静置 2h，悬浮在泥浆中要沉降的土碴，约 80% 可以沉淀，4h 左右几乎全部沉淀完毕。

清底的方法，一般有沉淀法和置换法两种。沉淀法是在土碴基本都沉淀到槽底之后再进行清底；置换法是在挖槽结束之后，对槽底进行认真清理，然后在土碴还没有再沉淀之前就用新泥浆把槽内的泥浆置换出来，使槽内泥浆的相对密度在 1.15 以下。我国多用后者的置换法进行清底。但是不论哪种方法都有从槽底清除沉淀土碴的工作。

清除沉碴的方法，常用的有：①砂石吸力泵排泥法；②压缩空气升液排泥法；③带搅动翼的潜水泥浆泵排泥法；④抓斗直接排泥法。前三种应用尤多，其工作原理图如图 1-73 所示。

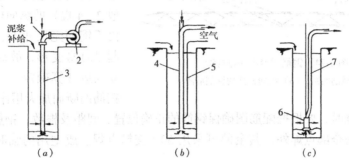

图 1-73　清底方法

(a) 砂石吸力泵排泥；(b) 压缩空气升液排泥；(c) 潜水泥浆泵排泥

1—接合器；2—砂石吸力泵；3—导管；4—导管或排泥管；

5—压缩空气管；6—潜水泥浆泵；7—软管

不同的方法清底的时间亦不同。置换法是在挖槽之后立即进行。对于以泥浆反循环法进行挖槽的施工，可在挖槽后紧接着进行清底工作。沉淀法一般在插入钢筋笼之前进行清底，如插入钢筋笼的时间较长，亦可在浇筑混凝土之前进行清底。

单元槽段接头部位的土碴会显著降低接头处的防渗性能。这些土碴的来源，一方面是在混凝土浇筑过程中，由于混凝土的流动推挤到单元槽段的接头处；另一方面是在先施工的槽段接头面上附有泥皮和土碴。因此，宜用刷子刷除或用水枪喷射高压水流进行冲洗。

(5) 钢筋笼加工和吊放

1) 钢筋笼加工

钢筋笼根据地下连续墙墙体配筋图和单元槽段的划分来制作。钢筋笼最好按单元槽段做成一个整体。如果地下连续墙很深或受起重设备起重能力的限制，需要分段制作，吊放时再连接时，接头可用绑条焊接，纵向受力钢筋的搭接长度，如无明确规定时可采用 60 倍的钢筋直径。亦可锥螺纹套筒连接。

钢筋笼端部与接头管或混凝土接头面间应留有 15~20cm 的空隙。主筋净保护层厚度通常为 7~8cm，保护层垫块厚 5cm，在垫块和墙面之间留有 2~3cm 的间隙。由于用砂浆制作的垫块容易在吊放钢筋笼时破碎，又易擦伤槽壁面，近年多用塑料块或用薄钢板制作，焊于钢筋笼上。

制作钢筋笼时要预先确定浇筑混凝土用导管的位置，由于这部分要上下贯通，因而周围需增设箍筋和连接筋进行加固。尤其在单元槽段接头附近插入导管，此处钢筋较密集，更需特别加以处理。

横向钢筋有时会阻碍导管插入,所以纵向主筋应放在内侧,横向钢筋放在外侧(图1-74)。纵向钢筋的底端应距离槽底面100~200mm,底端应稍向内弯折,以防止吊放钢筋笼时擦伤槽壁,但向内弯折的程度亦不应影响插入混凝土导管。纵向钢筋的净距不得小于100mm。

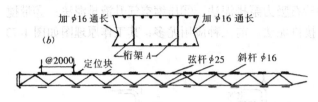

图 1-74 钢筋笼构造示意图

(a)横剖面图;(b)纵向桁架的纵剖面图

加工钢筋笼时,要根据钢筋笼重量、尺寸以及起吊方式和吊点布置,在钢筋笼内布置一定数量(一般2~4榀)的纵向桁架(图1-75)。由于钢筋笼尺寸大、刚度小,在其起吊时易变形,故纵向桁架的弦杆断面应计算确定,一般将相应受力钢筋的断面加大用作桁架的弦杆。

制作钢筋笼时,要根据配筋图确保钢筋的正确位置、间距及根数。钢筋连接除四周两道钢筋的交点需全部点焊外,其余的可采用50%交错点焊。成型用的临时扎结铁丝焊后应全部拆除。

如钢筋笼上贴有泡沫苯乙烯塑料块等预埋件时,一定要固定牢固。如果泡沫苯乙烯塑料块在钢筋笼上安装过多,或由于泥浆相对密度过大,对钢筋笼会产生较大的浮力,阻碍钢筋笼插入槽内,在这种情况下有时须对钢筋笼施加配重。如钢筋笼单面装有过多的泡沫材料块时,会对钢筋笼产生偏心浮力,钢筋笼插入槽内时会擦落大量土碴,此时,亦应增加配重加以平衡。

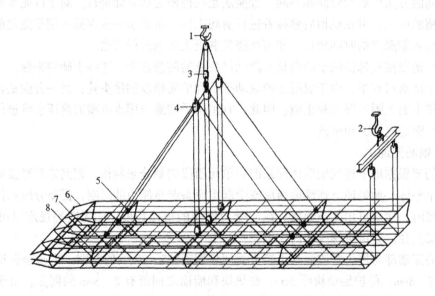

图 1-75 钢筋笼的构造与起吊方法

1、2—吊钩;3、4—滑轮;5—卸甲;6—端部向里弯曲;7—纵向桁架;8—横向架立桁架

钢筋笼应在型钢或钢筋制作的平台上成型,平台应有一定的尺寸(应大于最大钢筋笼尺寸)和平整度。

钢筋笼的制作速度要与挖槽速度协调一致,由于钢筋笼制作时间较长,因此制作钢筋笼必须有足够大的场地。

2）钢筋笼吊放

钢筋笼的起吊、运输和吊放过程中不允许产生不能恢复的变形。

钢筋笼起吊应用横吊梁或吊架，吊点布置和起吊方式要防止起吊时引起钢筋笼变形。起吊时不能使钢筋笼下端在地面上拖引，以防造成下端钢筋弯曲变形。

插入钢筋笼时，最重要的是使钢筋笼对准单元槽段的中心，垂直而又准确的插入槽内。钢筋笼进入槽内时，吊点中心必须对准槽段中心，然后徐徐下降，此时必须注意不要因起重臂摆动而使钢筋笼产生横向摆动，造成槽壁坍塌。

钢筋笼插入槽内后，检查其顶端高度是否符合设计要求，然后将其搁置在导墙上。

如果钢筋笼是分段制作，吊放时需接长，下段钢筋笼要垂直悬挂在导墙上，然后将上段钢筋笼垂直吊起，上下两段钢筋笼成直线连接。

如果钢筋笼不能顺利插入槽内，应该重新吊出，查明原因加以解决。如果需要修槽，则在修槽之后再吊放。不能强行插放，否则会引起钢筋笼变形或使槽壁坍塌，产生大量沉碴。

至于钢筋和混凝土间的握裹力，试验证明泥浆对握裹力的影响取决于泥浆质量、钢筋在泥浆中浸泡的时间以及钢筋接头的形式（焊接、退火铁丝绑扎或镀锌铁丝绑扎）。在一般情况下，泥浆中的钢筋与混凝土间的握裹力比正常状态下降低 15% 左右。

（6）混凝土浇筑

1）混凝土浇筑前的准备工作

混凝土浇筑之前，有关槽段的准备工作如图 1-76 所示。

图 1-76　地下连续墙混凝土浇筑前的准备工作

2）混凝土配合比

在确定地下连续墙工程中所用混凝土的配合比，应考虑到混凝土采用导管法在泥浆中浇筑的特点。地下连续墙施工所用之混凝土，除满足一般水工混凝土的要求外，尚应考虑泥浆中浇筑的混凝土的强度随施工条件变化较大，同时在整个墙面上的强度分散性亦大，因此，混凝土应按照比结构设计规定的强度等级提高 5MPa 进行配合比设计。

混凝土的原材料，为避免分层离析，要求采用粒度良好的河砂，粗骨料宜用粒径 5 ~ 25mm 的河卵石。如用 5 ~ 40mm 的碎石，应适当增加水泥用量和提高砂率，以保证所需的坍落度与和易性。水泥应采用强度等级 42.5 ~ 52.5 级的普通硅酸盐水泥和矿渣硅酸盐水泥，单位水泥用量，粗骨料如为卵石应在 370kg/m³ 以上，如采用碎石并掺加优良的减水剂，应在 400kg/m³ 以上，如采用碎石而未掺加减水剂时，应在 420kg/m³ 以上。水灰比不大于 0.60。混凝土的坍落度宜为 18 ~ 20cm。

3）混凝土浇筑

地下连续墙混凝土用导管法进行浇筑。由于导管内混凝土和槽内泥浆的压力不同，在导管下口处存在压力差，因而混凝土可以从导管内流出。

为便于混凝土向料斗供料和装卸导管，可用混凝土浇筑机架（图 1-77）进行地下连续墙的混凝土浇筑。机架跨在导墙上沿轨道行驶。

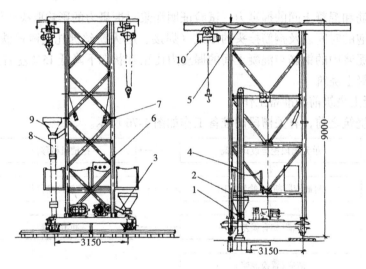

图 1-77　混凝土浇筑机架

1—底盘；2—机架；3—滑车；4—导轨；5—行车梁；6—电器箱；7—开关盒；
8—导管；9—贮料斗；10—3t 电动葫芦

在混凝土浇筑过程中，导管下口总是埋在混凝土内 1.5m 以上，使从导管下口流出的混凝土将表层混凝土向上推动而避免与泥浆直接接触。但导管插入太深会使混凝土在导管内流动不畅，有时还可能产生钢筋笼上浮，因此无论何种情况下导管最大插入深度亦不宜超过 9m。当混凝土浇筑到地下连续墙顶附近时，导管内混凝土不易流出，一方面要降低浇筑速度，另一方面可将导管的最小埋入深度减为 1m 左右，如果混凝土还浇筑不下去，可将导管上下抽动，但上下抽动范围不得超过 30cm。

在浇筑过程中，导管不能作横向运动，导管横向运动会把沉碴和泥浆混入混凝土内。

在混凝土浇筑过程中，不能使混凝土溢出料斗流入导沟，否则会使泥浆质量恶化，反过来又会给混凝土的浇筑带来不良影响。

在混凝土浇筑过程中，应随时掌握混凝土的浇筑量、混凝土上升高度和导管埋入深度，防止导管下口暴露在泥浆内，造成泥浆涌入导管。

在浇筑过程中需随时量测混凝土面的高程，量测的方法可用测锤，由于混凝土面非水平，应量测三个点取其平均值。亦可利用泥浆、水泥浮浆和混凝土温度不同的特性，利用热敏电阻温度测定装置测定混凝土面的高程。

浇筑混凝土置换出来的泥浆要进行处理，勿使泥浆溢出在地面上。

导管的间距取决于其浇筑有效半径和混凝土的和易性。当浇筑速度 $v \leqslant 5\text{m/h}$ 时，浇筑有效半径可参考下述经验公式确定：

$$R = 6.25sv \tag{1-89}$$

式中　R——混凝土浇筑有效半径（m）；

　　　s——混凝土的坍落度（m）；

　　　v——混凝土浇筑（上升）速度（m/h）。

单元槽段端部易渗水，导管距槽段端部的距离不得超过 2m。管距过大，两根导管之中间部位的混凝土面低，泥浆易卷入。如一个单元槽段用两根或两根以上的导管同时进行浇筑，应使各导管处的混凝土面大致处于同一标高。

每个单元槽段的浇筑时间，一般为 $4 \sim 6\text{h}$，混凝土浇筑速度一般为 $30 \sim 35\text{m}^3/\text{h}$，快的可达到甚至超过 $60\text{m}^3/\text{h}$。

地下连续墙的混凝土往往有超浇量，约 $5\% \sim 30\%$，它与土质、地下水位、成槽精度、墙厚、墙深有关。

混凝土面上存在一层与泥浆接触的浮浆层，需要凿去，为此混凝土高度需超浇 $300 \sim 500\text{mm}$，以便在混凝土硬化后查明强度情况，将设计标高以上的部分用风镐凿去。

二、逆作法施工

(一)"逆作法"的工艺原理与优缺点

"逆作法"是施工高层建筑多层地下室和其他多层地下结构的有效方法。国内外在多层地下结构施工中已广泛应用，收到较好的效果。如美国 75 层、高 203m 的芝加哥水塔广场大厦的 4 层地下室，就是用 18m 深的地下连续墙和 144 根大直径钻孔灌注桩做中间支承柱，以逆作法进行施工的。此外，日本读卖新闻社大楼 6 层地下室、法国巴黎拉弗埃特百货大楼 6 层地下室等亦是用逆作法施工的。我国亦将逆作法用于多层地下室施工，如上海基础工程科研楼的两层地下室、高 116m 上海电信大楼的 3 层地下室、上海延安东路越江隧道 1 号风塔的地下室、上海彭浦主泵房地下直径 63m 的圆井、上海地铁 1 号线和 2 号线位于淮海路的和南京路下面的地铁车站、上海恒积大厦和长丰商城的 4 层地下室、22 层海口国际金融大厦的两层地下室和福州世界金龙大厦等，都成功的应用了"逆作法"。

高层建筑多采用补偿性基础，有较深的多层地下室，它一方面利用补偿原理能有效地利用地基承载力，另一方面亦可充分利用地下空间作为地下停车场、设备层用房等，增加使用面积。这也为利用逆作法提供了条件。

传统的施工多层地下室的方法是开敞式施工，即大开口放坡开挖，或用支护结构围护后垂直开挖，挖至设计标高后浇筑混凝土底板，再由下而上逐层施工各层地下室结构，待地下结构完成后再进行地上结构施工。

对于深度大的多层地下室，用上述传统方法施工存在一些问题。首先支护结构的费用增加，尤其是基坑内部的支撑用量大，增加了地下结构施工的难度；其次深基坑的开挖，基坑的变形和周围地面的沉降也是施工中急待解决的问题。

实践证明，利用"逆作法"施工深度大的多层地下结构是有效的。"逆作法"的工艺原理是：先沿建筑物地下室轴线（地下连续墙也是地下室结构承重墙）或周围（地下连续墙等只用作支护结构）施工地下连续墙，同时在建筑物内部的有关位置（柱子或隔墙相交处等，根据需要计算确定）浇筑或打下中间支承柱，作为施工期间于底板封底之前承受上部结构自重和施工荷载的支撑。然后施工地面一层的梁板楼面结构（要留工作孔），作为地下连续墙刚度很大的支撑，随后通过工作孔逐层向下开挖土方和浇筑各层地下结构，直至底板封底。与此同时，由于地面一层的楼面结构已完成，为上部结构施工创造了条件，所以可以同时向上逐层进行地上结构的施工。如此地面上、下同时进行施工（图1-78），直至工程结束。但是在地下室浇筑混凝土底板之前，地面上的上部结构允许施工的层数要经计算确定。

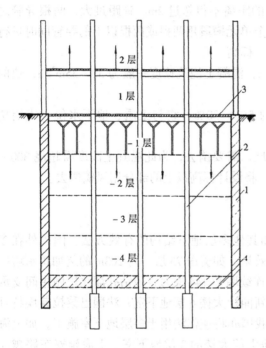

图1-78 "逆作法"的工艺原理
1—地下连续墙；2—中间支承柱；
3—地面层楼面结构；4—底板

"逆作法"施工，以地面一层楼面结构是封闭还是敞开，分为"封闭式逆作法"和"开敞式逆作法"。前者可以地面上、下同时进行施工；后者上部结构不能与地下结构同时进行施工，只是地下结构自上而下逐层施工。

与传统施工方法比较，用"逆作法"施工多层地下室有下述优点：

（1）缩短工程施工的总工期

带多层地下室的高层建筑，如采用传统方法施工，其总工期为地下结构工期加地上结构工期，再加装修等所占之工期。而用"逆作法"施工，一般情况下只有-1层占绝对工期，其他各层地下室可与地上结构同时施工，不占绝对工期，因此可以缩短工程的总工期。地下室层数愈多，缩短工期效果愈好。

（2）基坑变形小，相邻建筑物等沉降少

采用"逆作法"施工，是利用逐层浇筑的地下室结构作为围护结构地下连续墙的内部支撑。由于地下室结构与临时支撑相比刚度大得多，所以地下连续墙在侧压力作用下的变形就小得多。此外，由于中间支承柱的存在使底板增加了支点，浇筑后的底板成为多跨连续板结构，与无中间支承柱的情况相比跨度减小，从而使底板的隆起也减少。因此，"逆作法"施工能减少基坑变形，使相邻的建（构）筑物、道路和地下管线等的沉降减少，在施工期间可保证其正常使用。

（3）可节省支护结构的支撑

深度较大的多层地下室，如用传统方法施工，为减少支护结构的变形需设置强大的内部支撑或外部拉锚，不但需要消耗大量材料，施工费用亦相当可观。如上海电信大楼的深

11m、地下 3 层的地下室，用传统方法施工，为保证支护结构的稳定，约需临时钢围檩和钢支撑 1350t。而用"逆作法"施工，土方开挖后是利用地下室结构本身来支撑作为支护结构的地下连续墙，可省去支护结构的临时支撑。再加上地下连续墙为起双重作用的"两墙合一"因而可较大的节省地下结构施工费用。

"逆作法"是自上而下施工，上面已覆盖，施工条件较差，且需采用一些特殊的施工技术，保证施工质量的要求更加严格。

（二）"逆作法"施工技术

根据上述"逆作法"的工艺原理可知，"逆作法"的施工程序是：中间支承柱和地下连续墙施工→地下室－1 层挖土和浇筑其顶板、内部结构→从地下室－2 层开始地下室结构和地上结构同时施工（地下室底板浇筑之前，地上结构允许施工的高度根据地下连续墙和中间支承柱的承载能力确定）→地下室底板封底并养护至设计强度→继续进行地上结构施工，直至工程结束。

因此，属于"逆作法"施工的内容，包括地下连续墙、中间支承柱和地下室结构的施工。地下连续墙施工前面已详述，由于地下连续墙内要预埋锥螺纹套筒，要求位置准确。此处只介绍中间支承柱和地下室结构的施工。

1. 中间支承柱施工

中间支承柱（亦称中柱桩）的作用，是在"逆作法"施工期间，于地下室底板未浇筑之前与地下连续墙一起承受地下和地上各层的结构自重和施工荷载；在地下室底板浇筑后，与底板连接成整体，成为地下室结构的一部分，将上部结构及承受的荷载传递给地基。

中间支承柱的位置和数量，要根据地下室的结构布置和制定的施工方案详细考虑后经计算确定，一般布置在地下室柱子位置或纵、横墙相交处。中间支承柱所承受的最大荷载，是地下室已修筑至最下一层、而地面上已修筑至规定的最高层数时的荷载。中间支承柱是以支承柱四周与土的摩阻力和柱底的正应力来平衡它承受的上部荷载。因此，中间支承柱的直径一般都设计的较大。由于底板以下的中间支承柱要与底板结合成整体，多做成灌注桩形式，其长度亦不能太长，否则影响底板的受力形式，与设计的计算假定不一致。亦有的采用预制桩（钢管桩等）作为中间支承柱。采用灌注桩时，底板以上的中间支承柱的柱身，多为钢管混凝土柱或 H 型钢柱，断面小而承载能力大，而且也便于与地下室的梁、柱、墙、板等钢筋的连接。

由于中间支承柱上部多为钢柱，下部为混凝土柱，所以，多用灌注桩方法进行施工。

在泥浆护壁下用反循环或正循环潜水电钻钻孔时（图 1-79），顶部要放护筒，其位置的允许偏差为 ±5mm。钻孔后吊放钢管，钢管的位置、标高和垂直度要十分准确，否则与上部柱子不在同一垂线上对受力不利，因此钢管吊放后要用定位装置调整其位置，用气囊调整垂直度。钢管的壁厚按其承受的荷载计算确定。利用导管浇筑混凝土，而用钢管内的导管浇筑混凝土时，超压力不可能将混凝土压上很高，所以钢管底端埋入混凝土不可能很深，一般为 1m 左右。为使钢管下部与现浇混凝土桩能较好的结合，可在钢管下端加焊竖向分布钢筋。混凝土桩的顶端一般高出底板面 30mm 左右，高出部分在浇筑底板时将其凿除，以保证底板与中间支承柱连成一体。由于钢管外面不浇筑混凝土，钻孔上段中的泥浆需进行固化处理，以便在开挖土方时防止泥浆到处流淌，恶化施工环境。泥浆的固化处理

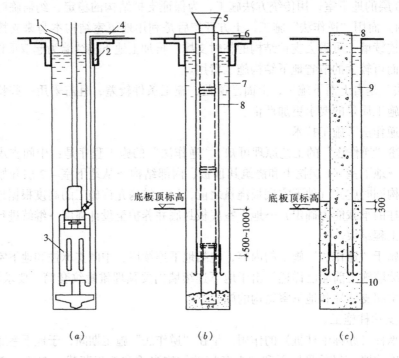

图 1-79　泥浆护壁用反循环钻孔灌注桩施工方法浇筑中间支承柱

(a) 泥浆反循环钻孔；(b) 吊放钢管、浇筑混凝土；(c) 形成自凝泥浆

1—补浆管；2—护筒；3—潜水电钻；4—排浆管；5—混凝土导管；6—定位装置；

7—泥浆；8—钢管；9—自凝泥浆；10—混凝土桩

方法，是在泥浆中掺入水泥形成自凝泥浆，使其自凝固化。水泥掺量约 10%，可直接投入钻孔内，用空气压缩机通过软管进行压缩空气吹拌，使水泥与泥浆很好地拌合。

　　中间支承柱亦可用套管式灌注桩成孔方法（图 1-80），它是边下套管、边用抓斗挖孔。由于有钢套管护壁，可用串筒浇筑混凝土，亦可用导管法浇筑，要边浇筑混凝土边上拔钢套管。支承柱上部用 H 型钢或钢管，下部浇筑成扩大的桩头。混凝土桩浇至底板标高处，套管与 H 型钢间的空隙用砂或土填满，以增加上部钢柱的稳定性。

　　在施工期间要注意观察中间支承柱的沉降和升抬的数值。由于上部结构的不断加荷，会引起中间支承柱的沉降；而基础土方的开挖，其卸载作用又会引起坑底土体的回弹，使中间支承柱升抬。要求事先精确地计算确定中间支承柱最终是沉降还是升抬以及沉降或升抬的数值。一般在施工期间中间支承柱以及与地下连续墙的沉降差不大于 20mm。

　　图 1-81 所示为一工程"逆作法"施工时中间支承柱的布置情况。其中间支承柱为大直径钻孔灌注桩，桩径 2m，桩长 30m，共 35 根。

　　有时中间支承柱用钢管桩，则要求其位置十分准确，以便处于地下结构柱、墙的位置，且要便于与水平结构的连接。

2. 地下室结构浇筑

　　根据"逆作法"的施工特点，地下室结构不论是哪种结构型式都是由上而下分层浇筑的。地下室结构的浇筑方法有两种：

　　(1) 利用土模浇筑梁板

对于地面梁板或地下各层梁板，挖至其设计标高后，将土面整平夯实，浇筑一层厚约 50mm 的素混凝土（土质好抹一层砂浆亦可），然后刷一层隔离层，即成楼板模板。对于梁模板，如土质好可用土胎模，按梁断面挖出槽穴（图 1-82b）即可，如土质较差可用模板搭设梁模板（图 1-82a）。

如土质较差亦可在垫层上弹线后铺底模浇筑梁板，要求浇筑后沉陷≤2mm。

至于柱头模板如图 1-83 所示，施工时先把柱头处的土挖出至梁底以下 500mm 左右处，设置柱子的施工缝模板，为使下部柱子易于浇筑，该模板宜呈斜面安装，柱子钢筋通穿模板向下伸出接头长度，在施工缝模板上面组立柱头模板与梁模板相连接。如土质好柱头可用土胎模，否则就用模板搭设。下部柱子挖出后搭设模板进行浇筑。

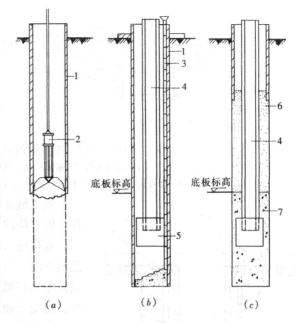

图 1-80 中间支承柱用大直径套管式灌注桩施工
(a) 成孔；(b) 吊放 H 型钢、浇筑混凝土；(c) 抽套管、填砂
1—套管；2—抓斗；3—混凝土导管；4—H 型钢；5—扩大的桩头；6—填砂；7—混凝土桩

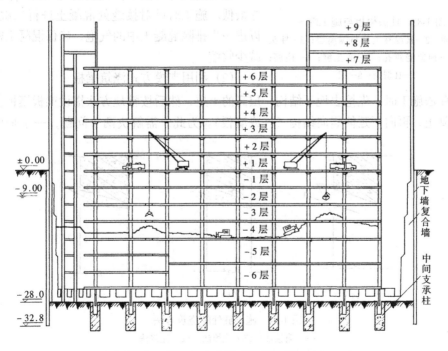

图 1-81 中间支承柱布置

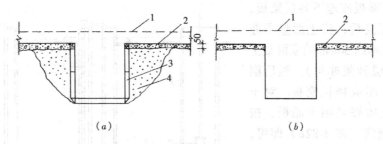

图 1-82　逆作法施工时的梁、板模板
(a) 用钢模板组成梁模；(b) 梁模用土胎膜
1—楼板面；2—素混凝土层与隔离层；3—钢模板；4—填土

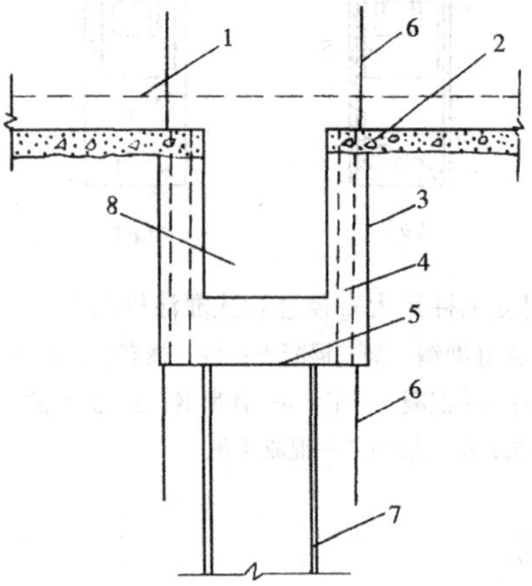

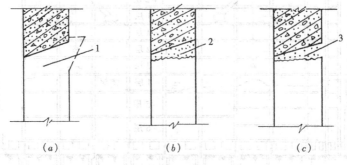

图 1-83　柱头模板与施工缝
1—楼板面；2—素混凝土层与隔离层；3—柱头模板；4—预留浇筑孔；5—施工缝；6—柱筋；7—H型钢；8—梁

施工缝处的浇筑方法，国内外常用的方法有三种，即直接法、充填法和注浆法。

直接法（图 1-84a）即在施工缝下部继续浇筑混凝土时，仍然浇筑相同的混凝土，有时添加一些微膨胀剂以减少收缩。为浇筑密实可做出一假牛腿，混凝土硬化后可凿去。

充填法（图 1-84b）即在施工缝处留出充填接缝，待混凝土面处理后，再于接缝处充填膨胀混凝土或无浮浆混凝土。

注浆法（图 1-84c）即在施工缝处留出缝隙，待后浇混凝土硬化后用压力压入水泥浆充填。

在上述三种方法中，直接法施工最简单，成本亦最低。施工时可对接缝处混凝土进行二次振捣，以进一步排除混凝土中的气泡，确保混凝土密实和减少收缩。

(2) 利用支模方式浇筑梁板

用此法施工时，先挖去地下结构一层高的土层，然后按常规方法搭设梁板模板，浇筑梁板混凝土，再向下延伸竖向结构（柱或墙板）。为此，需解决两个问题，一个是设法减

图 1-84　施工缝处的浇筑方法
(a) 直接法；(b) 充填法；(c) 注浆法
1—浇筑混凝土；2—充填无浮浆混凝土；3—压入水泥浆

少梁板支撑的沉降和结构的变形；另一个是解决竖向构件的上、下连接和混凝土浇筑。

为了减少楼板支撑的沉降和结构变形，施工时除降水质量保证外还需对土层采取措施进行临时加固。加固的方法：可以浇筑一层素混凝土，以提高土层的承载能力和减少沉降，待墙、梁浇筑完毕，开挖下层土方时随土一同挖去；另一种加固方法是铺设砂垫层，上铺枕木以扩大支承面积，这样上层柱子或墙板的钢筋可插入砂垫层，以便与下层后浇筑结构的钢筋连接。有时还可用其吊模板的措施来解决模板的支撑问题。

楼盖混凝土浇筑后要达到设计强度的 60%、且 ≥C25 时，方可拆除楼盖模板，挖下层的土。

"逆作法"施工时柱、墙混凝土的浇筑，由于混凝土是从顶部的侧面入仓，为便于浇筑需在楼盖上预留 $\phi200mm$ 的浇筑孔。

竖向柱、墙内受力钢筋的连接，可用电焊或锥螺纹套筒连接，上面柱、墙内和插筋要穿过施工缝处的钢板网，插筋的平面位置偏差要小于 ±5mm，相邻钢筋接头按规范规定错开。

（3）地下室土方开挖

在封闭式逆作法中，挖土是在封闭环境中进行，有一定的难度。在逆作法的挖土过程中，随着挖土的进展和地下、地上结构的浇筑，作用在周边地下连续墙和中间支承柱（中柱桩）上的荷载愈来愈大。挖土周期过长，不但因为软土的时间效应会增大围护墙的变形，还可能造成地下连续墙和中间支承柱间的沉降差异过大。

在确定工作孔之后，要在工作孔上设置提升设备，用来提升地下挖土集中运输至工作孔处的土方，并将其装车外运。

挖土要在地下室各层楼板浇筑完成后，在地下室楼板底下逐层挖土。

各层的地下挖土，先从工作孔处开始，形成初始挖土工作面后，再向四周扩展。挖土采用"开矿式"逐皮逐层推进，挖出的土方运至工作孔处提升外运。

在挖土过程中要保护降水深井泵管，避免碰撞失效。同时要进行工程桩的截桩（如果工程桩是钻孔灌筑桩等）。

挖土可用小型机械或人力开挖。小型高效的机械开挖，优点是效率高、进度快，有利于缩短挖土周期。但缺点是在地下封闭环境中挖土，又存在工程桩和深井泵管，各种障碍较多，难以高效率的挖土，遇有工程桩和深井泵管，需先凿桩和临时解除井管，然后才能挖土；机械在坑内的运行，会扰动坑底的原土，如降水效果不十分好时，会使坑底土壤松软泥泞，影响楼盖的土模浇筑；柴油挖土机在施工过程中会产生废气污染，加重通风设备的负担。

人力挖土和运土便于绕开工程桩、深井泵管等障碍物；对坑底土扰动少；随着挖土工作面的扩大，可以投入大量人力挖土，施工进度可以控制；从目前我国情况看，在挖土成本方面，用人力比机械更便宜。由于上述原因，目前我国在逆作法的挖土工序上，主要以人力挖土为主。

挖土要逐皮逐层进行，开挖的土方坡面不宜大于 75°，防止坍方，更严禁掏挖，防止土方坍落伤人。

人力挖土多采用双轮手推车运土，沿运输路线上均应铺设脚手板，以利于坑底土方的水平运输。

地下室挖土与楼盖浇筑是交替进行的，每挖土至楼板底标高，即进行楼盖浇筑，然后再开挖下一层的土方。图 1-85 即表示某工程的施工顺序和工作孔采用的提升土方的机械设备。

（4）工作孔的留设

"逆作法"施工是在顶部楼盖封闭条件下进行，在进行地下各层地下室结构施工时，需进行施工设备、土方、模板、钢筋、混凝土等的上下运输，所以需预留一个或几个上下贯通的垂直运输通道。为此，在设计时就要在适当部位预留一些从地面直通地下室底层的工作孔。亦可利用楼梯间或无楼板处做为垂直运输孔洞。

此外，还应对"逆作法"施工期间的通风、照明、安全等采取应有的措施，保证施工顺利进行。

（三）"逆作法"施工实例

1.上海基础工程科研楼的逆作法施工

这是我国第一个按"封闭式逆作法"施工的工程。该建筑物地下两层，地上五层（塔楼为六层），平面轴线尺寸为 39.85m×13.8m，地上部分为框架结构、钢管柱和预制梁板。地下室是由地下连续墙作外墙，墙厚为 600mm，墙深 13.5～15.5m，开挖深度 6m，局部 10m。中间支承柱为直径 900mm 的钻孔灌注桩，上部为直径 400mm 的钢管，桩长 28m。

该工程的施工程序是：

（1）施工地下连续墙和中间支承柱钻孔灌注桩；

（2）开挖地下一层土方，构筑顶部圈梁、杯口、腰圈梁、纵横支撑梁和吊装地下一层楼板；

（3）吊装地上 1～3 层的柱、梁、板结构，同时交叉进行地下二层的土方开挖。土方完成后，进行底板垫层、钢筋混凝土底板的浇筑。因为经过计算，在底板未完成之前，地下连续墙和中间支承柱只能承受地面上三层的荷载；

（4）待底板养护期满，吊装地上 4～5 层的柱、梁、板结构。地下平行地完成内部隔墙等结构工程；

（5）地上、地下同时进行装修和水电等工程。

工艺程序如图 1-86 所示。

该工程地下室用斗容量 0.15m³ 的 WY-15 型液压挖土机挖土，用机动翻斗车水平运至楼梯间的工作孔处出土。混凝土在基准面上用手推车运输，通过挂在预留孔洞中的串桶进行浇筑。

中间支承柱共九根，直径 900mm，用 CZQ-80 型潜水电钻配合砂石泵反循环施工。中间柱的施工荷载最大，吊装地上一层时荷载（指设计控制荷载）为 550kN，吊装二层时为 950kN，吊装三层时为 1180kN。中间支承柱钻深 28m。地下二层土方开挖结束、地上吊装三层后，北面与南面的地下连续墙的沉降值为 -4 和 -5mm，但中间支承柱却上升 +10mm，这是土体回弹造成的结果。

该工程利用西端外楼梯间作为垂直运输的工作孔，土方由此吊出，地下施工所需的大型设备和构件也由此吊入。同时在地下一层的底板上留有分布的孔洞，作为施工窗口，亦作为地下室隔墙浇筑混凝土用的孔洞。

2.上海电信大楼地下室工程的"逆作法"施工

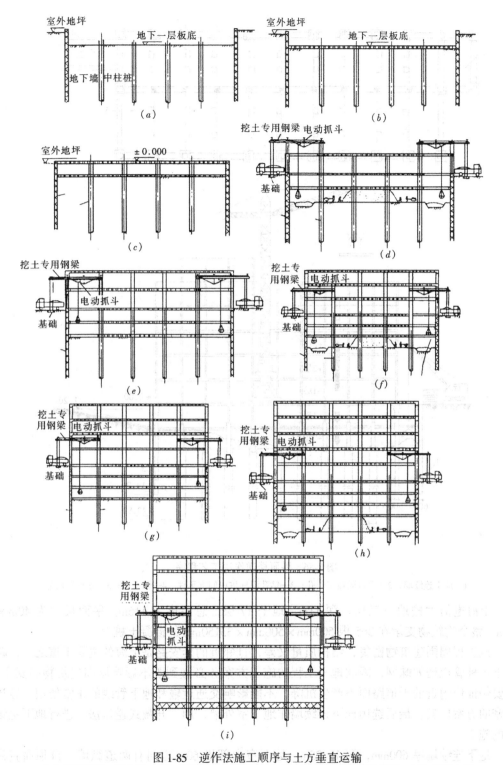

图 1-85　逆作法施工顺序与土方垂直运输

（a）开挖地下一层土方；（b）浇筑地下一层楼盖；（c）浇筑 ±0.000 标高处楼盖；（d）施工上部一层结构，同时开挖地下二层土方；（e）施工上部二层结构，同时浇筑地下二层楼盖；（f）施工上部三层结构，同时开挖地下三层土方；（g）施工上部四层结构，同时浇筑地下三层楼盖；（h）施工地上五层结构，同时开挖地下四层土方；（i）浇筑地下室底板

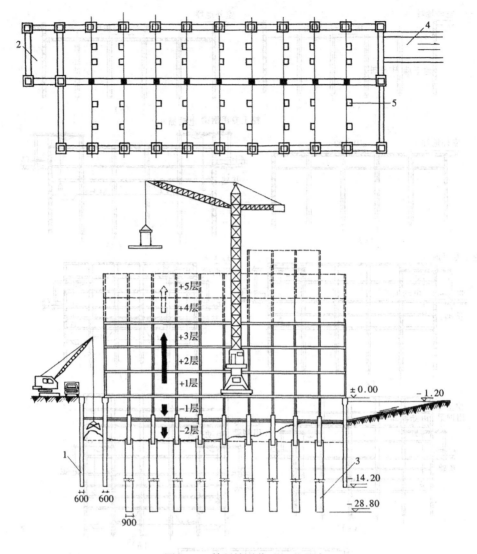

图 1-86 科研楼逆作法工艺程序

1—地下连续墙；2—垂直运输工作孔；3—钻孔灌柱桩中间支承柱；4—斜车道；5—分布的孔洞

上海电信大楼地下三层、深 11m，地上 17 层，总高度为 116m。平面尺寸为 40m × 60m。整个建筑物支承在 365 根 500mm × 500mm × 33150mm 的混凝土桩上。

该工程周围建筑物密集，结构质量又差，且邻近的延安路是上海的主要干道之一，路面下各种管道密如蛛网，因此地下工程的施工方案务必做到既不影响周围建筑物的安全，又要保证使附近的干道路面不产生沉降，不能影响交通运输和地下管线的正常使用。经过周密的方案比较，最后选用地下连续墙作地下室外墙，用"开敞式逆作法"进行地下室结构的施工。

地下连续墙厚 600mm，深 19.25m。地下室内部沿 60m 方向有两道纵墙，自顶面直到底板；沿 40m 方向有 8 道横墙，也是自顶面直到底板。这样在地下室内就组成一平面框架，支撑周边的地下连续墙。

中间支承柱设在纵横墙相交处，共 28 根 40m 长的钢管柱和 5 根 40m 长的混凝土方桩。

在地下连续墙未施工时就预先打入地下，作为地下室平面框架的支承，承受结构自重和施工荷载，以保证其竖向的稳定。

地下室结构的施工程序：先进行地下连续墙施工，沿周长将地下连续墙分成 36 段，用两钻一抓法成槽。地下连续墙完成后，将基坑表面挖去 4.38m（由 −1.920m 至 −6.300m），此时地下连续墙悬臂 2.4m（图 1-87），经计算它能保持稳定，然后开始施工第一层平面框架（10 道 1.5m 高的纵横墙）；待其达到一定强度后，再继续挖土，开挖深度为 3.44m（由 −6.300m 至 −9.740m），然后把地下第一层的纵横墙向下接长 3m；待浇筑的混凝土墙达到规定强度后，再挖第三层土方，直达预定的设计标高（由 −9.740m 至 −13.150m）。由于地下连续墙已有 10 道 4.5m 高的纵横墙支撑，具有足够的刚度，故可一次开挖到底。此后，浇筑 365 根桩的基础底板承台，在底板上再浇筑纵横墙与上面的纵横墙相连接，这样就完成了整个地下室结构。然后把地下室封顶，一面进行地下室内部装修，一面进行上部结构的施工。

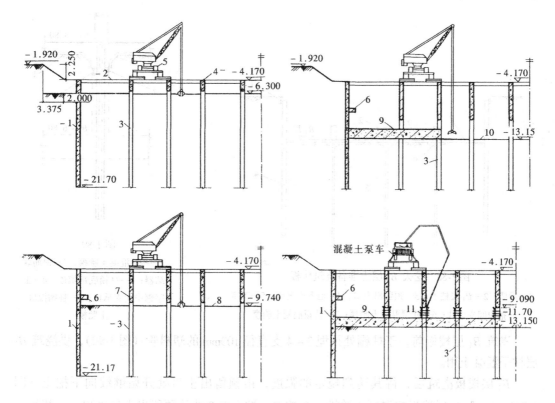

图 1-87 开敞式逆作法施工

1—地下连续墙；2—顶部圈梁；3—中间隔墙；4—第一节隔墙；5—抓斗挖土机；6—圈梁；
7—第二节隔墙；8—第二次开挖深度；9—底板；10—第三次开挖深度；11—浇筑第三节隔墙

由于采用"开敞式逆作法"施工，沿基坑短边方向搭设三道马道，上铺路基箱，用 W-101 型抓斗挖土机从 10 道纵横墙组成的 27 个格子内抓土，装车外运。混凝土用泵车浇筑，第一层地下隔墙分两次浇筑，第二、三层各分四次浇筑。底板分三块浇筑，分缝处用后浇膨胀带施工。整个地下室工程，土方 30000m³、混凝土 10000m³，自地下连续墙开始 15 个月竣工。

3. 海口国际金融大厦的逆作法施工

海口国际金融大厦地下 2 层、地上 22 层，采用地下连续墙和逆作法施工。地下连续墙既是地下室施工期间的支护结构，也是地下室的结构承重墙。

做导墙后先施工厚 630mm 的地下连续墙，单元槽段长度为 6100mm，共分 49 段。地下连续墙埋深 15m，用抓斗施工。

于柱子位置处用打桩机打入 320～400 号工字钢至岩层持力层，做为中间支承柱。

地下连续墙和中间支承柱施工完毕后，在露天用挖土机挖去 B_1 层的土，至 B_1 层楼板底标高以下 100mm 处（−3.90m）。平整后浇筑 C10 混凝土胎模（图 1-88），表面抹水泥砂浆使其平整光滑，并涂废机油滑石粉脱模剂，用以浇筑楼板。绑扎 B_1 层楼板钢筋后，与扳出的地下连续墙预埋钢筋加以连接。

在柱模底部填砂，并将用塑料薄膜包扎的柱筋联结器插入砂层，以便与下层柱的钢筋连接（图 1-89）。

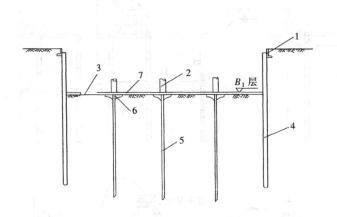

图 1-88　挖去 B_1 层土准备浇筑楼板

1—导墙；2—B_1 层柱子；3—预留出土口；4—地下连续墙；5—工字钢中间支承柱；6—柱帽混凝土胎模；7—楼板混凝土胎模

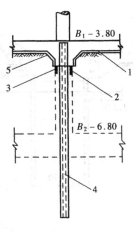

图 1-89

1—楼板混凝土胎模；2—钢筋联结器；3—柱模底部填砂；4—工字钢中间支承柱；5—柱帽混凝土胎模

浇筑 B_1 层楼板前，于柱帽处预埋 3～4 支直径 100mm 的塑料管（图 1-90），供浇筑 B_2 层柱子混凝土用。

B_1 层楼板浇筑后，待其达到规定的强度，由预留出土口处开始继续向下挖土（图 1-91），连同 B_1 层楼板的混凝土胎模一起挖去，挖土由抓斗从预留出土口处出去。待挖至 B_2 层楼板底标高处，浇筑垫层，然后由地下连续墙内扳出预埋钢筋与楼板钢筋连接，浇筑 B_2 层楼板混凝土。

最后安装 B_2 层柱子模板，并利用预埋于柱帽处塑料管浇筑混凝土。

三、土钉墙施工

土钉墙施工之前先确定基坑开挖线、轴线定位点、水准基点、变形观测点等，并妥善保护；编制好基坑支护施工组织设计，周密安排支护施工与基坑土方开挖、出土等工作的关系，使支护施工与土方开挖密切配合；准备土钉等有关材料和施工机具。

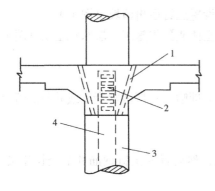

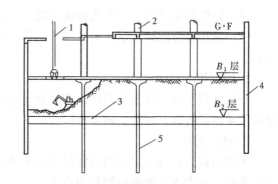

图 1-90　B_2 层柱子浇筑

1—塑料管（ϕ100mm）；2—工字钢中间支承柱顶部焊槽钢锚固件；3—B_2 层柱子（在 B_2 层楼板浇筑后浇筑）；4—工字钢中间支承柱

图 1-91　B_2 层挖土

1—出土用抓斗；2—地上 1 层的柱子（B_1 层完成后继续向上施工）；3—B_2 层楼板（筏基）；4—地下连续墙；5—工字钢中间支承柱

（一）土钉墙施工技术

1．基坑开挖

基坑要按设计要求严格分层分段开挖，在完成上一层作业面土钉与喷射混凝土面层达到设计强度的 70% 以前，不得进行下一层土层的开挖。每层开挖最大深度取决于在支护投入工作前土壁可以自稳而不发生滑动破坏的能力，实际工程中常取基坑每层挖深与土钉竖向间距相等。每层开挖的水平分段宽度也取决于土壁自稳能力，且与支护施工流程相互衔接，一般多为 10～20m 长。当基坑面积较大时，允许在距离基坑四周边坡 8～10m 的基坑中部自由开挖，但应注意与分层作业区的开挖相协调。

挖方要选用对坡面土体扰动小的挖土设备和方法，严禁边壁出现超挖或造成边壁土体松动。坡面经机械开挖后要采用小型机械或铲锹进行切削清坡，以使坡度及坡面平整度达到设计要求。

为防止基坑边坡的裸露土体塌陷，对于易塌的土体可采取下列措施：

（1）对修整后的边坡，立即喷上一层薄的砂浆或混凝土，凝结后再进行钻孔（图 1-92a）；

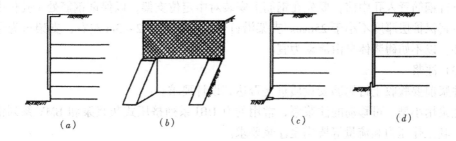

（a）　　　　　（b）　　　　　（c）　　　　　（d）

图 1-92　易塌土层的施工措施

（2）在作业面上先构筑钢筋网喷射混凝土面层，而后进行钻孔和设置土钉（图 1-92b）；

（3）在水平方向上分小段间隔开挖；

（4）先将作业深度上的边壁做成斜坡，待钻孔并设置土钉后再清坡（图1-92c）；

（5）在开挖前，沿开挖面垂直击入钢管注浆加固土体或预先施工一层水泥土墙（图1-92d）。

2. 喷射第一道面层

每步开挖后应尽快做好面层，即对修整后的边壁立即喷上一层薄混凝土或砂浆。若土层地质条件好的话，可省去该道面层。

3. 设置土钉

土钉的设置，对于钢筋钉通常是先在土体中成孔，然后置入土钉钢筋并沿全长注浆。对于钢管钉可击入土体再由钢管内注浆。

（1）钻孔

钻孔前，应根据设计要求定出孔位并作出标记及编号。当成孔过程中遇到障碍物需调整孔位时，不得损害支护结构设计原定的安全程度。

钻孔可用锚杆钻机，它能自动退钻杆、接钻杆，适合上中钻孔。常用的有 MGJ-50 型钻杆工程钻机、YTM-87 型土锚钻机、QC-100 型气动冲击式锚杆钻机等，钻孔直径和钻孔深度皆满足要求。也可采用 GX-1T、GX-50 型等轻型地质钻机钻孔。甚至用洛阳铲人工成孔亦可行。

钻孔时，在进钻和抽出钻杆过程中不得引起土体坍孔。而在易坍孔的土体中钻孔时宜采用套管成孔或挤压成孔。成孔过程中应由专人做成孔记录，按土钉编号逐一记载取出土体的特征、成孔质量、事故处理等，并将取出的土体及时与初步设计所认定的土质加以对比，若发现有较大的偏差要及时修改土钉的设计参数。

土钉钻孔的质量应符合下列规定：

1）孔距允许偏差为 ±100mm；

2）孔径允许偏差为 ±5mm；

3）孔深允许偏差为 ±30mm；

4）倾角允许偏差为 ±1°。

（2）插入土钉钢筋

插入土钉钢筋前要进行清孔检查，若孔中出现局部渗水、塌孔或掉落松土应立即处理。土钉钢筋置入孔中前，要先在钢筋上安装对中定位支架，以保证钢筋处于孔位中心且注浆后其保护层厚度不小于25mm。支架沿钉长的间距可为 2～3m 左右，支架可为金属或塑料件，以不妨碍浆体自由流动为宜。

（3）注浆

注浆前要验收土钉钢筋安设质量是否达到设计要求。

注浆用小型、可移动的注浆泵，常用的有 UBJ 系列挤压式灰浆泵和 BMY 系列锚杆注浆泵，其工作压力和流量等皆满足注浆要求。

注浆一般可采用重力、低压（0.4～0.6MPa）或高压（1～2MPa）注浆，水平孔应采用低压或高压注浆。压力注浆时应在孔口或规定位置设置止浆塞，注满后保持压力 3～5min。重力注浆以满孔为止，但在浆体初凝前需补浆 1～2 次。

对于向下倾角的土钉，注浆采用重力或低压注浆时宜采用底部注浆方式，注浆导管底端应插至距孔底 250～500mm 处，在注浆同时将导管匀速缓慢地撤出。注浆过程中注浆导管口始终埋在浆体表面以下，以保证孔中气体能全部逸出。

注浆时要采取必要的排气措施。对于水平土钉的钻孔，应用口部压力注浆或分段压力注浆，此时需配排气管并与土钉钢筋绑扎牢固，在注浆前与土钉钢筋同时送入孔中。

向孔内注入浆体的充盈系数必须大于1。每次向孔内注浆时，宜预先计算所需的浆体体积并根据注浆泵的冲程数计算出实际向孔内注入的浆体体积，以确认实际注浆量超过孔内容积。

注浆材料宜用水泥浆或水泥砂浆。水泥浆的水灰比宜为 0.5；水泥砂浆的配合比宜为 1:1～1:2（重量比），水灰比宜为 0.38～0.45。需要时可加入适量速凝剂，以促进早凝和控制泌水。

水泥浆、水泥砂浆应拌合均匀，随拌随用，一次拌合的水泥浆、水泥砂浆应在初凝前用完。

注浆前应将孔内残留或松动的杂土清除干净。注浆开始或中途停止超过 30min 时，应用水或稀水泥浆润滑注浆泵及其管路。

用于注浆的砂浆强度用 70mm×70mm×70mm 立方体试块经标准养护后测定。每批至少留取 3 组（每组 3 块）试件，给出 3d 和 28d 强度。

为提高土钉抗拔能力，还可采用二次注浆工艺。

4. 喷第二道面层

在喷混凝土之前，先按设计要求绑扎、固定钢筋网。面层内的钢筋网片应牢固固定在边壁上并符合设计规定的保护层厚度要求。钢筋网片可用插入土中的钢筋固定，但在喷射混凝土时不应出现振动。

钢筋网片可焊接或绑扎而成，网格允许偏差为 ±10mm。铺设钢筋网时每边的搭接长度应不小于一个网格边长或 200mm，如为搭焊则焊接长度不小于网片钢筋直径的 10 倍。网片与坡面间隙不小于 20mm。

土钉与面层钢筋网的连接可通过垫板、螺帽及土钉端部螺纹杆固定。垫板钢板厚 8～10mm、尺寸为 200mm×200mm～300mm×300mm。垫板下空隙需先用高强水泥砂浆填实，待砂浆达一定强度后方可旋紧螺帽以固定土钉。土钉钢筋也可通过井字加强钢筋直接焊接在钢筋网上，焊接强度要满足设计要求。

喷射混凝土的配合比应通过试验确定，粗骨料最大粒径不宜大于 12mm，水灰比不宜大于 0.45，并应通过外加剂来调节所需工作度和早强时间。当采用干法施工时，应事先对操作手进行技术考核，以保证喷射混凝土的水灰比和质量达到设计要求。

为保证喷射混凝土厚度达到均匀的设计值，可在边壁上隔一定距离打入垂直短钢筋段作为厚度标志。喷射混凝土的射距宜保持在 0.6～1.0m 范围内，并使射流垂直于壁面。在有钢筋的部位可先喷钢筋的后方以防止钢筋背面出现空隙。喷射混凝土的路线可从壁面开挖层底部逐渐向上进行，但底部钢筋网搭接长度范围以内先不喷混凝土，待与下层钢筋网搭接绑扎之后再与下层壁面同时喷混凝土。混凝土面层接缝部分做成 45°角斜面搭接。当设计面层厚度超过 100mm 时，混凝土应分两层喷射，一次喷射厚度不宜小于 40mm，且接缝错开。混凝土接缝在继续喷混凝土之前应清除浮浆碎屑，并喷少量水润湿。

面层喷射混凝土终凝后 2h 应喷水养护，养护时间宜 3～7d，养护视当地环境条件采用喷水、覆盖浇水或喷涂养护剂等方法。

喷射混凝土强度可用边长为 100mm 的立方体试块进行测定。制作试块时，将试模底面紧贴边壁，从侧向喷入混凝土，每批至少留取 3 组（每组 3 块）试件。

土钉支护成孔、注浆、喷混凝土等工艺的其他一般要求可参照下列规范、规程：《基坑土钉支护技术规程》（CECS96:97）；《喷射混凝土施工技术规程》（YBJ 226—91）和《建筑地基基础工程施工质量验收规范》（GB 50202—2002）等。

5. 排水设施的设置

水是土钉支护结构最为敏感的问题，不但要在施工前做好降排水工作，还要充分考虑土钉支护结构工作期间地表水及地下水的处理，设置排水构造措施。

基坑四周地表应加以修整并构筑明沟排水，严防地表水向下渗流。可将喷射混凝土面层延伸到基坑周围地表构成喷射混凝土护顶并在土钉墙平面范围内地表做防水地面（图 1-93），可防止地表水渗入土钉加固范围的土体中。

基坑边壁有透水层或渗水土层时，混凝土面层上要做泄水孔，即按间距 1.5～2.0m 均布插设长 0.4～0.6m、直径不小于 40mm 的塑料排水管，外管口略向下倾斜，管壁上半部分可钻些透水孔，管中填满粗砂或圆砾作为滤水材料，以防止土颗粒流失（图 1-94）。也可在喷射混凝土面层施工前预先沿土坡壁面每隔一定距离设置一条竖向排水带，即用带状皱纹滤水材料夹在土壁与面层之间形成定向导流带，使土坡中渗出的水有组织地导流到坑底后集中排除，但施工时要注意每段排水带滤水材料之间的搭接效果，必须保证排水路径畅通无阻。

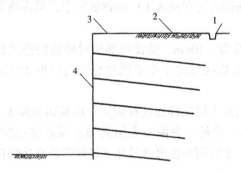

图 1-93　地面排水

1—排水沟；2—防水地面；3—喷射混凝土护顶；4—喷射混凝土面层

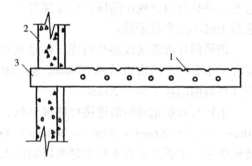

图 1-94　面层内泄水管

1—孔眼；2—面层；3—排水管

为了排除积聚在基坑内的渗水和雨水，应在坑底设置排水沟和集水井。排水沟应离开坡脚 0.5～1m，严防冲刷坡脚。排水沟和集水井宜用砖衬砌并用砂浆抹内表面以防止渗漏。坑中积水应及时排除。

（二）土钉现场测试

（1）土钉支护施工必须进行土钉的现场抗拔试验，应在专门设置的非工作钉上进行抗拔试验直至破坏，用来确定极限荷载，并据此估计土钉的界面极限粘结强度。

（2）每一典型土层中至少应有 3 个专门用于测试的非工作钉。测试钉除其总长度和粘结长度可与工作钉有区别外，应与工作钉采用相同的施工工艺同时制作，其孔径、注浆材料等参数以及施工方法等应与工作钉完全相同。测试钉的注浆粘结长度不小于工作钉的二分之一且不短于5m，在满足钢筋不发生屈服并最终发生拔出破坏的前提下宜取较长的粘结段，必要时适当加大土钉钢筋直径。为消除加载试验时支护面层变形对粘结界面强度的影响，测试钉在距孔口处应保留不小于1m长的非粘结段。在试验结束后，非粘结段再用浆体回填。

（3）土钉的现场抗拔试验宜用穿孔液压千斤顶加载，土钉，千斤顶，测力杆三者应在同一轴线上，千斤顶的反力支架可置于喷射混凝土面层上，加载时用油压表大体控制加载值并由测力杆准确予以计量。土钉的（拔出）位移量用百分表（精度不小于0.02mm，量程不小于50mm）测量，百分表的支架应远离混凝土面层着力点。

（4）测试钉进行抗拔试验时的注浆体抗压强度不应低于6MPa。试验采用分级连续加载，首先施加少量初始荷载（不大于土钉设计荷载的1/10）使加载装置保持稳定，以后的每级荷载增量不超过设计荷载的20%。在每级荷载施加完毕后立即记下位移读数并保持荷载稳定不变，继续记录以后1、6、10min的位移读数。若同级荷载下10min与1min的位移增量小于1mm，即可立即施加下级荷载，否则应保持荷载不变继续测读15、30、60min时的位移。此时若60min与6min的位移增量小于2mm，可立即进行下级加载，否则即认为达到极限荷载。

根据试验得出的极限荷载，可算出界面粘结强度的实测值。这一试验平均值应大于设计计算所用标准值的1.25倍，否则应进行反馈修改设计。

（5）极限荷载下的总位移必须大于测试钉非粘结长度段土钉弹性伸长理论计算值的80%，否则这一测试数据无效。

（6）上述试验也可不进行到破坏，但此时所加的最大试验荷载值应使土钉界面粘结应力的计算值（按粘结应力沿粘结长度均匀分布算出）超出设计计算所用标准值的1.25倍。

（三）质量监测

1. 质量检验与监测

（1）材料

所使用的原材料（钢筋、水泥、砂、碎石等）的质量应符合有关规范规定标准和设计要求，并要具备出厂合格证及试验报告书。材料进场后还要按有关标准进行抽样质量检验。

（2）土钉现场测试

土钉支护设计与施工必须进行土钉现场抗拔试验，包括基本试验和验收试验。

通过基本试验可取得设计所需的有关参数，如土钉与各层土体之间的界面粘结强度等，以保证设计的正确、合理性，或反馈信息以修改初步设计方案；验收试验是检验土钉支护工程质量的有效手段。土钉支护工程的设计、施工宜建立在有一定现场试验的基础上。

（3）混凝土面层的质量检验

包括混凝土面层外观检查；混凝土面层厚度检查（用凿孔法）和混凝土抗压强度试验。

2. 施工监测

土钉墙支护的施工监测应包括下列内容：

（1）土钉墙位移的量测；

（2）地表开裂状况（位置、裂宽）的观察；

（3）周围设施的变形测量；

（4）基坑渗、漏水及基坑内外地下水位变化。

四、水泥土墙施工

深层搅拌水泥土桩墙，是采用水泥作为固化剂，通过特制的深层搅拌机械，在地基深处就地将土和水泥强制搅拌形成水泥土，利用水泥和土之间所产生的一系列物理-化学反应，使软土硬化成整体性的并有一定强度的挡土、防渗墙。

深层搅拌水泥土挡墙，施工时振动和噪声小，工期较短，无支撑，它既可挡土亦可防水，而且造价低廉。普通的深层搅拌水泥土挡墙，通常用于不太深的基坑作支护，若采用加筋水泥土墙，则能承受较大的侧向压力，用于较深的基坑护壁。近年来，国内已较广泛用于软土地基的基坑支护工程，多用于深度不超过6m的基坑。深层搅拌水泥土墙施工时，由于搅松了地基土，对周围有时会产生一定不利影响，应采取措施预防。

（一）施工机具

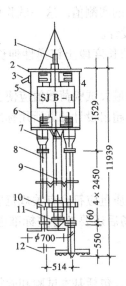

图 1-95　SJB-1 型深层搅拌机
1—输浆管；2—外壳；3—出水口；4—进水口；5—电动机；6—导向滑块；7—减速器；8—搅拌轴；9—中心管；10—横向系统；11—球形阀；12—搅拌头

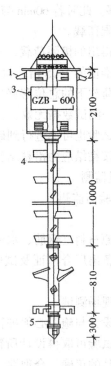

图 1-96　GZB-600 型
深层搅拌机
1—电缆接头；2—进浆口；3—电动机；4—搅拌轴；5—搅拌头

1. 深层搅拌机

它是深层搅拌水泥土墙施工的主要机械。目前应用的有中心管喷浆方式和叶片喷浆方式两种。前者的输浆方式中的水泥浆是从两根搅拌轴之间的另一根管子输出，不影响搅拌均匀度，可适用于多种固化剂；后者是使水泥浆从叶片上若干个小孔喷出，使水泥浆与土体混合较均匀，适用于大直径叶片和连续搅拌，但因喷浆孔小易被堵塞，它只能使用纯水泥浆而不能采用其他固化剂。图 1-95 所示为 SJB-1 型深层搅拌机，它采用双搅拌轴中心管输浆方式。其技术性能见表 1-15。图 1-96 是 GZB-600 型深层搅拌机，它采用单轴搅拌、叶片喷浆方式。目前深层搅拌机的加固深度已可达 28m。

SJB 系列深层搅拌机技术参数 表 1-15

技 术 参 数	SJB-1	SJB-30	SJB-37	SJB-40	SJBF-45	SJBD-60
搅拌轴转数（r/min）	46	43	42	43	40	35
额定扭矩（N·m）	2×6000	2×6400	2×8500	2×8500	2×10000	2×15000
搅拌轴数量（根）	2	2	2	2	2	1
搅拌头直径（mm）	700~800	700	700	700	760	800~1000
一次处理面积（m²）	0.71~0.88	0.71	0.71	0.71	0.85	0.5~0.8
加固深度（m）	10	10~12	15~20	15~20	18~25	20~28
电机功率（kW）	2×26	2×30	2×37	2×40	2×45	2×30

2. 配套机械

主要包括 2 台 200L 的灰浆搅拌机、0.4m³ 集料斗、HB6-3 型灰浆泵、冷却水泵、2″~2.5″压力胶管等。

（二）施工工艺

深层搅拌水泥土挡墙的施工工艺流程如图 1-97 所示。

1. 定位

用起重机（或用塔架）悬吊搅拌机到达指定桩位，对中。

2. 预搅下沉

待深层搅拌机的冷却水循环正常后，启动搅拌机，放松起重机钢丝绳，使搅拌机沿导向架搅拌切土下沉。

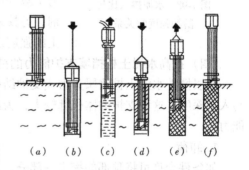

图 1-97 施工工艺流程
（a）定位；（b）预搅下沉；（c）喷浆搅拌上升；
（d）重复搅拌下沉；（e）重复搅拌上升；（f）完毕

3. 制备水泥浆

待深层搅拌机下沉到一定深度时，即开始按设计确定的配合比拌制水泥浆（水灰比宜 0.45~0.50），压浆前将水泥浆倒入集料斗中。

4. 提升、喷浆、搅拌

待深层搅拌机下沉到设计深度后，开启灰浆泵将水泥浆压入地基，且边喷浆、边搅拌，同时按设计确定的提升速度提升深层搅拌机。提升速度不宜大于 0.5m/min。

5. 沉钻复搅

为使土和水泥浆搅拌均匀，可再次将搅拌机边旋转边沉入土中，至设计深度后再提升出地面。桩体要互相搭接 200mm，以形成整体。相邻桩的施工间歇时间宜小于 10h。

如水泥掺入比较大或因土质较密在拉升时不能将应喷入的水泥浆全部喷完时，可在重复下沉复搅时予以补喷，采用"二次喷浆、三次搅拌"工艺，但二次喷浆量可控制在总喷浆量的 30% ~ 40%。

6. 清洗、移位

向集料斗中注入适量清水，开启灰浆泵，清洗全部管路中残存的水泥浆，并将粘附在搅拌头的软土清洗干净。移位后进行下一根桩的施工。桩位偏差应小于 50mm，垂直度误差不超过 1%。桩机移位，特别在转向时要注意桩机的稳定。

（三）水泥土的配合比

水泥土的无侧限抗压强度 q_u 一般为 500 ~ 4000kN/m²，比天然软土大几十倍至数百倍。相应的抗拉强度、抗剪强度亦提高不少。其内摩擦角一般 20° ~ 30°。变形模量 E_{50} =（120 ~ 150）q_u。

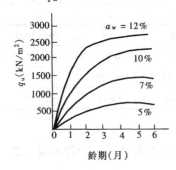

图 1-98 水泥掺入比与
龄期强度的关系

水泥掺入量取决于水泥土墙设计的抗压强度 q_u，水泥掺入比 a_w 与水泥土抗压强度的关系如图 1-98 所示。

水泥等级每提高 10 级，水泥土强度 q_u 约增大 20% ~ 30%。通常水泥土墙的水泥掺入比约为 12% ~ 13%。通常选用龄期为 3 个月的强度作为水泥土的标准强度较为适宜。

搅拌法施工要求水泥浆流动度大，水灰比一般采用 0.45 ~ 0.50，但软土含水量高，对水泥土强度增长不利。为了减少用水量，又利于泵送，可选用木质磺酸钙作减水剂，另掺入三乙醇铵以改善水泥土的凝固条件和提高水泥土的强度。

（四）提高水泥土桩挡墙支护能力的措施

深层搅拌水泥土桩墙属重力式支护结构，主要由抗倾覆、抗滑移和抗剪强度控制截面和入土深度。这种支护的体积都较大，为此可采取下列措施，通过精心设计来提高其支护能力：

1. 卸荷

如条件允许可将顶部的挖去一部分，以减小主动土压力；

2. 加筋

可在新搅拌的水泥土桩内压入钢筋、竹筋等，有助于提高其整体性和稳定性。

3. 起拱、加墩

将水泥土墙作成拱形，在拱脚处设钻孔灌注桩，可大大提高支护能力，减小挡墙的截面，或对于边长大的基坑，于边长中部适当起拱、加墩以减少变形；

4. 挡墙变厚度

对于矩形基坑，由于边角效应，在角部的主动土压力有所减小，为此于角部可将水泥土墙的厚度适当减薄，以节约投资。

（五）工程实例

一设 58 个载重车位的车库，基坑平面呈矩形，尺寸为 86m × 49m，开挖深度为 5.75m，局部深 6.75m。

基坑北侧 13m 处有五层住宅楼多栋，西侧离一中学教学楼围墙仅 4m，东侧 10m 远处有平房仓库，南面是篮球场。根据以上周围环境，经技术经济比较，确定采用水泥土搅拌

桩作基坑支护。在基坑内进行人工降水不会
引起基坑周围地表土体位移和沉降，能确保
民房及中学教学楼的安全等优点；同时，基
坑内不设支撑，坑外不设拉锚，施工方便，
造价较低。

该工程水泥土搅拌桩的布置如图1-99
所示。

基坑东侧和南侧设计为五排水泥土搅拌
桩组成的挡墙，其宽度为4.7m，其中中间
一排桩深13m，其余为10m；西侧和北侧设
计为由四排水泥土搅拌桩组成，其外圈桩深
13m，内圈桩深10m。在桩顶浇筑了100或
200mm厚的钢筋混凝土路面。该工程的水泥
掺入比为10%～12%。

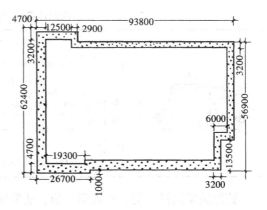

图1-99 地下车库的深层搅
拌水泥土桩挡墙平面布置图

图1-100所示为三幢24层高层住宅的水泥土挡墙布置图，基坑开挖深度为4.5m，周
围建筑及地下管线离基坑较近。

该水泥土挡墙多为格式，宽度2.7m，桩长8m。根据现场条件尽可能地节约支护结构
费用，凡周围条件允许大开挖的部位均采用放坡大开挖，仅在边坡上部设水泥土桩隔水帷
幕（宽1.1m）。

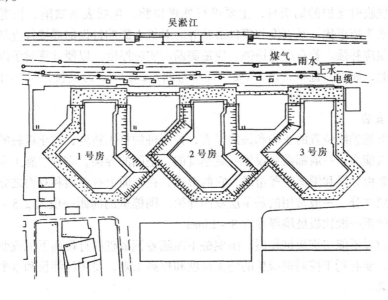

图1-100 三幢高层住宅的深层搅拌水泥土挡墙的平面布置图

五、钢板桩施工

钢板桩支护由于其施工速度快、可重复使用，因此在一定条件下使用会取得较好的效
益。常用的钢板桩有U型和Z型。

国产的钢板桩只有鞍IV型和包IV型拉森式（U型）钢板桩，见表1-16。其他还有一
些国产宽翼缘热轧槽钢用于不太深的基坑作为支护应用。

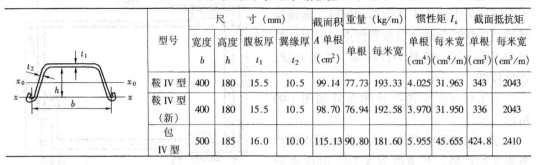

	尺寸 (mm)				截面积	重量 (kg/m)		惯性矩 I_x		截面抵抗矩	
型号	宽度	高度	腹板厚	翼缘厚	A 单根	单根	每米宽	单根	每米宽	单根	每米宽
	b	h	t_1	t_2	(cm²)			(cm⁴)	(cm⁴/m)	(cm³)	(cm³/m)
鞍 IV 型	400	180	15.5	10.5	99.14	77.73	193.33	4.025	31.963	343	2043
鞍 IV 型 (新)	400	180	15.5	10.5	98.70	76.94	192.58	3.970	31.950	336	2043
包 IV 型	500	185	16.0	10.0	115.13	90.80	181.60	5.955	45.655	424.8	2410

其他国家如日、美、卢森堡、德、法等国亦生产钢板桩。

(一) 钢板桩打设前的准备工作

钢板桩的设置应置应便于基础施工，即在基础结构边缘之外并留有支、拆模板的余地。特殊情况下如利用钢板桩作箱基底板或桩基承台的侧模，则必须衬以纤维板（或油毛毡）等隔离材料，以利钢板桩拔出。

钢板桩布置的平面位置，应尽量平直整齐，避免不规则的转角，以便充分利用标准钢板桩和便于设置支撑。

对于多层支撑的钢板桩，宜先开沟槽安设支撑并预加顶紧力（约为设计值的 50%）后再挖土，以减少钢板桩支护的变形。

1. 钢板桩的检验与矫正

用于基坑临时支护的钢板桩，主要进行外观检验，包括表面缺陷、长度、宽度、厚度、高度、端头矩形比、平直度和锁口形状等。对桩上影响打设的焊接件应割除。如有割孔、断面缺损应补强。若有严重锈蚀，应量测断面实际厚度，以便计算时予以折减。

经过检验，如误差桩垂直度 > 1%、桩身弯曲 > 2% l（l 为桩长）时，则在打设前应予以矫正。

2. 导架安装

为保证沉桩轴线位置的正确和桩的竖直，控制桩的打入精度，防止板桩的屈曲变形和提高桩的贯入能力，一般都需要设置一定刚度的、坚固的导架，亦称"施工围檩"。

导架通常由导梁和围檩桩等组成，它的形式，在平面上有单面和双面之分，在高度上有单层和双层之分。一般常用的是单层双面导架。围檩桩的间距一般为 2.5 ~ 3.5m，双面围檩之间的间距一般比板桩墙厚度大 8 ~ 15mm。

导架的位置不能与钢板桩相碰。围檩桩不能随着钢板桩的打设而下沉或变形。导梁的高度要适宜，要有利于控制钢板桩的施工高度和提高工效，要用经纬仪和水平仪控制导梁的位置和标高。

3. 沉桩机械的选择

打设钢板桩可用柴油锤和振动锤。前一种皆为冲击打入法，用此法时，为使桩锤的冲击力均匀分布在板桩断面上，保护桩顶免遭损坏，在桩锤和钢板桩之间应设桩帽。桩帽有各种规格可进行选用，如无合适的型号，可根据要求自行设计和加工。

用振动锤沉设钢板桩较适宜。它亦可用于拔桩。

(二) 钢板桩的打设和拔除

1. 钢板桩打设方式选择

打设方式分为"单独打入法"和"屏风式打入法"两种。

(1) 单独打入法。这种方法是从板桩墙的一角开始,逐块(或两块为一组)打设,直至工程结束。这种打入方法简便、迅速,不需要其他辅助支架。但是易使板桩向一侧倾斜,且误差积累后不易纠正。为此,这种方法只适用于板桩墙要求不高、且板桩长度较小(如小于10m)的情况。

(2) 屏风式打入法。这种方法是将10~20根钢板桩成排插入导架内,呈屏风状,然后再分批施打。施打时先将屏风墙两端的钢板桩打至设计标高或一定深度,成为定位板桩,然后在中间按顺序分1/3、1/2板桩高度呈阶梯状打入(图1-101)。

屏风式打入法的优点是可以减少倾斜误差积累,防止过大的倾斜,而且易于实现封闭合拢,能保证板桩墙的施工质量。其缺点是插桩的自立高度较大,要注意插桩的稳定和施工安全。一般情况下多用这种方法打设板桩墙,它耗费的辅助材料不多,但能保证质量。

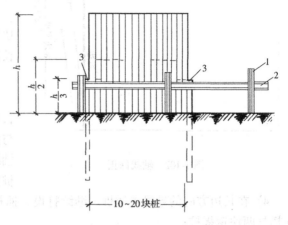

图1-101　导架及屏风式打入法
1—围檩桩;2—导梁;3—两端先打入的定位钢板桩

2. 钢板桩的打设

先用吊车将钢板桩吊至插桩点处进行插桩,插桩时锁口要对准,每插入一块即套上桩帽轻轻加以锤击。在打桩过程中,为保证钢板桩的垂直度,用两台经纬仪在两个方向加以控制。为防止锁口中心线平面位移,可在打桩进行方向的钢板桩锁口处设卡板,阻止板桩位移。同时在围檩上预先算出每块板块的位置,以便随时检查校正。

钢板桩分几次打入,如第一次由20m高打至15m,第二次侧打至10m,第三次打至导梁高度,待导架拆除后第四次才打至设计标高。

打桩时,开始打设的第一、二块钢板桩的打入位置和方向要确保精度,它可以起样板导向作用,一般每打入1m应测量一次。

3. 钢板桩的转角和封闭

钢板桩墙的设计长度有时不是钢板桩标准宽度的整倍数,或者板桩墙的轴线较复杂,钢板桩的制作和打设也有误差,这些都会给钢板桩墙的最终封闭合拢带来困难。

钢板桩墙的转角和封闭合拢施工,可采用下述方法:

(1) 采用异形板桩。因异形板桩的加工质量较难保证,而且打入和拔出也较困难,特别是用于封闭合拢的异形板桩,一般是在封闭合拢前根据需要进行加工,往往影响施工进度,所以应尽量避免采用异形板桩。

(2) 连接件法。此法是用特制的"ω"(Omega)和"δ"(Delta)型连接件来调整钢板桩的根数和方向,实现板桩墙的封闭合拢。钢板桩打设时,预先测定实际的板桩墙的有效宽度,并根据钢板桩和连接件的有效宽度确定板桩墙的合拢位置。

(3) 骑缝搭接法。利用选用的钢板桩或宽度较大的其他型号的钢板桩作闭合板桩，打设于板桩墙闭合处。闭合板桩应打设于挡土的一侧。此法用于板桩墙要求较低的工程。

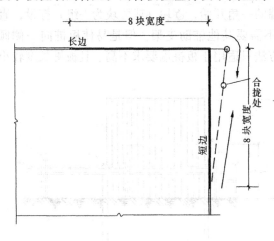

图1-102　轴线修正

(4) 轴线调整法。此法是通过钢板桩墙闭合轴线设计长度和位置的调整实现封闭合拢。封闭合拢处最好选在短边的角部。轴线修正的具体作法如下（图1-102）：

1）沿长边方向打至离转角桩约尚有8块钢板桩时暂时停止，量出至转角桩的总长度和增加的长度；

2）在短边方向也照上述办法进行；

3）根据长、短两边水平方向增加的长度和转角桩的尺寸，将短边方向的导梁与围檩桩分开，用千斤顶向外顶出，进行轴线外移，经核对无误后再将导梁和围檩桩重新焊接固定；

4）在长边方向的导梁内插桩，继续打设，插打到转角桩后，再转过来接着沿短边方向插打两块钢板桩；

5）根据修正后的轴线沿短边方向继续向前插打，最后一块封闭合拢的钢板桩，设在短边方向从端部算起的第三块板桩的位置处。

4．钢板桩的拔除

在进行基坑回填土时，要拔除钢板桩，以便修整后重复使用。拔除前要研究钢板桩拔除顺序、拔除时间以及桩孔处理方法。

拔桩时会产生一定的振动，如拔桩再带土过多会引起土体位移和地面沉降，可能给已施工的地下结构带来危害，并影响邻近建筑物、道路和地下管线的正常使用。

对于封闭式钢板桩墙，拔桩的开始点宜离开角桩5根以上，必要时还可用跳拔的方法间隔拔除。拔桩的顺序一般与打设顺序相反。拔除钢板桩宜用振动锤或振动锤与起重机共同拔除。

振动锤产生强迫振动，破坏板桩与周围土体间的粘结力，依靠附加的起吊力克服拔桩阻力将桩拔出。拔桩时，可先用振动锤将锁口振活以减小与土的粘结，然后边振边拔。对较难拔的桩，亦可先用柴油锤先振打，然后再与振动锤交替进行振打和振拔。为及时回填桩孔，当将桩拔至比基础底板略高时，暂停引拔，用振动锤振动几分钟让土孔填实。对阻力大的钢板桩，还可采用间歇振动的方法。

对拔桩产生的桩孔，有必要时需及时回填以减少对邻近建筑物等的影响。方法有边拔桩边灌砂，或边拔桩边注浆。

（三）钢板桩施工实例

上海华亭宾馆主楼29层，建筑面积75611m²。基础持力层为淤泥质粉质黏土。基础结构为桩基加箱形基础。主楼地下室一层，埋深 -6.65m，地下室底板厚1200mm，为梁板式结构。

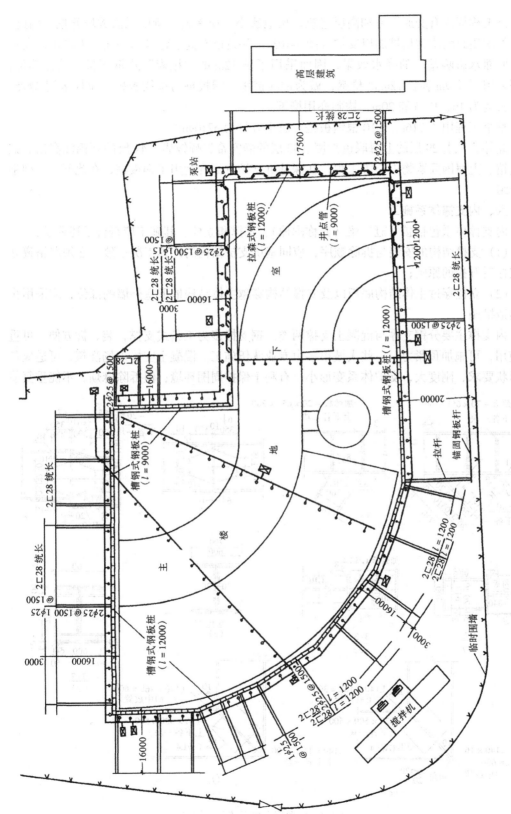

图 1-103 钢板桩、井点管及拉锚的平面布置

该工程周围有交通干道和高层建筑，场地狭小，挖深大，所以无法放坡开挖。因此，决定外围用封闭式钢板桩加以支护（图1-103）。靠近已有高层建筑的一面，为防止回灌井点的回灌水影响基坑的降水效果，因而采用了长12m的"拉森"式钢板桩，其他部位，分别采用了长9m和长12m的槽钢，做为钢板桩用。钢板桩为单锚板桩，拉杆多用2φ25，拉杆长度为16、17.5和20m，锚碇亦用槽钢。

整个工程用了716t、1910根钢板桩，总土方量为52109m³。

此外，地上29层的上海联谊大厦、43层的静安希尔顿饭店、44层的新锦江宾馆、虹桥宾馆、上海国际购物中心等工程，在深基坑支护方面皆利用了钢板桩，在此不一一列举和介绍。

六、内支撑体系施工

内支撑体系包括腰（冠）梁（亦称围檩）、支撑和立柱。其施工应符合下述要求：

（1）支撑结构的安装与拆除顺序，应同基坑支护结构的计算工况一致。必须严格遵守先支撑后开挖的原则；

（2）立柱穿过主体结构底板以及支撑结构穿越主体结构地下室外墙的部位，应采用止水构造措施。

内支撑主要分钢支撑与混凝土支撑两类。钢支撑多为工具式支撑，装、拆方便，可重复使用，可施加预紧力，一些大城市多由专业队伍施工。混凝土支撑现场浇筑，可适应各种形状要求，刚度大，支护体系变形小，有利于保护周围环境；但拆除麻烦，不能重复使

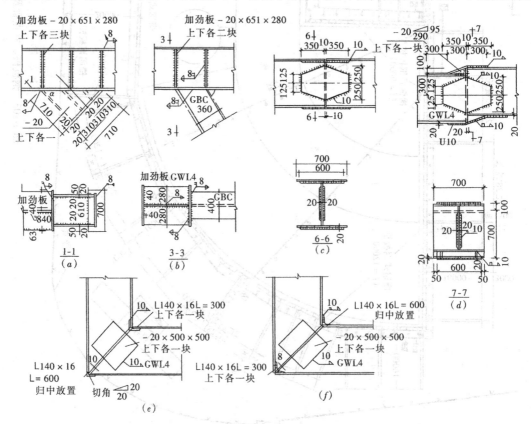

图1-104　H型钢支撑系统节点构造

用，一次性消耗大。

　　（一）钢支撑施工

　　钢支撑常用 H 型钢支撑与钢管支撑。其节点构造如图 1-104、图 1-105 所示。

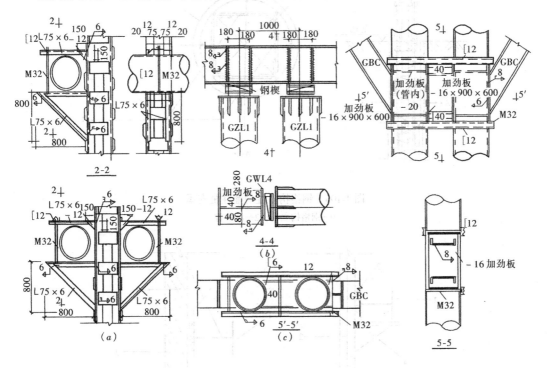

图 1-105　竖撑与侧管支撑连接构造

　　当基坑平面尺较大时，支撑长度超过 15m 时，需设立柱来支承水平支撑，防止支撑弯曲，缩短支撑的计算长度，防止支撑失稳破坏。

　　立柱通常用钢立柱，长细比一般小于 25，由于基坑开挖结束浇筑底板时支撑立柱不能拆除，为此立柱最好做成格构式，以利底板钢筋通过。钢立柱不能支承于地基上，而需支承在立柱桩上，目前多用混凝土灌注桩作为立柱支承桩，灌注桩混凝土浇至基坑面为止，钢立柱插在灌注桩内（图 1-106），插入长度一般不小于 4 倍立柱边长，在可能情况下尽可能利用工程桩作为立柱支承桩。立柱通常设于支撑交叉部位，施工时立柱桩应准确定位，以防偏离支撑交叉部位。

　　腰（冠）梁的作用是将围护墙上承受的土压力、水压力等外荷载传递到支撑上，为一受弯剪的构件，其另一作用是加强围护墙体的整体性。所以，增强腰梁的刚度和强度对整个支护结构体系有重要意义。

　　钢支撑皆用钢腰梁，钢腰梁多用 H 型钢或双拼槽钢等，通过设于围护墙上的钢牛腿或锚固于墙内的吊筋加以固定（图 1-107）。钢腰梁分段长度不宜小于支撑间距的 2 倍，拼装点尽量靠近支撑点。如支撑与腰梁斜交，腰梁上应设传递剪力的构造。腰梁安装后与围护墙间的空隙，要用细石混凝土填塞。

　　钢支撑受力构件的长细比不宜大于 75，联系构件的长细比不宜大于 120。安装节点尽量设在纵、横向支撑的交汇处附近。纵向、横向支撑的交汇点尽可能在同一标高上，这样

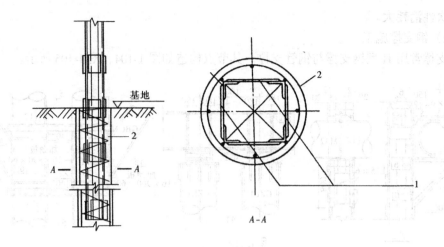

图 1-106　钢格构立柱与灌注桩支承

1—钢格构立桩；2—灌筑桩

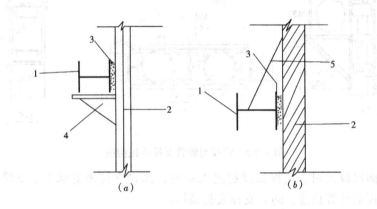

图 1-107　钢腰梁固定

(*a*) 用牛腿支承；(*b*) 用吊筋支承

1—腰梁；2—支护墙体；3—填塞细石混凝土；4—钢牛腿；5—吊筋

支撑体系的平面刚度大，尽量少用重叠连接。钢支撑与钢腰梁可用电焊等连接。

（二）混凝土支撑施工

混凝土支撑亦多用钢立柱，立柱与钢支撑相同。腰梁与支撑整体浇筑，在平面内形成整体。位于围护墙顶部的冠梁，多与围护墙体整浇，位于桩身处的腰梁亦通过桩身预埋筋和吊筋加以固定。混凝土腰梁的截面宽度要不小于支撑截面高度；腰梁截面水平向高度由计算确定，一般不小于 1/8 腰梁水平面计算跨度。腰梁与围护墙间不留间隙，完全密贴。

按设计工况当基坑挖土至规定深度时，要及时浇筑支撑和腰梁，以减少时效作用，减小变形。支撑受力钢筋在腰梁内锚固长度要不小于 30d。要待支撑混凝土强度达到不小于80% 设计强度时，才允许开挖支撑以下的土方。支撑和腰梁浇筑时的底模（模板或细石混凝土薄层等），挖土开始后要及时去除，以防坠落伤人。支撑如穿越外墙，要设止水片。

在浇筑地下室结构时如要换撑，亦需底板、楼板的混凝土强度达到不小于设计强度的80% 以后才允许换撑。

七、土锚施工

土锚施工，包括钻孔、安放拉杆、灌浆和张拉锚固。在正式开工之前还需进行必要的准备工作。

（一）施工准备工作

在土锚正式施工之前，一般需进行下列准备工作：

（1）土锚施工必须清楚施工地区的土层分布和各土层的物理力学特性（天然重度、含水量、孔隙比、渗透系数、压缩模量、凝聚力、内摩擦角等），这对于确定锚杆的布置和选择钻孔方法等都十分重要。

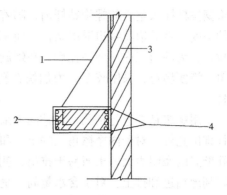

图1-108　桩身处钢筋混凝土腰梁的固定
1—吊筋；2—钢筋混凝土腰梁；
3—支护墙体；4—与预埋筋连接

还需了解地下水位及其随时间的变化情况以及地下水中化学物质的成分和含量，以便研究对锚杆腐蚀的可能性和应采取的防腐措施。

（2）要查明土锚施工地区的地下管线、构筑物等的位置和情况，慎重研究锚杆施工对它们产生的影响。

（3）要研究土锚施工对邻近建筑物等的影响，如锚杆的长度超出建筑红线应得到有关部门和单位的批准或许可。

同时也应研究附近的施工（如打桩、降低地下水位、岩石爆破等）对土锚施工带来的影响。

（4）编制土锚施工组织设计，确定施工顺序；保证供水、排水和动力的需要；制订机械进场、正常使用和保养维修制度；安排好劳动组织和施工进度计划；施工前应进行技术交底。

（二）钻孔

钻孔工艺影响锚杆的承载能力、施工效率和成本。钻孔的费用一般占总费用的30%，有时达50%。钻孔要求不扰动土体，减少原来土体内应力场的变化，尽量不使自重应力释放。

1.钻孔机械

我国目前用的锚杆钻孔机械有两类，一类是从国外引进的锚杆专用钻机如德国的Krupp钻机、日本的RPD和Koken钻机、意大利的Worthing to钻机、Stensaccl钻机等；另一类是国产钻机，如MZ-Ⅱ型钻机、QYDZ型钻机、地质钻机和工程钻机XU-300、XU-600、XU-600A、XU-600-3等改装的锚杆钻机。

2.钻孔方法

钻孔方法的选择主要取决于土质和钻孔机械。常用的土锚钻孔方法有：

（1）螺旋钻孔干作业法

当土锚处于地下水位以上，呈非浸水状态时，宜选用不护壁的螺旋钻孔干作业法来成孔，该法对黏土、粉质黏土、密实性和稳定性较好的砂土等土层都适用。

进行螺旋钻孔，可用上述的工程地质钻机（XU-600型等）带动螺旋钻杆，亦可用北京MZ-Ⅰ、MZ-Ⅱ型螺旋钻和QYDZ型螺旋钻。

用该法成孔有两种施工方法：一种方法是钻孔与插入钢拉杆合为一道工序，即钻孔时将钢拉杆插入空心的螺旋钻杆内，随着钻孔的深入，钢拉杆与螺旋钻杆一同到达设计规定的深度，然后边灌浆边退出钻杆，而钢拉杆即锚固在钻孔内；另一种方法是钻孔与安放钢拉杆分为两道工序，即钻孔后，在螺旋钻杆退出孔洞后再插入钢拉杆。后一种方法设备简单，简便易行，采用较多。为加快钻孔施工，可以采用平行作业法进行钻孔和插入钢拉杆。

用螺旋钻杆进行钻孔，被钻削下来的土屑对孔壁产生压力和摩阻力，使土屑顺螺旋钻杆排出孔外。对于内摩擦角大的土，和能形成粗糙孔壁的土，由于钻削下来的松动土屑与孔壁间的摩阻力大，土屑易于排出，就是在螺旋钻杆转速和扭矩相对较小的情况下，亦能顺利地钻进和排土。对于含水量高、呈软塑或流动状态的土，由于钻削下来的土屑与孔壁间的摩阻力小，土屑排出就较困难，需要提高螺旋钻杆的转速，使土屑能有效地排出。凝聚力大的软黏土、淤泥质黏土等，对孔壁和螺旋叶片产生较强的附着力，需要较高的扭矩并配合一定的转速才能排出土屑。因此，除要求采用的钻机具有较高的回转扭矩外，还要能调节回转速度以适应不同土的要求。

螺旋钻孔所用之钻杆，每节长约 $2 \sim 6m$，根据钻孔直径选择螺叶外径和螺距，螺叶外径与螺距需有一定的比值。

用此法钻孔时，钻机连续进行成孔，后面紧接着进行安放钢拉杆和灌浆。

此法的缺点是当孔洞较长时，孔洞易向上弯曲，导致土层锚杆张拉时摩擦损失过大，影响以后锚固力的正常传递，其原因是钻孔时钻削下来的土屑沉积在钻杆下方，造成钻头上抬。

（2）压水钻进成孔法

该法是土锚施工应用较多的一种钻孔工艺。这种钻孔方法的优点，是可以把钻孔过程中的钻进、出渣、固壁、清孔等工序一次完成，可以防止坍孔，不留残土，软、硬土都能适用。

用此法钻孔，可用国产工程地质钻机改装的 XU-600、XU-600-3、XU-300-2、XJ-100-1 型等钻机及国外进口的专用钻机。

钻进时冲洗液（压力水）从钻杆中心流向孔底，在一定水头压力（约 $0.15 \sim 0.30MPa$）下，水流携带钻削下来的土屑从钻杆与孔壁之间的孔隙处排出孔外。钻进时要不断供水冲洗（包括接长钻杆和暂时停机时），而且要始终保持孔口的水位。待钻到规定深度（一般钻孔深度要大于土锚长度 $0.5 \sim 1.0m$）后，继续用压力水冲洗残留在钻孔中的土屑，直至水流不显浑浊为止。

钻机就位后，先调整钻杆的倾斜角度。在软黏土中钻孔，当不用套管钻进时，应在钻孔孔口处放入 $1 \sim 2m$ 的护壁套管，以保证孔口处不坍陷；钻进时宜用 $3 \sim 4m$ 长的岩芯管，以保证钻孔的直线形。钻进速度视土质而定，一般以 $30 \sim 40cm/min$ 为宜，对土锚的自由段钻进速度可稍快，对锚固段，尤其是扩孔时钻进速度可稍慢。钻进中如遇到流砂层，应适当加快钻进速度，降低冲孔水压，保持孔内水头压力。对于杂填土地层（包括建筑垃圾等），应该设置护壁套管钻进。

（3）潜钻成孔法

此法是利用风动冲击式潜孔冲击器成孔，这种工具原来是用来穿越地下电缆的，它长不足 1m，直径 $78 \sim 135mm$，由压缩空气驱动，内部装有配气阀、气缸和活塞等机构。它是利用活塞往复运动作定向冲击，使潜孔冲击器挤压土层向前钻进。由于它始终潜入孔底工作，冲击功在传递过程中损失小，具有成孔效率高、噪声低等特点。为了控制冲击器，使其在钻进到预定深度后能将其退出孔外，还需配备一台钻机，将钻杆连接在冲击器尾部，待达到预定深度后，由钻杆沿钻机导向架后退将冲击器带出钻孔。导向架还能控制成孔器成孔的角度。

常用的国产潜孔冲击器，有 C80、C100 和 C150 型。

潜钻成孔法宜用于孔隙率大、含水量较低的土层中。成孔速度快，孔壁光滑而坚实，由于不出土，孔壁无坍落和堵塞现象。冲击器体形细长，且头部带有螺旋状细槽纹，有较好的导向作用，即使在卵石、砾石的土层中，成孔亦较直。成孔速度可达 1.3m/min。但是，在含水量较高的土层中，在冲击器高频率的冲振下，孔壁土结构易破坏，而且经冲击挤压后孔壁光滑，如灌浆压力较低，浆体与孔壁土结合不紧密，会影响土层锚杆的锚固能力。

土锚的钻孔和其他工程的钻孔相比，应注意的特点和应达到的要求如下：

（1）孔壁要求平直，以便安放钢拉杆和灌注水泥浆。

（2）孔壁不得坍陷和松动，否则影响钢拉杆安放和土锚的承载能力。

（3）钻孔时不得使用膨润土循环泥浆护壁，以免在孔壁上形成泥皮，降低锚固体与土壁间的摩阻力。

（4）土锚的钻孔多数有一定的倾角，因此孔壁的稳定性较差。

（5）由于土锚的长细比很大，孔洞很长，保证钻孔的准确方向和直线性较困难，容易偏斜和弯曲。

关于钻孔的扩孔，观点不尽一致，1974 年在伦敦举行的锚杆和地下连续墙学术讨论会上曾经发生过争论。德国一般认为扩孔效果不显著，认为二次压力灌浆比扩孔能更有效地提高土层锚杆的承载能力。而英、美等则应用扩孔较多，尤其认为在黏性土中扩孔有明显效果。我国有的工程亦进行扩孔。

扩孔的方法有 4 种：机械扩孔、爆炸扩孔、水力扩孔和压浆扩孔。

机械扩孔需要用专门的扩孔装置。该扩孔装置是一种扩张式刀具置于一鱼雷形装置中，这种扩张式刀具能通过机械方法随着鱼雷式装置缓慢地旋转而逐渐地张开，直到所有切刀都完全张开完成扩孔锥为止。该扩孔装置能同时切削两个扩孔锥。扩孔装置上的切刀应用机械方法开启，开启速度由钻孔人员控制，一般情况下切刀的开启速度要慢些，以保证扩孔切削下来的土屑能及时排出而不致堵塞在扩孔锥内。扩孔锥的形状还可用特制的测径器器来测定。目前国外已可开挖孔径等于 4 倍钻孔直径的扩孔锥。

水力扩孔在我国已成功的用于土锚施工。用水力扩孔，当土锚钻进到锚固段时，换上水力扩孔钻头，它是将合金钻头的头端封住，只在中央留一直径 10mm 的小孔，而且在钻头侧面按 120°角、与中心轴线成 45°角开设三个直径 10mm 的射水孔。水力扩孔时，保持射水压力 0.5～1.5MPa，钻进速度为 0.5m/min，用改装过的直径 150mm 的合金钻头即可将钻孔扩大为直径 200～300mm，如果钻进速度再减小，钻孔直径还可以增大。

在饱和软黏土地区用水力扩孔，如孔内水位低，由于淤泥质粉质黏土和淤泥质黏土本身呈软塑或流塑状态，易出现缩颈现象，甚至会出现卡钻，使钻杆提不出来。如果孔内保持必要的水位，则钻孔不会产生坍孔。

压浆扩孔在国外广泛采用，但需用堵浆设施。我国多用二次灌浆法来达到扩大锚固段直径的目的。

（三）安放拉杆

土锚用的拉杆，常用的有钢管（钻杆用作拉杆）、粗钢筋、钢丝束和钢绞线。主要根据土层锚杆的承载能力和现有材料的情况来选择。承载能力较小时，多用粗钢筋；承载能力较大时多用钢绞线。

1. 钢筋拉杆

钢筋拉杆由一根或数根粗钢筋组合而成，如为数根粗钢筋则需用电焊连接成一体。其长度应按土锚设计长度加上张拉长度（等于支撑围檩高度加锚座厚度和螺母高度）。钢筋拉杆防腐蚀性能好，易于安装，当土锚承载能力不很大时应优先考虑选用。

对有自由段的土锚，钢筋拉杆的自由段要做好防腐和隔离处理。防腐层施工时，宜先清除拉杆上的铁锈，再涂一度环氧防腐漆冷底子油，待其干燥后，再涂一度环氧玻璃钢（或玻璃聚氨酯预聚体等），待其固化后，再缠绕两层聚乙烯塑料薄膜。

国外对土锚的防腐处理非常重视，因为有的工程上用的土锚已有由于锈蚀而破坏的实例。法国朱克斯坦用的土锚，仅使用几个月就因锈蚀而断裂。美国世界贸易中心用的部分土锚也出现锈蚀现象，后来不得不装上阴极防锈装置。还有一用钢筋做拉杆的土锚工程，只使用两年，其中几锚就断裂并像标枪一样飞走了，后来发现是因为地下水有腐蚀性而将锚杆锈蚀断裂。因此对锚杆的防腐应予以充分重视。

对于粗钢筋拉杆，国外常用的几种防腐蚀方法是：

（1）将经过润滑油浸渍过的防腐带，用粘胶带绕在涂有润滑油的钢筋上。

（2）将半刚性聚氯乙烯管或厚约 2～3mm 的聚乙烯管套在涂有润滑油（厚度大于2mm）的钢筋拉杆上。

（3）将一种聚丙烯管套在涂有润滑油的钢筋拉杆上，制造时这种聚丙烯管的直径为钢筋拉杆直径的 2 倍左右，装好后加以热处理则收缩紧贴在钢筋拉杆上。

钢筋拉杆的防腐，一般是用将防腐系统和隔离系统结合起来的办法。

土锚的长度一般都在10m以上，有的达30m甚至更长。为了将拉杆安置在钻孔的中心，防止自由段产生过大的挠度和插入钻孔时不搅动土壁；对锚固段，还为了增加拉杆与锚固体的握裹力，所以在拉杆表面需设置定位器（或撑筋环）。钢筋拉杆的定位器用细钢筋制作，在钢筋拉杆轴心按120°夹角布置，间距一般 2～2.5m。定位器的外径宜小于钻孔直径1cm。

2. 钢丝束拉杆

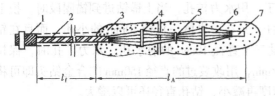

图1-109　钢丝束拉杆的撑筋环
1—锚头；2—自由段及防腐层；3—锚固体砂浆；4—撑筋环；
5—钢丝束结；6—锚固段的外层钢丝；7—小竹筒

钢丝束拉杆可以制成通长一根，它的柔性较好，往钻孔中沉放较方便。但施工时应将灌浆管与钢丝束绑扎在一起同时沉放，否则放置灌浆管有困难。

钢丝束拉杆的自由段需理顺扎紧，然后进行防腐处理。防腐方法可用玻璃纤维布缠绕两层，外面再用粘胶带缠绕；亦可将钢丝束拉杆的自由段插入特制护管内，护管与孔壁间的空隙可与锚固段同时进行灌浆。

钢丝束拉杆的锚固段亦需用定位器，该定位器为撑筋环，如图1-109所示。钢丝束的钢丝分为内外两层，外层钢丝绑扎在撑筋环上，撑筋环的间距为0.5～1.0m，这样锚固段就形成一连串的菱形，使钢丝束与锚固体砂浆的接触面积增大，增强了粘结力，内层钢丝则从撑筋环的中间穿过。

钢丝束拉杆的锚头要能保证各根钢丝受力均匀，常用者有镦头锚具等，可按预应力结构锚具选用。

沉放钢丝束时要对准钻孔中心，如有偏斜易将钢丝束端部插入孔壁内，既破坏了孔壁，引起坍孔，又可能堵塞灌浆管。为此，可用一长25cm的小竹筒将钢丝束下端套起来。

3. 钢绞线拉杆

钢绞线拉杆的柔性更好，向钻孔中沉放更容易，因此在应用的比较多，用于承载能力大的土层锚杆。

锚固段的钢绞线要仔细清除其表面的油脂，以保证与锚固体砂浆有良好的粘结。自由段的钢绞线要套以聚丙烯防护套等进行防腐处理。

钢绞线拉杆需用特制的定位架。

（四）压力灌浆

压力灌浆是土锚施工中的一个重要工序。施工时，应将有关数据记录下来，以备将来查用。灌浆的作用是：①形成锚固段，将锚杆锚固在土层中；②防止钢拉杆腐蚀；③充填土层中的孔隙和裂缝。

灌浆的浆液为水泥砂浆（细砂）或水泥浆。水泥一般不宜用高铝水泥，由于氯化物会引起钢拉杆腐蚀，因此其含量不应超过水泥重的0.1%。由于水泥水化时会生成SO_3，所以硫酸盐的含量不应超过水泥重的4%。我国多用普通硅酸盐水泥，有些工程为了早强、抗冻和抗收缩，曾使用过硫铝酸盐水泥。

拌合水泥浆或水泥砂浆所用的水，一般应避免采用含高浓度氯化物的水，因为它会加速钢拉杆的腐蚀。若对水质有疑问，应事先进行化验。

选定最佳水灰比亦很重要，要使水泥浆有足够的流动性，以便用压力泵将其顺利注入钻孔和钢拉杆周围。同时还应使灌浆材料收缩小和耐久性好，所以一般常用的水灰比为0.4～0.45。

灌浆方法有一次灌浆法和二次灌浆法两种。一次灌浆法只用一根灌浆管，利用2DN-15/40型等泥浆泵进行灌浆，灌浆管端距孔底20cm左右，待浆液流出孔口时，用水泥袋纸等捣塞入孔口，并用湿黏土封堵孔口，严密捣实，再以2～4MPa的压力进行补灌，要稳压数分钟灌浆才告结束。

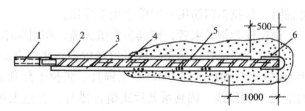

图1-110 二次灌浆法灌浆管的布置

1—锚头；2—第一次灌浆用灌浆管；3—第二次灌浆用灌浆管；
4—粗钢筋锚杆；5—定位器；6—塑料瓶

二次灌浆法要用两根灌浆管（直径3/4in镀锌铁管），第一次灌浆用灌浆管的管端距离锚杆末端50cm左右（图1-110），管底出口处用黑胶布等封住，以防沉放时土进入管口。

第二次灌浆用灌浆管的管端距离锚杆末端 100cm 左右，管底出口处亦用黑胶布封位，且从管端 50cm 处开始向上每隔 2m 左右作出 1m 长的花管，花管的孔眼为 $\phi8mm$，花管做几段视锚固段长度而定。

第一次灌浆是灌注水泥砂浆，利用普通的单缸活塞式压浆机，其压力为 0.3 ~ 0.5MPa，流量为 100L/min。水泥砂浆在上述压力作用下冲出封口的黑胶布流向钻孔。钻孔后曾用清水洗孔，孔内可能残留有部分水和泥浆，但由于灌入的水泥砂浆相对密度较大，能够将残留在孔内的泥浆等置换出来。第一次灌浆量根据孔径和锚固段的长度而定。第一次灌浆后把灌浆管拔出，可以重复使用。

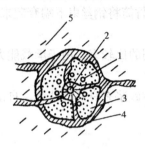

图 1-111　第二次灌浆后
锚固体的截面
1—钢丝束；2—灌浆管；3—第
一次灌浆体；4—第二次灌浆体；
5—土体

待第一次灌注的浆液初凝后，进行第二次灌浆，利用 BW200-40/50 型等泥浆泵，控制压力为 2MPa 左右，要稳压 2min，浆液冲破第一次灌浆体，向锚固体与土的接触面之间扩散，使锚固体直径扩大（图 1-111），增加径向压应力。由于挤压作用，使锚固体周围的土受到压缩，孔隙比减小，含水量减少，也提高了土的内摩擦角。因此，二次灌浆法可以显著提高土锚的承载能力。

国外对土锚进行二次灌浆多采用堵浆器。我国是采用上述方法进行二次灌浆，由于第一次灌入的水泥砂浆已初凝，在钻孔内形成"塞子"，借助这个"塞子"的堵浆作用，就可以提高第二次灌浆的压力。

对于二次灌浆，国内外都试用过化学浆液（如聚氨酯浆液等）代替水泥浆，这些化学浆液渗透能力强，且遇水后产生化学反应，体积可膨胀数倍，这样既可提高土的抗剪能力，又形成如树根那样的脉状渗透。

如果钻孔时利用了外套管，还可利用外套管进行高压灌浆。

（五）张拉和锚固

土锚灌浆后，待锚固体强度达到 80% 设计强度以上，便可对土锚进行张拉和锚固。张拉前先在支护结构上安装围檩。张拉用设备与预应力结构张拉所用者相同。

从我国目前情况看，钢拉杆为变形钢筋者，其端部加焊一螺母端杆，用螺母锚固。钢拉杆为光圆钢筋者，可直接在其端部攻丝，用螺母锚固。如用精轧钢纹钢筋，可直接用螺母锚固。张拉粗钢筋用一般单作用千斤顶。

钢拉杆为钢丝束者，锚具多为镦头锚，亦用单作用千斤顶张拉。

我国土层锚杆用的钢绞线进口者较多。北京京城大厦系用日本进口的 $\phi15.2$ 钢绞线，用 QM15-4、QM15-7 和 QM15-9 型锚具、张拉千斤顶系德国进口。上海商城亦用日本进口的 $\phi12.7$ 钢绞线，锚具系夹片式组合锚具。上述工程系在引进锚杆钻机的同时，也引进了配套的张拉和锚固体系。实际上完全可以利用国产的 QM 系列锚具和与其配套的千斤顶 YCQ-100、YCQ-200 等进行张拉和锚固。

预加应力的锚杆，要正确估算预应力损失。由于土锚与一般预应力结构不同，导致预应力损失的因素主要有：

（1）张拉时由于摩擦造成的预应力损失；

（2）锚固时由于锚具滑移造成的预应力损失；

（3）钢材松弛产生的预应力损失；

（4）相邻锚杆施工引起的预应力损失；

（5）支护结构（板桩墙等）变形引起的预应力损失；

（6）土体蠕变引起的预应力损失；

（7）温度变化造成的预应力损失。

上述七项预应力损失，应结合工程具体情况进行计算。

（六）土锚试验

土锚的发展归功于先进的施工技术，至今理论研究工作尚落后于工程实践。决定土锚承载能力的因素是多方面的，土层的性质、材料特性和施工因素等都影响其承载能力。因此，到目前为止按一般土力学理论尚不能做出圆满的解释。目前所有计算承载能力的公式，都不能全面的反映上述诸影响因素，都是在某一特定条件下得到的，一般只适用于与其条件相类似的土锚的设计。因此，在土锚工程中，试验是必不可少的。德、日、美、英、法等国的土锚规范都强调土锚试验的重要性。认为试验是检查土锚质量的重要手段，亦是验证和改善土锚设计和施工工艺的重要依据。

土锚是由锚头、拉杆和锚固体三个部分组成。因此，土锚的承载能力是由锚头传递荷载的能力、拉杆的抗拉能力和锚固体的锚固能力决定的，其承载能力决定于上述三种能力中的最小值。

拉杆的抗拉能力易于确定，锚头可用预应力混凝土构件的锚具，其传递荷载的能力亦易于确定，所以，土锚试验的主要内容是确定锚固体的锚固能力。

土锚试验对施工来说主要是验收试验。我国目前一些单位在进行验收试验时，试验锚杆的数量一般取锚杆总数的5%，且不少于3根。验收试验的最大试验荷载宜为设计荷载的1.2倍（临时锚杆）和1.5倍（永久锚杆）。试验分级加荷，即由初始荷载 P_0 逐渐增大到最大试验荷载，通常按0.4、0.8、1.0、1.2、1.5倍设计荷载分级。加到每级荷载后都要放松到 P_0，这样可测得各级荷载作用下锚杆的弹性变形和塑性变形，以判断锚杆的自由段与锚固段的长度是否与设计相符。

土锚验收试验合格的标准，我国一些单位规定为：

（1）试验所得的总弹性位移应超过自由段长度钢材理论弹性伸长的80%，且小于自由段长度与1/2锚固段长度之和的钢材理论弹性伸长。

这条规定是因为如测得的弹性位移小于自由段钢材理论弹性伸长的80%，说明锚杆的自由段长度远小于设计值。一方面当锚杆产生位移时要增大锚杆的预应力损失；另一方面由于锚固段比设计值长许多，就不能真实地反映锚固段承载能力的储备。

如测得的弹性位移大于自由段长度与1/2锚固段长度之和的理论弹性伸长值，说明锚固段长度远小于设计值，锚杆的承载力将严重削弱，甚至危及工程的安全。

（2）在最大试验荷载作用下，锚杆的位移收敛。

（3）在 p-s 曲线上无转折点，p-s 曲线呈直线或平滑曲线状。

第五节　地下水控制

基坑工程中的降低地下水亦称地下水控制，即在基坑工程施工过程中，地下水要满足支护结构和挖土施工的要求，并且不因地下水位的变化，对基坑周围的环境和设施带来危害。

一、地下水流的基本性质

高层建筑的深基础工程施工，需要降低地下水位。为了进行降低地下水位的计算和保证土方工程施工顺利进行，需要对地下水流的基本性质有所了解。

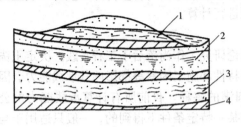

图1-112 地下水
1—潜水；2—无压层间水；3—承压层间水；4—不透水层

1.动水压力和流砂

地下水分潜水和层间水两种。潜水即从地表算起第一层不透水层以上含水层中所含的水，这种水无压力，属于重力水。层间水即夹于两不透水层之间含水层中所含的水。如果水未充满此含水层，水没有压力，称无压层间水；如果水流满此含水层，水则带有压力，称承压层间水（图1-112）。

从水的流动方向取一柱状土体A_1A_2做为脱离体（图1-113），其横截面面积为F，Z_1、Z_2为A_1、A_2在基准面以上的高程。

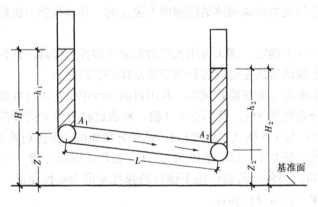

图1-113 动水压力

由于$H_1 > H_2$，存在压力差，水从A_1流向A_2。作用于脱离体A_1A_2上的力有：

$\gamma_w \cdot h_1 \cdot F$——$A_1$处的总水压力，其方向与水流方向一致；

$\gamma_w \cdot h_2 \cdot F$——$A_2$处的总水压力，其方向与水流方向相反；

$n \cdot \gamma_w \cdot L \cdot F \cdot \cos\alpha$——水柱重量在水流方向的分力（$n$为土的孔隙率）；

$(1-n) \cdot \gamma_w \cdot L \cdot F \cdot \cos\alpha$——土骨架重力在水流方向的分力；

$L \cdot F \cdot T$——土骨架对水流的阻力（T为单位阻力）。

由静力平衡条件得：

$$\gamma_w h_1 F - \gamma_w h_2 F + n\gamma_w LF\cos\alpha + (1-n)\gamma_w LF\cos\alpha - LFT = 0$$

即：

$$\gamma_w h_1 - \gamma_w h_2 + n\gamma_w L\cos\alpha + (1-n)\gamma_w L\cos\alpha - LT = 0$$

由图1-113知：

$$\cos\alpha = \frac{Z_1 - Z_2}{L}$$

代入上式得： $\gamma_w \left[(h_1 + Z_1) - (h_2 + Z_2) \right] - LT = 0$

122

$$\gamma_w (H_1 - H_2) = LT$$

$$T = \gamma_w \frac{H_1 - H_2}{L}$$

式中 $\frac{H_1 - H_2}{L}$ 为水头差与渗透路程长度之比,称为水力坡度,以 I 表示。因而上式可写成

$$T = \gamma_w I$$

设水在土中渗流时,对单位土体的压力为 G_D,由作用力等于反作用力、但方向相反的原理,可知

$$G_D = -T = -\gamma_w I \tag{1-90}$$

我们称 G_D 的动水压力,其单位为 kN/m^3。动水压力 G_D 与水力坡度成正比,即水位差 $H_1 - H_2$ 愈大,G_D 亦愈大;而渗透路线 L 愈长,则 G_D 愈小。动水压力的作用方向与水流方向相同。当水流在水位差作用下对土颗粒产生向上的压力时,动水压力不但使土颗粒受到水的浮力,而且还使土颗粒受到向上的压力,当动水压力等于或大于土的浸水重度 γ'_w 时,即

$$G_D \geqslant \gamma'_w \tag{1-91}$$

则土颗粒失去自重,处于悬浮状态,土的抗剪强度等于零,土颗粒能随着渗流的水一起流动,这种现象称"流砂"。

在一定的动水压力作用下,细颗粒、颗粒均匀、松散而饱和的土容易产生流砂现象。降低地下水位,消除动水压力,是防止产生流砂现象的重要措施之一。此外,施工能阻挡地下水流的支护结构和采用冻结法等亦能制止流砂产生。

2. 渗透系数

渗透系数是计算水井涌水量的重要参数之一。水在土中的流动称为渗流。水点运动的轨迹称为"流线"。水在流动时如果流线互不相交,这种流动称为"层流";如果水在流动时流线相交,水中发生局部旋涡,这种流动就称为"紊流"。水在土中运动的速度一般不大,因此,这种流动属于"层流"。从达西定律 $v = KI$ 可以看出渗透系数的物理意义;水力坡度 I 等于 1 时的渗透速度即渗透系数 K。渗透系数具有速度的单位,常用 m/d、m/s 等表示。

土的渗透性,取决于土的形成条件、颗粒级配、胶体颗粒含量和土的结构等因素。一般常用稳定流的裘布依公式计算渗透系数。

渗透系数 K 值取得是否正确,将影响井点系统涌水量计算结果的准确性,在地基土勘探时应提供各土层的 K 值,否则只有用扬水试验确定。

3. 等压流线与流网

水在土中渗流,地下水水头值相等的点连成的面,称为"等水头面",它在平面上或剖面上则表现为"等水头线",等水头线即等压流线。由等压流线和流线所组成的网称为"流网"。流网有一个特性,即流线与等压流线正交。

二、地下水控制方法选择

在软土地区基坑开挖深度超过 3m,一般就要用井点降水。开挖深度浅时,亦可边开挖边用排水沟和集水井进行集水明排。地下水控制方法有多种,其适用条件大致如表 1-17

所示，选择时根据土层情况、降水深度、周围环境、支护结构种类等综合考虑后优选。当因降水而危及基坑及周边环境安全时，宜采用截水或回灌方法。

地下水控制方法适用条件   表 1-17

方法名称		土　类	渗透系数 (m/d)	降水深度 (m)	水 文 地 质 特 征
集水明排			7～20.0	＜5	
降水	真空井点	填土、粉土、黏性土、砂土	0.1～20.0	单级＜6 多级＜20	上层滞水或水量不大的潜水
	喷射井点		0.1～20.0	＜20	
	管　井	粉土、砂土、碎石土、可溶岩、破碎带	1.0～200.0	＞5	含水丰富的潜水、承压水、裂隙水
截　水		黏性土、粉土、砂土、碎石土、岩溶土	不　限	不　限	
回　灌		填土、粉土、砂土、碎石土	0.1～200.0	不　限	

当基坑底为隔水层且层底作用有承压水时，应进行坑底突涌验算，必要时可采取水平封底隔渗或钻孔减压措施，保证坑底土层稳定。否则一旦发生突涌，将给施工带来极大麻烦。

三、基坑涌水量计算

根据水井理论，水井分为潜水（无压）完整井、潜水（无压）非完整井、承压完整井和承压非完整井。这几种井的涌水量计算公式不同。

1. 均质含水层潜水完整井基坑涌水量计算

根据基坑是否邻近水源，分别计算如下：

（1）基坑远离地面水源时（图 1-114a）

$$Q = 1.366k \frac{(2H - S)S}{\lg\left(1 + \dfrac{R}{r_0}\right)} \tag{1-92}$$

式中　Q——基坑涌水量；

k——土的渗透系数；

H——潜水含水层厚度；

S——基坑水位降深；

R——降水影响半径；宜通过试验或根据当地经验确定，当基坑安全等级为二、三级时，对潜水含水层按下式计算：

$$R = 2S\sqrt{kH} \tag{1-93}$$

对承压含水层按下式计算：

$$R = 10S\sqrt{k} \tag{1-94}$$

k——土的渗透系数；

r_0——基坑等效半径；当基坑为圆形时，基坑等效半径取圆半径。当基坑非圆形时，对矩形基坑的等效半径按下式计算：

$$r_0 = 0.29 \ (a + b) \qquad (1\text{-}95)$$

式中　a、b——分别为基坑的长、短边。

对不规则形状的基坑，其等效半径按下式计算：

$$r_0 = \sqrt{\frac{A}{\pi}} \qquad (1\text{-}96)$$

式中　A——基坑面积。

（2）基坑近河岸（图 1-114b）

$$Q = 1.366k \frac{(2H - S)S}{\lg \dfrac{2b}{r_0}} \quad (b < 0.5R) \qquad (1\text{-}97)$$

（3）基坑位于两地表水体之间或位于补给区与排泄区之间时（图 1-114c）

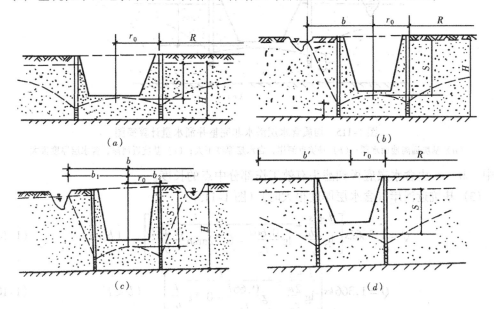

图 1-114　均质含水层潜水完整井基坑涌水量计算简图

（a）基坑远离地面水源；（b）基坑近河岩；（c）基坑位于两地表水体之间；（d）基坑靠近隔水边界

$$Q = 1.366k \frac{(2H - S)\ S}{\lg\left[\dfrac{2\ (b_1 + b_2)}{\pi r_0} \cos \dfrac{\pi\ (b_1 - b_2)}{2\ (b_1 + b_2)}\right]} \qquad (1\text{-}98)$$

（4）当基坑靠近隔水边界时（图 1-114d）

$$Q = 1.366k \frac{(2H - S)\ S}{2\lg\ (R + r_0)\ - \lg r_0\ (2b + r_0)} \qquad (1\text{-}99)$$

2. 均质含水层潜水非完整井基坑涌水量计算

（1）基坑远离地面水源（图 1-115a）

$$Q = 1.366k \frac{H^2 - h_{\mathrm{m}}^2}{\lg\left(1 + \dfrac{R}{r_0}\right) + \dfrac{h_{\mathrm{m}} - l}{l}\lg\left(1 + 0.2\ \dfrac{h_{\mathrm{m}}}{r_0}\right)} \quad \left(h_{\mathrm{m}} = \frac{H + h}{2}\right) \qquad (1\text{-}100)$$

（2）基坑近河岸，含水层厚度不大时（图 1-115b）

$$Q = 1.366ks\left[\frac{l+s}{\lg\dfrac{2b}{r_0}} + \frac{l}{\lg\dfrac{0.66l}{r_0} + 0.25\dfrac{l}{M}\lg\dfrac{b^2}{M^2-0.14l^2}}\right] \quad \left(b > \frac{M}{2}\right) \qquad (1\text{-}101)$$

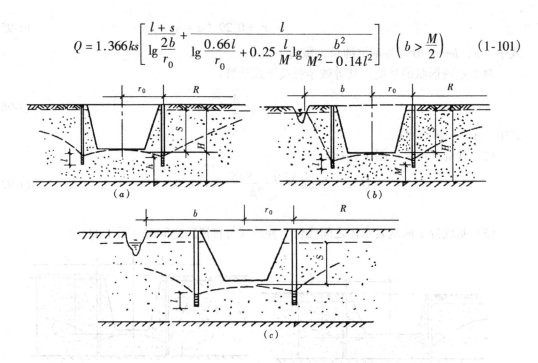

图 1-115　均质含水层潜水非完整井涌水量计算简图

（a）基坑远离地面水源；（b）基坑近河岸，含水层厚度不大；（c）基坑近河岸，含水层厚度很大

式中　M——由含水层底板到滤头有效工作部分中点的长度。

（3）基坑近河岸（含水层厚度很大时）（图 1-115c）

$$Q = 1.366ks\left[\frac{l+s}{\lg\dfrac{2b}{r_0}} + \frac{l}{\lg\dfrac{0.66l}{r_0} - 0.22\,\mathrm{arsh}\dfrac{0.44l}{b}}\right] \quad (b > l) \qquad (1\text{-}102)$$

$$Q = 1.366ks\left[\frac{l+s}{\lg\dfrac{2b}{r_0}} + \frac{l}{\lg\dfrac{0.66l}{r_0} - 0.11\dfrac{l}{b}}\right] \quad (b < l) \qquad (1\text{-}103)$$

3. 均质含水层承压水完整井基坑涌水量计算

（1）基坑远离地面水源（图 1-116a）

$$Q = 2.73k\frac{MS}{\lg\left(1+\dfrac{R}{r_0}\right)} \qquad (1\text{-}104)$$

式中　M——承压含水层厚度。

（2）基坑近河岸（图 1-116b）

$$Q = 2.73k\frac{MS}{\lg\left(\dfrac{2b}{r_0}\right)} \quad (b < 0.5R) \qquad (1\text{-}105)$$

（3）基坑位于两地表水体之间或位于补给区与排泄区之间（图 1-116c）

$$Q = 2.73k\frac{MS}{\lg\left[\dfrac{2(b_1+b_2)}{\pi r_0}\cos\dfrac{\pi}{2}\dfrac{(b_1+b_2)}{(b_1+b_2)}\right]} \qquad (1\text{-}106)$$

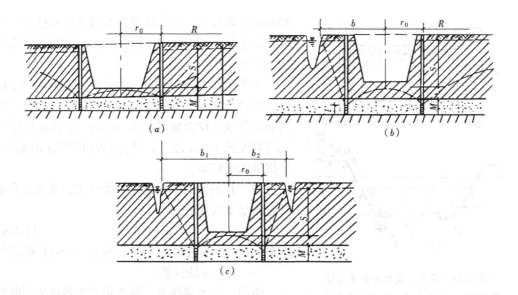

图 1-116　均质含水层承压水完整井涌水量计算简图

（a）基坑远离地面水源；（b）基坑近河岸；（c）基坑位于两地表水体之间

4. 均质含水层承压水非完整井基坑涌水量计算（图 1-117）

$$Q = 2.73k \frac{MS}{\lg\left(1 + \dfrac{R}{r_0}\right) + \dfrac{M-l}{l}\lg\left(1 + 0.2\dfrac{M}{r_0}\right)} \qquad (1\text{-}107)$$

5. 均质含水层承压-潜水非完整井基坑涌水量计算（图 1-118）

$$Q = 1.366k \frac{(2H-M)\,M - h^2}{\lg\left(1 + \dfrac{R}{r_0}\right)} \qquad (1\text{-}108)$$

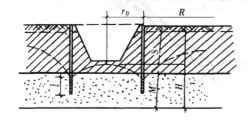

图 1-117　均质含水层承压水
非完整井涌水量计算简图

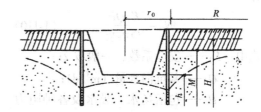

图 1-118　均质含水层承压-潜水
非完整井基坑涌水量计算简图

四、集水明排法

在地下水位较高地区开挖基坑,会遇到地下水问题。如涌入基坑内的地下水不能及时排除,不但土方开挖困难,边坡易于塌方,而且会使地基被水浸泡,扰动地基土,造成竣工后的建筑物产生不均匀沉降。为此,在基坑开挖时要及时排除涌入的地下水。当基坑开挖深度不很大,基坑涌水量不大时,集水明排法是应用最广泛,亦是最简单、经济的方法。

1. 明沟、集水井排水

明沟、集水井排水多是在基坑的两侧或四周设置排水明沟,在基坑四角或每隔 30～

127

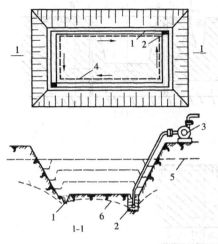

图 1-119　明沟、集水井排水方法
1—排水明沟；2—集水井；3—离心式水泵；4—
设备基础或建筑物基础边线；5—原地下水位线；
6—降低后地下水位线

40m 设置集水井，使基坑渗出的地下水通过排水明沟汇集于集水井内，然后用水泵将其排出基坑外（图 1-119）。

排水明沟宜布置在拟建建筑基础边 0.4m 以外，沟边缘离开边坡坡脚应不小于 0.3m。排水明沟的底面应比挖土面低 0.3 ~ 0.4m。集水井底面应比沟底面低 0.5m 以上，并随基坑的挖深而加深，以保持水流畅通。

沟、井的截面应根据排水量确定，基坑排水量 V 应满足下列要求：

$$V \geqslant 1.5Q \qquad (1\text{-}109)$$

式中　Q——基坑总涌水量，按式（1-92）提供的方法计算。

明沟、集水井排水，视水量多少连续或间断抽水，直至基础施工完毕、回填土为止。

当基坑开挖的土层由多种土组成，中部夹有透水性能的砂类土，基坑侧壁出现分层渗水时，可在基坑边坡上按不同高程分层设置明沟和集水井构成明排水系统，分层阻截和排除上部土层中的地下水，避免上层地下水冲刷基坑下部边坡造成塌方（图 1-120）。

2. 水泵选用

集水明排水是用水泵从集水井中排水，常用的水泵有潜水泵、离心式水泵和泥浆泵，排水所需水泵的功率按下式计算：

$$N = \frac{K_1 QH}{75 \eta_1 \eta_2} \qquad (1\text{-}110)$$

式中　K_1——安全系数，一般取 2；

　　　Q——基坑涌水量（m^3/d）；

　　　H——包括扬水、吸水及各种阻力造成的水头损失在内的总高度（m）；

　　　η_1——水泵效率，0.4 ~ 0.5；

　　　η_2——动力机械效率，0.75 ~ 0.85。

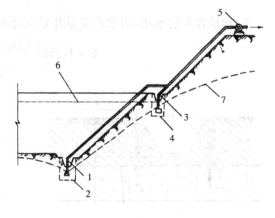

图 1-120　分层明沟、集水井排水法
1—底层排水沟；2—底层集水井；3—二层排水沟；4—二层集水井；5—水泵；6—原地下水位线；7—降低后地下水位线

一般所选用水泵的排水量为基坑涌水量的 1.5 ~ 2.0 倍。

五、降水法

降水是高地下水位地区基坑工程施工的重要措施之一。它能克服流砂现象，稳定基坑边坡，降低承压水位，防止坑底隆起和加速土的固结，使位于天然地下水位以下的土方工程能在较干燥的施工环境中进行施工。

降水法有真空井点、喷射井点、管井法或深井泵法。

（一）真空井点

真空井点过去称为轻型井点是沿基坑周围以一定的间距埋入井管（下端为滤管），在地面上用水平铺设的集水总管将各井管连接起来，再于一定位置设置真空泵和离心泵，开动真空泵和离心泵后，地下水在真空吸力作用下，经滤管进入井管，然后经集水总管排出，这样就降低了地下水位（图 1-121）。

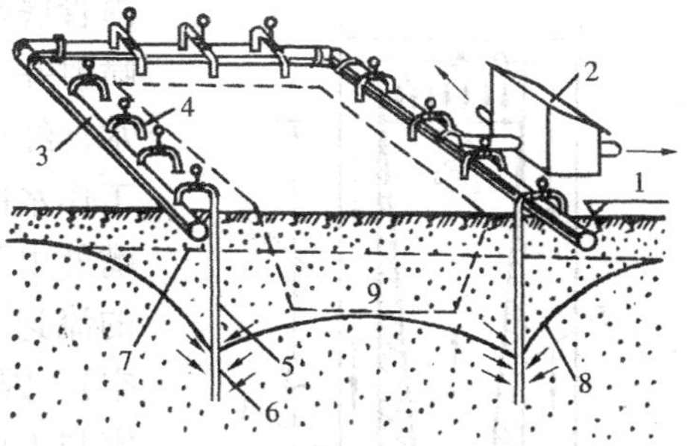

真空井点设备主要包括：井管（下端为滤管）、集水总管、水泵和动力装置等。

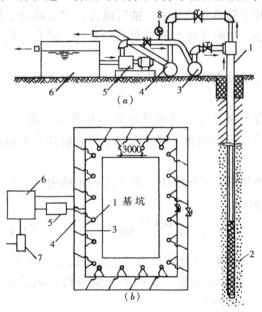

图 1-121 轻型井点降低地下水位全貌图

1—地面；2—水泵房；3—总管；4—弯联管；5—井点管；6—滤管；7—原有地下水位线；8—降低后地下水位线；9—基坑

井管长 6m，滤管长 1.0 ~ 1.2m，井管与滤管用螺丝套头连接。滤管的骨架管为外径 38 或 51mm 的无缝钢管，管面上钻有 $\phi12mm$ 的星棋状排列的滤孔，滤孔面积为滤管表面积的 20% ~ 25%。骨架管外面包以两层孔径不同的塑料布滤网。为使水流畅通，在骨架管与滤网之间用梯形铅丝隔开，梯形铅丝沿骨架管绕成螺旋形。滤网外面再绕一层粗铁丝保护网，滤管下端为铸铁塞头。

集水总管为内径 127mm 的无缝钢管，每段长约 4m，其上装有与井管连接用的短接头，间距 0.8 或 1.2m。总管与井管用 90° 弯头或塑料管连接。

根据水泵和动力设备的不同，真空井点分为干式真空泵井点、射流泵井点和隔膜泵井点三种。这三者用的设备不同，其所配用功率和能负担的总管长度亦不同。

图 1-122 喷射井点布置图

（a）喷射井点设备简图；（b）喷射井点平面布置图

1—喷射井管；2—滤管；3—供水总管；4—排水总管；5—高压离心水泵；6—水池；7—排水泵；8—压力表

真空井点的有关计算及施工技术内容在"建筑施工"或"土木工程施工"课程中已有详细阐述，此处不再重复。

（二）喷射井点

当降水深度超过 6m 时，一层真空井点即不能收到预期效果，就需要采用多级真空井点。这样会增大基坑挖土量，增加设备用量和延长工期。为此，可考虑采用喷射井点。

1. 工作原理

喷射井点有喷水井点和喷气井点之分，其工作原理相同，只是工作流体不同而已。前者以压力水作为工作流体，后者以压缩空气作为工作流体，常用者为喷水井点。

喷射井点用作深层降水，其一层井点可把地下水位降低 8 ~ 20m，甚至 20m 以下。其工作原理如图 1-122、图 1-123 所示。喷射井点的主要工作部件是喷射井管

129

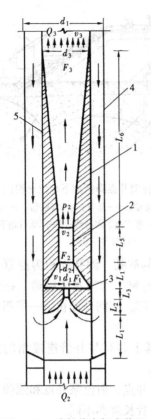

图 1-123　喷射井点扬水装置
（喷嘴和混合室）构造

1—扩散室；2—混合室；3—喷嘴；4—喷射井点外管；5—喷射井点内管；L_1—喷射井点内管底端两侧进水孔高度；L_2—喷嘴颈缩部分长度；L_3—喷嘴圆柱部分长度；L_4—喷嘴口至混合室距离；L_5—混合室长度；L_6—扩散室长度；d_1—喷嘴直径；d_2—混合室直径；d_3—喷射井点内管直径；d_4—喷射井点外管直径；Q_2—工作水加吸入水的流量（$Q_2 = Q_1 + Q_0$）；P_2—混合室末端扬升压力（MPa）；F_1—喷嘴断面积；F_2—混合室断面积；F_3—喷射井点内管断面积；v_1—工作水从喷嘴喷出时的流速；v_2—工作水与吸入水在混合室的流速；v_3—工作水与吸入水排出时的流速

内管底端的扬水装置——喷嘴和混合室（图 1-123），当喷射井点工作时，由地面高压离心水泵供应的高压工作水，经过内外管之间的环形空间直达底端，在此处高压工作水由特制内管的两侧进水孔进入至喷嘴喷出，在喷嘴处由于过水断面突然收缩变小，使工作水流具有极高的流速（30～60m/s），在喷口附近造成负压（形成真空），因而将地下水经滤管吸入，吸入的地下水在混合室与工作水混合，然后进入扩散室，水流从动能逐渐转变为位能，即水流的流速相对变小，而水流压力相对增大，把地下水连同工作水一起扬升出地面，经排水管道系统排至集水池或水箱，由此再用排水泵排出。

2. 构造设计

在渗透系数大的土层中，由于土的透水性能好，地下水流向井点的流量大，进行喷射井点系统设计时，要有效的降低地下水位，主要是解决如何增大单井抽水能力问题。而在渗透系数小的土层中，由于渗透水流非常缓慢，水难于从土层中渗出，因而要解决的主要问题不是提高单井的抽水能力，而是如何把地下水从土层中更快的聚集到井点管内来，即要在井点管内形成最大限度的真空度，使之有较大的抽气能力。

喷射井点管单井的抽水、抽气能力，主要取决于喷嘴直径大小、喷嘴直径与混合室直径之比、混合室长度等。

进行喷射井点扬水装置构造设计时，可遵照下述步骤：

（1）首先根据基坑涌水量计算结果和井点的布置，确定喷射井点所需的单井排水量 Q_0 和喷射井点所需的扬程 H；

（2）根据所需的扬程 H，由下式确定喷射井点的工作水压力 p_1：

$$p_1 = \frac{0.1H}{\beta}(\text{MPa}) \qquad (1\text{-}111)$$

式中　β——扬程与工作水压力之比值。按表 1-18 采用，表中的数值，是按照理论分析和试验结果确定的。

（3）根据所需的单井排水量 Q_0，由下式确定喷射井点的工作水流量 Q_1：

$$Q_1 = \frac{Q_0}{\alpha}(\text{m}^3/\text{h}) \qquad (1\text{-}112)$$

式中　α——吸入水流量与工作水流量之比值，α 按照表 1-18 采用。

（4）由工作水流量 Q_1 及工作水压力 p_1，确定喷嘴直径 d_1：

$$d_1 = 19\sqrt{\frac{Q_1 \times 10^{-6}}{v_1 \times 3600}}\ (\text{mm}) \tag{1-113}$$

$$v_1 = \varphi\sqrt{2gH} = \varphi\sqrt{2gp_1 \times 10} = \varphi\sqrt{20gp_1} \tag{1-114}$$

式中　v_1——工作水流在喷嘴出口处的流速（m/s）；

　　　φ——喷嘴流速系数，可近似取 $\varphi = 0.95$；

　　　p_1——工作水压力（MPa）；

　　　g——重力加速度，9.8m/s^2。

（5）由喷嘴直径 d_1，按照下式确定混合室直径 d_2：

$$d_2 = Md_1(\text{mm}) \tag{1-115}$$

式中　M——混合室直径与喷嘴直径之比，按表 1-18 采用。

（6）由喷嘴直径 d_1，按下式确定混合室长度 L_5：

$$L_5 = rd_1(\text{mm}) \tag{1-116}$$

式中 r 按表 1-18 采用。

表 1-18

数据 土层分类	β	α	M	r
$K < 1\text{m/d}$	0.225	0.8	1.8	4.5
$1 \leqslant K \leqslant 50\text{m/d}$	0.25	1.0	2.0	5.0
$K > 50\text{m/d}$	0.30	1.2	2.5	5.5

（7）考虑到收缩角 $7° \sim 8°$ 时能量损失最少，因而扩散室长度 L_6 取为：

$$L_6 = 8.5\left(\frac{d_3}{2} - \frac{d_2}{2}\right)(\text{mm}) \tag{1-117}$$

式中　d_3——喷射井点内管直径（mm）；

　　　d_2——混合室直径（mm）。

（8）根据工作水流量 Q_1 及允许的最大流速 $v' = 1.5 \sim 2\text{m/s}$，来确定喷射井点内管两侧进水孔的高度 L_1：

$$L_1 = \frac{Q_1 \times 10^{-6}}{2av' \times 3600}(\text{mm}) \tag{1-118}$$

式中　a——两侧进水孔宽度（mm）。

（9）喷嘴颈缩部分长度 L_2 及喷嘴圆柱形部分长度 L_3 根据构造要求而定：

$$L_2 = 2.5d_1(\text{mm}) \tag{1-119}$$

$$L_3 = (1.0 \sim 1.5)d_1(\text{mm}) \tag{1-120}$$

式中　d_1——喷嘴直径（mm）。

（10）喷射井点内管直径 d_3 和外管直径 d_4，设计时可先假定一数值进行试算，然后按下列二式进行复核修正：

$$d_3 = \sqrt{\frac{4Q_0 + Q_1 \times 10^{-6}}{\pi v' \times 3600}}(\text{mm})$$ (1-121)

$$d_4 = \sqrt{\frac{4Q_0 \times 10^{-6}}{\pi v' \times 3600}}(\text{mm})$$ (1-122)

式中　Q_0——喷射井点的单井排水量（m^3/h）；

　　　Q_1——喷射井点的工作水流量（m^3/h）；

　　　v'——工作水允许的最大流速（m/s）。

3. 布置与使用

采用喷射井点时，当基坑宽度小于 10m 可单排布置；大于 10m 则双排布置。当基坑面积较大时，宜环形布置。井点间距一般为 2～3m。埋设时冲孔直径约 400～600mm，深度应大于滤管底 1m 以上。

利用喷射井点降低地下水位，扬水装置加工的质量和精度非常重要。如喷嘴的直径加工不精确，尺寸加大，则工作水流量需要增加，否则真空度将降低，影响抽水效果。如果喷嘴、混合室和扩散室的轴线不重合，产生偏差，则不但会降低真空度，而且由于水力冲刷，磨损较快，需经常更换，会给施工带来麻烦。

此外，工作水要干净，不得含泥砂和其他杂物，尤其在工作初期更应注意工作水的干净，因为此时抽出的地下水可能较混浊，如不经过很好的沉淀即用作工作水，会使喷嘴、混合室等部位很快的磨损。如果扬水装置已磨损，在使用前应及时更换。

用喷射井点降水，为防止产生工作水反灌现象，在滤管下端最好增设逆止球阀。

喷射井点有 2.5、4、6 三种型号，其喷嘴直径分别为 7、12、18mm，分别适用于渗透系数 0.1～5、8～10、20～50m/d 的土层。但目前主要使用 2.5 型的喷射井点，因为它在弱透水层中能充分发挥其深层真空降水作用。在透水性大的土层中，地下水易进入井点，采用重力降水就可解决问题，此时降水设备的主要作用是把井内的地下水提升到地面排出。由于喷射井点的能量转换次数多，效率降低，此种情况下就不如采用深井泵节能效益好，深井泵近年来在深基坑降水中应用渐多。一般喷射井点适用的渗透系数为 0.1～20m/d。

（三）管井法（真空深井泵法）

管井法是围绕开挖的基坑每隔一定距离（20～50m）设置一个管井，每个管井单独用一台水泵（离心泵、潜水泵）进行抽水，以降低地下水位，适用于土渗透系数较大（$K=$ 1～200m/d）、地下水量大的土层中。

当降水深度更大，在管井内用一般的水泵降水不能满足要求时，可改用特制的深井泵，即为深井泵法。

带真空的深井泵是近年来在上海等软土地区应用较多的一种深层降水设备。每一个深井泵由井管和滤管（可有多层滤管）组成，单独配备一台电动机和一台真空泵，开动后达到一定的真空度，则可达到深层降水的目的，在渗透系数较小的淤泥质黏土中亦能降水。

这种真空深井泵的吸水口真空度可达 0.05～0.095MPa；最大吸水作用半径 15m 左右；一口真空深井泵的降水范围约 200～250m^2，降水深度可达 8～18m（井管长度可变）；钻孔直径 ϕ850～1000；电动机功率 7.5kW；最大出水量 30L/min。

安装这种真空深井泵时，钻孔设备应用清水作水源冲钻孔，钻孔深度比埋管深度大 1m。成孔后应在 2h 内及时清孔和沉管，清孔的标准是使泥浆达到 1.1~1.15。沉管时应使溢水箱的溢出口高于基坑排水沟系统入水口 200mm 以上，以便排水。滤水介质用中粗砂与 $\phi10\sim15$ 的细石，先灌入 2m 高（一般孔深 1m 用量 1t）的细石，然后灌中粗砂。砂灌入后立即安装真空泵和电动机，随即通电预抽水，直至抽出清水为止。这种深井泵应由专用电箱供电。

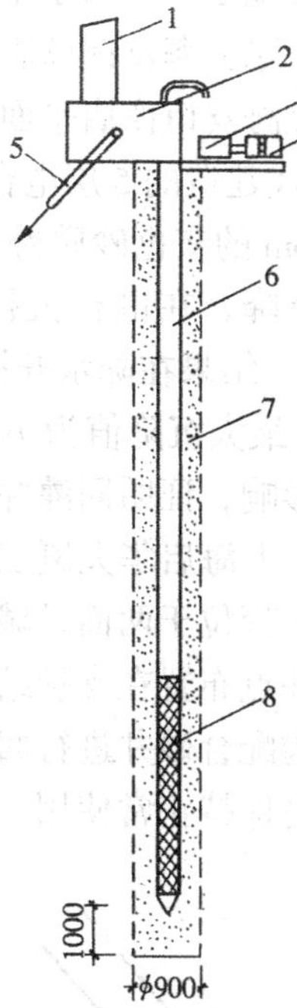

深井泵由于井管较长，挖土至一定深度后，自由端较长，井管应与附近的支撑结构支撑或立柱等连接，予以固定。在挖土过程中，要注意保护深井泵，避免挖土机撞击。

（四）降水时预防周围地面沉降的措施

在降水过程中，由于会随水流带出部分细微土粒，再加上降水后土层的含水量降低（上海地区土层含水量约降低 5.85%~14.5%），使土产生固结，因而会引起周围地面的沉降。这对在周围建筑物密集的地区施工，会带来较严重的后果。

因降水引起的地面沉降，在理论上可按下式计算：

$$\delta_{su(x)} = \sum_{i=1}^{n} E_{sui} \cdot \Delta u_{(x)i} \cdot \Delta h_i \qquad (1\text{-}123)$$

式中　$\delta_{su(x)}$——离降水设备 x 距离处，地面沉降值；

　　　E_{sui}——i 层土的压缩模量；

　　　$\Delta u_{(x)i}$——离降水设备 x 距离处，i 层土内降水前后孔隙水压力变化量；

　　　Δh_i——i 层土的厚度。

图 1-124　真空深井泵
1—电气控制箱；2—溢水箱；3—真空泵；4—电动机；5—出水管；6—井管；7—砂；8—滤头

上海曾在一空地上进行过降水 42d 的地面沉降试验，结果距井点 2m 处，地面下沉 28mm；距离 6m 处下沉 20mm；距离 14m 处下沉 10mm。在宝山钢铁总厂铁水包基坑施工过程中，降水达 7 个月，结果测得边坡最大沉降值为 241mm，最小值为 144mm，最大沉降差近 100mm。上海耀华皮尔金顿浮法玻璃厂施工深 13m 的熔窑基础时，基坑的支护结构为地下连续墙，在其外侧设两级井点降水（第一级为真空井点，第二级为喷射井点），降水深度达 15m。喷射井点降水 5 个月后，距真空井点最近 10m 的一幢三层砖混结构的底层中间地面及门前道路严重开裂，最大裂缝宽度达 85mm。其他，国内外也都有类似的实例。为此，在建（构）筑物密集地区进行降水施工，必须采取措施消除或减少周围的地面沉降。

针对降水引起周围地面沉降的原因，可采取下列措施预防：

1. 采用回灌井点技术

井点降水对周围建（构）筑物等的影响是由于周围地下水流失造成的。回灌井点就是在降水井点和要保护的建（构）筑物之间打一排井点，在降水的同时，向土层内灌入一定数量的水，形成一道隔水帷幕，从而阻止或减少回灌井点外侧建（构）筑物下的地下水流失，使地下水位基本保持不变，这样就不会因降水而使地基的自重应力增加和地面沉降。

回灌井点可采用一般井点降水的设备和技术，仅增加回灌水箱、闸阀和水表等少量设备，一般施工单位易于掌握，已有很多成功的实例，下面举一些实例介绍之。

（1）原上海友谊商店工程

原上海友谊商店平面尺寸为 68m×36m，筏基，基坑挖深近 5m，相距 10m 处有 20 世纪 30 年代建造的 5 层电台大楼，亦为筏基。该处表层为厚 2～3m 的褐黄色砂质粉土，下为厚约 6m 的灰色砂质粉土。施工时为防止产生流砂采用井点降水，为防止电台大楼产生过大的沉降，在电台大楼与友谊商店之间埋设了一排 8m 长的回灌井管，注水压力约 0.05MPa。结果在降水开挖基坑到基础工程完成的 136d 中，实测电台大楼的平均沉降只 3～4mm，最大沉降值为 7mm，最小处为零，友谊商店在降水施工过程中未对电台大楼产生有害的影响，证明回灌井点是有效的。

（2）上海启华大厦工程

该工程位于两面是城市干道、一面为住宅的三角形地区，三面都需要保护。施工时两套轻型井点布置在支护结构钢板桩的里侧，沿钢板桩外侧布置两套回灌井点（图 1-125），并用砂沟配合砂井进行回灌。施工期间降水和回灌 3 个月，周围建筑物及地下管线未受损害，始终保持正常使用。

图 1-125 回灌井点布置
1—降水用轻型井点；2—钢板桩；3—回灌井点；4—水箱

2. 采用砂沟、砂井回灌

在降水井点与被保护建（构）筑物之间设置砂井作为回灌井，沿砂井布置一道砂沟，将井点抽出的水，适时、适量地排入砂沟，再经砂井回灌到地下，实践证明亦能收到良好效果。上海花园饭店工程中，在挖深达 8.5m 的电梯井基坑施工中，采用此法回灌，周围的建筑物亦未因降水影响未产生沉降和开裂。

另外，将降水井点布置在支护结构内侧，由于支护结构有阻水作用，亦能减少降水对坑外邻近建（构）筑物产生有害的影响。

3. 使降水速度减缓

在砂质粉土中降水影响范围可达 80m 以上，降水曲线较平缓，为此可将井点管加长，使降水速度减缓，防止产生不均匀沉降。亦可在井点系统降水过程中，调小离心泵阀，减缓抽水速度。还可在邻近被保护建（构）筑物一侧，将井点管间距加大，需要时甚至停止抽水。

4. 防止将土粒带出的措施

根据土的粒径选择滤网，防止抽水过程中将土粒带出。

确保井点管周围砂滤层的厚度和施工质量，井点管上部 1～5m 范围内用黏土封孔，亦可防止将土粒带出。

上述措施有时可混合采用，能更有效的防止降水引起的地面沉降。

在支护结构内降水，多为了增加被动土压力和疏干土，降低土内的含水量，便于挖土机下坑挖土和施工支护结构的混凝土支撑。滤管的埋设深度要掌握好，既要使地下水位降至基坑底以下 500～1000mm，又不要使降水影响到支护结构外面，造成基坑周围地面产生沉降。

第六节 基坑土方开挖

基坑土方开挖是基坑工程的重要组成部分，对于土方数量大的基坑（有的达数十万立方米），基坑工程的工期在很大程度取决于挖土的速度。另外，支护结构的强度和变形控制是否满足要求，亦靠挖土阶段来验证。

在支护结构设计方案中，有时要附有基坑挖土方案，以便审查二者是否配合。

基坑挖土有放坡挖土和有支护结构的垂直（或近似垂直）开挖两类。

一、放坡开挖

放坡开挖在一般情况下是最经济的挖土方案。当基坑开挖深度不很大、周围环境又允许时，经验算能保持土坡的稳定时，均宜采用放坡开挖。

放坡开挖深度较大的基坑，宜设置多层台阶分层开挖，每级台阶的宽度不宜小于1.5m。

较大、较深的基坑，放坡开挖要验算边坡稳定，最常用的方法为圆弧滑动面条分法。

土方边坡的大小与土质、基坑开挖深度、基坑开挖方法、基坑开挖后留置时间的长短、附近有无堆土及排水情况等有关。

基坑开挖后，如果边坡土体中的剪应力大于土的抗剪强度，则边坡就会滑动失稳。因此，凡是影响土体中剪应力和土体抗剪强度的因素，皆影响土方边坡的稳定。例如因风化等气候影响使土质变得疏松；黏土中的夹层因为浸水而产生润滑作用；以及细砂、粉砂土等因受振动而液化等因素皆会使土体的抗剪强度降低。又如土方边坡附近存在荷载，尤其是存在动载；因下雨使土体中的含水量增加，因而使土体自重增大以及由于水在土体中渗流而产生动水压力；水浸入土体的裂缝之中产生静水压力等都会使土体内的剪应力增大。以上这些因素都直接影响土方边坡的稳定。

从理论上说，研究土体边坡稳定有两类方法，一是利用弹性、塑性或弹塑性理论确定土体的应力状态；二是假定土体沿着一定的滑动面滑动而进行极限平衡分析。

第一类方法对于边界条件比较复杂的土坡较难以得出精确解，近年来还可采用有限单元法，根据比较符合实际情况的弹塑性应力应变关系，分析土坡的变形和稳定，一般称为极限分析法。

第二类方法是根据土体沿着假想滑动面上的极限平衡条件进行分析，一般称为极限平衡法。在极限平衡法中，条分法由于能适应复杂的几何形状、各种土质和孔隙水压力，因而成为最常用的方法。条分法有十几种，其不同之处在于使问题静定化所用的假设不同，以及求安全系数方程所用的方法不同。我国多用古典的瑞典圆弧滑动面条分法，亦称 Fellenius 法，此法的误差一般为 10%～20%，如孔隙水压力较高时，则误差较大。

（一）边坡稳定验算——圆弧滑动面条分法（Fellenius 法）

1. 基本原理

圆弧滑动面条分法，是将假定滑动面以上的土体分成 n 个垂直土条，对作用于各土条上的力进行力和力矩平衡分析，求出在极限平衡状态下土体稳定的安全系数。该法由于忽略土条之间的相互作用力的影响，因此是条分法中最简单的一种方法。

边坡破坏时，土坡滑动面的形状取决于土质，对于黏土，多为圆柱面或碗形；对于砂土，则近似平面。阻止滑动的抗滑力矩与促使滑动的滑动力矩之比，即为边坡稳定安全系数 K，可得：

$$K = \frac{抗滑力矩}{滑动力矩} = \frac{\widehat{L}\tau_i R}{Wd} = \frac{\widehat{L}\tau_i R}{\gamma Ad} \qquad (1\text{-}124)$$

式中　$\widehat{L}$——滑动圆弧的长度；

τ_i——滑动面上的平均抗剪强度；

R——以滑动圆心 O 为圆心的滑动圆弧的半径；

W——滑动土体的重量；

d——W 作用线对滑动圆心 O 的距离；

A——滑动面积。

如 $K > 1.0$ 表示边坡稳定；$K = 1.0$ 边坡处于极限平衡状态；$K < 1.0$ 则边坡不稳定。

按上述原理进行计算，首先要确定最危险滑动圆弧的形状，即首先要找出最危险滑动圆弧的滑动圆心 O，然后按坡角圆即可画出最危险滑动圆弧。欲找出 K 值最小的最危险滑动圆弧，可根据不同的土质采用不同的方法：

（1）内摩擦角 $\varphi = 0$ 的高塑性黏土

这种土的最危险滑动圆弧为坡脚圆，可按下述步骤求其最危险滑动圆弧的滑动圆心：

1）由表 1-19，根据坡角 α 查出坡底角 β_1 和坡顶角 β_2。

表 1-19

坡角 α	坡底角 β_1	坡顶角 β_2	坡角 α	坡底角 β_1	坡顶角 β_2
90°	33°	40°	30°	26°	36°
75°	32°	40°	26°34′	25°	35°
60°	29°	40°	15°	24°	37°
45°	28°	38°	11°19′	25°	37°
33°47′	26°	35°			

2）在坡底和坡顶分别画出坡底角和坡顶角，两线的交点 O，即为最危险滑动圆弧的滑动圆心。

（2）内摩擦角 $\varphi > 0$ 的土

这类土的最危险滑动圆弧的滑动圆心的确定，如图 1-126 所示。按下述步骤进行：

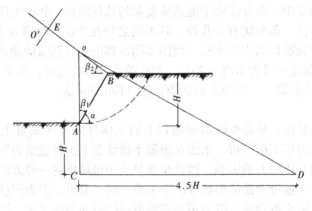

图 1-126　最危险滑动圆弧的确定

1）按上述步骤求出 O 点；

2）由 A 点垂直向下量一高度，该高度等于边坡的高度 H，得 C 点，由 C 点水平向右量一距离，使其等于 4.5 倍 H 而得 D 点，连接 DO；

3）在 DO 延长线上找若干点，作为滑动圆心，画出坡脚圆，试算 K 值，找出 K 值较小的 E 点；

4）于 E 点画 DO 延长线的垂线，再于此垂线上找若干点作为滑动圆心，试算 K 值，直至找出 K 值最小的 O' 点，则 O' 点即为最危险滑动圆弧的滑动圆心。

用上述方法计算，需要经过多次试算才能达到目的。目前，已可用电子计算机迅速地找出滑动圆心。

2. 圆弧滑动面条分法计算方法

当边坡由成层土组成时，则土的重力密度 γ 和抗剪强度 τ 都不同，需分别进行计算。

按条分法计算时（图 1-127），先找出滑动圆心 O 画出滑动圆弧，然后将滑动圆弧分成若干条，每条的宽度 $b_i = \left(\dfrac{1}{20} \sim \dfrac{1}{10}\right)R$，$R$ 为滑动半径。任一分条的自重 W_i，可分解为平行圆弧方向的切力 T_i，和垂直圆弧的法向力 N_i。同时，在滑动圆弧面上还存在土的内聚力 c。T_i 即滑动力，T_i 与滑动半径 R 的乘积，即滑动力矩。内聚力 c 和摩阻力 $N_i\mathrm{tg}\varphi_i$（φ_i 为土的内摩擦角）即抗滑力，c 和 $N_i\mathrm{tg}\varphi_i$ 与滑动半径 R 的乘积 cR 和 $N_i\mathrm{tg}\varphi_iR$ 即抗滑力矩。因此，边坡稳定安全系数可按下式计算：

$$K = \frac{抗滑力矩}{滑动力矩} = \frac{\left(\sum\limits_1^n c_i\hat{l}_i + \sum\limits_1^n N_i\mathrm{tg}\varphi_i\right)R}{\Sigma T_i R}$$

$$= \frac{\sum\limits_1^n c_i\hat{l}_i + \sum\limits_1^n W_i\cos\alpha_i\mathrm{tg}\varphi_i}{\sum\limits_1^n W_i\sin\alpha_i} = \frac{\sum\limits_1^n c_i\hat{l}_i + \sum\limits_1^n \gamma_ib_ih_i\cos\alpha_i\mathrm{tg}\varphi_i}{\sum\limits_1^n \gamma_ib_ih_i\sin\alpha_i} \tag{1-125}$$

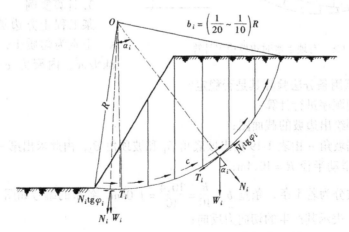

图 1-127　条分法

式中　c_i——分条的内聚力；

$\hat{l}_i$——分条的圆弧长度；

φ_i——分条土的内摩擦角；

γ_i——分条土的重力密度；

b_i——分条宽度；

h_i——分条高度（可取平均值）；

α_i——分条的坡角。

如果土质相同，分条宽度又相同时，则：

$$K = \frac{\widehat{cL} + \gamma b \mathrm{tg}\varphi \sum\limits_1^n h_i \cos\alpha_i}{\gamma b \sum\limits_1^n h_i \sin\alpha_i} \tag{1-126}$$

如果有地下水，则需考虑孔隙水压力 u 的影响，则按下式计算边坡稳定安全系数：

$$K = \frac{\sum\limits_1^n c_i \hat{l}_i + \sum\limits_1^n (N_i - u_i \hat{l}_i) \mathrm{tg}\varphi_i}{\Sigma T_i} \tag{1-127}$$

如果存在地下水，则分子的值要减小，因而易使边坡失去稳定（图 1-128）。

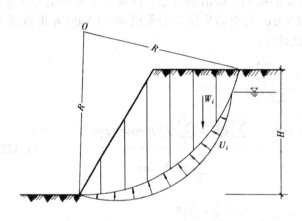

图 1-128　有地下水时边坡稳定计算

用上述方法计算时，对于正常固结的土，计算参数可采用固结快剪峰值指标。土层变化较大时，宜分别采用各土层的重度和抗剪强度。

至于安全系数，可根据土层性质及基坑的重要性等条件确定。上海的基坑工程设计规程规定，对一级基坑安全系数取 1.38~1.43；二、三级基坑取 1.25~1.30。

3. 计算实例

某工程土方边坡如图 1-129 所示，土质为匀质土，重力密度 $\gamma = 18\mathrm{kN/m^3}$，内聚力 $c = 10\mathrm{kPa}$，内摩擦角 $\phi = 15°$，试用条分法验算其是否稳定？

解：按下列顺序进行计算：

（1）按比例绘出边坡的截面图；

（2）先根据坡角 α 由表 1-19 查出坡底角 β_1 和坡顶角 β_2，由此求出第一次试算的滑动圆心 O_1，量出滑动半径 $R = 10.4\mathrm{m}$；

（3）将边坡分为若干条，条宽 $b = \dfrac{R}{10} = \dfrac{10.4}{10} = 1.04\mathrm{m}$，各条的编号如图 1-129 所示，编号为负数的条，表示其产生的切向力反向；

（4）计算 $\sin\alpha_i$，以第 6 条为例

$$\sin\alpha_i = \frac{d_i}{R} = \frac{i \cdot b}{R} = 0.1i$$

式中　d_i——W_i 至 O_1 的距离；

　　　i——条的编号数；

b——条宽；

R——滑动半径。

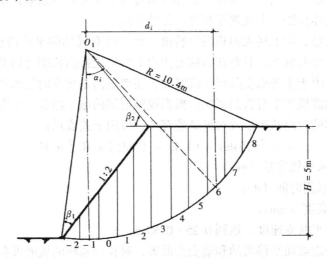

图 1-129　边坡稳定计算简图

（5）量出各条的中心高度 h_i 和弧长 $\hat{l_i}$，编号为 -2 和 8 的两个分条，其宽度并不正好等于 1.04m，其中心高度 h_i 要换算成宽度等于 1.04m 宽分条的高度；

（6）列表计算（表 1-20）；

表 1-20

条的编号	h_i	$\sin\alpha_i$	$\cos\alpha_i = 1 - \sin^2\alpha_i$	$h_i\sin\alpha_i$	$h_i\cos\alpha_i$	$\hat{l_i}$
-2	1.1	-0.2	0.980	-0.22	1.08	1.9
-1	1.7	-0.1	0.995	-0.17	1.69	1.1
0	2.3	0	1.000	0	2.30	1.0
1	2.8	0.1	0.995	0.28	2.79	1.0
2	3.1	0.2	0.980	0.62	3.04	1.1
3	3.5	0.3	0.954	1.05	3.34	1.2
4	3.5	0.4	0.916	1.40	3.20	1.2
5	3.4	0.5	0.866	1.70	2.94	1.2
6	3.3	0.6	0.813	1.98	2.68	1.3
7	2.6	0.7	0.715	1.82	1.86	1.3
8	1.5	0.8	0.600	1.20	0.90	1.7
				$\Sigma = 9.66$	25.82	15.00

（7）计算相应于滑动圆心 O_1 时的稳定安全系数：

$$K_{(O_1)} = \frac{\widehat{cL} + \gamma b \operatorname{tg}\varphi \sum_{1}^{n} h_i\cos\alpha_i}{\gamma b \sum_{1}^{n} h_i\sin\alpha_i} = \frac{10000 \times 15 + 18000 \times 1.04 \times 0.268 \times 25.82}{18000 \times 1.04 \times 9.66} = 1.55$$

(8) O_1 不一定是最危险滑动圆弧的滑动圆心，因而 $K_{(O_1)}$ 不一定是最小的稳定安全系数。故还需按照上述的方法，经过多次试算以求得最小稳定安全系数，用其来判断该土方边坡是否稳定。具体算法与上述顺序相似，此处从略。

土方边坡的失稳，除上述大面积的旋转滑动外，尚有局部的平移滑动和蠕变流动等。特别是我国沿海一带的软土，具有在剪应力作用下发生缓慢而长期剪切变形的蠕变性。长期暴露的深基坑，由于土的蠕变除产生沉降外，还产生向基坑方向的水平位移，会对施工和基坑内已打设的群桩产生有害的影响。根据我国宝钢的施工经验，上海地区软土的水平蠕变量与边坡暴露的时间长短以及边坡高度有关，可用下式表示：

$$\delta = \left[1.54\lg t - (1.42 \sim 1.62)\right] \times 10^{-2} \times H \qquad (1-128)$$

式中 δ——边坡水平蠕变量（mm）；

  t——边坡暴露时间（d）；

  H——边坡高度（mm）。

有时边坡的水平蠕变速度，达到 $0.25 \sim 0.50$mm/d。

为防止上述的边坡面平移滑动和蠕变变形等，对长期暴露的坡面可在坡面上挂金属网抹水泥砂浆加以保护，还可在坡脚处堆放装砂的草袋等。

（二）土方放坡开挖施工

高层建筑的基坑，由于有地下室，一般深度较大。开挖时，除用推土机进行场地平整和开挖表层外，多利用反铲挖土机和抓斗、挖土机进行开挖，根据基坑开挖的深度，可分一层、二层甚至三层进行开挖，要与支护结构计算的工况吻合。挖出的土方，除工地堆放一小部分外，大多数皆宜用自卸汽车运至指定的堆土场。

进行两层或多层开挖时，挖土机和运土汽车需下至基坑内施工，故在适当部位需留设坡道，以便运土汽车上下。坡道两侧有时需加固。

反铲挖土机可开挖停机面以下的土，一次挖土深度取决于其最大挖掘深度的技术参数。反铲挖土机的开行方式有沟端开行和沟侧开行两种，一般多用沟端开行，因为这种开行方式开挖的深度和宽度较大。沟端开行时，挖土机开行方向与基坑开挖方向一致。采用沟侧开行时，挖土机在沟槽一侧挖土，挖土机开行方向与挖土方向垂直，所以稳定性较差，而且开挖的深度和宽度较小。

抓斗挖土机亦是开挖停机面以下的土，开挖的深度和宽度较大，在潮湿地区甚至水下都可开挖。

下面通过实例，来说明高层建筑基坑土方放坡开挖方法。

1. 北京西苑饭店（图 1-130）

西苑饭店的基础分主楼（A）、大厅（B）和北厅（C）三个部分。主楼基础底标高 -12m；大厅基础的底标高为 -9.13m，北厅基础的底标高为 -9.50m 和 -7.55m。

基坑用反铲挖土机开挖。主楼部分分三层开挖，大厅和北厅部分分两层开挖。开挖前先用推土机破冻土层。

自然地坪的绝对标高为 51.20m，相对标高为 -0.8m。第一层开挖，A、B、C 三部分全挖至 -5.80m 处，实际挖深 5m。第二层留设坡道，挖土机下槽开挖，B、C 部分挖至 -8.73m 处，挖深 2.93m，余下的土方由人工进行清理；A 部分挖至 -7.30m 处，挖深 1.50m。第三层 A 部分挖至 -11.10m 处，挖深 3.8m，余下的土方由人工进行清理（图 1-

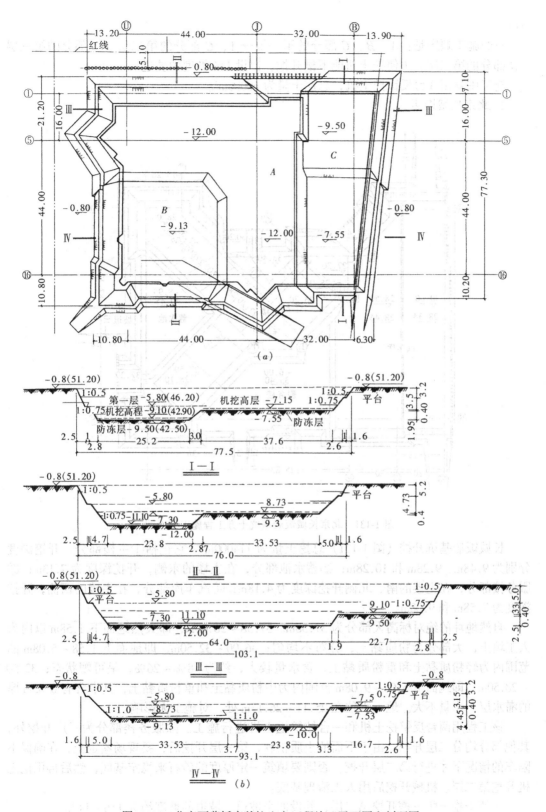

图 1-130 北京西苑饭店基坑土方工程施工平面图和剖面图

131）。

总的施工顺序是：A、B、C部分的第一层→A、C部分的第二层→A部分的第三层→B部分的第二层。为使挖土机能下槽开挖，留设1:6坡度的坡道。

施工中共用3台反铲挖土机，总挖土量为60096m³。

2. 北京长城饭店

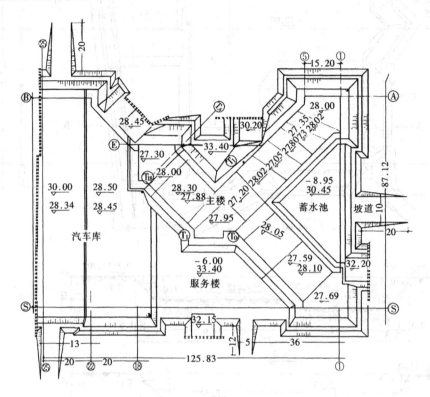

图1-131　北京长城饭店基坑土方工程施工平面图

长城饭店基坑开挖（图1-131）总挖土量为114000m³。它包括①主楼部分，开挖深度分别为9.48m、9.28m和10.28m；②蓄水池部分，在主楼的东侧，开挖深度为7.13m；③服务楼部分，在主楼的南、北侧开挖深度为4.18m；④汽车库部分，在主楼的西侧，开挖深度为7.58m和9.08m。

自然地坪的绝对标高大部分为37.58m。37.58～36.00m，即天然地面下1.58m以内为人工填土，大部分为粉质黏土，分布不均匀；36.00～32.50m，即地面下1.58～5.08m的范围内为轻粉质黏土和重粉质黏土，含水量较大，约为18%～26%，呈可塑状态；32.50～28.50m，即地面下5.08～9.08m范围内为中粉质黏土和重粉质黏土，其中含有0.65m厚的滞水层，水量不大。地下水位在25.11～26.17m处，对施工无影响。

该工程用两台反铲挖土机和一台拉铲挖土机进行施工。除服务楼部分为一层开挖外，其他部分均分二层开挖。由于下面的土质松软，第一层开挖后，要现场鉴定土，在确保不陷车的情况下才进行第二层开挖，否则要填筑一定厚度的砂石来稳定基底，然后再用挖土机开挖第二层。机械开挖后用人工清理基底。

为便于挖土机下槽开挖第二层，共设四个坡道，坡道的坡度约为1:6～1:7。

二、有支护结构的土方开挖

有支护结构的土方开挖，多为垂直开挖（采用土钉墙时有陡坡）。其开挖方式如下：

（一）中心岛（墩）式挖土

中心岛（墩）式挖土，宜用于大型基坑，支护结构的支撑型式为角撑、环梁式或边桁（框）架式，中间具有较大空间情况下。此时可利用中间的土墩作为支点搭设栈桥。挖土机可利用栈桥下到基坑挖土，运土的汽车亦可利用栈桥进入基坑运土。这样可以加快挖土和运土的速度（图1-132）。

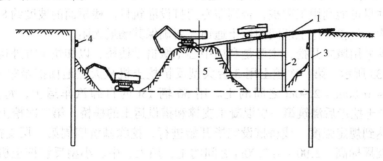

图 1-132 中心岛（墩）式挖土示意图
1—栈桥；2—支架（尽可能利用工程桩）；3—围护墙；4—腰梁；5—土墩

中心岛（墩）式挖土，中间土墩的留土高度、边坡的坡度、挖土层次与高差都要经过仔细研究确定。由于在雨季遇有大雨土墩边坡易滑坡，必要时对边坡尚需加固。

挖土亦分层开挖，多数是先全面挖去第一层，然后中间部分留置土墩，周围部分分层开挖。开挖多用反铲挖土机，如基坑深度大则用向上逐级传递方式进行装车外运。

整个的土方开挖顺序，必须与支护结构的设计工况严格一致。要遵循开槽支撑、先撑后挖、分层开挖、严禁超挖的原则。

挖土时，除支护结构设计允许外，挖土机和运土车辆不得直接在支撑上行走和操作。

为减少时间效应的影响，挖土时应尽量缩短围护墙无支撑的暴露时间。一般对一、二级基坑，每一工况挖至规定标高后，钢支撑的安装周期不宜超过一昼夜，混凝土支撑的完成时间不宜超过两昼夜。

对面积较大的基坑，为减少空间效应的影响，基坑土方宜分层、分块、对称、限时进行开挖，土方开挖顺序要为尽可能早的安装支撑创造条件。

土方挖至设计标高后，对有钻孔灌筑桩的工程，宜边破桩头边浇筑垫层，尽可能早一些浇筑垫层（必要时可加厚作配筋垫层）对围护墙起支撑作用，以减少围护墙的变形。

挖土机挖土时严禁碰撞工程桩、支撑、立柱和降水的井点管。分层挖土时，层高不宜过大，以免土方侧压力过大使工程桩变形倾斜，在软土地区尤为重要。

同一基坑内当深浅不同时，土方开挖宜先从浅基坑处开始，如条件允许可待浅基坑处底板浇筑后，再挖基坑较深处的土方。

如两个深浅不同的基坑同时挖土时，土方开挖宜先从较深基坑开始，待较深基坑底板浇筑后，再开始开挖较浅基坑的土方。

如基坑底部有局部加深的电梯井、水池等，如深度较大宜先对其边坡进行加固处理后再进行开挖。

上海梅龙镇广场工程施工时即采用中心岛（墩）式挖土方案。

该建筑为位于上海南京西路闹市中心的高层建筑，基坑尺寸约 92m×92m，土方总量约 131000m³，开挖深度 -15.30m。支护结构为地下连续墙和三层混凝土水平支撑，支撑中心标高分别为 -2.50m、-7.50m 和 -12.30m。降水用 36 根深井泵（用于深层降水）和 6 套真空井点（用于浅层降水）。

考虑到基坑挖土期间只有东西方向运输车辆可进出，为此在东西方向搭设长 20m、宽 6m 的栈桥，栈桥内端与中心土墩相连，这样在东西方向可形成通道，便于车辆在其上运土。栈桥支柱尽可能利用工程桩，否则需专门打设灌筑桩。栈桥面的坡度约 8°。栈桥是混凝土框架结构，是整个挖土期间的运土通道，要确保其畅通无阻。

土方开挖采用墩式开挖，主要是利用中心土墩搭设栈桥，以加快土方外运。为此挖土顺序如图 1-133 所示。第一次挖土用 3 台大型反铲挖土机从天然地面挖至第一层支撑底，即挖除标高 -0.80m～2.90m 之间的土。用 50 辆 15t 的自卸汽车运土，每天挖土可达 1500m³。Ⅰ 层土挖走后浇筑第一层混凝土支撑和搭设运土的栈桥。第二次挖土要待第一层混凝土支撑达到规定强度、栈桥搭设完毕开始进行，挖除基坑四周第一层支撑下面的土，即挖除基坑四周标高 -2.90～-7.90m 之间的土，用大、中、小型反铲挖土机各 2 台，分成两个工作面同时进行挖土，为使支撑均匀受力，挖土要对称进行，大型挖土机停于支撑面（标高 -2.10m）上挖土和装车，中、小型挖土机在支撑下挖土，挖土结束后浇筑第二层混凝土支撑。第三次挖土要待第二层混凝土支撑达到规定强度后进行，挖除基坑四周Ⅲ层土，1 台大型挖土机、2 台中型挖土机和 2 台小型挖土机组成一个组，两个组分两个工作面同时进行。1 台大型挖土机位于 -2.90m 标高处进行装车，2 台中型挖土机位于第二层支撑面上（标高 -7.10m）进行挖土和将土向上驳运给大型挖土机装车，2 台小型挖土机则在第二层支撑下面进行挖土，挖土结束后浇筑第三层支撑。第四层挖土挖除中心墩，同时向中间挖，需待第三层支撑达到规定强度后开始进行，仍为 1 台大型挖土机，2 台中型挖土机和 2 台小型挖土机组成一个组，两个组分两个工作面同时进行，大型挖土机位于 -2.90m 标高处进行装车。1 台中型挖土机位于 -7.10m（第二层支撑面上）标高处，另 1 台中型挖土机位于第三层支撑面上（标高 -11.90m）进行挖土和向上驳运土，小型挖土机则在坑底进行挖土和驳运（图 1-134）。

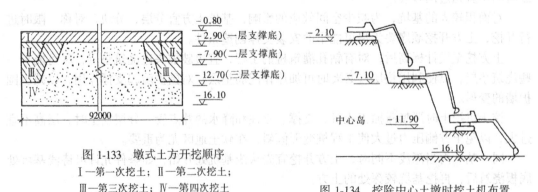

图 1-133　墩式土方开挖顺序
Ⅰ—第一次挖土；Ⅱ—第二次挖土；
Ⅲ—第三次挖土；Ⅳ—第四次挖土

图 1-134　挖除中心土墩时挖土机布置

挖土结束后，将全部挖土机吊出基坑退场。

墩式挖土，对于加快土方外运和提高挖土速度是有利的，但对于支护结构受力不利，由于首先挖去基坑四周的土，支护结构受荷时间长，在软黏土中时间效应（软黏土的蠕变）显著，有可能增大支护结构的变形量。与此不同的，还有一种盆式挖土，即先挖去基坑中间部分的土，后挖除靠近支护挡墙处四周的土，这样对于支护挡墙受力有利，时间效应小，但对于挖土和土方外运的速度有一定影响。

（二）盆式挖土（图1-135）

盆式挖土是先开挖基坑中间部分的土，周围四边留土坡，土坡最后挖除。这种挖土方式的优点是周边的土坡对围护墙有支撑作用，有利于减少围护墙的变形。其缺点是大量的土方不能直接外运，需集中提升后装车外运。

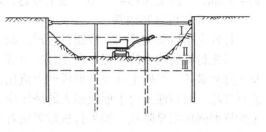

图1-135 盆式挖土

盆式挖土周边留置的土坡，其宽度、高度和坡度大小均应通过稳定验算确定。如留的过小，对围护墙支撑作用不明显，失去盆式挖土的意义。如坡度太陡边坡不稳定，在挖土过程中可能失稳滑动，不但失去对围护墙的支撑作用，影响施工，而且有损于工程桩的质量。

盆式挖土需设法提高土方上运的速度，对加速基坑开挖起很大作用。

（三）深基坑土方开挖的注意事项

1. 土方开挖顺序、方法必须与支护结构设计工况一致，并遵循"开槽支撑，先撑后挖，分层开挖，严禁超挖"的原则。

2. 防止深基坑挖土后土体回弹变形过大

深基坑土体开挖后，地基卸载，土体中压力减少，土的弹性效应将使基坑底面产生一定的回弹变形（隆起）。回弹变形量的大小与土的种类、是否浸水、基坑深度、基坑面积、暴露时间及挖土顺序等因素有关。如基坑积水，黏性土因吸水使土的体积增加，不但抗剪强度降低，回弹变形亦增大，所以对于软土地基更应注意土体的回弹变形。回弹变形过大将加大建筑物的后期沉降。宝钢施工时曾用有限元法预测过挖深32.2m的热轧厂铁皮坑的回弹变形，最大值约354mm，实测值也与之接近。

由于影响回弹变形的因素比较复杂，回弹变形计算尚难准确。如基坑不积水，暴露时间不太长，可认为土的体积在不变的条件下产生回弹变形，即相当于瞬时弹性变形，可把挖去的土重作为负荷载按分层总和法计算回弹变形。

施工中减少基坑回弹变形的有效措施，是设法减少土体中有效应力的变化，减少暴露时间，并防止地基土浸水。因此，在基坑开挖过程中和开挖后，均应保证井点降水正常进行，并在挖至设计标高后，尽快浇筑垫层和底板。必要时，可对基础结构下部土层进行加固。

3. 防止边坡失稳

深基础的土方开挖，要根据地质条件（特别是打桩之后）、基础埋深、基坑暴露时间挖土及运土机械、堆土等情况，拟定合理的施工方案。

目前挖土机械多用斗容量$1m^3$的反铲挖土机，其实际有效挖土半径约5~6m，而挖土深度为4~6m，习惯上往往一次挖到深度，这样挖土形成的坡度约1:1。由于快速卸荷、挖土与运输机械的振动，如果再于开挖基坑的边缘2~3m范围内堆土，则易于造成边坡失稳。

挖土速度快即卸载快，迅速改变了原来土体的平衡状态，降低了土体的抗剪强度，呈流塑状态的软土对水平位移极敏感，易造成滑坡。

边坡堆载（堆土、停机械等）给边坡增加附加荷载，如事先未经详细计算，易形成边坡失稳。上海某工程在边坡边缘堆放 3m 高的土，已挖至 -4m 标高的基坑，一夜间又上升到 -3.8m，后经突击卸载，组织堆土外运，才避免大滑坡事故。

4. 防止桩位移和倾斜

打桩完毕后基坑开挖，应制订合理的施工顺序和技术措施，防止桩的位移和倾斜。

对先打桩后挖土的工程，由于打桩的挤土和动力波的作用，使原处于静平衡状态的地基土遭到破坏。对砂土甚至会形成砂土液化，地下水大量上升到地表面，原来的地基强度遭到破坏。对粘性土由于形成很大的挤压应力，孔隙水压力升高，形成超静孔隙水压力，土的抗剪强度明显降低。如果打桩后紧接着开挖基坑，由于开挖时的应力释放，再加上挖土高差形成一侧卸荷的侧向推力，土体易产生一定的水平位移，使先打设的桩易产生水平位移。软土地区施工，这种事故已屡有发生，值得重视。为此，在群桩基础的桩打设后，宜停留一定时间，并用降水设置预抽地下水，待土中由于打桩积聚的应力有所释放，孔隙水压力有所降低，被扰动的土体重新固结后，再开挖基坑土方。而且土方的开挖宜均匀、分层，尽量减少开挖时的土压力差，以保证桩位正确和边坡稳定。

5. 配合深基坑支护结构施工

深基坑的支护结构，随着挖土加深侧压力加大，变形增大，周围地面沉降亦加大。及时加设支撑（土锚），尤其是施加预紧力的支撑，对减少变形和沉降有很大的作用。为此，在制订基坑挖土方案时，一定要配合支撑（土锚）加设的需要，分层进行挖土，避免片面只考虑挖土方便而妨碍支撑的及时加设，造成有害影响。

近年来，在深基坑支护结构中混凝土支撑应用渐多，如采用混凝土支撑，则挖土要与支撑浇筑配合，支撑浇筑后要养护至一定强度才可继续向下开挖。挖土时，挖土机械应避免直接压在支撑上，否则要采取有效措施。

如支护结构设计采用盆式挖土时，则先挖去基坑中心部位的土，周边留有足够厚度的土，以平衡支护结构外面产生的侧压力，待中间部位挖土结束、浇筑好底板、并加设斜撑后，再挖除周边支护结构内面的土。采用盆式挖土时，底板要允许分块浇筑，地下室结构浇筑后有时尚需换撑以拆除斜撑，换撑时支撑要支承在地下室结构外墙上，支承部位要慎重选择并经过验算。

挖土方式影响支护结构的荷载，要尽可能使支护结构均匀受力，减少变形。为此，要坚持采用分层、分块、均衡、对称的方式进行挖土。

第七节　基坑工程监测

支护结构的设计，虽然根据地质勘探资料和使用要求进行了较详细的计算，但由于土层的复杂性和离散性，勘探提供的数据常难以代表土层的总体情况，土层取样时的扰动和试验误差亦会造成偏差；荷载和设计计算中的假定和简化会造成误差；挖土和支撑装拆等施工条件的改变，突发和偶然情况等随机因素等亦会造成误差。为此，支护结构设计计算的内力值与结构的实际工作状况往往难以准确的一致。所以，在基坑开挖与支护结构使用期间，对较重要的支护结构需要进行监测。通过对支护结构和周围环境的监测，能随时掌握土层和支护结构的变化情况，以及邻近建筑物、地下管线和道路的变形情况，将观测值与设计计算值对比和进行分析，随时采取必要的技术措施，以保证在不造成危害的条件下安全的进行施工。

　　支护结构和周围环境的监测的重要性，正被越来越多的建设和施工单位所认识，它作为基坑工程的一项技术，已被列入支护结构设计内容。

一、支护结构监测项目与监测方法

　　基坑和支护结构的监测项目，根据支护结构的重要程度、周围环境的复杂性和施工的要求而定。要求严格则监测项目增多，否则可减之，表1-21所列的监测项目为重要的支护结构所需监测的项目，对其他支护结构可参照之增减。

表 1-21

监测对象		监测项目	监 测 方 法	备 注
支护结构	围护墙	侧压力、弯曲应力、变形	土压力计、孔隙水压力计、测斜仪、应变计、钢筋计、水准仪等	验证计算的荷载、内力、变形时需监测的项目
	支撑(锚杆)	轴力、弯曲应力	应变计、钢筋计、传感器	验证计算的内力
	腰 梁	轴力、弯曲应力	应变计、钢筋计、传感器	混凝土上
	立 柱	沉降、抬升	水准仪	观测坑底隆起的项目之一
周围环境及其他	基坑周围地面	沉降、隆起、裂缝	水准仪、经纬仪等	观测基坑周围地面变形的项目
	邻近建(构)筑物	沉降、抬升、位移、裂缝等	水准仪、经纬仪等	通常的观测项目
	地下管线等	沉降、抬升、位移	水准仪、经纬仪等	观测地下管线变形的项目
	基坑底面	沉降、隆起	水准仪	观测坑底隆起的项目之一
	深部土层	位移	测斜仪	观测深部土层位移的项目
	地下水	水位变化、孔隙水压	水位观测仪、孔隙水压力计	观测降水、回灌等效果的项目

二、支护结构监测常用仪器

　　支护结构与周围环境的监测，主要分为应力监测与变形监测。应力监测主要用机械系统和电气系统的仪器；变形监测主要用机械系统、电气系统和光学系统的仪器。

　　(一)变形监测仪器

　　变形监测仪器除常用的经纬仪、水准仪外，深部土层位移则用测斜仪。

　　测斜仪是一种测量仪器轴线与铅垂线之间夹角的变化量，进行计算围护墙或土层各点水平位移的仪器。使用时，沿围护墙或土层深度方向埋设测斜管（导管），让测斜仪在测斜管内一定位置上滑动，就能测得该位置处的倾角，沿深度各个位置上滑动，就能测得围护墙或土层各标高位置处的水平位移。

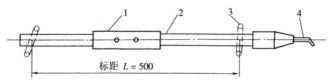

图 1-136　测斜仪
1—敏感部件；2—壳体；3—导向轮；4—引出电缆

　　测斜仪按其工作原理分为伺服加速度式、电阻应变片式、差动电阻式、差动电容式和钢弦式等。最常用者为伺服加速度式和电阻应变片式。伺服加速度式测斜仪精度较高，但费用亦高；电阻应变片式测斜仪费用较低，精度亦能满足工程的实际需要。

测斜管的埋设视测试目的而定。测试土层位移时，先在土层中预钻 $\phi139$ 的孔，再利用钻机向钻孔内逐节加长测斜管，直至所需深度，然后，在测斜管与钻孔之间的空隙中回填用水泥和膨润土拌合的灰浆；测试支护结构围护墙的位移时，则需与围护墙紧贴固定。

（二）应力监测仪器

1. 土压力观测仪器

在支护结构使用阶段，有时需观测随着挖土过程的进行，作用于围护墙上土压力的变化情况，以便了解其与土压力设计值的区别，保证支护结构的安全。测量土压力主要采用埋设土压力计（亦称土压力盒）的方法。应用较多的是双膜式钢弦土压力计。

2. 孔隙水压力计

测量孔隙水压力用的孔隙水压力计，其形式、工作原理都与土压力计相同，使用较多的亦为钢弦式孔隙水压力计。

孔隙水压力计宜钻孔埋设，待钻孔至要求深度后，先在孔底填入部分干净的砂，将测头放入，再在测头周围填砂，最后用黏土将上部钻孔封闭。

3. 支撑内力测试

支撑内力测试方法，常用的有下列几种：

（1）用压力传感器。压力传感器有油压式、钢弦式、电阻应变片式等多种。多用于型钢或钢管支撑。使用时把压力传感器作为一个部件直接固定在钢支撑上即可。

（2）贴电阻应变片。亦多用于测量钢支撑的内力。选用能耐一定高温、性能良好的箔式应变片，将其贴于钢支撑表面，然后进行防水、防潮处理并做好保护，支撑受力后产生应变，由电阻应变仪测得其应变值进而可求得支撑的内力。

（3）用应力、应变传感器。该法用于量测混凝土支撑系统中的内力。对一般以承受轴力为主的杆件，可在杆件混凝土中埋入混凝土计，以量测杆件的内力。对兼有轴力和弯矩的支撑杆件和腰梁等，则需要同时埋入混凝土计和钢筋计，才能获得所需的内力数据。为便于长期量测，多用钢弦式传感器。

应力、应变传感器的埋设方法，钢筋计应直接与钢筋固定，可焊接或用接驳器连接。混凝土计则直接埋设在要测试的截面内。

第二章 桩 基 施 工

高层建筑荷载大，有的占地面积小，在软土地基地区施工，大多采用桩基、箱基，或者桩基加箱基。如我国天津、上海、宁波、福州、广州、深圳等沿海一带软土地基地区广泛采用。过去以预制桩为主，除混凝土方桩外，还采用预应力混凝土管桩、钢管桩等，有的预制混凝土桩，长度达 70 余米。金茂大厦用的钢管桩为 $\phi914 \times 12$，桩长 65m，送桩 18m；近年来，灌注桩得到很大发展，有冲孔、钻孔、挖孔等，且大直径钻孔灌注桩愈来愈受到重视，发展较快；此外，还发展了一些新的成桩工艺，如钻孔压浆成桩法、多支盘灌注桩等，在国内外已引起重视。同时，在预防沉桩对周围环境的影响及灌注桩的质量检验等方面都有长足的进步。

本章着重介绍预制桩施工中打桩公害的预防及大直径钻孔灌注桩施工及一些新工艺等。一般内容在此不再重复。

第一节 预 制 桩 施 工

一、混凝土预制桩施工

（一）工程地质勘察

工程地质勘察是桩基础设计与施工的重要依据，其内容应包括下列几方面：

（1）勘探点的平面布置图；

（2）工程地质柱状图和剖面图；

（3）土的物理力学指标和建议的单桩承载力；

（4）静力触探或标准贯入试验；

（5）地下水情况。

勘探点的布置是搞清建（构）筑物占地面积范围内工程地质条件的一个重要布局。对于一般地质分层简单，层面高差不大的地区，可按一般规定布置勘探孔。而对于工程地质条件复杂的地区，原则上要求每个基础位置处都有详细的地质资料，以便查明地质情况，分清土层、层厚和层面起伏，避免因桩过长或长度不足而造成质量或经济损失。

勘探孔的钻孔柱状图能反映某孔位置处土层的分布，起到分析一定范围内土层起伏和土工指标的作用。但是这个孔反映的资料代表多大范围？两孔之间的土层变化如何？这些往往是设计与施工单位不能协调统一的焦点。因为对于摩擦桩设计要求按钻孔资料和剖面图反映的持力层标高作为控制桩打入深度和停锤的依据，而施工时有时打不到设计标高则根据锤的极限贯入度作为停止施打的依据。

勘察报告中所列的地质剖面图，是根据两个孔的土层分布，人为的以直线予以连接，而事实上两孔之间不可能是一个平面或斜面，而是有起伏，有时起伏的幅度还不小。遇到这种情况应适当加密钻孔，甚至每个基础处都有钻孔资料，以核实土层实际的起伏，也为分析沉桩可能性提供依据。

仅仅根据原位测试提供的土工指标作为设计与施工的唯一依据，有时尚嫌不足。这是因为土样是分层取样，非连续取样，有可能漏失土层；而且取土样过程中有可能被扰动，或保存不妥或时间过长而失水，这都不能真实地反映原状土样的各项实际指标。为此，需进行静力触探或标准贯入试验，以便能够直观地反映土的变化。

在桩基施工之前要详细研究地质勘察报告，深入了解土层分布和各土层土的物理力学指标，这对正确选择桩锤和打桩工艺都十分重要。

(二) 桩的制作、运输和堆放

混凝土预制桩制作的施工组织设计宜包括下述内容：

(1) 工程概况、地点，制桩数量、规格及混凝土强度等级，绘制标有施工现场及附近道路、建筑物、水源、电源等的总平面图；

(2) 施工现场对道路、水、电通和场地平的具体要求和实施办法；

(3) 制桩场地平整加固及浇筑制桩地坪混凝土的措施；

(4) 制桩现场平面布置图。制桩场地位置及尺寸；钢筋骨架制作场地及尺寸；模板制作及堆放场地；制桩作业流水；水平运输工具及路线；现场道路与排水设施；

(5) 制桩模板结构图，包括脱模剂、隔离剂的涂刷要求；

(6) 桩身钢筋骨架的配料大样及绑扎成型要求；

(7) 混凝土配合比、坍落度及浇筑、捣实、养护要求；

(8) 材料、设备及劳动力计划；

(9) 生产进度计划及保证质量与安全的技术措施。

高层建筑的桩基，通常是密集形的群桩，在桩架进场前，必须对整个作业区进行场地平整，有的城市规定要求硬地作业则需浇筑混凝土，以保证桩架作业时正直，同时还应考虑施工场地的地基承载力是否满足桩机作业时的要求，如日制履带式打桩机要求地基承载力 0.12～0.13MPa，沪产步履式打桩机要求地基承载力为 0.08MPa。若不足，则须在表层铺以碎石，并予以整平，以提高地基表面承载力，严防沉桩作业时桩机产生不均匀沉降，有时还须挖排水沟，以排除地面水。混凝土预制桩的制作，有并列法、间隔法、重叠法等。浇筑混凝土桩时，宜由桩顶向桩尖连续进行浇筑，不得中断，以保证桩身混凝土的均匀性和密实性。

预制桩应在混凝土达到 100% 的设计强度后方准进行起吊和搬运，如提前起吊，必须要经过验算。由于混凝土预制桩的抗弯能力低，起吊所引起的应力，往往是控制纵向钢筋的因素。沿桩长各点进行起吊和堆放时，桩上引起的静力弯矩见表 2-1。

起吊引起的弯矩值　　　　　　　　　　　　　　　表 2-1

起 吊 情 况	最大静力弯矩	起 吊 情 况	最大静力弯矩
距每端 $L/5$ 处的两点起吊	$qL/40$	距桩头 $L/5$ 处一点斜吊	$qL/14$
距每端 $L/4$ 处的两点起吊	$qL/32$	从桩头处一点斜吊	$qL/8$
距桩头 $3L/10$ 处一点斜吊	$qL/32$	从桩中心处一点提吊	$qL/8$
距桩头 $L/3$ 处一点斜吊	$qL/18$		

注：L 为桩长；q 为桩单位长度的重量。

堆放桩的场地必须平整坚实，垫木间距根据吊点来确定，垫木应在同一垂直线上。不同规格的桩，应分别堆放。

（三）桩的打设

预制桩可打入或静力压入土中，静力压桩则不产生震动。

1. 打桩机械

打桩的机械设备包括桩架、桩锤及动力装置。

（1）桩架。桩架的作用是固定桩的位置，在打入过程中引导桩的方向，承载桩锤并保证桩锤沿着所要求的方向冲击桩。

桩架的高度，应为桩长、桩锤高度、桩帽厚度、滑轮组高度的总和，再加 1～2m 的余量用作吊桩锤之用。

常用的桩架为履带式打桩架，它打桩效率高，移动方便。

桩架的选择，主要根据桩锤种类、桩长、施工条件等而定。

（2）桩锤。目前应用最多的是柴油锤。

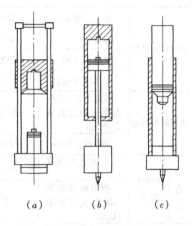

图 2-1　柴油锤构造原理图
（a）导杆式；（b）活塞式；
（c）管式

柴油锤（图 2-1）分导杆式、活塞式和管式三类。它的冲击部分是上下运动的汽缸或活塞。锤重 0.22～15t，每分钟锤击次数为 40～70 次，每击能量为 2500～395000J。柴油锤的工作原理是当冲击部分落下压缩气缸里的空气时，柴油以雾状射入汽缸，由于冲击作用点燃柴油，引起爆炸，给在锤打击下已向下移动的桩以附加的冲力，同时推动冲击部分向上运动。柴油锤本身附有机架，不需附属的动力设备。国内外常用的柴油锤多为英国 BSP 国际基础有限公司、日本石川岛播磨和三菱、德国的德尔马和戴玛克、美国的林克贝尔提和科林-MKT、荷兰的赫拉等制造商制造的柴油锤。我国亦生产柴油锤。

液压锤是在城市环境保护日益提高的情况下研制出的新型低噪声、无油烟、能耗省的打桩锤。它是由液压推动密闭在锤壳体内的芯锤活塞柱，令其往返实现夯击作用，将桩沉入土中。日本制造的液压锤，芯锤重量约 2～10t，锤击能量 12～60.8kN·m，锤击次数为 2.5～28 次/min。可用于沉设混凝土桩和钢管桩。我国已研制成功液压锤，将用于打桩工程。

桩锤的选择，主要取决于土质、桩类型、桩的长度和重量、布桩密度和施工条件等。

1）按桩锤冲击能选择

$$E \geq 25P \qquad (2-1)$$

式中　E——锤的一次冲击动能（kN·m）；

　　　P——单桩的设计荷载（kN）。

2）按桩重量复核

$$K = \frac{M + C}{E} \qquad (2-2)$$

式中　K——适用系数：

双动汽锤、柴油打桩锤 $K \leqslant 5.0$

单动汽锤 $K \leqslant 3.5$

落锤 $K \leqslant 2.0$

M——锤自重（kN）；

C——桩自重（包括送桩、桩帽与桩垫）（kN）；

E——锤的一次冲击动能（kN·m）。

3）按经验选择桩锤

采用锤击沉桩时，为防止桩受冲击时产生过大的应力，导致桩顶破碎，应本着重锤低击的原则选锤。

通常可按表 2-2 选用锤重。

锤 重 选 择 表　　　　　　　　　　　　表 2-2

锤　型			柴油锤（t）					
			2.0	2.5	3.5	4.5	6.0	7.2
锤的动力性能		冲击部分重(t)	2.0	2.5	3.5	4.5	6.0	7.2
		总重(t)	4.5	6.5	7.2	9.6	15.0	18.0
		冲击力(kN)	2000	2000~2500	2500~4000	4000~5000	5000~7000	7000~10000
		常用冲程(m)	1.8~2.3	1.8~2.3	1.8~2.3	1.8~2.3	1.8~2.3	1.8~2.3
适用的桩规格		预制方桩、预应力管桩的边长或直径(m)	25~35	35~40	40~45	45~50	50~55	55~60
		钢管桩直径(cm)	$\phi 40$	$\phi 40$	$\phi 40$	$\phi 60$	$\phi 90$	$\phi 90 \sim \phi 100$
持力层	黏性土粉土	一般进入深度(m)	1~2	1.5~2.5	2~3	2.5~3.5	3~4	3~5
		静力触探比贯入阻力 p_s 平均值(MPa)	3	4	5	>5	>5	>5
持力层	砂土	一般进入深度(m)	0.5~1	0.5~1.5	1~2	1.5~2.5	2~3	2.5~3.5
		标准贯入击数 N(未修正)	15~25	20~30	30~40	40~45	45~50	50
锤的常用控制贯入度(cm/10 击)			—	2~3	—	3~5	4~8	—
设计单桩极限承载力(kN)			400~1200	800~1600	2500~4000	3000~5000	5000~7000	7000~10000

注：1. 本表仅供选锤用；

2. 本表适用于 20~60m 长预制混凝土桩及 40~60m 长钢管桩，且桩尖进入硬土层一定深度。

4）按锤击应力选择

当桩锤锤击桩时，在桩内产生锤击应力，于桩头或桩端处最大。如该锤击应力超过一定数值，则桩易击坏，所以在选择桩锤时宜按下述控制值进行选择：

锤击应力应小于钢管桩材料抗压屈服强度的 80%；

锤击应力应小于混凝土预制桩抗压强度的 70%；

锤击应力应小于预应力混凝土桩抗压强度的 75%。

关于锤击应力可按下述公式计算：

A.（瑞典）Bengt　B.Broms 公式

混凝土预制桩 $\qquad\qquad \sigma_{桩头} = 3\sqrt{h_e} (\text{MPa})$ \hfill (2-3)

钢桩 $\qquad\qquad \sigma_{桩头} = 18\sqrt{h_e} (\text{MPa})$　不用桩垫时 \hfill (2-4)

$$\sigma_{桩头} = 12\sqrt{h_e}(\text{MPa}) \quad \text{用木垫时} \tag{2-5}$$

式中 h_e——桩锤落下等效高度（cm）：

$$h_e = \frac{v_0^2}{2g}$$

v_0——锤击速度或柴油锤上升的初速（cm/s）。

B.L.L.Lowery 公式

$n < p$ 时

$$\sigma_{max} = \frac{-Kve^{nt}}{A\sqrt{p^2 - n^2}} \cdot \sin(t\sqrt{p^2 - n^2}) \tag{2-6}$$

t 由下式求得

$$\text{tg}(t\sqrt{p^2 - n^2}) = \frac{\sqrt{p^2 - n^2}}{n} \tag{2-7}$$

$n > p$ 时

$$\sigma_{max} = \frac{-Kve^{-nt}}{A\sqrt{n^2 - p^2}} \cdot \sin(t\sqrt{n^2 - p^2}) \tag{2-8}$$

t 由下式确定

$$\text{tg}(t\sqrt{n^2 - p^2}) = \frac{\sqrt{n^2 - p^2}}{n} \tag{2-9}$$

式中 $n = \dfrac{K}{2A} \cdot \sqrt{\dfrac{g}{E\gamma}}$ （s^{-1}）；

$p = \sqrt{\dfrac{Kg}{W}}$ （s^{-1}）；

$v = \sqrt{2gh}$ （mm/s）；

K——锤垫弹簧常数，$K = \dfrac{A_c \cdot E_c}{t_c}$；

t——锤击时间（s）；

A——桩横截面积（mm^2）；

E——桩的弹性模量（N/mm^2）；

γ——桩的重度（N/mm^3）；

g——重力加速度（9800mm/s^2）；

h——锤落距（mm）；

A_c——桩垫横截面积（mm^2）

E_c——桩垫弹性模量（N/mm^2）；

t_c——桩垫厚度（mm）；

W——桩锤活动体重量（N）。

C. 冲击波动方程

$$\sigma_p = \frac{A_H\sqrt{E_H\gamma_H}}{A_H\sqrt{E_H\gamma_H} + A_c\sqrt{E_c\gamma_c}} \cdot \frac{A_c\sqrt{E_c\gamma_c}}{A_c\sqrt{E_c\gamma_c} + A_p\sqrt{E_p\gamma_p}} \cdot \sqrt{2\eta E_p\gamma_p H} \tag{2-10}$$

式中 A_H、A_c、A_p——分别为桩锤、桩帽、桩的净截面积（cm^2）；

E_H、E_c、E_p——分别为桩锤、桩帽、桩的弹性模量（kPa）；

γ_H、γ_c、γ_p——分别为桩锤、桩帽、桩的重度（kN/m³）；

H——锤落距（m）；

η——效率，用柴油锤为 0.8；用落锤为 0.6。

如上所述，锤击应力有一定限制，过大桩易打坏，但过小，将桩打至设计标高则锤击数过多，桩亦可能出现疲劳破坏。因此，最优的锤击应力尚待进一步研究。

桩锤的优化选择，要综合考虑多种因素。在城市中心施工还需考虑打桩引起的噪声，多数国家允许的噪声为 70dB ~ 90dB，如超过上述噪声限制，则需采取技术措施以减小或消除噪声。

2. 打桩施工

（1）准备工作。打桩前应平整场地，清除旧基础和树根，拆迁埋于地下的管线，处理架空的高压线路，进行地质情况和设计意图交底等。

打桩前应在打桩地区附近设置水准点，以便进行水准测量，控制桩顶的水平标高。还应准备好垫木、桩帽和送桩设备，以备打桩使用。

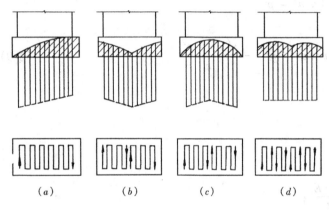

打桩前还应确定桩位和打桩顺序。确定桩位即将桩轴线和每个桩的准确位置根据设计图纸测设到地面上。确定桩位可用小木桩或撒白灰点，如为避免因打桩挤动土层而使桩位移动，亦可用龙门板拉线定位，这样定位比较准确。

图 2-2　打桩顺序与挤土情况
（a）逐排打设；（b）自中央向边沿打设；
（c）自边沿向中央打设；（d）分段打设

正确确定打桩顺序和流水方向，在打桩施工中是十分重要的。因为在打桩过程中，尤其在桩距较小的情况下，地表土和深层土都会因打桩挤土而产生移位，正确确定打桩顺序可以减少

土移位。在一般情况下，打桩顺序有逐排打设、自边沿向中央打设、自中央向边沿打设和分段打设四种（图 2-2）。在黏土类土层中、如果逐排打设，则土体向一个方向挤压，使地基土挤压的程度不均，这样就可能使桩的打入深度逐渐减少，也会使建筑物产生不均匀下沉。如果自边沿向中央打设，则中间部分的土层挤压紧密，使桩不易打入，而且在打设中间部分的桩时，已打的外围各桩可能因受挤而升起。一般说来，打桩顺序以自中央向边沿打和分段打设为好。但是，如果桩距大于四倍桩直径时，则挤土的影响减小。对大的桩群一般分区用多台桩机同时打设，在确定打桩顺序时还需考虑周围的情况，以防带来不利影响，尤其是附近存在深基坑工程施工和浇筑混凝土结构时，都要防止由于打桩振动和挤土带来的有害影响，这种事故已时有发生。

至于打桩振动对周围建筑物的危害，国内外都进行过研究。一般认为当建筑物的自振频率在 5Hz 以下时，振动速度在 10mm/s 以上才可能对建筑物引起轻微的局部破坏。

而打桩引起的振动速度，目前国内外有下列三种计算公式：

$$v = K(\frac{R}{\sqrt{E}})^{-n} \tag{2-11}$$

$$v = v_0\sqrt{\frac{R_0}{R}}\exp[\,\alpha(R - R_0)\,] \tag{2-12}$$

$$v = 77\sqrt{\frac{1}{R}}\exp[\,0.04(R - 1)\,] \tag{2-13}$$

式中　v——离打桩点距离为 R 的土体的振动速度峰值（mm/s）；

E——打桩机打桩时输出的能量；

R——离打桩点的水平距离（m）；

K——比例常数；

n——衰减系数，一般为 1.5；

v_0——离打桩点距离为 R_0 处土体的振动速度峰值（mm/s）；

R_0——某一已知振动速度为 v_0 的点离打桩点的距离（m）；

α——振动衰减系数。

（2）打桩

开始打桩时，桩锤落距宜低，一般为 0.5～0.8m，使桩能正常沉入土中。待桩入土一定深度，桩尖不易产生偏移时，可适当增加落距，将落距逐渐提高到规定数值。一般说来，重锤低击可取得良好的效果。

打桩入土的速度应均匀，锤击间歇的时间不要过长。在打桩过程中应经常检查打桩架的垂直度，如偏差超过 1%，则需及时纠正，以免把桩打斜。打桩时应观察桩锤的回弹情况，如回弹较大，则说明桩锤太轻，不能使桩下沉，应及时予以更换。应随时注意贯入度的变化情况，当贯入度骤减，桩锤有较大回弹时，表明桩尖遇到障碍，此时应将锤击的落距减小，加快锤击。如上述现象仍然存在，应停止锤击，研究遇阻的原因并进行处理。

打桩过程中，如突然出现桩锤回弹，贯入度突增，锤击时桩弯曲、倾斜、颤动、桩顶破坏加剧等，则表明桩身可能已经破坏。

送桩时，桩与送桩设备的纵轴线应在同一直线上。在送桩深度较大时，这点尤为重要。如桩已打斜，应将桩拔出，探明原因，排除障碍，用砂石填孔后重新插入施打。如拔桩有困难，应会同设计单位研究处理，或在原桩位附近补打一桩。

打桩施工是一项隐蔽工程，为确保工程质量，分析处理打桩过程中出现的质量事故和为工程验收提供依据，应在打桩过程中，对每根桩的施打做好详细记录。

二、钢管桩施工

（一）桩规格

钢管桩不加桩靴，直接开口打入，入土后有大量土体涌入钢管桩内，当涌入桩内的土达到一定高度后，因挤密就把桩口封死，产生封闭效应，所以受力方面和闭口桩相似。

开口的钢管桩在打入过程中土的挤土量小，对相邻桩体和其他建筑物等的影响亦小，因而在软土地区密集的城市中心施工高层建筑，有不少采用钢管桩。

目前我国采用的钢管桩，多数是钢板经卷板焊接而成。国产钢管桩直径为 406.4～1016mm，壁厚为 9、12、14、16、19mm。

钢管桩的沉桩方法有锤击、振动、静力压入等方法，但应用最多的仍为锤击沉桩，它速度快、费用少、能对承载力作出判断，但它有噪音，污染环境。

钢管桩搬运时，防止因撞击而弯曲变形。堆放高度不宜太高，防止受压变形。一般 $\phi900$ 的钢管桩不宜超过 3 层；$\phi600$ 者不宜超过 4 层；$\phi400$ 者不宜超过 5 层。管桩两侧用木楔塞紧。

（二）打桩

钢管桩施工，有先挖土后打桩和先打桩后挖土两种方法。在软土地区，一般表层土承载力尚可，深部地基承载力则往往很差，且地下水位较高，较难以排干。为避免基坑长时间大面积暴露被扰动，同时也为了便于施工作业，一般采取先打桩后挖土的施工法。

钢管桩的施工顺序是：桩机安装→桩机移动就位→吊桩→插桩→锤击下沉→接桩→锤击至设计深度→内切钢管桩→精割→戴帽。为防止打桩过程中对邻桩和相邻建（构）筑物造成较大位移和变位，并使施工方便，一般采取先打中间后打外围（或先打中间后打两侧）；先打长桩后打短桩；先打大直径桩，后打小直径桩的程序进行。

为防止桩头在锤击时损坏，打桩前，要在桩头顶部放置特制的桩帽，其上直接经受锤击应力的部位，放置硬木制减振木垫。

（三）接桩

钢管桩每节长 15m，沉桩时需边打入边焊接接长，一般可采用 YM-505N 型半自动无气体保护焊机焊接。这种焊机具有效率高，质量好，焊接变形小，适应全位置焊接，操作方便等优点。焊丝采用 SAN-53 自动保护焊丝，直径 $\phi3.2$ 和 $\phi2.4$mm，由焊机的送丝机构自动送丝，靠人工手把（焊枪）焊接。

焊接前，应将下节桩管顶部变形损坏部分修整，上节桩管端部泥砂、水或油污清除；铁锈用角向磨光机磨光，并打焊接剖口。将内衬箍放置在下节桩内侧的挡块上（图 2-3），紧贴桩管内壁并分段点焊，然后吊接上节桩，其坡口搁在焊道上，使上下节桩对口的间隙为 2~4mm，再用经纬仪校正垂直度，在下节桩顶端外周安装好铜夹箍，再行电焊。施焊应对称进行，管壁厚小于 9mm 的焊两层，大于 9mm 的焊 3 层。焊接时注意：焊完每层焊缝后，及时清除焊渣；每层焊缝的接头应错开；充分熔化内衬箍，保证根部焊透；遇大风，要装挡风板；气温低于 0℃，焊件上下各 100mm 要预热；焊接完毕后应冷却 1~5min，再行锤击打桩。

（四）桩切割和焊桩盖

钢管桩打入地下，为便于基坑机械化挖土，基底以上的钢管桩可切割。由于桩被地土层包围，只能在钢管桩的管内地下切割。切割设备有等离子体切桩机、手把式氧乙炔切桩机、半自动氧乙炔切桩机、悬吊式全回转氧乙炔自动切割机等，以前两种使用较普遍，工作时可吊挂送入钢管桩内的任意深度，靠风动顶针装置固定在钢管桩内壁，割嘴按预先调整好的间隙进行回转切割。

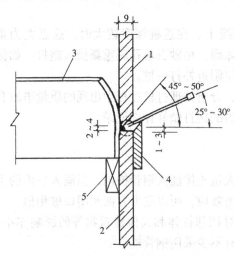

图 2-3　钢管桩接头焊接
1—钢管桩上节；2—钢管桩下节；3—内衬箍；
4—铜夹箍；5—挡块，（30mm×30mm×12mm）

割掉的短桩头用内胀式拔桩装置（图 2-4），用吊车拔出，能拔出地面以下 15m 深的钢管桩，拔出的短桩焊接接长后再用。

为使钢管桩与承台共同工作，可在每个钢管桩上加焊一个桩盖，并在外壁加焊 8～12 根 ϕ20mm 的锚固钢筋。当挖土至设计标高，使钢管桩外露，取下临时桩盖，按设计标高用气焊进行钢管桩顶的精割，方法是先用水准仪在每根钢管桩上按设计标高定上三点，然后按此水平标高固定一环作为割框的支撑点，然后用气焊切割，切割清理平整后打坡口，放上配套桩盖焊牢。

三、打入桩施工对邻近建筑物等的影响及预防措施

打桩对周围环境的影响，有振动、挤土、超静孔隙水压力及噪声等。它使土体原来所处的平衡状态破坏，对周围原有的建筑物和地下设施带来不利影响。轻则使建筑物的粉刷脱落，墙体和地坪开裂；重则产生不均匀沉降、产生较大位移。它还会使邻近的地下管线破损或断裂，甚至中断使用；还能使邻近的路基变形，影响交通安全等；如附近有生产车间和大型设备基础，它亦可能使车间跨度发生变化、基础被推移，因而影响正常的生产。

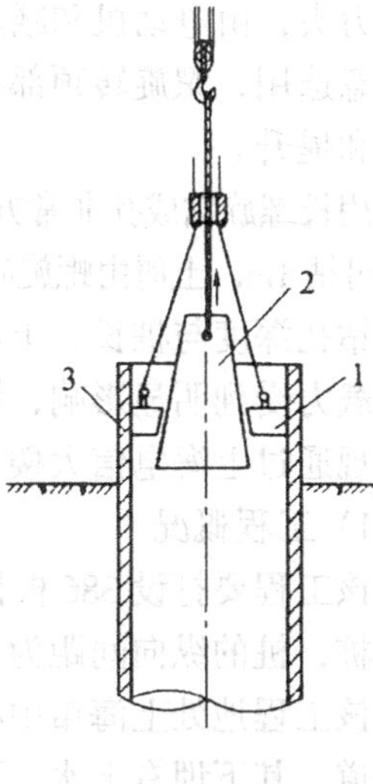

图 2-4　内胀式拔管装置
1—齿块；2—锥形铁砧；3—钢管桩

所以产生这些危害，主要是因为打桩破坏了土体内部原来的静力平衡，产生了一系列新的变化。这些变化表现在土体方面则有：

（1）地面垂直隆起，土体产生水平位移（包括表层土的水平位移和深层土的水平位移）。这是由于锤击沉桩时（包括静压桩施工）进行得猛烈，地表受到大大超过其极限强度的冲击，很快形成挤出破坏，使桩周围的地面隆起并产生水平位移。随着打桩的进行，土中存在连续的滑动面，土不断地被挤出；

（2）土孔隙中静水压力升高，形成超静孔隙水压力。这是由于沉桩时，深层土受到上层土覆盖压力的约束大，土不能向上挤出，猛烈沉桩时土体受到压缩和挤实，同时土中孔隙水压力升高。升高压力的孔隙水（有时其压力达到上覆土层压力的 2～4 倍），缓慢向外渗透或沿桩身向上渗流，经上层已破坏了的土体中的裂隙而逸出。孔隙水压力的消散，受土渗透性的影响，在软土地区其完全消散往往需数月；

（3）沉桩后期地面会发生新的沉降，使已入土的群桩产生负摩擦力。这是由于超静孔隙水压力随着时间而消散，有效应力增加，孔隙减小，土产生新的固结，因而形成地面沉降。

上述危害程度与以下因素有关：

（1）桩型、桩截面尺寸、桩长及桩群的密集程度；

（2）桩锤种类、重量及落距；

（3）地基土的物理力学指标与地下水情况；

（4）邻近建筑物、地下管线的结构和构造情况，以及与沉桩处的距离；

（5）沉桩顺序；

（6）预防措施是否有效。

总结我国多年来的施工经验，减少或预防沉桩对周围环境的有害影响，可采用下述措施：

1. 减少和限制沉桩挤土影响

在这方面下列措施是有效的:

(1) 采用预钻孔打桩工艺。亦称"钻打法",它是先在地面桩位处钻孔,然后在孔中插入预制桩,用打桩机将桩打到设计标高。如果桩顶埋在地表以下,残留的钻孔则用粗粒土回填。

钻孔用长螺旋钻,这种螺旋钻配备在 D308 三点支撑的柴油打桩机上,打桩架上配备有可水平旋转而又互相垂直的双向龙门导架。长螺旋钻与 K-35 筒式柴油锤配套,钻孔后不必移动桩机,也不需要换机,只要旋转导架后,即能进行插桩和打桩。长螺旋钻的上部是动力头,由电动机和减速机构组成;下部是长螺旋钻,螺旋钻的直径为 350～1200mm,可任意选用,螺旋转顶部有滑轮组,悬挂在机架上,通过钢丝绳的收放,使螺旋钻下降、钻孔和提升。

用长螺旋钻成孔非常方便,从钻孔到插桩要连续进行,钻孔后不需护壁。钻进顺利时,每分钟可钻 1m,土屑由螺旋叶片反向旋转连续送出孔外,卸入土斗,由吊车运至弃土处。

钻孔深度与桩长、土质、邻近建筑物距离等因素有关,为了兼顾单桩的承载力,不致使承载力受到明显影响,钻孔深度一般不宜超过桩长的 1/3。

现通过上海电信大楼工程的实例,说明预钻孔打桩工艺的效果。

1) 工程概况

该工程要打设 386 根长 33m、500mm × 500mm × 33150mm 的混凝土桩和 28 根长 41m 的钢管桩,桩的纵向间距为 2.45m,横向间距为 2.30m。

该工程地处上海市中心(图 2-5),周围均为结构较差的居住房屋,南面延安中路为交通干道,其下埋有上水、下水、煤气和电力等管线,南面 60m 处还有电影院需正常放映。为此,若采用一般的锤击沉桩法,将会产生很大的挤土和振动,危及周围的房屋和管线。为了减少上述影响,决定采用预钻孔打桩法,同时为了确保桩基施工的顺利进行,随时了解打桩对周围的影响,而布置了对周围建筑物及地面的变形监测。

钻孔和沉桩采用三点支撑柴油打桩机,再增设一个长螺旋钻进行钻孔。螺旋钻杆直径为 400mm,钻孔深度 10m,钻进速度约 1m/min。

打桩时将整个桩基划分为 Ⅰ～Ⅵ六个流水区(图 2-6),为尽量减少打桩对周围建筑物的影响,并保证桩位的正确,施工流水是由中心向四周扩散的,先打混凝土桩,后打钢管桩。

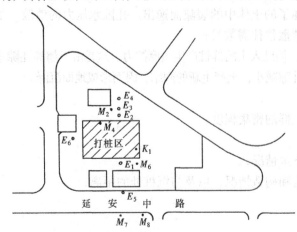

图 2-5 桩基施工的平面布置及孔隙水压力的测点

2) 监测结果:该工程打桩期间的监测项目有:桩区周围的孔隙水压力、土体位移、周围建筑物裂缝发展情况等。

A. 孔隙水压力测试。孔隙水压力的升高能直接反映打桩挤土的影响,为此,设置了 $E_1 \sim E_6$ 六个观测孔,每个观测孔又各沿不同深度(地表下 6、15、20、35m 和 43m)处布置测点,共布置 30 个孔隙水压力测点。

通过观测,可发现一些规律,孔隙水压力与打桩处的距离有关,距离愈近则压力愈高，反之则其值较低，图 2-7 为地下 35m 深度处 E_1、E_2 测点的孔隙水压力变化曲线。E_1 的三个峰值正是在 I、III、VI 区进行打桩的时候出现的；而 E_2 的三个峰值则是在 II、IV、VI 区进行打桩时出现的。即在最靠近的区域打桩，它的孔隙水压力上升的最多。

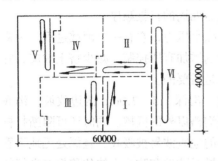

图 2-6　打桩流水区的划分及
各流水区内的打桩顺序

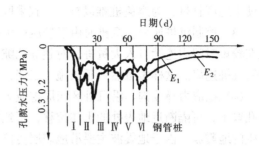

图 2-7　深度 35m 处 E_1、E_2 测点的
孔隙水压力变化曲线

B. 土体位移测试。为测定土体位移，在打桩区及其附近设置了 $M_1 \sim M_6$ 六个测点，并于已打入桩之顶部设 K_1、K_2 两个测点，还于南面电影院外墙上设 M_7、M_8 两个测点。为量测深层土体位移，还与 E_1、E_2 处设有 F_1、F_2 两个测斜孔。

图 2-8 为 M_2、M_4、M_6、M_8 和 K_1 测点的垂直位移曲线。最大垂直位移发生在 M_2 点，最大垂直位移量约 9cm。在桩区范围内，大部分地区（如 M_4 点）是凹陷，这可能是因为土质含细粉砂以及送桩后的遗留孔未回填之故。电影院外墙上之 M_8 点的垂直位移约在 10mm 左右，对建筑物无影响。

F_1、F_2 孔深层土体位移曲线如图 2-9 所示。其位移量都不大。

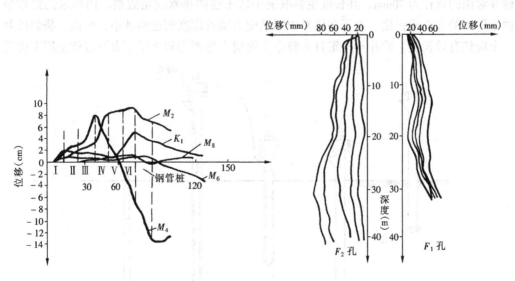

图 2-8　部分观测点的垂直位移曲线　　　　图 2-9　深层土体位移曲线

综上所述，可以清楚地看出，预钻孔打桩法不但对控制土体隆起和位移是很有效的，非钻孔打桩的土体隆起量有时达 450mm，为该工程的 5 倍，而且对降低孔隙水压力也很有效。

（2）合理安排沉桩顺序。如图2-2所示，沉桩顺序不同，挤土情况亦不同。由于先打入桩周围的土固结后，土与桩之间产生一定的摩阻力，可阻止土隆起，所以土隆起多发生在打桩推进的前方。因此为了保护附近的建筑物等，群桩宜采取由近而远的打入顺序。在较硬土地区打桩，为避免桩难以打入，宜采取先中间后四周的打桩顺序。

（3）控制沉桩速率。沉桩时由于挤压产生超静孔隙水压力，它有一个消散过程。为避免在较短时间内连续打入大量桩，对超静孔隙水压力的增加有所控制，减少挤土效应，宜控制沉桩速率。这样做虽然会延长施工工期，有时还是需要的。

（4）挖应力释放沟。沿沉桩区四周挖应力释放沟，沟深1.5～2.0m，两边放坡，沟底钻孔取土，可隔断近地表处的土体位移，不致影响到沟槽以外的区域。同时还可阻断打桩产生的地震波，由于地震波主要沿地表层传播，深层的地震波易被吸收，且深处无地下管线和基础等，不会产生有害影响。事实证明，这种沟槽对防振和防止土体位移都有良好的作用。

2．减小超静孔隙水压力

（1）袋装砂井。袋装砂井是在普通砂井的基础上于20世纪60年代末期发展起来的一项技术。根据太沙基的一维固结理论，黏性土固结所需的时间与排水距离的平方成正比。因此，要缩短黏性土的固结时间，设法缩短排水距离是最有效的办法。因而把袋装砂井埋设在软土地基中，人为地造成土固结的排水通道，使孔隙水压力得以较快地消散，从而达到缩短软土地基的固结时间，加速沉降，提高地基土强度的目的。

砂袋一般用抗拉强度很高的聚丙烯编织物缝制而成，砂用洁净的中砂，砂袋的直径、长度和间距，应根据工程对固结时间的要求、工程地质情况等通过固结理论计算确定。袋装砂井常用的直径为70mm。其长度主要取决于软土层的排水固结效果，而排水固结效果与固结压力的大小成正比。由于在地基中固结应力随着深度而逐渐减小，所以，袋装砂井有一个最佳有效长度，砂井不一定打穿整个压缩层。然而当软土层不太厚或软土层下面又

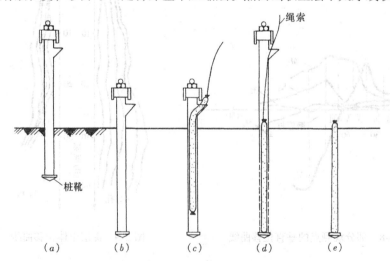

图2-10　袋装砂井的施工过程

（a）打入成孔套管；（b）套管到达规定标高；（c）放下砂袋；
（d）拔套管；（e）袋装砂井施工完毕

有砂层，且施工机具又具备深层打入能力时，则砂井尽可能地打穿软土层，这对排水固结有利。

至于袋装砂井的间距，固结理论计算表明，缩短间距比增大井径对加速固结更为有效，即细而密的方案比粗而疏的方案效果好。当然砂井亦不能过细、过密，否则难以施工，也会扰动周围的土体。当袋装砂井的直径为70mm时，井径比为15～25，效果都是比较理想的。

袋装砂井的施工过程如图2-10所示。首先用振动贯入法、锤击打入法或静力压入法将成孔用的无缝钢管作为套管埋入土层，到达规定标高后放入砂袋，然后拔出套管，再于地表面铺设排水砂层即可。用振动打桩机成孔时，一个长20m的孔约需20～30s，完成一个袋装砂井的全套工序，亦只需6～8min，施工十分简便。

上海29层的华亭宾馆，在桩基工程中为加快孔隙水压力的消散和固结地基，曾使用了袋装砂井，其长度为17m，平面布置如图2-11所示。

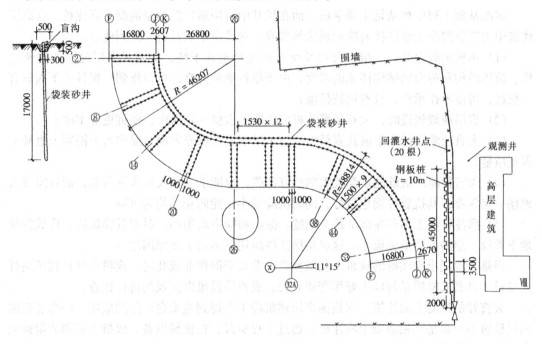

图2-11　华亭宾馆施工用袋装砂井的平面装置图

（2）预埋塑料排水板。塑料板排水法是随着塑料工业的发展，在砂井排水法和纸板排水法基础上发展起来的。在打桩前，用插板机将带状塑料排水板插入桩区的软土层中，打桩时产生挤土效应，土中的孔隙水受压后沿塑料排水板中的通道逸出，则可减少孔隙水压力，使地基土得到加固。塑料板排水不只用于打桩工程，在以堆载预压、真空预压等进行地基处理时亦应用。

塑料排水板有多孔质单一结构型和复合结构型两类。前者为聚氯乙烯经特殊加工而成，断面中有连通的孔隙，透水性极好，供排水用，这种排水法称为PVC排水法；后者是由塑料芯板外套透水挡泥滤膜组成的排水板。芯板材料用特殊的硬质聚氯乙烯或聚丙烯，并加工成回字型、十字型、中波型等形式，具有纵向通水能力。透水挡泥的滤膜，由涤纶类或丙烯类合成纤维制成，透水性好。

插板机种类很多，我国常用的 IJB-16 型步履式插板机，每次可同时插两根塑料板，深10m，间距为 1.3m 和 1.6m。目前在减小超静孔隙水压力方面，此法用得较多。

3. 减少振动影响

用锤击沉桩，在锤击时必然产生振动波，振动波在传播过程中对邻近桩区的地下结构和管线会带来危害。为减少振动波的产生，宜采用液压锤或用"重锤轻击"。为限制振动波的传播，可采用上述开挖压力释放沟的措施，用应力释放沟来阻断沿地表层传播的地震波。为防止振动对地下敏感的地下管线等的影响，可在沉桩期间将地下管线等挖出暂时暴露在外，沉桩结束时再回土掩埋。

第二节 混凝土灌注桩施工

在深基础工程中桩基是主要手段，而在桩基中应用最广泛的是混凝土灌注桩。在高层建筑中大直径混凝土灌注桩的应用越来越普遍，这是由于它具有一系列优点：

（1）单桩承载力高，一根桩可以承受几百吨乃至几千吨，能满足高层建筑的框架结构、筒体结构和剪力墙结构体系的需要，由于单桩承载力高，可以作到一根柱子下面只有一根桩，可以不作承台，且费用较低廉；

（2）岩层埋藏较浅时，大直径灌注桩可以嵌入岩层一定深度，使桩更加牢固；

（3）大直径灌注桩由于成孔直径大，施工时下放钢筋笼方便，灌注水下混凝土也易于保证质量；

（4）大直径灌注桩既能承受较大的垂直荷载，也能承受较大的水平荷载，而且能嵌入地层一定深度，其抗震性能也较好，同时沉降也小，能防止不均匀沉降。

（5）灌注桩施工不存在沉桩挤土问题，振动和噪声均很小，对邻近建筑物、构筑物及地下管线、道路等的危害极小。这也是灌注桩应用较多的主要原因之一。

但是，混凝土灌注桩的成桩工艺较复杂，尤其是湿作业成孔时，成桩速度也较预制打入桩慢。且其成桩质量与施工好坏密切有关，成桩质量难以直观的进行检查。

大直径的混凝土灌注桩，在我国高层建筑施工中得到愈来愈广泛的应用。一些著名的高层建筑不少都是利用混凝土灌注桩。通过工程实践，在机械设备、成桩工艺和质量检测方面都取得长足的进步。

混凝土灌注桩的成孔，按设计要求和地质条件、设备情况，可采用钻、冲、抓和挖等不同方式，但以钻孔为最多。成孔作业还分为干式成孔（孔内无水）和湿式成孔（孔内有水），分别采用不同的成孔设备和技术措施。湿式成孔时，需采用泥浆护壁，并用水下混凝土的浇筑方式浇筑桩身混凝土。

一、钻孔灌注桩施工

钻孔灌注桩施工可采用干式成孔或湿式成孔，成孔后吊放钢筋笼，灌注混凝土而成。施工时要保证设计要求的桩位、孔径、孔深、孔的垂直精度和桩顶标高，并保证孔底沉渣厚度（端承桩≤50mm、摩擦桩≤150mm）满足规范要求。

（一）干式成孔的钻孔灌注桩

干式成孔用螺旋钻机（图 2-12），它由主机、滑轮组、螺旋钻杆、钻头、滑动支架、出土装置等组成。由螺旋钻头切削土体，切下的土随钻头旋转并沿螺旋叶片上升而排出孔外。这种钻机效率高，无振动、无噪声，宜用于匀质黏性土，亦能穿透砂层。

用螺旋钻机成孔时，钻机就位检查无误后使钻杆慢慢下移，当接触地面时开动电机，先用慢速钻进，以免钻杆晃动，又易于保证桩位和垂直度。遇硬土层亦应慢速钻进。钻至设计标高时，应在原位空转清土，停钻后提出钻杆弃土。

钢筋笼宜一次整体吊入，如过长亦可分段吊，两段焊接后再徐徐沉放孔内。吊放钢筋笼时严防碰撞孔壁。

经检验合格后，应及时灌注混凝土，深度大于6m时靠混凝土下冲力自身砸实，小于6m者以长竹杆插捣，上面的2m用振动器捣实。

螺旋钻孔灌注桩目前在国内外发展很快。除上述用干式成孔的螺旋钻机施工法之外，还有下述几种方法：

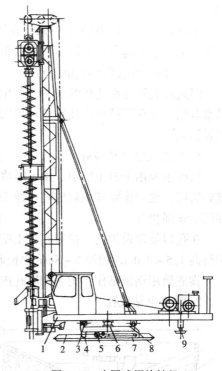

图2-12　步履式螺旋钻机

1—上盘；2—下盘；3—回转滚轮；4—行车滚轮；5—钢丝滑轮；6—回转中心轴；7—行车油缸；8—中盘；9—支盘

1. 大芯管、小叶片的螺旋钻机成桩法

这种钻机的钻杆芯管较粗，待钻至设计标高后，通过芯管下放钢筋笼，然后灌注混凝土，留下钻头、拔出钻杆即可。该法无振动、无噪声，美国20世纪60年代开始使用的，现在欧、美一些国家仍在使用。

2. 日本的CTP工法

该法是用带普通螺旋钻杆的钻机成孔，待钻至设计深度后停钻，打开钻头底活门，然后边提钻杆边通过中空的钻杆芯管向孔内泵送混凝土直至孔口，然后向孔内混凝土中压入或打入钢筋笼而成桩。该法日本从20世纪70年代开始应用，目前欧洲各国仍应用较多。但该法混凝土的泵送压力小于2MPa，且向已灌注混凝土的桩孔内压入或打入钢筋笼较困难，因而应用受到一定的限制。

3. 钻孔压浆成桩法

该法是我国的一项专利。其工艺原理是：先用螺旋钻机钻孔至预定深度，通过钻杆芯管利用钻头处的喷嘴向孔内自下而上高压喷注制备好的以水泥浆为主剂的浆液，使液面升至地下水位或无坍孔危险的位置处，提出全部钻杆后，向孔内沉放钢筋笼和骨料至孔口，最后再由孔底向上高压补浆，直至浆液达到孔口为止。成桩的桩径 $\phi 300 \sim 1000mm$，深度可达50m。

该法连续一次成孔，多次由下而上高压注浆成桩，具有无振动、无噪声、无护壁泥浆排污的优点，又能在流砂、卵石、地下水位高易坍孔等复杂地质条件下顺利成孔成桩，而且由于高压注浆时水泥浆的渗透扩散，解决了断桩、缩颈、桩间虚土等问题，还有局部膨胀扩径现象，因此单桩承载力由摩擦力、支承力和端承力复合而成，比普通灌注桩约提高

1倍以上。

该成桩工艺，自1985年以来已在国内几百个高难度基础工程中成功应用，累计达几十万延米，也引起世界上许多国家的重视，技术在国际上领先。

（二）湿式成孔的钻孔灌注桩

湿式成孔钻孔灌注桩的成孔，可用冲抓锥成孔机、斗式钻头成孔机、冲击式钻孔机、潜水电钻、全套管护壁成孔钻机（贝诺托Benote钻机）和回转钻机等。目前应用最多的是回转钻机。

1. 冲击式钻孔机成孔

该机主要用于岩土层中，施工时将冲锥式钻头提升一定高度后以自由下落的冲击力来破碎岩层，然后排除碎块后成孔。冲击式钻头重量一般为500～3000kg，按孔径大小选用，多用钢丝绳提升。

在孔口处埋设护筒，稳定孔口土壁及保持孔内水位，护筒内径比桩径大300～400mm，护筒高1.5～2.0m，用厚6～8mm钢板制作，用角钢加固。

掏渣筒用钢板制作，用来掏取孔内渣浆。

2. 潜水电钻成孔

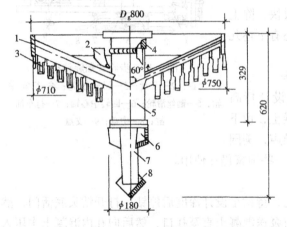

图2-13 笼式钻头（ϕ800mm）

1—护圈；2—钩爪；3—腋爪；4—钻头接箍；
5、7—岩芯管；6—小爪；8—钻头

潜水电钻是近年来应用较广的一种成孔机械。它是将电机、变速机构加以密封，与底部的钻头连接在一起组成钻具。可潜入孔内作业，以正（反）循环方式将泥浆送入孔内，再将钻削下的土屑由循环的泥浆带出孔外。

潜水电钻体积小，重量轻，机动灵活，成孔速度较快，适用于地下水位高的淤泥质土、黏性土、砂质土等，换用合适的钻头亦可钻入岩层。钻孔直径约800～1500mm，深度可达50m。它常用笼式钻头（图2-13）。

3. 斗式钻头成孔机成孔

斗式钻头成孔机国内尚无定型产品，多为施工单位自行加工。国外有定型产品，日本的加藤式（KATO）钻机即属此类，有20HR、20TH、50TH型号，钻孔直径500～2000mm，钻孔深度60m。斗式钻头成孔机由钻机、钻杆、土斗、传动与减速装置等组成，如图2-14所示。钻机利用履带式桩机，钻杆由可伸缩的空心方钢管与实心方钢芯杆组成。芯杆的下端以销轴与斗式钻头相连。提起钻杆时，内、中钻杆均收缩在外套杆内，钻孔取土时，随着钻孔深度的增加，先伸出中套杆，后伸出内芯杆。电动机通过齿轮变速箱减速后作用于方形钢钻杆上，控制工作转速为7r/min。

用此法成孔的施工过程如图2-15所示，先开孔，斗式钻头装满土后提出钻孔卸于翻斗汽车，然后继续挖土，待其达到一定深度则安设护筒并输入护壁泥浆，然后正式开始钻孔。达到设计深度后仔细进行清碴，接下来吊放钢筋笼和用导管浇筑混凝土。

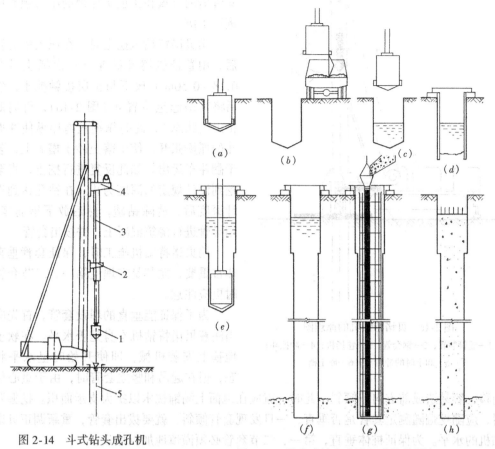

图 2-14　斗式钻头成孔机

1—斗式钻头（取土斗）；2—导向箍；
3—可伸缩的钻杆；4—传动与减速装
置；5—护筒

图 2-15　用斗式钻头成孔机成孔的顺序

(*a*) 钻头开孔；(*b*) 钻头装满土后卸土；(*c*) 钻头关闭重新钻孔；
(*d*) 埋护筒、灌水泥浆；(*e*) 钻孔；(*f*) 挖掘结束进行清碴；
(*g*) 吊放钢筋笼、用导管浇筑混凝土；(*h*) 拔出导管

用此法成孔的优点是：机械安装简单，工程费用较低；最宜在软黏土中开挖；无噪声、无振动；挖掘速度较快。其缺点是：如土层中有压力较高的承压水时挖掘较困难；挖掘后桩的直径可能比钻头直径大 10% ~ 20%；如不精心施工或管理不善，会产生坍孔。

4. 全套管护壁成孔（Benote）钻机成孔

贝诺特钻机首先用于法国，后来传至世界各地。它是利用一种摇管装置边摇动边压进钢套管，同时用冲抓斗挖掘土层。除去岩层，几乎所有的土质都可挖掘。该法是施工大直径钻孔桩有代表性的三种方法之一，在国外应用较为广泛，我国在施工广州花园酒店的直径 1200mm 的灌注桩以及深圳地铁等工程等曾使用过贝诺特钻机。

贝诺特钻机的主要构造如图 2-16 所示，施工时先将套管垂直竖起并对准位置，然后用摇管装置 1 将套管 2 边摇动边压入。套管长度有 6、4、3、2m 和 1m 等几种供选用，一般多选用 6m，套管之间用锁口插销进行连接。

摇管装置（图 2-17）由夹紧器、摇动装置、上面的链条滑车以及压进和拔出用的千斤顶组成。施工时用摇动臂和专用的夹紧千斤顶将钢套管夹住，利用摇动千斤顶使钢套管在圆周方向摇动，同时尚可压进或拔出套管。由于摇动使套管与土层间的静摩擦消失，使

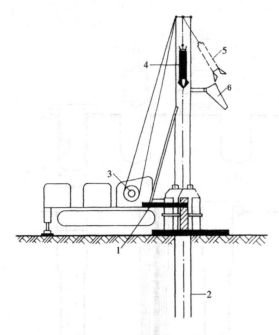

图 2-16 贝诺特钻机的原理图
1—摇管装置；2—钢套管；3—卷扬机；4—冲抓斗；
5—卸土时的冲抓斗；6—砂土槽

套管借助自重和压进千斤顶的压力顺利地进行下沉。

用贝诺特钻机挖土时，在压入钢套管后，用卷扬机将冲抓斗（一次抓土量为 $0.18 \sim 0.50 \mathrm{m}^3$）放下与土层接触抓土，然后将其吊起至位置 4（图 2-16），再向前推出至状态 5，此时靠钢丝绳操纵使冲抓斗的抓瓣张开，使土落至砂土槽 6 上，装于翻斗车运出。如此反复进行挖土，直至挖到设计规定的深度为止。在钻孔达到设计深度后，清除钻碴，然后放下钢筋笼，用导管进行浇筑混凝土，并拔出套管。

用贝诺特钻机施工时，保证套管垂直非常重要，尤其是在埋设第一、二节套管时更应注意。

为了保证能垂直的埋设套管，首先应当注意贝诺特钻机本身是否水平。在软土地基上安装机械，即使开始时呈水平状态，但在起吊和竖立套管时，由于重心位置前移，容易造成前方向下倾斜。此时，就应在地面上满铺枕木以扩大支承面积。挖掘开始时，应随挖掘随测定套管是否垂直，一旦发现套管倾斜，就要拔出套管，重新调正贝诺特钻机的水平。为保证桩体垂直，第一、二节套管必须谨慎地加以埋设。

用贝诺特钻机施工，会由于冲抓斗冲击、抓瓣抓土和地下水压力引起的翻砂等使桩尖处土层松软。也会由于套管刃脚与套管外围尺寸的差额、地下水及摇动套管等使桩周围的土层变松软，这对于砂性土尤为显著。由于上述原因，使桩周围土层变松软的范围（塑性区域）为：

$$b = \sqrt{\frac{e(r-a)^2 + a(a+2r)}{e - e_0}} \quad (2\text{-}14)$$

式中　b——塑性区域的半径；

　　　a——套管刃脚处半径与套管半径之差；

　　　r——套管半径；

　　　e_0——地基土的孔隙比；

　　　e——砂的最大孔隙比。

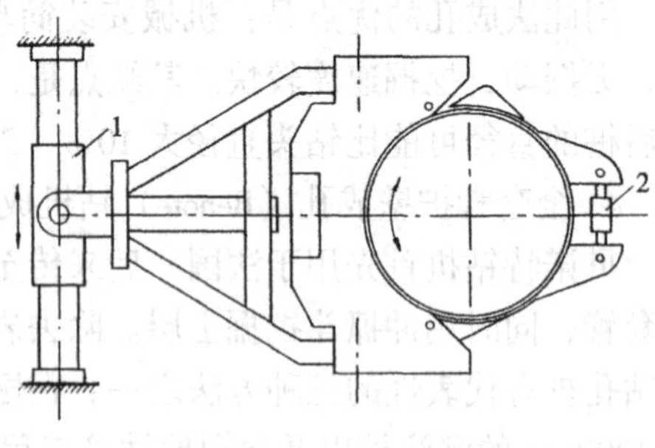

如：套管半径 $r = 50\mathrm{cm}$、$a = 1\mathrm{cm}$、$e_0 = 0.6$、$e = 0.9$，则 $b \approx 90\mathrm{cm}$。

图 2-17　摇管装置
1—摇动千斤顶；2—夹紧套管的千斤顶

为减少桩尖处土层的松软，在开挖时应使桩孔内的水位保持在地下水位以上，使地下水压不致产生翻砂现象；另外，桩尖处的土层应绝对避免超挖；还应该避免采用冲击方式挖掘桩尖处的土层。

贝诺特法的优点是：

（1）相比较而言，无噪声、无振动；

（2）除岩层外，其他任何土质均可适用；

（3）在挖掘时，可确切地搞清楚持力层的土质，便于选定桩的长度；

（4）挖掘速度快，挖深大，一般可挖至 50m 左右；

（5）在软土地基中开挖，由于先行压入套管，不会引起坍孔；

（6）由于有套管，在靠近已有建筑物处亦可进行施工；

（7）可施工斜桩，可用搭接法施工柱列式地下连续墙；

（8）可使施工的灌注桩相割或相切，用于支护桩时可省去防水帷幕。

贝诺特法的缺点是：

（1）贝诺特钻机是大型机械，施工时需要占用较大的施工场地；

（2）在软土地层中施工，尤其是在含地下水的砂层中挖掘，由于套管的摇动会使周围一定范围内的地基松软；

（3）如地下水位以下有厚细砂层时（厚度 5m 以上），由于套管摇动会使土层产生排水固结作用，会使挖掘困难；

（4）由于冲抓斗的冲击会使桩尖处持力层变得松软；

（5）根据地质情况的不同，已挖成的桩径会扩大 4% ~ 10%。

5. 回转钻机成孔

回转钻机是目前灌注桩施工用得最多的施工机械，该钻机配有移动装置，设备性能可靠，噪声和振动小，效率高，质量好。该钻机配以笼式钻头，可多档调速或液压无级调速，以泵吸或气举的反循环或正循环方式进行钻进。它适用于松散土层、黏土层、砂砾层、软硬岩层等各种地质条件。其施工程序如图 2-18 所示。

回转钻机成孔工艺应用较多，现分别详述如下：

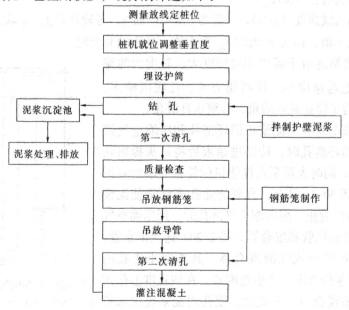

图 2-18 回转钻机成孔的施工程序

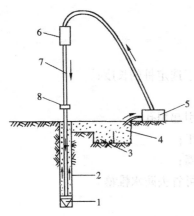

图 2-19 正循环回转钻机成孔
工艺原理图

1—钻头；2—泥浆循环方向；3—沉淀池；
4—泥浆池；5—泥浆泵；6—水龙头；
7—钻杆；8—钻机回转装置

（1）正循环回转钻机成孔。正循环回转钻机成孔的工艺原理图如图 2-19 所示，其设备简单、工艺成熟。当孔深不太深、孔径 < 800mm 时钻进效果较好。当桩孔径较大时，钻杆与孔壁间的环形断面较大，泥浆循环时返流速度低，排碴能力弱。如使泥浆返流速度达到 0.20 ~ 0.35m/s，则泥浆泵的排量需很大，有时难以达到，此时不得不提高泥浆的相对密度和黏度。但如果泥浆相对密度过大，稠度大，难以排出钻碴，孔壁泥皮厚度大，影响成桩和清孔，这是正循环回转钻机成孔的弊病。

正循环成孔，专用钻机有 GPS-10、SPC-500、G-4 等型号，国产不少钻机正反循环皆可。

正循环回转钻机成孔的基本参数为：

1）钻压：钻孔时，钻头是在钻压和回转扭矩作用下切削和破碎岩土而获得进尺。切削下来的钻碴则由泥浆携出桩孔。为此，钻进时需有一定的钻压。钻压一般根据地层条件、钻杆与桩孔的直径差、钻头形式、切削刀具数目、钻具强度、设备能力等因素综合考虑确定。当用硬质合金钻进成孔时，每片切削刀具的钻压以 800 ~ 1200N 或每颗合金的钻压取 400 ~ 600N 为宜，可由此确定钻头的钻压。

2）转速：转速的选择除满足破碎岩土的扭矩需要外，还要考虑钻头不同部位切削刀具的磨耗情况。一般按下式计算：

$$n = \frac{60v_{线}}{\pi D} \tag{2-15}$$

式中　n——转速（r/min）；

D——钻头直径（m）；

$v_{线}$——钻头线速度（m/s），一般为 0.8 ~ 3.0m/s，对较软岩土 $v_{线}$ 取大值，较硬岩土取小值，钻头 D 大时 $v_{线}$ 取小值，D 小时取大值。

正循环回转钻进由于需用相对密度大、黏度大的泥浆，加上泥浆上返速度小，排碴能力差，孔底沉碴多，孔壁泥皮厚，为了提高成孔质量，必须认真清孔。

清孔的方法主要采用泥浆正循环清孔和压缩空气清孔。用泥浆正循环清孔时，待钻进结束后将钻头提离孔底 200 ~ 500mm，同时大量泵入性能指标符合要求的新泥浆，维持正循环 30min 以上，直到清除孔底沉碴使泥浆含砂量小于 4% 时为止。用压缩空气清孔时，用压缩空气机将压缩空气经送风管和混合器（图 2-20）送至出水管，使出水管内的泥浆形成气液混合体，其重度小于孔内（出水管外）泥浆的重度，产生重度差。在该重度差作用下，管内的气液混合体上升流动，使孔内泥浆经出水管底进入出水管，并顺其流出桩孔将钻碴排出。同时不断

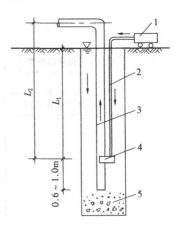

图 2-20　压缩空气清孔原理示意图

1—压缩空气机；2—送风管；3—出水管；4—混合器；5—孔底沉渣

向孔内补给含砂量少的泥浆（或清水），形成孔内泥浆流动而达到清孔目的。调节风压即可获得较好的清孔效果。一般用风量 6 ~ 9m³/min、风压 0.7MPa 的压缩空气机。

（2）反循环回转钻机成孔。反循环回转钻进是泥浆从钻杆与孔壁间的环状间隙流入钻孔，来冷却钻头并携带钻屑由钻杆内腔返回地面的一种钻进工艺。由于钻杆内腔断面积比钻杆与孔壁间的环状断面积小得多，因此泥浆的上返速度大，一般达 2 ~ 3m/s，因而提高排碴能力，能大大提高成孔效率。实践证明，反循环回转钻进成孔工艺是大直径成孔施工的一种有效的成孔工艺。

反循环钻进成孔工艺（图 2-21），按钻杆内泥浆上升流动的动力来源、工作方式和工作原理的不同，分为泵吸反循环钻进、气举（压气）反循环钻进和喷射（射流）反循环钻进三种。它们各有其特点和最佳孔深。

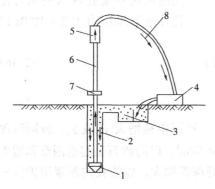

图 2-21　反循环回转钻机成孔工艺原理图
1—钻头；2—新泥浆流向；3—沉淀池；4—砂
石泵；5—水龙头；6—钻杆；7—钻机回转装
置；8—混合液流向

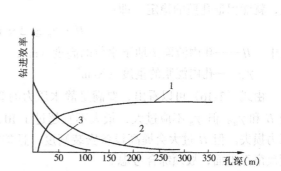

图 2-22　泥浆上升流动方式对钻进效率的影响
1—气举反循环；2—泵吸反循环；3—射流反循环

泵吸反循环是直接利用砂石泵的抽吸作用使钻杆内泥浆上升而形成反循环。射流反循环是利用射流泵射出的高速液流产生负压，使钻杆内的泥浆上升而形成反循环。气举反循环是将压缩空气通过供气管送至井内的气水混合器，使压缩空气与钻杆内的泥浆混合，形成重度小于 1 的三相混合液，在钻杆外环空间水柱压力作用下，使钻杆内三相混合液上升涌出地面，将钻碴排出孔外，形成反循环。

泵吸反循环和射流反循环驱动液体的压力一般不大于 1 个大气压，因此，它们都是浅孔时效率高，孔深大于 80m 时效率降低很多（图 2-22）。而气举反循环钻杆内三相混合液的上升流速与钻杆内外液柱的重度差有关，因此孔浅时压力不足，三相混合液上升流速低，排碴能力差。当孔深增大后，只要增加供气量和供气压力，钻杆内的三相混合液就能获得理想的上升流速，从而提高钻进效率。因此，孔深在 10m 以内时气举反循环的钻进效率很差，孔深超过 50m 后，即能保证较高的钻进效率（图 2-22）。灌注桩施工中多用效率较高的泵吸反循环钻进工艺，因为在一般情况下钻孔深度不会太大，当然个别情况下例外。而且用泵吸反循环钻进工艺时，钻头寿命长、功率消耗少、钻进效率高。泵吸反循环时，泥浆上返速度快、排碴能力强，当钻头切入地层在回转扭力作用下一经松动，就很快被泥浆携带出来，不必重复破碎，因而钻头寿命长，钻进效率高，钻进成本也较低。此外，泵吸反循环时要求不断向孔内补给泥浆，并始终保持孔内水头压力比孔外地下水的水头压力大 2m 以上，该压差既可平衡地层压力，又可保持孔壁稳定；同时，由于泥浆下流速度低（一般小于 0.3m/s），所以对孔壁的冲刷作用亦小。因此，采用泵吸反循环钻进时，对多数地层，只要能保持 2m 以上的静水压力，就可用清水钻进。清孔钻进不用专门制备泥浆，孔壁泥皮薄，有利钻渣分离，孔底沉渣少，成孔质量好。

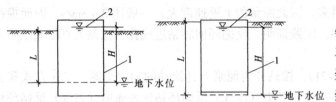

图 2-23　泥浆液面
1—护筒；2—孔内液位

反循环钻进工艺的参数有：钻杆内径、泥浆上升速度、砂石泵排量、主动钻杆长度、泥浆液面、钻压和转速。其中泥浆液面、钻压和转速是主要的。

关于泥浆液面（2-23）图，实践证明只要孔内水头压力比孔外地下水压力大 2×10^4Pa 以上，就能保证孔壁的稳定。即：

$$H \cdot \gamma_a \geqslant 2 \times 10^4 Pa \qquad (2\text{-}16)$$

式中　H——孔内液面至地下水位的高度（m）；

γ_a——孔内泥浆的重度（N/m³）。

由式（2-16）可以看出，要满足静水压力的要求，可以单独增大 H 或 γ_a，或同时改变 H 和 γ_a。但 γ_a 不应过大，最大不宜超过 1.10×10^4N/m³，以防砂石泵起动困难和增大压力损失。但 H 过大会提高设备安装高度，且护筒埋深需加大，以防孔内泥浆顺护筒外侧反窜至地面，故须综合考虑。

关于钻压，排碴能力强钻压可大；排渣能力弱钻压应小，以获得适应的钻进速度。钻压的大小取决于单颗切削工具切入岩土所要求的压力。对于常用的合金钻头，钻压

$$P = p \cdot m \qquad (2\text{-}17)$$

式中　P——钻压（kN）；

p——单颗合金破碎岩土所需压力，土层 $p = 0.6 \sim 0.8$kN/颗，软基岩 $p = 0.8 \sim 1.2$kN/颗，硬基岩 $p = 0.9 \sim 1.6$kN/颗；

m——钻头上合金颗粒数。

至于转速，钻头线速度达到一定值时，再增加转速则钻进速度不增加或增加很少。转轴功率一定时，增加转速会减小回转扭矩，对切削地层不利。

二、挤扩多分支承力盘与多支盘灌注桩施工

挤扩多分支承力盘（或多支盘）灌注桩，为一种新型变截面桩，是在普通灌注桩基础上，在桩身不同部位设置分支和承力盘，或仅设置

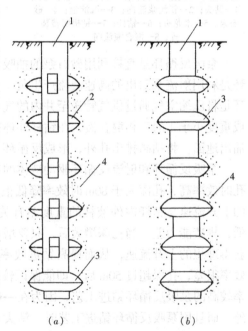

图 2-24　挤扩多分支承力盘和多承力盘灌注桩
(a) 挤扩多分支承力盘桩；(b) 挤扩多承力盘桩
1—主桩；2—分支；3—承力盘；4—挤密的土层

承力盘而成（图 2-24）。这种桩由主桩、分支、承力盘和在它周围被挤扩密实的土组成，是一种介于摩擦桩和端承桩之间的变截面桩。其特点是：单桩承载力高，其每立方米混凝土承载力，为普通混凝土灌注桩的 2 ~ 3 倍；节约原材料，在同等承载力情况下桩长仅为普通灌注桩的 1/2 ~ 1/3，可省 30% 左右材料；成本低，节省资金 25%；适应性强，可在多种土层成桩，不受地下水限制；施工机械化程度高，低噪声，低振动。但施工需多一套专用分支成型机具设备，多一道挤扩工序。适用于黏性土、粉土、细砂土及软土等；但不适合于在淤泥质土、中粗砂层、砾石层以及液化土层中挤扩分支和成盘。

（一）桩构造与布置

多分支承力盘灌注桩的造型、尺寸、承力盘与分支数量根据上部建筑物的荷载量，结构形式、地质情况及使用的分支器尺寸而定。桩的分支、盘的间距按表 2-3 采用。一般在桩周围每隔 1400mm 左右设一组对称分支，呈十字方向分布，在下部设 1 ~ 3 道承力盘。多分支承力盘灌注桩的最小中心距一般取（1.5 ~ 2.3）D 或 + 1m（D 为多分支撑力盘灌注桩的直径）。桩端持力层应选在较硬的土层上，厚度应大于 3m，下卧层不可有软弱土层。

分支与承力盘的间距（mm）　　　　　　　　　　　　表 2-3

项　　次	桩　　径	分支与承力盘间距（中距）
1	ϕ426	3.0d ~ 6.0d
2	ϕ600	4.0d ~ 5.0d
3	ϕ800	3.0d ~ 4.0d

注：当工程地质条件好时，间距亦可适当减小。

（二）单桩承载力

计算前应根据建筑物场地工程地质、水文地质条件、上部建筑物的层数、高度、荷载及结构类型等要求条件设计并绘制出多分支桩的桩径、分支和设盘的部位尺寸，据以计算单桩竖向承载力。

多分支承力盘灌筑桩单桩竖向承载力，应根据工程地质报告提供的地质钻孔剖面及柱状图（土层以平均厚度计）及相应的物理力学性能指标计算。

单桩的极限承载力 P_k 由主桩竖向极限承载力 P_m 和桩分支、盘的竖向极限承载力 P_b 组成，单桩的极限承载力 P_k 可按下式计算：

$$P_k = P_m + P_b \tag{2-18}$$

其中

$$P_m = q_{Pk} \cdot A_m + \Sigma q_{sik} \cdot F_m \tag{2-19}$$

$$P_b = \Sigma R_{pk} \cdot A_b cos\theta + \Sigma f_{sik} \cdot F_b \tag{2-20}$$

式中　q_{Pk}——主桩端土（或承力盘上）的极限端阻力特征值（kPa）；

　　　A_m——主桩端承力盘面积（m²）；

　　　q_{sik}——主桩周围土的极限侧阻力特征值（kPa）；

　　　F_m——主桩土层分段的桩周表面积（m²）；

　　　R_{pk}——桩分支端土的极限阻力特征值（kPa）；

A_b——桩分支底面积（m²）；

f_{sik}——桩分支周围土的极限侧阻力（kN/m²）；

F_b——桩分支的桩周表面积（m²）；

θ——桩分支与水平面的夹角（°）。

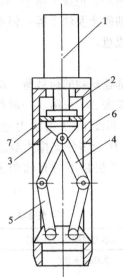

图 2-25 液压挤扩支盘
成型器结构构造

1—液压缸；2—活塞杆；3—
压头；4—上弓臂；5—下弓
臂；6—机身；7—导向块

计算公式的参数选择，除了桩端承载力计算值采用端承极限特征值外，土分层的承载力和侧摩阻力均采用工程地质报告中给出的侧摩阻力和承载力特征值。

以上式计算的单桩竖向极限承载力 P_k 值必须与单桩竖向静载试验值相对照，并以静载荷试验值为依据。

（三）挤扩原理、机具设备与施工工艺

挤扩多分支承力盘灌注桩或挤扩多承力盘桩（以下简称多支盘桩）是利用支盘成型器（图 2-25）在桩孔的某一位置进行挤压，使周围的土壤变得密实，增大支承面积，从而提高桩的竖向承载力和抗拔力。

支盘成型装置由接长管、液压缸、支盘成型器（机）（图 2-25）、液压胶管和液压站组成，由液压站提供动力，由支盘成型器实施支盘的成型。

支盘器工作原理是：当给定工作压力 P 时，液压缸活塞 2 向下伸出，带压头 3 压迫上弓壁 4 和下弓臂 5 挤扩孔壁，直至达到设计要求的最大行程。当液压缸反向供油时，活塞杆 2 回缩，拖动上弓壁 4 和下弓臂 5 恢复到原位，这样，即完成一个分支的挤扩过程。通过旋转接长管将主机旋转相应的角度，多次重复上述挤扩过程，可在设定的位置上挤扩出分支或分承力盘腔体。常用 YZJ 型系列液压扩支盘成型机技术性能如表 2-4。

YZJ 型系列液压挤扩支盘成型器主要技术性能   表 2-4

组 件	项 目	YZJ-400/1100	YZJ-600/1500
主 机	弓臂支出最大外径（mm）	1100	1500
	弓臂宽度（mm）	200	280
	外形尺寸（外径×长度）（mm）	400×1660	580×2370
	重量（kg）	940	3200
接 长 管	最大管径（mm）	273	377
	最小管径（mm）	168	168
	伸出最大长度（mm）	24000	39000
	缩回最小长度（mm）	8530	9030
	重量（kg）	1320	2680
液 压 缸	油缸内径（mm）	280	360
	活塞杆直径（mm）	200	250
	最大行程（mm）	478	587
	外形尺寸（外径×长度）（mm）	340×1170	440×1470
液 压 站	电机功率（kW）	22	37
	液压泵排量（L/min）	25	63
	额定工作压力（N/mm²）	25	25

施工工艺如下：

（1）多支盘桩施工工艺程序为：桩定位放线→挖桩坑、设钢护筒→钻孔机就位→钻孔至设计深度→钻机移位至下一桩位钻孔→第一次清孔→将支盘成型器吊入已钻孔内→在设计位置压分支、承力盘→下钢筋笼→下导管→二次清孔→水下灌筑混凝土→清理桩头→拆除导管、护筒。

（2）当成孔达到要求深度后，将钻机移至下一桩位继续钻进。清孔后用吊车将支盘成型器吊起对准桩孔中心徐徐放入孔内，由上而下，按多支盘桩设计要求深度在分支或成盘位置（图2-26），通过高压油泵加压使支盘成型器下端弓压或挤扩臂向外舒张成伞状，对局部孔壁的土体实施挤压形成分支（图2-27），挤扩完毕后，收回挤扩臂，再转动一个角度重复前面的动作，

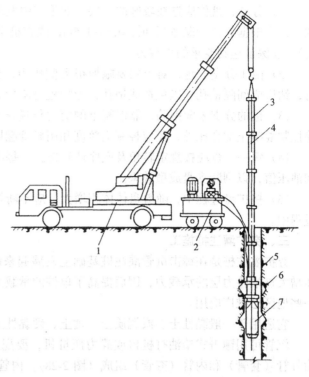

图2-26 起重机吊分支器压分支情形
1—120kN轮胎式起重机；2—电动液压泵；3—支盘成型器；4—插孔；5—桩孔；6—已压分支；7—压分支

在同一个分支标高处，挤扩两次（转动90°）即形成十字分支，挤扩3次（每次转动60°）即形成贫分支，挤扩8次（每次转动22.5°）即形成一个类似竹节状的承力支盘，每完成一组对称分支，或一个承力盘，即可将支盘成型器自上而下地下落至下一组分支或成盘部位继续压分支或承力盘，一般每压一根三盘18分支桩约需30~40min。

（3）压分支成盘时要控制油压，对一般黏性土应控制在6~7MPa，对密实粉土、砂土为15~17MPa，对坚硬密实砂土为20~25MPa。

（4）每一承力盘挤扩完后，在不收回挤扩臂情况下，应将成型器转动2周扫平渣土，以使扩盘均匀、对称。

（5）分支、成盘完成后，将支盘成型器吊出。

施工时应注意下列事项：

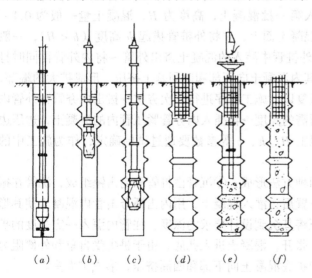

图2-27 挤扩多分支撑力盘灌筑桩成桩工艺
（a）钻孔；（b）分支；（c）成盘；（d）放钢筋笼；
（e）浇筑混凝土；（f）成桩

（1）分支、盘位应选在较好的土层。如施工中发现土层不能满足设计要求，为提高承载力，应根据具体情况适当加深 0.5~1.5m，或在桩上增加 2~4 个分支（或 1~2 个承力盘），以保证达到要求的承载力。

（2）由于分支成盘，对土层要施加很大侧压力，当桩距小于 3.5d（d——主桩直径）时，钻机应间隔钻孔，以免造成坍孔，影响桩身质量。

（3）桩的分支未配钢筋，靠混凝土的剪力传递压力，因此该处的混凝土要保证密实，除控制混凝土配合比外，还应控制坍落度和用导管翻插捣固密实。

（4）每一支盘应按规定转角及次序认真挤扩。每次要测量泥浆面下降值，机体上升值和油压值，以判断支盘成型效果。

（5）挤扩盘过程中，随着盘体体积增大，应不断补充泥浆，尤其是在支盘成型器上提过程中。

三、夯扩灌注桩施工

夯扩灌注桩是在锤击沉管灌注桩基础上发展起来的一种新型桩。主要是由于桩扩底，能增大桩端持力层的承载力，因而提高了单桩的承载力，有较好的技术经济效果。在我国一些地区已推广应用。

它适用于一般黏性土、淤泥质土、黄土、硬黏性土等。

沉管可用锤击式柴油打桩机或静力压桩机，要配 2 台 2t 慢速卷扬机用于拔管。桩管由外管（套管）和内管（夯管）组成（图 2-28），内管长度比外管短 100mm，内管底端可为闭口平底或闭口锥底。

施工工艺如下：

夯扩桩的施工工艺程序是（图 2-29）：按基础平面图测放出各桩的中心位置，并用套板和撒石灰标出桩位→机架就位，在桩位垫一层 150~200mm 厚与灌注桩同强度等级的干硬性混凝土，放下桩管，紧压在其上面，以防回淤→将外桩管和内套管套叠同步打入设计深度→拔出内夯管并在外桩管内灌入第一批混凝土，高度为 H，混凝土量一般为 0.1~0.3m³→将内夯管放回外桩管中压在混凝土面上，并将外桩管拔起 h 高度（$h<H$），一般为 0.6~1.0m→用桩锤通过内夯管将外桩管中灌入的混凝土挤出外管→将内外管再同时打至设计要求的深度（h 深处），迫使其内混凝土向下部和四周基土挤压，形成扩大的端部，完成一次夯扩。根据设计要求，可重复以上施工程序进行二次夯扩→拔出内夯管在外管内灌第二批混凝土，一次性浇筑桩身所需的高度→再插入内夯管紧压管内的混凝土，边压边徐徐拔起外桩管，直至拔出地面。以上 H、h、c 等参数要通过试验确定，作为施工中的控制依据。

夯扩沉管灌注桩亦可应用以下两种方法形成：①沉管由桩管和内击锤组成，沉管在振动力及机械自重作用下，到达设计位置后，灌入混凝土，用内击锤夯击管内混凝土使其形成扩大头；②采用单管、用振动加压将其沉到设计要求的深度，往管内灌入一定高度的扩底混凝土后向上提管，此时桩尖活瓣张开，混凝土进入孔底，由于桩尖受自重和外侧阻力关闭，再将桩管加压振动复打，迫使扩底混凝土向下部和四周挤压，形成扩大头。

如有地下水或渗水，沉管过程、外管封底可采用干硬性混凝土或无水混凝土，经夯实形成阻水、阻泥管塞，其高度一般为 100mm。

桩的长度较大或需配置钢筋笼时，桩身混凝土宜分段浇筑；拔管时，内夯管和桩锤应施压于外管中的混凝土顶面，边压边坡。

工程施工前宜进行试成桩，应详细记录混凝土的分次灌入量、外管上拔高度、内管夯击次数、双管同步沉入深度，并检查外管的封底情况，有无进水、涌泥等，经核实后作为施工控制的依据。

桩端扩大头进入持力层的深度不小于3m；当采用2.5t锤施工时，要保证每根桩的夯扩锤击数不少于50锤，当不能满足此锤击数时，须再投料一次，扩大头采用干硬性混凝土，坍落度应在1~3cm左右。

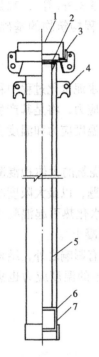

图 2-28 夯扩灌注
桩桩管构造
1—柴油打桩机桩帽；
2—8M16×60 螺栓；
3—附加桩帽；4—套
管吊耳；5—ϕ219 夯
管；6—ϕ290×10mm
夯头；7—ϕ325×10mm
套管

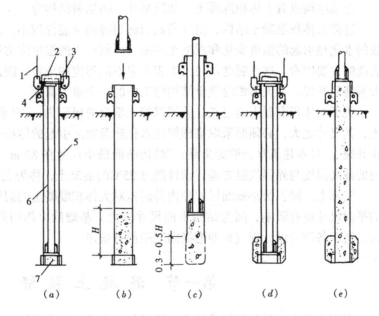

图 2-29 夯扩灌注桩施工工艺流程
(a) 内外管同步夯入土中；(b) 提升内夯管、除去防淤套管，浇筑第一批混凝土；
(c) 插入内夯管，提升外管；(d) 夯扩；(e) 提升内夯管，浇筑第二批混凝土，
放下内夯管加压，拔起外管
1—钢丝绳；2—原有桩帽；3—特制桩帽；4—防淤套管；5—外管；6—内夯管；
7—干混凝土

第三章 大体积混凝土基础结构施工

高层建筑的箱形基础或筏式基础，多有厚度较大的混凝土底板，还常有深梁。高层建筑的桩基常有厚大的承台（如金茂大厦承台厚 4m、上海恒隆大厦承台厚 3.3m 等），都是体积较大的混凝土工程，有的已超过 2 万 m³。一些大型设备基础和工程构筑物的基础，混凝土体积也很庞大，常达数千立方米。

上部结构也有大体积混凝土，如巨型柱、防辐射结构等。

这类大体积混凝土结构，由外荷载引起裂缝的可能性较小。而由于水泥水化过程中释放的水化热引起的温度变化和混凝土收缩，因而产生的温度应力和收缩应力，将是其产生裂缝的主要因素。这些裂缝往往给工程带来不同程度的危害，因此控制温度应力和温度变形裂缝的开展，是大体积混凝土结构施工中的一个重大课题。

关于大体积混凝土的定义，美国混凝土学会的规定为："任何就地浇筑的大体积混凝土，其尺寸之大，必须要采取措施解决水化热及随之引起的体积变形问题，以最大限度减少开裂"。日本建筑学会的定义是："结构断面最小尺寸在 80cm 以上，水化热引起混凝土内的最高温度与外界气温之差，预计超过 25℃的混凝土，称为大体积混凝土"。

实际上，除去最小断面尺寸和内外温差对大体积混凝土的裂缝产生有影响之外，结构的平面尺寸也有影响，因为结构平面尺寸过大，基础约束作用强，产生的温度应力也愈大。所以各国的设计规范对伸缩缝的间距都有规定。

第一节 混 凝 土 裂 缝

混凝土是由多种材料组成的非匀质材料，它具有较高的抗压强度、良好的耐久性但也具有抗拉强度低、抗变形能力差、易开裂的特性。

混凝土的裂缝理论不少，有唯象理论、统计理论、构造理论、分子理论和断裂理论。近代混凝土的研究，逐渐由宏观向微观过渡。借助于现代化的试验设备，可以证实在尚未承受荷载的混凝土结构中存在着肉眼看不见的微观裂缝。

"微观裂缝"亦称"肉眼不可见裂缝"，宽度一般在 0.05mm 以下，主要有三种：即沿着骨料周围出现的骨料与水泥石粘结面上的粘着裂缝；分布于骨料之间水泥浆中的水泥石裂缝和存在于骨料本身的骨料裂缝。

上述三种微观裂缝，前两种较多，后者较少。且微观裂缝在混凝土中的分布是不规则的、不贯穿的，因此有微观裂缝的混凝土可以承受拉力。

宽度不小于 0.05mm 的裂缝是肉眼可见裂缝，称"宏观裂缝"。宏观裂缝是微观裂缝扩展的结果。

混凝土裂缝产生的原因，主要是：

（1）由外荷载的直接应力（即按常规计算的主要应力）引起的裂缝；

（2）由结构的次应力引起的裂缝；

（3）由变形变化引起的裂缝，即由温度、收缩、不均匀沉降、膨胀等变形变化产生应力而引起的。

大体积混凝土的裂缝多由变形变化引起的，即结构要求变形，当变形受到约束不能自由变形时产生应力，当该应力超过混凝土抗拉强度时就引起裂缝。

为此，裂缝的产生既与变形大小有关，又与约束的强弱有关。

结构产生变形变化时，不同结构之间和结构内部各质点之间都会产生约束，前者称为"外约束"，后者称为"内约束"。

外约束分为自由体、全约束和弹性约束。

1. 自由体

自由体即变形不受其他结构任何约束的结构。结构的变形等于结构自由变形，无约束的变形不产生温度应力。即变形最大，应力为零。

2. 全约束

全约束即结构的变形全部受到其他结构的约束，使变形结构无任何变形的可能。即应力最大，变形为零。

3. 弹性约束

弹性约束即介于上述两种约束状态之间的一种约束，结构的变形受到部分约束，产生部分变形。变形结构和约束结构皆弹性体，二者之间的相互约束称"弹性约束"，即既有变形，又有应力。这是最常遇到的一种约束状态。

内约束是当结构截面较厚时，其内部温度和湿度分布不均匀，引起各质点变形的相互约束。

建筑工程中的大体积混凝土，相对说来体积不是很大，它承受的温差和收缩主要是均匀温差和均匀收缩，故外约束应力占主要地位，因此我们要重点研究由结构变形和外约束引起的应力。

大体积混凝土由于截面大，水泥用量大，水泥水化释放的水化热会产生较大的温度变形，由此形成的温度应力是导致产生裂缝的主要原因。这种裂缝分为两种：

（1）混凝土浇筑初期，水泥水化产生大量水化热，使混凝土的温度很快上升。但由于混凝土表面散热条件较好，热量可向大气中散发，因而温度上升较少；而混凝土内部由于散热条件较差，热量散发少，因而温度上升较多，内外形成温度梯度，变形不同形成内约束。结果混凝土内部产生压应力，面层产生拉应力，当该拉应力超过混凝土的抗拉强度时，混凝土表面就产生裂缝。

（2）混凝土浇筑后数日，水泥水化热基本上已释放，混凝土从最高温度逐渐降温，降温的结果引起混凝土收缩，再加上由于混凝土中多余水分蒸发、碳化等引起的体积收缩变形，受到地基和结构边界条件的约束（外约束），不能自由变形，导致产生温度应力（拉应力），当该温度应力超过混凝土抗拉强度时，则从约束面开始向上开裂形成温度裂缝。如果该温度应力足够大，严重时可能产生贯穿裂缝，破坏了结构的整体性、耐久性和防水性，影响正常使用。

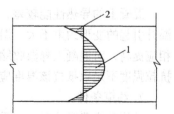

图 3-1　混凝土内外温差
引起的温度应力
1—压应力；2—拉应力

为此，应尽一切可能坚决杜绝贯穿裂缝。

　　大体积混凝土内出现的裂缝，按其深度一般可分为表面裂缝、深层裂缝和贯穿裂缝（图 3-2）三种。贯穿性裂缝切断了结构断面，破坏结构整体性、稳定性和耐久性等，危害严重。深层裂缝部分切断了结构断面，也有一定危害性。表面裂缝虽然不属于结构性裂缝，但在混凝土收缩时，由于表面裂缝处断面削弱且易产生应力集中，能促使裂缝进一步开展。

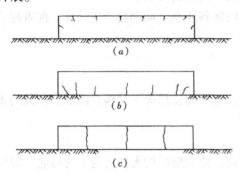

图 3-2　温度裂缝
（a）表面裂缝；（b）深层裂缝；（c）贯穿裂缝

　　国内外有关规范对裂缝宽度都有相应的规定，一般都是根据结构工作条件和钢筋种类而定。我国的混凝土结构设计规范（GB 50010—2002），对混凝土结构的最大允许裂缝宽度亦有明确规定：一类环境（室内正常环境）下为 0.3mm；二类环境下为 0.2mm。

　　一般来说，由于温度收缩应力引起的初始裂缝，不影响结构的瞬时承载能力，而对耐久性和防水性产生影响。对不影响结构承载能力的裂缝，为防止钢筋锈蚀、混凝土碳化、酥松剥落等，应对裂缝加以封闭或补强处理。

　　对于基础、地下或半地下结构，裂缝主要影响其防渗性能。当裂缝宽度只有 0.1 ~ 0.2mm 时，虽然早期有轻微渗水，经过一段时间后一般裂缝可以自愈。裂缝宽度如超过 0.2 ~ 0.3mm，其渗水量与裂缝宽度的三次方成正比，渗水量随着裂缝宽度的增大而增加甚快，为此，对于这种裂缝必须进行化学灌浆处理。

　　大体积混凝土施工阶段产生的温度裂缝，是其内部矛盾发展的结果。一方面是混凝土由于内外温差产生应力和应变，另一方面是结构的外约束和混凝土各质点间的约束（内约束）阻止这种应变。一旦温度应力超过混凝土能承受的抗拉强度，就会产生裂缝。总结过去大体积混凝土裂缝产生的情况，可以知道产生裂缝的主要原因如下：

　　1. 水泥水化热

　　水泥在水化过程中要产生一定的热量，是大体积混凝土内部热量的主要来源。由于大体积混凝土截面厚度大，水化热聚集在结构内部不易散失，所以会引起急骤升温。水泥水化热引起的绝热温升，与混凝土单位体积内的水泥用量和水泥品种有关，并随混凝土的龄期按指数关系增长，一般在 10d 左右达到最终绝热温升，但由于结构自然散热，实际上混凝土内部的最高温度，大多发生在混凝土浇筑后的 3 ~ 5d。

　　混凝土的导热性能较差，浇筑初期，混凝土的弹性模量和强度都很低，对水化热急剧温升引起的变形约束不大，温度应力也就较小。随着混凝土龄期的增长，弹性模量和强度相应提高，对混凝土降温收缩变形的约束愈来愈强，即产生很大的温度应力，当混凝土的抗拉强度不足以抵抗该温度应力时，便开始产生温度裂缝。

　　2. 约束条件

　　结构在变形变化时，会受到一定的抑制而阻碍其自由变形，该抑制即称"约束"。

　　如前所述，约束分为外约束与内约束。大体积混凝土由于温度变化产生变形，这种变形受到约束才产生应力。在全约束条件下，混凝土结构的变形，应是温差和混凝土线膨胀系数的乘积，即 $\varepsilon = \Delta T \cdot \alpha$，当 ε 超过混凝土的极限拉伸值 ε_p 时，结构便出现裂缝。由于结构不可能受到全约束，且混凝土还有徐变变形，所以内外温差在 25℃ 甚至 30℃ 情况下混凝土亦可能不开裂。

无约束就不会产生应力，因此，改善约束对于防止混凝土开裂有重要意义。

3. 外界气温变化

大体积混凝土结构施工期间，外界气温的变化对大体积混凝土开裂有重大影响。混凝土的内部温度是浇筑温度、水化热的绝热温升和结构散热降温等各种温度的叠加之和。外界气温愈高，混凝土的浇筑温度也愈高；如外界温度下降，会增加混凝土的降温幅度，特别在外界气温骤降时，会增加外层混凝土与内部混凝土的温度梯度，这对大体积混凝土极为不利。

温度应力是由温差引起的变形造成的。温差愈大，温度应力也愈大。

大体积混凝土不易散热，其内部温度有时高达 80℃ 以上，而且延续时间较长，为此研究合理温度控制措施，为防止大体积混凝土内外温差悬殊引起过大的温度应力，显得十分重要。

4. 混凝土的收缩变形

混凝土的拌合水中，只有约 20% 的水分是水泥水化所必须的，其余的 80% 都要被蒸发。

混凝土在水泥水化过程中要产生体积变形，多数是收缩变形，少数为膨胀变形，这主要取决于所采用的胶凝材料的性质。混凝土中多余水分的蒸发是引起混凝土体积收缩的主要原因之一。这种干燥收缩变形不受约束条件的影响，若存在约束，即产生收缩应力。

混凝土的干燥收缩机理较复杂，其主要原因是混凝土内部孔隙水蒸发变化时引起的毛细管引力所致。这种干燥收缩在很大程度上是可逆的。混凝土产生干燥收缩后，如再处于水饱和状态，混凝土还可以膨胀恢复达到原有的体积。

除上述干燥收缩外，混凝土还产生碳化收缩，即空气中的 CO_2 与混凝土水泥石中的 $Ca(OH)_2$ 反应生成碳酸钙，放出结合水而使混凝土收缩。

第二节　混凝土温度应力

一、计算温度应力的基本假定

关于温度应力的理论研究由来已久，在 1934 年 Г.Н.Маслов 就以地基为无限刚性的基本假定，用弹性力学理论计算出浇筑在无限刚性基岩上的一片矩形墙的温度应力。由于其基本假定与实际有出入，故限制了其应用范围。于 1961 年日本的森忠次又研究了类似的问题，开始他亦假定地基为无限刚性的，研究了非线性温度应力分布的问题。后来他又研究了温度应力与地基刚度成非线性的关系。但由于其计算冗繁，且由于无穷级数解取的项数有限而使内力曲线跳跃，故不便实用。后来美国垦务局考虑基岩非刚性的影响，计算中以"有效弹性模量"代替混凝土的实际弹性模量，使浇筑于非刚性基岩上的结构的温度应力有所降低，与实际靠近了一步。

与此同时，我国的水利电力科学研究院亦对混凝土坝的温度应力进行了大量的理论研究和模型试验，潘家铮、朱伯芳等人在这方面都取到得了不少研究成果。

建筑工程中，尤其是高层建筑基础工程中的所谓的大体积混凝土，其几何尺寸远比坝体小，而且还具有下述特点：

(1) 混凝土强度级别较高，水泥用量较大，因而收缩变形大；

(2) 均为配筋结构，配筋率较高，抗不均匀沉降的受力钢筋的配筋率多在 0.5% 以上，配筋对控制裂缝有利；

(3) 由于几何尺寸不是十分巨大，水化热温升较快，降温散热亦较快，因此，降温与收缩的共同作用是引起混凝土开裂的主要因素；

(4) 地基一般比坝基弱，地基对混凝土底部的约束也比坝基弱，因而地基是非刚性的；

(5) 控制裂缝的方法不象坝体混凝土那样，要采用特制的低热水泥和复杂的冷却系统，而主要是依靠合理配筋、改进设计、采用合理的浇筑方案和浇筑后加强养护等措施，以提高结构的抗裂性和避免引起过大的内外温差而出现裂缝。

根据上述特点，可以认为这类结构所承受的温差和收缩，主要是均匀温差和均匀收缩，因而外约束应力是主要的。针对上述特点，冶金部建筑科学研究院王铁梦同志建立了一种计算方法，结果比较符合实际。

二、温度应力计算

在地基为非刚性的前提下，根据土力学可知：从结构物与地基接触面上的剪应力与水平变位成线形关系的假定出发，可以提供下述方程式：

$$\tau(x) = -C_x U(x) \tag{3-1}$$

式中　$\tau(x)$——结构物与地基接触面上的剪应力（MPa）；

　　　$U(x)$——上述剪应力处地基的水平位移（mm）；

　　　C_x——阻力系数（即产生单位位移的剪应力）（N/mm³）；

负号是表示剪应力的方向与位移的方向相反。

阻力系数 C_x，随地基的变形模量增加而增大；随地基的塑性变形增加而减小；随水平位移速度的增加而增大；随地基对结构反力的增加而增大。对于阻力系数 C_x，要精确的加以定量有一定的困难。目前主要是参考土动力学、抗滑稳定试验等方面的理论研究和统计资料，C_x 取值为：

软黏土	0.01 ~ 0.03N/mm³
砂质黏土	0.03 ~ 0.06N/mm³
坚硬黏土	0.06 ~ 0.10N/mm³
风化岩石和低强度等级素混凝土	0.60 ~ 1.00N/mm³
C10 以上的配筋混凝土	1.00 ~ 1.50N/mm³

当采用桩基时，桩对结构的变形亦有约束作用，所以除去上述地基的阻力系数外，尚需增加单位面积地基上桩的阻力系数 C'_x：

$$C'_x = \frac{Q}{F} \tag{3-2}$$

式中　Q——桩产生单位位移所需的水平力（N/mm）；

当桩与结构铰接时：

$$Q = 2EI\left(\sqrt[4]{\frac{K_nD}{4EI}}\right)^3 \tag{3-3}$$

当桩与结构固结时：

$$Q = 4EI\left(\sqrt[4]{\frac{K_nD}{4EI}}\right)^3 \tag{3-4}$$

F——每根桩分担的地基面积（mm^2）；

K_n——地基水平侧移刚度（$1 \times 10^{-2}N/mm^3$）；

E——桩的弹性模量（MPa）；

I——桩的惯性矩（mm^4）；

D——桩的直径或边长（mm）。

温度应力的计算简图如图 3-3 所示。高层建筑箱形基础、桩基承台和筏式基础的底板厚度远小于长度和宽度，如厚度小于或等于 0.2 倍的长度（$H/L \leqslant 0.2$）时，在温度收缩变形作用下，其全截面基本为均匀受力，因此，其计算简图即为一弹性地基上均匀受力的长条板。

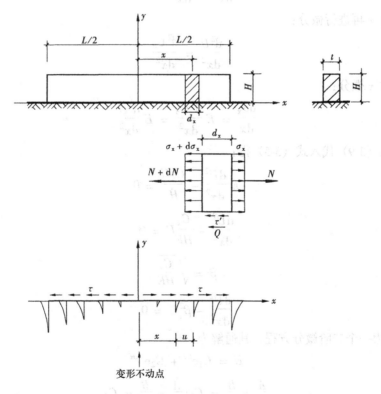

图 3-3　温度应力计算简图

在底板的任意点 x 处截取一段 dx 长度的微体，其厚度为 t。微体全高 H 承受均匀内力 σ_x（N 为其合力），地基对底板的剪应力为 τ（Q 为其合力）。

由　　　　　　　　$\Sigma x = 0$ 得 $N + dN - N + Q = 0$

即　　　　　　　　$dN + Q = 0$

于是　　　　　　　$d\sigma_x H + \tau dx = 0$

则
$$\frac{\mathrm{d}\sigma_x}{\mathrm{d}x} + \frac{\tau}{H} = 0 \qquad (3\text{-}5)$$

任意点底板的水平位移，由约束位移和自由位移组成：

$$U = U_\sigma + \alpha Tx \qquad (3\text{-}6)$$

式中　U——底板任意点的水平位移；

U_σ——底板约束位移；

α——混凝土的线膨胀系数；

T——结构计算温差（℃）；

x——计算处距离变形不动点的距离。

又知
$$\sigma_x = E \frac{\mathrm{d}U_\sigma}{\mathrm{d}x} \qquad (3\text{-}7)$$

式（3-6）对 x 微分：

$$\frac{\mathrm{d}U}{\mathrm{d}x} = \frac{\mathrm{d}U_\sigma}{\mathrm{d}x} + \alpha T \qquad (3\text{-}8)$$

式（3-8）对 x 再进行微分：

$$\frac{\mathrm{d}^2 U}{\mathrm{d}x^2} = \frac{\mathrm{d}^2 U_\sigma}{\mathrm{d}x^2}$$

式（3-7）对 x 微分：

$$\frac{\mathrm{d}\sigma_x}{\mathrm{d}x} = E \frac{\mathrm{d}^2 U_\sigma}{\mathrm{d}x^2} = E \frac{\mathrm{d}^2 U}{\mathrm{d}x^2} \qquad (3\text{-}9)$$

将式（3-1）、（3-9）代入式（3-5）得：

$$E \frac{\mathrm{d}U^2}{\mathrm{d}x^2} - \frac{C_x U}{H} = 0$$

即
$$\frac{\mathrm{d}U^2}{\mathrm{d}x^2} - \frac{C_x}{HE}U = 0$$

令
$$\beta = \sqrt{\frac{C_x}{HE}}$$

则
$$\frac{\mathrm{d}U^2}{\mathrm{d}x^2} - \beta^2 U = 0 \qquad (3\text{-}10)$$

式（3-10）为一个二阶微分方程，其通解为：

$$U = C_1 \mathrm{e}^{\beta x} + C_2 \mathrm{e}^{-\beta x} \qquad (3\text{-}11)$$

令
$$\frac{A}{2} + \frac{B}{2} = C_1 ; \frac{A}{2} - \frac{B}{2} = C_2$$

式中　A、B——待定的常数。

代入式（3-11）得：

$$U = \left(\frac{A}{2} + \frac{B}{2}\right) \cdot \mathrm{e}^{\beta x} + \left(\frac{A}{2} - \frac{B}{2}\right) \cdot \mathrm{e}^{-\beta x}$$

$$= A\left(\frac{\mathrm{e}^{\beta x} + \mathrm{e}^{-\beta x}}{2}\right) + B\left(\frac{\mathrm{e}^{\beta x} - \mathrm{e}^{-\beta x}}{2}\right)$$

因为双曲余弦函数 $\qquad\qquad \mathrm{ch}\beta x = \dfrac{e^{\beta x} + e^{-\beta x}}{2}$

双曲正弦函数 $\qquad\qquad\quad\ \mathrm{sh}\beta x = \dfrac{e^{\beta x} - e^{-\beta x}}{2}$

所以该微分方程的通解为：

$$U = A\mathrm{ch}\beta x + B\mathrm{sh}\beta x \qquad\qquad (3\text{-}12)$$

常数 A、B 确定：

$x = 0$ 处，为不动点，所以 $U = 0$，由于 $\mathrm{sh}0 = 0$，而 $\mathrm{ch}0 \neq 0$

$\therefore A = 0$；

$x = L/2$ 处，$\sigma_x = 0$，由式 (3-7) 得 $E\dfrac{\mathrm{d}U_\sigma}{\mathrm{d}x} = 0$

由式 (3-8) 乘以 E 得 $\quad E\dfrac{\mathrm{d}U_\sigma}{\mathrm{d}x} = E\left(\dfrac{\mathrm{d}U}{\mathrm{d}x} - \alpha T\right) = 0 \qquad\qquad (3\text{-}13)$

$$\therefore \dfrac{\mathrm{d}U}{\mathrm{d}x} = \alpha T$$

式 (3-12) 对 x 微分（已求得 $A = 0$）得：

$$\dfrac{\mathrm{d}U}{\mathrm{d}x} = B\beta\mathrm{ch}\beta x$$

将 $x = L/2$ 代入：$\dfrac{\mathrm{d}U}{\mathrm{d}x} = B\beta\mathrm{ch}\beta L/2 = \alpha T$

$$\therefore \quad B = \dfrac{\alpha T}{\beta\mathrm{ch}\beta L/2}$$

将求得之 A、B 值代入式 (3-12) 得：

$$U = \dfrac{\alpha T}{\beta\mathrm{ch}\beta L/2}\mathrm{sh}\beta x \qquad\qquad (3\text{-}14)$$

将式 (3-13)、(3-14) 代入式 (3-7) 得水平应力：

$$
\begin{aligned}
\sigma_x &= E\dfrac{\mathrm{d}U_\sigma}{\mathrm{d}x} \\
&= E\left(\dfrac{\mathrm{d}U}{\mathrm{d}x} - \alpha T\right) \\
&= -E\alpha T + E \cdot \alpha T/\beta\mathrm{ch}\beta L/2 \cdot \dfrac{d\mathrm{sh}\beta x}{\mathrm{d}x} \\
&= -E\alpha T + E\alpha T/\beta\mathrm{ch}\beta L/2 \cdot \beta\mathrm{ch}\beta x = -E\alpha T\left(1 - \dfrac{\mathrm{ch}\beta x}{\mathrm{ch}\beta L/2}\right)
\end{aligned}
\qquad (3\text{-}15)
$$

由式 (3-1)、(3-14) 得剪应力：

$$\tau = -C_x U = \dfrac{-C_x\alpha T}{\beta\mathrm{ch}\beta L/2}\mathrm{sh}\beta x \qquad\qquad (3\text{-}16)$$

σ_x 是引起垂直裂缝的主要应力，其最大值在 $x = 0$ 处，式 (3-15) 得：

$$\sigma_{\max} = -E\alpha T\left(1 - \dfrac{1}{\mathrm{ch}\beta L/2}\right) \qquad\qquad (3\text{-}17)$$

式中　E——混凝土一定龄期时的弹性模量；

α——混凝土的线膨胀系数；

L——结构长度；

T——结构计算温差；

H——结构厚度。

上述计算未考虑混凝土的徐变，如考虑混凝土徐变引起的应力松弛，将拉应力取为正值，则由收缩引起的最大的温度拉应力为：

$$\sigma_{\max(t)} = E\alpha T\left(1 - \frac{1}{\text{ch}\beta L/2}\right)S(t) \tag{3-18}$$

式中 $S(t)$——应力松弛系数；

其他符号同前。

混凝土结构在荷载作用下，不仅产生弹性变形，随着时间的延续还产生非弹性变形，即徐变，徐变引起应力松弛。徐变引起的温度应力松弛，对防止混凝土开裂有益，因此在计算混凝土温度应力时应考虑应力松弛的影响。松弛与加荷时混凝土的龄期有关，龄期越短，徐变引起的松弛也越大；另外，还与应力作用的时间长短有关，应力作用时间越长则松弛亦越大。

计算应力松弛系数的方法有以下两种：

（1）只考虑荷载持续时间、忽略龄期影响的松弛系数（在简化计算中应用）。见表 3-1 或按式（3-19）计算。

各龄期混凝土的应力松弛系数 $S(t)$　　　　　　　　　　表 3-1

$t(d)$	3	6	9	12	15	18	21	24	27	30
$S(t)$	0.57	0.52	0.48	0.44	0.41	0.386	0.368	0.352	0.339	0.327

$$S(t) = 1 - \frac{A_1}{P_1}(1 - e^{-P_1 t}) - \frac{A_2}{P_2}(1 - e^{-P_2 t}) \tag{3-19}$$

式中 $S(t)$——松弛系数；

A_1、A_2、P_1、P_2——试验系数；

$A_1 = 0.023701 d^{-1}$；$A_2 = 3.45167 d^{-1}$；$P_1 = 0.067419 d^{-1}$；$P_2 = 9.43797 d^{-1}$。

（2）考虑荷载持续时间和龄期影响的松弛系数。见表 3-2。

考虑荷载持续时间和龄期影响的应力松弛系数 $S(t)$　　　　　表 3-2

$t = 2d$		$t = 5d$		$t = 10d$		$t = 20d$	
t'	$S(t)$	t'	$S(t)$	t'	$S(t)$	t'	$S(t)$
2	1	5	1	10	1	20	1
2.25	0.426	5.25	0.510	10.25	0.551	20.25	0.592
2.50	0.342	5.50	0.443	10.50	0.499	20.50	0.549
2.75	0.304	5.75	0.410	10.75	0.476	20.75	0.534
3	0.278	6	0.383	11	0.457	21	0.521
4	0.225	7	0.296	12	0.392	22	0.473
5	0.199	8	0.262	14	0.306	25	0.367

$t = 2\text{d}$		$t = 5\text{d}$		$t = 10\text{d}$		$t = 20\text{d}$	
t'	$S(t)$	t'	$S(t)$	t'	$S(t)$	t'	$S(t)$
10	0.187	10	0.228	18	0.251	30	0.320
20	0.186	20	0.215	20	0.238	40	0.253
30	0.186	30	0.208	30	0.214	50	0.252
∞	0.186	∞	0.208	∞	0.210	∞	0.251

注：1. t 表示荷载持续时间；

2. t' 表示龄期。

式（3-18）中的 E、T、$S(t)$ 都是随龄期 t 变化的变量，计算温度应力时，应分别计算出不同龄期时的 $E_{i(t)}$、$T_{i(t)}$、$S_{i(t)}$，进而计算出相应温差区段（一般取 $2 \sim 3\text{d}$）内产生的温度应力 σ_i，而后累加即得最大温度应力 $\sigma_{x\max(t)}$，即：

$$\sigma_{x\max(t)} = \sum_{i=1}^{n} \Delta\sigma_i = -\sum_{i=1}^{n} E_{i(t)}\alpha\Delta T_{i(t)}\left(1 - \frac{1}{\text{ch}\beta_i\dfrac{L}{2}}\right)S(t)_i \qquad (3\text{-}20)$$

对于非长条形、有一定宽度的大体积混凝土结构，应按二维结构计算（一般大体积混凝土基础均属二维平面应力）：

$$\sigma_{x\max(t)} = \sum_{i=1}^{n} \Delta\sigma_i = -\frac{\alpha}{1-\nu}\sum_{i=1}^{n} E_{i(t)}\Delta T_{i(t)}\left(1 - \frac{1}{\text{ch}\beta_i\dfrac{L}{2}}\right)S(t)_i \qquad (3\text{-}21)$$

式中　$\sigma_{x\max(t)}$——最大温度应力（MPa）；

$\Delta\sigma_i$——将从温升的峰值至周围气温的总降温差划分为 n 段，$\Delta\sigma_i$ 为第 i 区段因降温产生的温度应力（MPa）；

$E_{i(t)}$——第 i 区段的混凝土弹性模量（MPa）；

$\Delta T_{i(t)}$——第 i 区段的结构计算温差（℃）；

$S(t)_i$——第 i 区段的龄期 t'_i 时的应力松弛系数（参见表 7-2）；

α——混凝土的线膨胀系数（一般取 1.0×10^{-5}）；

ν——泊桑比，取 0.15（单向受力时不考虑）；

ch——双曲余弦函数。

由式（3-21）可以看出，结构按二维计算得出的温度应力值要大于按一维计算的结果。温度应力和剪应力的分布如图 3-4 所示。

如温度应力 $\sigma_{x\max(t)}$ 的数值超过当时的混凝土极限抗拉强度，就会在混凝土结构中部（由于中间应力最大）出现第一条裂缝，将结构一分为二（图 3-5）。由于裂缝的出现，产生应力重分布，每块结构又产生自己的应力分布，图形与上述完全相同，只是最大值由于长度的缩短而减少，如果此时的温度应力 $\sigma'_{x\max(t)}$ 的数值仍然超过当时的混凝土极限抗拉强度，则又会形成第二批裂缝，将各块结构再一分为二。裂缝如此继续开展下去，直至各块结构中间的最大温度应力小于或等于当时的混凝土极限抗拉强度为止。在理论上此类裂缝先在结构的中间出现，这是一个规律。但由于混凝土是非匀质材料，其抗拉强度不均匀，因而有时不象理论上分析的那样，裂缝皆是首先出现在中间。

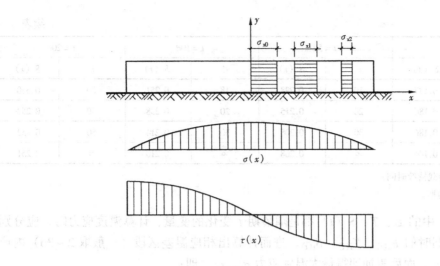

图 3-4　均匀温差作用下，结构内温度应力（拉应力）和剪应力的分布

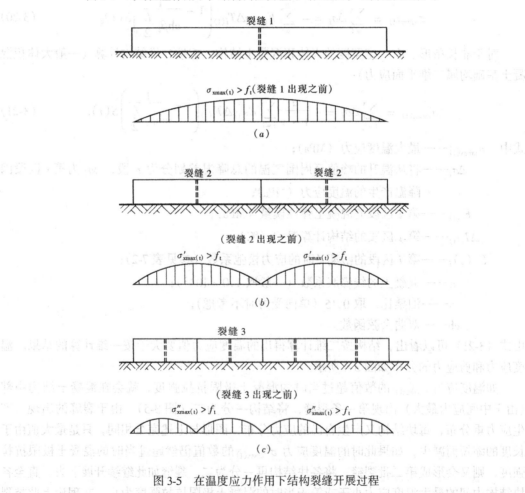

图 3-5　在温度应力作用下结构裂缝开展过程

剪应力会引起图 3-2（b）所示的端部斜裂缝，裂缝由下向上发展。

由式（3-21）可知，$\sigma_{xmax(t)}$ 除与 E、T、α 有关之外，还与结构长度 L 有关，结构长

度 L 增长，温度应力亦增大，但是他们之间呈非线性关系，可由计算结果证明。

在利用式（3-20）、式（3-21）计算最大温度应力时，首先要确定 E 和 T 的数值，因为它们是随龄期变化的。

一定龄期时的混凝土弹性模量 $E_{(t)}$，可按下式计算：

$$E_{(t)} = E_0(1 - e^{-0.09t}) \tag{3-22}$$

式中　$E_{(t)}$——一定龄期时的混凝土弹性模量（MPa）；

　　　E_0——龄期为 28d 时的混凝土弹性模量（MPa）；

　　　t——混凝土的龄期（d）。

结构计算温差 T，可按下式计算：

$$T = T_m + T_{y(t)} \tag{3-23}$$

式中　T——结构计算温差（℃）；

　　　T_m——各龄期混凝土的水泥水化热降温温差（℃）；

　　　$T_{y(t)}$——各龄期的混凝土的收缩当量温差（℃）。

为了便于将混凝土降温产生的温度应力与水泥水化过程中因为拌合水蒸发等原因引起混凝土收缩而产生的温度应力用同一计算公式进行计算，必须将混凝土各龄期的收缩量转换为收缩当量温差。

准确的计算混凝土的水泥水化热降温温差有一定的困难。而混凝土的水泥水化热降温温差相似于混凝土的水泥水化热升温温差，因此，可以计算混凝土浇筑后因水泥水化热的升温值来确定水泥水化热降温温差 T_m。

混凝土因水泥水化热引起的温升分布如图 3-6 所示。其中 T_2 为混凝土结构表面因水泥水化热而升高的温度数值。T_{max} 是混凝土内部因水泥水化热而升高的最大温度值。而 T_1 乃混凝土内部因水泥水化热而平均升高的温度值。因此

$$T_m = T_2 + \frac{1}{2}(T_1 - T_2) \tag{3-24}$$

混凝土因水泥水化热而引起的温升，分"绝热温升"与"非绝热温升"。

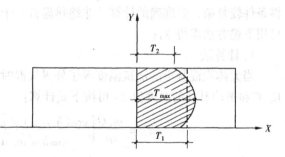

图 3-6　水泥水化热引起
的温升分布

所谓"绝热温升"即在混凝土周围无任何散热条件、无任何热损失的情况下，水泥水化热全部转化为使混凝土温度升高的热量。在绝热条件下的混凝土的绝热温升，可利用美国垦务局提出的公式进行计算：

$$T_{(t)} = T_h(1 - e^{-mt}) = \frac{m_c Q}{c\rho}(1 - e^{-mt}) \tag{3-25}$$

式中　$T_{(t)}$——在龄期 t 时混凝土的绝热温升（℃）；

　　　T_h——混凝土的最终绝热温升（℃）；

　　　m_c——每立方米混凝土中的水泥用量（kg/m³）；

Q——每公斤水泥的水化热量（kJ/kg），见表 3-4；

c——混凝土的比热（0.97kJ/kg·K）；

ρ——混凝土的密度（2400kg/m³）；

e——常数，2.71828；

m——随混凝土浇筑温度、水泥品种等而异的系数，见表 3-3。

m 值　　　　　　表 3-3

浇筑温度（℃）	5	10	15	20	25	30
m（1/d）	0.295	0.318	0.340	0.362	0.384	0.406

水泥水化热量　　　　　　表 3-4

水泥品种	水泥标号	每公斤水泥的水化热（kJ）		
		3d	7d	28d
普通硅酸盐水泥	525	314	354	375
	425	250	271	334
	325	208	229	292
矿渣硅酸盐水泥	425	180	256	334
	325	146	208	271

注：1. 本表所用水泥是旧标准的水泥品种、标号，试验结果仅供参考。

2. 本表数值是按平均硬化温度15℃时编制的，当平均温度为7~10℃时，表中数值按60%~70%采用。

3. 当采用粉煤灰硅酸盐水泥、火山灰硅酸盐水泥时，其水化热量值可参考矿渣硅酸盐水泥数值。

但是，大体积混凝土结构因水泥水化热的温升属"非绝热温升"，在其因水化热升温过程中，还存在散热条件。所以，T_m 要按"非绝热温升"进行计算。由于结构的散热边界条件较复杂，要准确的计算"非绝热温升"十分困难，在工程实用上也无此必要。建议可用下述方法求得 T_1：

1. 计算法

当大体积混凝土的浇筑温度等于外界气温时，混凝土内部各点因水泥水化热升高的温度 T' 和平均升高的温度值 T_1 可按下式计算：

$$T' = \frac{m_c Q}{c\rho}\left[\frac{\cos(h-x)\sqrt{m/a}}{\cosh\sqrt{m/a}} - 1\right]e^{-mt} - 4\frac{m}{\pi}$$

$$\times \frac{m_c Q}{c\rho}\sum_{n=1,3,5\cdots}^{\infty} \frac{e^{-an^2\pi^2 t/4h^2}}{n\left(\frac{an^2\pi^2}{4h^2} - m\right)} \cdot \sin\frac{n\pi x}{2h} \tag{3-26}$$

$$T_1 = \frac{m_c Q}{c\rho}\left[\frac{\sinh\sqrt{m/a}}{h\sqrt{m/a}\cdot\cosh\sqrt{m/a}} - 1\right]e^{-mt} - 8\frac{m}{\pi^2}$$

$$\times \frac{m_c Q}{c\rho}\cdot\sum_{n=1,3,5\cdots}^{\infty} \frac{e^{-an^2\pi^2 t/4h^2}}{n^2\left(\frac{an^2\pi^2}{4h^2} - m\right)} \tag{3-27}$$

式中　h——混凝土的厚度（m）；

a——混凝土导温系数（热扩散系数）（m²/d）。与骨料种类和用量有关（表 3-5）；

n——水泥水化热散完的天数；

t——混凝土龄期（d）；

其他符号同上。

$n = 1、3、5……$，为一级数，由于收敛很快，计算时取前两项即可。

如果混凝土的浇筑温度 T_i 不等于当时的气温 T_q，则存在初始温差，计算 T_1 时尚需叠加由于初始温差引起的平均温差：

$$T_3 = \frac{8(T_j - T_q)}{\pi^2} \cdot \sum_{n=1,3,5\cdots}^{\infty} \frac{1}{n^2} e^{-an^2\pi^2 t/4h^2} \tag{3-28}$$

式中　T_j——混凝土的浇筑温度（℃）；

　　　T_q——当时的大气温度（℃）；

其他符号同前。

a　值　　　　　　　　　　　表 3-5

粗骨料种类	混凝土导温系数 a		粗骨料种类	混凝土导温系数 a	
	m²/d	m²/h		m²/d	m²/h
石英岩	0.129	0.0054	花岗岩	0.096	0.0040
石灰岩	0.113	0.0047	流纹岩	0.078	0.0033
白云岩	0.111	0.0046	玄武岩	0.072	0.0030

2. 图表法

在"非绝热温升"情况下，散热的快慢与结构厚度有关，一般符合"越薄散热越快、越厚散热越慢"的规律。当结构厚度超过 5m 时，大体积混凝土的实际温升 T_1 已接近绝热温升 T_h。

根据水利水电科学研究院的资料，不同结构厚度，非绝热温升状态下混凝土水化热的温升与绝热温升的比值（T_1/T_h）见表 3-6。

T_1/T_h 的 比 值　　　　　　　　表 3-6

结构厚度（m）	1.0	1.5	2.0	3.0	5.0	6.0
$\xi = T_1/T_h$	0.36	0.49	0.57	0.68	0.79	0.82

各龄期不同厚度结构的水化热温升与绝热温升的关系如图 3-7 所示。由图中曲线可以看出，结构厚度愈薄，水化热温升阶段则愈短，温度峰值出现较早，很快即产生降温。结构厚度越厚，则水化热温升阶段越长，温度峰值出现较晚，且持续时间较长。实际上，混凝土的水化热温升还与外界气温有关。外界气温愈高，水化热温升阶段愈短，温度峰值出现时间愈早，且持续时间愈长。这是由于气温影响水泥水化速度，且气温高时不易散热之故。

求得 ζ 后，即可由 ζ 和 T_h 求得 T_1。

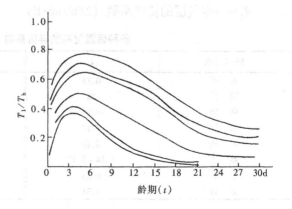

图 3-7　各龄期不同厚度结构的水化热温升
与绝热温升的关系

混凝土结构表面的水化热温升 T_2，与温度场的变化有关，即它受外界气温、养护方法、结构厚度等的影响。

混凝土内部的温度场分布，可用下式表示：

$$T_{x(t)} = T_q + \frac{4}{H}x(h - x)\Delta T_{(t)} \tag{3-29}$$

式中　$T_{x(t)}$——龄期 t 时计算厚度 x 处的混凝土温度（℃）；

T_q——龄期 t 时，大气温度（℃）；

H——混凝土结构的计算厚度（m）；

$$H = h + 2h'$$

h'——混凝土结构的虚厚度（m）；

h——混凝土结构的实际厚度（m）；

$\Delta T_{(t)}$——龄期 t 时，混凝土中心温度与外界气温之差（℃）。

式（3-29）中的混凝土结构虚厚度 h'，是传热学上的一个概念，即从结构真实边界向外延伸一个虚厚度 h'，得到一个虚边界，在此虚边界上，结构表面温度等于外界介质的温度。而此虚厚度与混凝土的导热、表面保温情况等有关：

$$h' = K \cdot \frac{\lambda}{\beta} \tag{3-30}$$

式中　λ——混凝土导热系数（可取 2.33W/m·K）；

β——混凝土表面模板及保温层等的传热系数（$\text{W/m}^2\text{·K}$）；

K——折减系数（根据试验资料可取 0.666）。

式（3-30）中的 β，按下式计算：

$$\beta = \frac{1}{\sum \dfrac{\delta_i}{\lambda_i} + \dfrac{1}{\beta_q}} \tag{3-31}$$

式中　δ_i——各种保温材料（包括模板）的厚度（m）；

λ_i——各种保温材料的导热系数（W/m·K），见表 3-7；

β_q——空气层的传热系数（$23\text{W/m}^2\text{·K}$）。

各种保温材料的导热系数 λ 值（W/m·K）　　　　　　　表 3-7

材料名称	λ	材料名称	λ
木　模	0.23	黏土砖	0.43
钢　模	58	油毡	0.05
草　袋	0.14	沥青矿棉	0.09~0.12
木　屑	0.17	沥青玻璃棉毡	0.05
炉　渣	0.47	泡沫塑料制品	0.03~0.05
黏　土	1.38~1.47	泡沫混凝土	0.10
干　砂	0.33	水	0.58
湿　砂	1.31	空气	0.03

在式（3-29）中，当 $x = h'$ 时，即可求得混凝土结构的表面温度 T_2：

$$T_2 = T_q + \frac{4}{H^2}h'(H - h')\Delta T_{(t)} \tag{3-32}$$

由式（3-27）或表 3-6 求得 T_1，由式（3-32）求得 T_2 后，代入式（3-24）即可求得各龄期混凝土的水化热降温温差 T_m 值。

在上述计算中，为求得混凝土的水泥水化热温升值，需进行较繁琐的计算。在这方面，经过现场实际测温及统计整理，王铁梦在其《建筑物的裂缝控制》一书中提供了表3-8所示的水化热温升值 T_m。

混凝土结构水化热温升值 T_m（在两层草包保温条件下）　　　　　　　表3-8

| 结构厚度（m） | 夏季（气温 32~38℃） | | | 结构厚度（m） | 冬季（气温 +3~-5℃） | | |
	温升（℃）	入模温度（℃）	最高温度（℃）		温升（℃）	入模温度（℃）	最高温度（℃）
0.5	6	30~35	36~41	0.5	5	10~15	19~20
1.0	10	30~35	40~45	1.0	9	10~15	19~24
2.0	20	30~35	50~55	2.0	18	10~15	28~33
3.0	30	30~35	60~65	3.0	27	10~15	37~42
4.0	40	30~35	70~75	4.0	36	10~15	46~51

注：该表的适用条件为：原425标号的矿渣硅酸盐水泥；水泥用量275kg/m³；钢模板。

如不符合上述适用条件时，则温升值 T_m 需乘以表3-9中各修正系数。

T_m 修正系数　　　　　　　　表3-9

原水泥标号修正系数 K_1	水泥品种修正系数 K_2	水泥用量修正系数 K_3	模板种类修正系数 K_4
275 号　0.74	矿渣硅酸盐水泥 1.0	$K_3 = \dfrac{W}{275}$	钢模板　1.0
325 号　0.86			木模板　1.4
425 号　1.00	普通硅酸盐水泥 1.2	W 为实用水泥量（kg/m³）	其他保温模板 1.4
525 号　1.13			

注：表中所用水泥为旧标准的水泥品种、标号。

混凝土各龄期的收缩当量温差 $T_y(t)$，按下式计算：

$$T_y(t) = \frac{\varepsilon_y(t)}{\alpha} \tag{3-33}$$

式中　$\varepsilon_y(t)$——混凝土各龄期的收缩值；

　　　α——混凝土的线膨胀系数。

而　　　　　$$\varepsilon_y(t) = \varepsilon_y^\circ (1 - e^{-bt}) \cdot M_1 \cdot M_2 \cdots\cdots M_{10} \tag{3-34}$$

式中　ε_y°——标准状态下混凝土的极限收缩值，一般为 3.24×10^{-4}，所谓标准状态，系

　　　　　指用旧标准 325 号普通水泥，标准磨细度，骨料为花岗岩碎石，$\dfrac{m_w}{m_c} = 0.40$，

　　　　　水泥浆含量为20%，混凝土用振动捣实，自然硬化，试件截面为20cm×

　　　　　20cm（截面水力半径的倒数 $\bar{r} = 0.2$），测定收缩前湿养护7d，空气相对湿度

　　　　　为50%；

　　　b——经验系数，取0.01；

　　　t——混凝土龄期（d）；

　　　M_1——水泥品种修正系数；

　　　M_2——水泥细度修正系数；

　　　M_3——骨料品种修正系数；

M_4——水灰比修正系数；

M_5——水泥浆量修正系数；

M_6——养护条件修正系数；

M_7——环境相对湿度修正系数；

M_8——构件尺寸修正系数；

M_9——混凝土捣实方法修正系数；

M_{10}——考虑配筋率的修正系数。

各修正系数的具体数值见表 3-10：

修 正 系 数   表 3-10

水泥品种	M_1	水泥细度	M_2	骨料品种	M_3	m_w/m_c	M_4	水泥浆量（%）	M_5
普通水泥	1.00	1500	0.90	花岗岩	1.00	0.2	0.65	15	0.90
矿渣水泥	1.25	2000	0.93	玄武岩	1.00	0.3	0.85	20	1.00
快硬水泥	1.12	3000	1.00	石灰岩	1.00	0.4	1.00	25	1.20
低热水泥	1.10	4000	1.13	砾砂	1.00	0.5	1.21	30	1.45
石灰矿渣水泥	1.00	5000	1.35	无粗骨料	1.00	0.6	1.42	35	1.75
火山灰水泥	1.00	6000	1.68	石英岩	0.80	0.7	1.62	40	2.10
抗硫酸盐水泥	0.78	7000	2.05	白云岩	0.95	0.8	1.80	45	2.55
矾土水泥	0.52	8000	2.42	砂岩	0.90	—	—	50	3.03

水泥品种	养护时间 t (d)	M_6	相对湿度 W (%)	M_7	水力半径倒数 $\bar{r}$ (cm)	M_8	捣实等操作方法	M_9	$\dfrac{E_a F_a}{E_b F_b}$	M_{10}
普通水泥	1~2	1.11	25	1.25	0	0.54	机械振捣	1.00	0.00	1.00
矿渣水泥	3	1.09	30	1.18	0.1	0.76	人工捣实	1.10	0.05	0.86
快硬水泥	4	1.07	40	1.10	0.2	1.00	蒸汽养护	0.85	0.10	0.76
低热水泥	5	1.04	50	1.00	0.3	1.03	高压釜处理	0.54	0.15	0.68
石灰矿渣水泥	7	1.00	60	0.88	0.4	1.20			0.20	0.61
火山灰水泥	10	0.96	70	0.77	0.5	1.31			0.25	0.55
抗硫酸盐水泥	14~28	0.93	80	0.70	0.6	1.40				
矾土水泥	40~90	0.93	90	0.54	0.7	1.43				
	≥180	0.93			0.8	1.44				

注：1. $\bar{r}=\dfrac{L}{F}$（L—构件截面周长，F—构件截面面积）；

2. E_a、F_a—钢筋的弹性模量、截面积；E_b、F_b—混凝土的弹性模量、截面积。

这样，将 T_m 和 $T_y(t)$ 的结果代入式（3-23），即可求得结构计算温差 T 值。

三、最大整浇长度（伸缩缝间距）计算

根据上述计算，存在外约束的大体积混凝土结构，其变形与温度应力直接有关。当温度应力 σ_{max} 接近混凝土的极限抗拉强度 f_t 时，混凝土的拉伸变形 ε 亦将接近其极限拉伸变形 ε_p。

即

$$\sigma_{max} \approx f_t \text{ 时}, \varepsilon \approx \varepsilon_p$$

所以 $$f_t = E\varepsilon_p$$

由式（3-17）可知

$$\sigma_{\max} = -E\alpha T + \frac{E\alpha T}{\mathrm{ch}\beta\dfrac{L}{2}} = E\varepsilon_p$$

$$\therefore E\varepsilon_p + E\alpha T = \frac{E\alpha T}{\mathrm{ch}\beta\dfrac{L}{2}}$$

即

$$\mathrm{ch}\beta\frac{L}{2} = \frac{E\alpha T}{E\varepsilon_p + E\alpha T}$$

$$\frac{L}{2} = \frac{1}{\beta}\,\mathrm{arch}\,\frac{\alpha T}{\varepsilon_p + \alpha T}$$

$\therefore$ 最大整浇长度 $[L_{\max}] = 2\dfrac{1}{\beta}\mathrm{arch}\dfrac{\alpha T}{\varepsilon_p + \alpha T}$

式中　arch——反双曲余弦函数；

其他符号同前。

由于 T 为正值（升温）时，ε_p 为负值（压应变）；T 为负值（降温）时，ε_p 为正值（拉应变），所以 ε_p 与 T 恒为异号。用绝对值表示上式，则：

$$[L_{\max}] = 2\sqrt{\frac{HE}{C_x}}\,\mathrm{arch}\,\frac{|\alpha T|}{|\alpha T| - |\varepsilon_p|} \tag{3-35}$$

由式（3-35）可以看出，计算温差 T 与混凝土极限拉伸 ε_p 之间的关系很重要，一般情况下 $|\alpha T|$ 大于 $|\varepsilon_p|$，分数是正值，它们的差值越大，整个分数则越小，即最大整浇长度越短；反之，它们的差值越小，整个分数越大，则最大整浇长度越长。如果 $|\varepsilon_p|$ 值趋近于 $|\alpha T|$ 值，则分数趋向于无限大，arch ∞（趋向无限大），这就表示最大整浇长度可趋向无限大，说明在任何情况下都可以整浇。因此，降低结构计算温差和提高混凝土的极限拉伸变形，对延长最大整浇长度是十分重要的。

式（3-35）是按混凝土的极限拉伸推导出来的，即按水平拉应力 $\sigma_{\max} = R_1 = E\varepsilon_p$ 导出的最大整浇长度。这种状态可以看作是当最大温度应力接近混凝土抗拉强度、而混凝土结构尚未开裂时的最大整浇长度。一旦混凝土结构在最大应力处（结构中部）开裂，则形成两块，此时的最大温度应力则远小于混凝土的抗拉强度。这种情况下的整浇长度就比式（3-35）求出的小了一半，这时的整浇长度称为最小整浇长度，其值为：

$$[L_{\min}] = \frac{1}{2}[L_{\max}] = \sqrt{\frac{HE}{C_x}}\,\mathrm{arch}\,\frac{|\alpha T|}{|\alpha T| - |\varepsilon_p|} \tag{3-36}$$

计算中应当采用两者的平均值，即以平均的整浇长度 $[L_{cp}]$ 做为控制整浇长度的依据，如结构的实际长度超过 $[L_{cp}]$，则表示需要留伸缩缝，伸缩缝的间距即 $[L_{cp}]$，否则就可整体浇筑。平均的整浇长度 $[L_{cp}]$ 按下式计算：

$$[L_{cp}] = \frac{1}{2}([L_{\max}] + [L_{\min}])$$

$$= 1.5\sqrt{\frac{HE}{C_x}}\,\mathrm{arch}\,\frac{|\alpha T|}{|\alpha T| - |\varepsilon_p|} \tag{3-37}$$

式中　α——混凝土的线膨胀系数；

T——结构计算温差；

ε_p——混凝土的极限拉伸值；

E——混凝土的弹性模量；

H——混凝土结构的厚度；

C_x——阻力系数。

式中的 E 和 T 可按式（3-22）、（3-23）计算。

混凝土的极限拉伸值 ε_p，由瞬时极限拉伸值和徐变变形两部分组成：

$$\varepsilon_p = \varepsilon_{pa} + \varepsilon_n \tag{3-38}$$

式中 ε_p——混凝土的极限拉伸值；

ε_{pa}——混凝土的瞬时极限拉伸值；

ε_n——混凝土的徐变变形。

ε_{pa}值的离散性很大，影响因素很多，特别是与施工质量的关系很大。ε_n 值与温差、收缩变形速度有关，一般情况下，ε_n 的值约与 ε_{pa} 的值相等，所以计算时 ε_p 可取为两倍的 ε_{pa}，为安全起见，则取 $\varepsilon_p = 1.5\varepsilon_{pa}$。

混凝土的瞬时极限拉伸值 ε_{pa}，与混凝土的龄期有关，还与配筋情况有关，适当配置钢筋能提高混凝土的瞬时极限拉伸值。实践证明，合理地配置钢筋，无论对于温度应力或收缩应力作用下的结构，都能有效地提高其抗裂能力。

考虑龄期和配筋的影响后，混凝土的瞬时极限拉伸值可按下式计算：

$$\varepsilon_{pa}(t) = 5f_t\left(1 + \frac{\mu}{d}\right)10^{-5}\frac{\ln t}{\ln 28} \tag{3-39}$$

式中 f_t——混凝土的抗拉强度设计值（MPa）；

μ——配筋率（%）；

d——钢筋直径（cm）；

t——混凝土的龄期（d）。

四、其他各种情况的温度应力和整浇长度计算

如果施工的混凝土结构不满足 $H/L \leqslant 0.2$ 的条件，或施工其他断面的结构，这时怎样来计算其温度应力和整浇长度？

（一）$H/L > 0.2$ 的结构

上述公式（3-18）、（3-20）、（3-37）等计算公式，只适用于 $H/L \leqslant 0.2$ 条件下混凝土结构的温度应力和整浇长度的计算。因为在这种情况下我们采用了均匀温差和均匀收缩的假定，这样，在工程计算中的误差是可以忽略不计的。但对于一些厚板、墙体等，其高长比（H/L）远大于 0.2，这时其内部的应力很不均匀，不再符合均匀受力的假定。

结构的最大约束应力在约束边，离开约束边向上即迅速衰减。约束作用的影响范围只限于约束边附近。类似于弹性理论中的"边缘干扰问题"（图 3-8）。根据研究知道，半无限长墙体的边缘干扰范围约为 $(0.38 \sim 0.46)\, L$。为简化计算，我们将影响范围（即温度应力衰减至零处的高度）定于 $0.40L$。温度应力沿墙高的衰减，符合指数函数：

$$\sigma(y) = \sigma_{max} \cdot e^{-m\frac{y}{L}} \cdot \left(1 - m\frac{y}{L}\right) \tag{3-40}$$

式中 L——结构底边的长度；

$\sigma_{\max}$——最大温度应力;

m——系数, 按表 3-11 采用。

m 值 表 3-11

墙 高 （H）	m 值	墙 高 （H）	m 值
$H \leqslant 0.2L$	0.00	$H = 0.35L$	1.70
$H = 0.25L$	1.10	$H \geqslant 0.40L$	2.50
$H = 0.30L$	1.35		

为能将式 (3-18)、(3-20)、(3-37) 等计算公式用于 $H/L > 0.2$ 的墙体, 可进行简化处理, 就是把不同高长比并承受不均匀应力的弹性约束墙体, 按等效作用原理, 用一承受均匀应力的"计算墙体"来代替。"计算墙体"的均匀应力值就取不均匀应力的最大值 (约束边处的应力值)。这样, "计算墙体"的高度必然低于不均匀受力的实际墙体。按内力相等的原理, 可以算出"计算墙体"的计算高度 $\overline{H}$ (图 3-9):

$$\overline{H} = \frac{\int_0^H \sigma(y)\mathrm{d}x}{\sigma_{\max}} \tag{3-41}$$

这样, 上述的一切计算公式, 只要用 $\overline{H}$ 代替 H, 就皆可用于 $H/L > 0.2$ 的混凝土厚板和墙体。

按式 (3-41) 求得之不同高长比墙体的计算高度 $\overline{H}$, 大致在 $0.15L \sim 0.20L$ 之间。为简化计算, 对于一切 $H/L > 0.2$ 的墙体和厚板, 可以一律采用计算高度 $\overline{H} = 0.2L$。

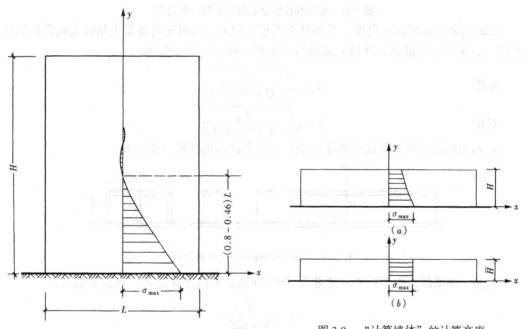

图 3-8 墙体的温度应力分布曲线

图 3-9 "计算墙体"的计算高度
（a）实际墙体；（b）"计算墙体"

（二）其他断面的结构

对于其他断面的结构, 通过理论计算可以证明, 只要将 β 值变化后, 则上述各计算公式皆可用来计算其温度应力和最大整浇长度。

1. 箱形断面结构（图 3-10）

这种结构与长条板相似，只需代入新的 β 值，上式各公式皆可应用。

单孔
$$\beta = \sqrt{\frac{C_x b}{2Et(b+H)}}$$

双孔
$$\beta = \sqrt{\frac{C_x b}{Et(2b+3H)}}$$

式中符号见图。

2. 箱形断面结构的基础底板已浇筑，后期浇筑的侧墙和顶板（图 3-11）

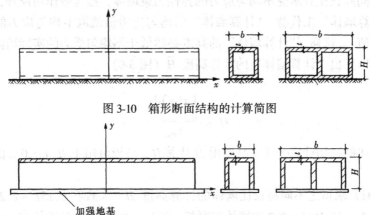

图 3-10　箱形断面结构的计算简图

图 3-11　侧墙和顶板受基础约束的计算简图

此时侧墙和顶板同时收缩，受到基础底板的约束。这时应将混凝土基础底板看作加强地基，C_x 值应予以提高。计算公式仍与长条板一样，只是 β 值为：

单孔
$$\beta = \sqrt{\frac{C_x}{(H+0.5b)E}}$$

双孔
$$\beta = \sqrt{\frac{C_x}{(H+0.25b)E}}$$

3. 箱形断面结构的基础和侧墙已浇筑，后期浇筑的顶板（图 3-12）

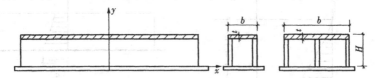

图 3-12　顶板受侧墙约束的计算简图

此时，侧墙即作为顶板的"地基"，同样应用长条板计算公式，只是 β 值取：

$$\beta = \sqrt{\frac{C_x t}{b'HE}}$$

式中　b'——顶板有效宽度，有两个侧墙时 $b' = \frac{1}{2}b$；有三个侧墙时 $b' = \frac{1}{4}b$；

其他符号见图 3-12。

五、计算实例

【例1】 一基础底板，长90.8m，宽31.3m，厚2.5m，混凝土总量约7000m³。地基土为软粘土，基础底板下打有钢管桩。基础底板混凝土用原425号矿渣水泥，水泥用量为275kg/m³。预计基础混凝土浇筑后30d左右，基础混凝土的温度就可降至周围大气的温度。要求验算基础混凝土整体浇筑后，是否会产生温度裂缝？

【解】 该基础 $L = 90.8\text{m}$，$H = 2.5\text{m}$，$H/L = 2.5/90.8 = 0.028 < 0.20$，符合计算假定。

该计算实例就是要求利用式（3-20），验算由温差和混凝土收缩所产生的温度应力 σ_{max} 是否超过当时的基础混凝土的极限抗拉强度 f_t。式（3-20）如下所示：

$$\sigma_{x\max(t)} = \sum_{i=1}^{n} \Delta\sigma_i = -\sum_{i=1}^{n} E_{i(t)}\alpha T_{i(t)}\left(1 - \frac{1}{ch\beta_i \dfrac{L}{2}}\right)S(t)_i$$

其中

$$\beta = \sqrt{\frac{C_x}{HE}}$$

现以下述顺序求解上式中的各种计算数据：

（1）阻力系数 C_x

该实例基础下面打有钢管桩，这使阻力系数 C_x 增大，所以：

$$C_x = C_{x1} + C'_x$$

式中 C_{x1}——地基土的阻力系数；

C'_x——钢管桩增加的阻力系数。

$$C'_x = \frac{Q}{F}$$

Q——钢管桩产生1cm侧移所需的水平推力（N）；

F——每根钢管桩所承担的基础底面积（m²）。

因此 $C_x = C_{x1} + C'_x = 10 + 2.07 = 12.07\text{N/cm}^3$

（2）基础厚度 $H = 250\text{cm}$

（3）各龄期的混凝土弹性模量

由式（3-22）知：$E(t) = E_0(1 - e^{-0.09t})$

由于3d后开始降温，所以从第3d开始计算：

$$\therefore E_{(3)} = 0.26 \times 10^5 (1 - e^{-0.09\times3}) = 0.0616 \times 10^5 \text{MPa}$$

同样方法求得：$E_{(6)} = 0.108 \times 10^5$（MPa）

$$E_{(9)} = 0.1443 \times 10^5 \text{（MPa）}$$
$$E_{(12)} = 0.1716 \times 10^5 \text{（MPa）}$$
$$E_{(15)} = 0.1924 \times 10^5 \text{（MPa）}$$
$$E_{(18)} = 0.2080 \times 10^5 \text{（MPa）}$$
$$E_{(21)} = 0.2210 \times 10^5 \text{（MPa）}$$
$$E_{(24)} = 0.2300 \times 10^5 \text{（MPa）}$$
$$E_{(27)} = 0.2370 \times 10^5 \text{（MPa）}$$
$$E_{(30)} = 0.2430 \times 10^5 \text{（MPa）}$$

(4) 混凝土的线膨胀系数 $\alpha = 1 \times 10^{-5}$（℃）

(5) 结构长度 $L = 9080\text{cm}$

(6) 结构计算温度

由式 (3-23) 知：$\qquad T = T_\text{m} + T_\text{y}(t)$

1) 混凝土各阶段的降温温差 T_m

根据表 3-8，混凝土浇筑后 3d 时最高非绝热水泥水化热温升为 25℃（夏季施工）。

根据式 (3-25)，水泥水化热引起的混凝土绝热温升

$$T = \frac{m_\text{c} Q_0}{c\rho}(1 - \text{e}^{-mt})$$

最高绝热温升应为：

$$T_\text{max} = \frac{M_\text{c} Q_0}{c\rho}$$

式中　m_c——每立方米混凝土的水泥用量，此处为 275kg/m³；

Q_0——单位水泥 28d 的累计水化热，此处用原 425 号矿渣水泥，由表 3-4 查得 $Q_0 =$ 33400J/kg；

c——混凝土比热，为 993.7J/kg·K；

ρ——混凝土密度，为 2400kg/m³。

$$\therefore T_\text{max} = \frac{m_\text{c} Q_0}{c\rho} = \frac{275 \times 334000}{993.7 \times 2400} = 38.6℃$$

根据图 3-7 和 T_max 可计算各龄期阶段的降温温差为：

$$T_{3-6} = 38.6\ (0.65 - 0.62) = 1.16℃$$

$$T_{6-9} = 38.6\ (0.62 - 0.57) = 1.93℃$$

$$T_{9-12} = 38.6\ (0.57 - 0.48) = 3.48℃$$

$$T_{12-15} = 38.6\ (0.48 - 0.38) = 3.86℃$$

$$T_{15-18} = 38.6\ (0.38 - 0.29) = 3.48℃$$

$$T_{18-21} = 38.6\ (0.29 - 0.23) = 2.32℃$$

$$T_{21-24} = 38.6\ (0.23 - 0.19) = 1.54℃$$

$$T_{24-27} = 38.6\ (0.19 - 0.16) = 1.16℃$$

$$T_{27-30} = 38.6\ (0.16 - 0.15) = 0.39℃$$

2) 混凝土的收缩当量温差 $T_\text{y}(t)$

根据式 (3-33)：

$$T_\text{y}(t) = \frac{\varepsilon_\text{y}(t)}{\alpha}$$

而根据式 (3-34)：

$$\varepsilon_\text{y}(t) = \varepsilon_\text{y}^{\circ}(1 - \text{e}^{-bt}) \cdot M_1 \cdot M_2 \cdots\cdots M_{10}$$

此外 M_1、M_2……M_{10} 各种修正系数经计算总值取为 1.50，所以：

$$\varepsilon_\text{y}\ (30) = 3.24 \times 10^{-4}\ (1 - \text{e}^{-0.01 \times 30})\ \times 1.50 = 1.26 \times 10^{-4}$$

$$\varepsilon_\text{y}\ (27) = 3.24 \times 10^{-4}\ (1 - \text{e}^{-0.01 \times 27})\ \times 1.50 = 1.15 \times 10^{-4}$$

同样方法求得：

$$\varepsilon_y\ (24)\ = 1.035 \times 10^{-4} \quad \varepsilon_y\ (21)\ = 0.922 \times 10^{-4}$$

$$\varepsilon_y\ (18)\ = 0.804 \times 10^{-4} \quad \varepsilon_y\ (15)\ = 0.676 \times 10^{-4}$$

$$\varepsilon_y\ (12)\ = 0.550 \times 10^{-4} \quad \varepsilon_y\ (9)\ = 0.419 \times 10^{-4}$$

$$\varepsilon_y\ (6)\ = 0.282 \times 10^{-4} \quad \varepsilon_y\ (3)\ = 0.147 \times 10^{-4}$$

$$\therefore \quad T_y\ (30)\ = \frac{1.26 \times 10^{-4}}{1.0 \times 10^{-5}} = 12.6℃$$

$$T_y\ (27)\ = \frac{1.15 \times 10^{-4}}{1.0 \times 10^{-5}} = 11.5℃$$

同样方法求得：

$$T_y\ (24)\ = 10.35℃ \quad T_y\ (21)\ = 9.22℃$$

$$T_y\ (18)\ = 8.04℃ \quad T_y\ (15)\ = 6.76℃$$

$$T_y\ (12)\ = 5.50℃ \quad T_y\ (9)\ = 4.19℃$$

$$T_y\ (6)\ = 2.82℃ \quad T_y\ (3)\ = 1.47℃$$

各龄期阶段的混凝土收缩当量温差为：

$$T_y\ (3-6)\ = T_y\ (6)\ - T_y\ (3)\ = 2.82 - 1.47 = 1.35℃$$

$$T_y\ (6-9)\ = T_y\ (9)\ - T_y\ (6)\ = 4.19 - 2.82 = 1.37℃$$

同样方法求得：

$$T_y\ (9-12)\ = 1.31℃ \quad T_y\ (12-15)\ = 1.26℃$$

$$T_y\ (15-18)\ = 1.28℃ \quad T_y\ (18-21)\ = 1.18℃$$

$$T_y\ (21-24)\ = 1.13℃ \quad T_y\ (24-27)\ = 1.15℃$$

$$T_y\ (27-30)\ = 1.10℃$$

所以，结构计算温差：

$$T\ (3-6)\ = T_{3-6} + T_y\ (3-6)\ = 1.16 + 1.35 = 2.51℃$$

$$T\ (6-9)\ = T_{6-9} + T_y\ (6-9)\ = 1.93 + 1.37 = 3.3℃$$

同样方法求得：

$$T\ (9-12)\ = 4.79℃ \quad T\ (12-15)\ = 5.12℃$$

$$T\ (15-18)\ = 4.76℃ \quad T\ (18-21)\ = 3.50℃$$

$$T\ (21-24)\ = 2.67℃ \quad T\ (24-27)\ = 2.31℃$$

$$T\ (27-30)\ = 1.49℃$$

(7) 应力松弛系数 $S\ (t)$ 按表 3-1 采用。

(8) 计算温度应力：

$$\sigma_{(3-6)} = \frac{1}{2}(6.16 \times 10^5 + 10.80 \times 10^5) \times 1 \times 10^{-5}$$

$$\times 2.51 \left(1 - \frac{1}{\mathrm{ch}\sqrt{\dfrac{12.07}{250 \times 8.48 \times 10^5} \times \dfrac{9080}{2}}} \right) \times 0.545$$

$$= 8.48 \times 10^5 \times 1 \times 10^{-5} \times 2.51$$

$$\times \left(1 - \cfrac{1}{\mathrm{ch}\sqrt{\cfrac{12.07}{2120 \times 10^5} \times 4540}}\right) \times 0.545 = 0.045\mathrm{MPa}$$

同样方法求得:

$$\sigma_{(6-9)} = 0.050\mathrm{MPa} \qquad \sigma_{(9-12)} = 0.082\mathrm{MPa}$$
$$\sigma_{(12-15)} = 0.093\mathrm{MPa} \qquad \sigma_{(15-18)} = 0.090\mathrm{MPa}$$
$$\sigma_{(18-21)} = 0.075\mathrm{MPa} \qquad \sigma_{(21-24)} = 0.064\mathrm{MPa}$$
$$\sigma_{(24-27)} = 0.060\mathrm{MPa} \qquad \sigma_{(27-30)} = 0.042\mathrm{MPa}$$

所以，总的温度应力为:

$$\sigma_{\max} = \Sigma\sigma = \sigma_{(3-6)} + \sigma_{(6-9)} + \sigma_{(9-12)} + \cdots\cdots + \sigma_{(27-30)}$$
$$= 0.045 + 0.050 + 0.082 + 0.093 + 0.090 + 0.075$$
$$+ 0.064 + 0.060 + 0.042 = 0.601\mathrm{MPa}$$

而该混凝土 30d 龄期时的抗拉强度 $f_t = 1.3\mathrm{MPa}$。

$$\sigma_{\max} < f_t$$

所以，该基础底板不会由于降温温差和混凝土收缩而形成温度裂缝。

该基础底板浇筑三天后，内部混凝土的实际最高温升 $T_3 = 25.1℃$，混凝土入模温度为 28℃，因此，基础底板内部混凝土的最高温度为 25.1 + 28 = 53.1℃。根据气候预报三天后的自然平均温度约 25℃，而混凝土表面的温度可在 30℃以上。因此，混凝土内外最大温差为 53.1 - 30 = 23.1℃以下，这表明混凝土整体浇筑后不会产生表面裂缝。

该基础底板在施工时为防止开裂，还采取了一系列措施：如为减少水泥水化热而采用水化热较低的矿渣水泥，并掺加减水剂木质素磺酸钙以减少水泥用量；为提高混凝土的抗拉强度而采用级配良好的骨料，并限制砂、石中的含泥量；为提高混凝土的极限拉伸，在施工时精心施工，保证捣实的质量；为防止表面散热过快，造成过大的内外温差，在基础表面和侧面皆以两层草袋覆盖；为防备气温骤降，造成内外温差过大，在基础上表面准备有碘钨灯，以用来加热；拆模后迅速回填土等。为防止过大的内外温差，有的厚大基础底板还在表面采用积水养护的方法，即在混凝土表面上用砖砌成浅水池，然后放入 30cm 深的水，起保温和养护双重作用。深圳国际贸易中心大厦施工时即采用了此法。

【例2】 一基础底板长 30m，宽 20m，厚 1m，横向配置受力钢筋，配筋率 0.5%，纵向配置构造钢筋，配筋为 $\phi14$，间距 150mm，配筋率为 0.205%。底板的地基为坚硬的砂质黏土，底板混凝土强度等级为 C25，混凝土入模温度为 20℃。经计算得知，混凝土浇筑一昼夜后，上、下表面温升 10℃，内部平均温升 30℃，约 15d 左右可降至周围的平均气温 20℃。试问该底板是否可不留施工缝进行整体浇筑?

【解】 该实例就是要求利用式 (3-37) 计算最大整浇长度，如计算结果超过该底板长度，则不需留施工缝，可以整体浇筑；否则就需要留伸缩缝。式 (3-37) 如下所示:

$$[L_{cp}] = 1.5\sqrt{\frac{HE}{C_x}}\,\mathrm{arch}\,\frac{|\alpha T|}{|\alpha T| - |\varepsilon_p|}$$

现以下述顺序求解上式中的各种计算数据:

(1) 基础底板厚度 $H = 100\mathrm{cm}$;

(2) 由于地基为坚硬砂质黏土，阻力系数 $C_x = 60\mathrm{N/cm}^3$;

(3) 混凝土线膨胀系数 $\alpha = 1 \times 10^{-5}$；

(4) 混凝土弹性模量

$$E(t) = E_0(1 - e^{-0.09t}) = 0.26 \times 10^5(1 - e^{-0.09 \times 15})$$

$$= 0.193 \times 10^5 \text{MPa}$$

(5) 结构计算温差 T

由式 (3-23)：
$$T = T_m + T_y(t)$$

由式 (3-24)：
$$T_m = T_2 + \frac{1}{2}(T_1 - T_2) = 10 + \frac{1}{2}(30 - 10) = 20\text{℃}$$

由式 (3-33)：$T_y(t) = \dfrac{\varepsilon_y(t)}{\alpha}$

由式 (3-34)：$\varepsilon_y(t) = \varepsilon_y^\circ(1 - e^{-bt}) \cdot M_1 \cdot M_2 \cdots M_{10}$

由于其他条件皆符合标准状态，修正系数为 1.0，只有养护时间为 15d，$M_6 = 0.93$，养护时的相对湿度为 80%，$M_7 = 0.70$。

$$\therefore \quad \varepsilon_y(t) = 3.24 \times 10^{-4}(1 - e^{-0.01 \times 15}) \times 0.93 \times 0.70$$

$$= 0.27 \times 10^{-4}$$

$$T_y(t) = \frac{0.27 \times 10^{-4}}{1 \times 10^{-5}} = 2.7\text{℃}$$

$$\therefore \quad T = T_m + T_y(t) = 20 + 2.7 = 22.7\text{℃}$$

(6) 混凝土的极限拉伸 ε_p

由式 (3-38)：
$$\varepsilon_p = \varepsilon_{pa} + \varepsilon_n = 2\varepsilon_{pa}$$

而由式 (3-39)：
$$\varepsilon_{pa}(t) = 5f_t\left(1 + \frac{\mu}{d}\right) \cdot 10^{-5}\frac{\ln t}{\ln 28}$$

$$= 5 \times 1.3 \times \left(1 + \frac{0.205}{1.4}\right) \times 10^{-5} \times \frac{\ln 15}{\ln 28}$$

$$= 6.056 \times 10^{-5}$$

$$\therefore \quad \varepsilon_p = 2\varepsilon_{pa} = 2 \times 6.056 \times 10^{-5} = 12.112 \times 10^{-5}$$

(7) 最大整浇长度 $[L_{cp}]$

$$[L_{cp}] = 1.5\sqrt{\frac{HE}{C_x}}\,\text{arch}\,\frac{|aT|}{|aT| - |\varepsilon_p|}$$

$$= 1.5\sqrt{\frac{100 \times 19.3 \times 10^5}{60}} \times \text{arch}\,\frac{1 \times 10^{-5} \times 22.7}{1 \times 10^{-5} \times 22.7 - 12.112 \times 10^{-5}}$$

$$= 3756\text{cm} = 37.56\text{m} > 30\text{m}$$

所以，该基础底板不需留伸缩缝，可以一次连续整体浇筑。

第三节　防止混凝土温度裂缝的技术措施

对于大体积混凝土结构，为防止其产生温度裂缝，除需按照上述方法进行认真的计算，做到事先心中有数之外，在施工之前和施工过程中采取有效的技术措施，亦有重大意义。

根据我国大体积混凝土结构施工经验，为防止产生温度裂缝，应着重在控制混凝土温升、延缓混凝土降温速率、减少混凝土收缩、提高混凝土极限拉伸值、改善约束和完善构造设计等方面采取措施。另外，在大体积混凝土结构施工过程中的温度监测亦十分重要，它可使有关人员及时了解混凝土结构内部温度变化情况，必要时可临时采取事先考虑的有效措施，以防止混凝土结构产生温度裂缝。

一、控制混凝土温升

大体积混凝土结构在降温阶段，由于降温和水分蒸发等原因产生收缩，再加上存在外约束不能自由变形而产生温度应力的。因此，控制水泥水化热引起的温升，即减小了降温温差，这对降低温度应力、防止产生温度裂缝能起釜底抽薪的作用。

为控制大体积混凝土结构因水泥水化热而产生的温升，可以采取下列措施：

（一）选用中低热的水泥品种

混凝土升温的热源是水泥水化热，选用中低热的水泥品种，可减少水化热，使混凝土减少升温。为此，施工大体积混凝土结构多用 32.5 级和 42.5 级矿渣硅酸盐水泥。如 42.5 级（即原 425 号）矿渣硅酸盐水泥其 3d 的水化热为 180kJ/kg，而同等级的普通硅酸盐水泥则为 250kJ/kg，水化热量减少 28%。

（二）利用混凝土的后期强度

试验数据证明，每立方米的混凝土水泥用量每增减 10kg，水泥水化热将使混凝土的温度相应升降 1℃。因此，为控制混凝土温升，降低温度应力，减少产生温度裂缝的可能性，可根据结构实际承受荷载情况，对结构的刚度和强度进行复算并取得设计和质量检查部门的认可后，可采用 f_{45}、f_{60} 或 f_{90} 替代 f_{28} 作为混凝土设计强度，这样可使每立方米混凝土的水泥用量减少 40~70kg/m³ 左右，混凝土的水化热温升相应减少 4~7℃。

由于高层建筑与大型工业设施等施工工期很长，其基础等大体积混凝土结构承受的设计荷载，要在较长时间之后才施加其上，所以只要能保证混凝土的强度在 28d 之后继续增长，且在预计的时间（45、60 或 90d）能达到或超过设计强度即可。

上海宝山钢铁总厂一期工程中的几个大型混凝土基础，为解决水泥水化热问题，曾采用过以 60d 龄期为标准强度的混凝土配合比，事后为探索混凝土强度增长规律，曾收集过 874 个 f_{60} 的数据。结果证明 28d 之后混凝土强度都有不同程度的增长，C20~C40 的混凝土，其 f_{60} 比 f_{28} 平均增长 12%~26.2%。证明同时掺加粉煤灰和木质素磺酸钙者最佳，单独掺粉煤灰或木质素磺酸钙者次之，什么也未掺加者居后。

上海在多数高层建筑的大体积混凝土基础施工中，分别采用 f_{45}、f_{60} 替代 f_{28} 作为混凝土设计强度。除宝山钢铁总厂外，其他一些大型工业设施（如浦东煤气厂筒仓基础、耀华玻璃厂浮法熔窑基础等）亦采用了 f_{60}。

利用混凝土后期强度，要专门进行混凝土配合比设计，并通过试验证明 28d 之后混凝土强度能继续增长。

（三）掺加减水剂木质素磺酸钙

木质素磺酸钙属阴离子表面活性剂，对水泥颗粒有明显的分散效应，并能使水的表面张力降低而引起加气作用。因此，在混凝土中掺入水泥重量 0.25% 的木钙减水剂（即木质素磺酸钙），它不仅能使混凝土和易性有明显的改善，同时又减少了 10% 左右的拌合水，节约 10% 左右的水泥，从而降低了水化热，大大减少了在大体积混凝土施工过程中出现温度裂缝的可能性。

（四）掺加粉煤灰外掺料

试验资料表明，在混凝土内掺入一定数量的粉煤灰，由于粉煤灰具有一定活性，不但可代替部分水泥，而且粉煤灰颗粒呈球形，具有"滚珠效应"而起润滑作用，能改善混凝土的流动性，并可增加泵送混凝土（大体积混凝土多用泵送施工）要求的 0.315mm 以下细粒的含量，改善混凝土可泵性，降低混凝土的水化热。

另外根据大体积混凝土的强度特性，初期处于高温条件下，强度增长较快、较高，但后期强度就增长缓慢，这是由于高温条件下水化作用迅速，随着混凝土的龄期增长，水化作用慢慢停止的缘故。掺加粉煤灰后可改善混凝土的后期强度，但其早期抗拉强度及早期极限拉伸值均有少量降低。因此对早期抗裂要求较高的工程，粉煤灰掺入量应少一些，否则表面易出现细微裂缝。

掺加原状粉煤灰和磨细粉煤灰对水泥水化热的影响，见表 3-12、表 3-13。

掺加原状粉煤灰对水泥水化热的影响 表 3-12

水 泥 品 种	粉煤灰掺量（%）	水化热（kJ/kg）	
		3d	7d
东风牌矿渣水泥	0	191.34	228.18
	15	159.94	188.41
日本狮牌硅酸盐水泥	0	248.70	279.68
	20	230.27	251.63

掺加磨细粉煤灰对水泥水化热的影响 表 3-13

水泥品种	粉煤灰掺量（%）	水化热（kJ/kg）		
		1d	3d	7d
矿渣水泥	0	168.02	239.23	275.41
	15	135.02	200.46	245.60
日本水泥	0	285.00	345.45	389.79
	25	246.10	297.97	329.17

绝热条件下掺加磨细粉煤灰的混凝土温升，见表 3-14。

绝热条件下掺加磨细粉煤灰的混凝土温升 表 3-14

$m_C + m_F$（kg）	$\dfrac{m_F}{m_C + m_F}$（%）	混凝土温升（℃）					$m_C + m_F$ 的水化热（kJ/kg）				
		1d	3d	7d	14d	28d	1d	3d	7d	14d	28d
358	0	20.0	29.0	35.0	39.2	(41.5)	133.6	193.8	427.5	261.7	277.2
	30	14.5	21.9	27.8	31.2	(33.5)	96.3	144.0	184.6	206.8	222.7
	50	9.3	14.8	18.9	22.6	(24.5)	58.6	93.4	119.3	142.4	144.9
311	0	17.7	26.2	30.5	33.0	32.5	135.7	200.5	233.6	252.5	269.6
	30	11.6	18.2	22.8	26.9	28.9	88.3	138.6	173.8	205.2	220.6
	50	6.5	11.6	15.7	18.8	20.3	47.3	100.9	113.9	136.1	147.0
264	0	15.0	22.5	27.3	28.8	30.3	135.2	202.6	245.8	259.2	273.0
	30	9.8	15.1	19.7	23.3	24.9	87.9	135.2	176.3	208.9	223.2
	50	5.6	10.0	13.9	16.8	18.2	47.7	85.4	118.5	143.6	155.3

注：1. 有（ ）者为少水化热硅酸盐水泥；
2. m_C、m_F—水泥和磨细粉煤灰数量。

（五）粗细骨料选择

为了达到预定的要求，同时又要发挥水泥最有效的作用，粗骨料有一个最佳的最大粒径。对于土建工程的大体积钢筋混凝土，粗骨料的规格往往与结构物的配筋间距、模板形状以及混凝土浇筑工艺等因素有关。

宜优先采用以自然连续级配的粗骨料配制混凝土。因为用连续级配粗骨料配制的混凝土具有较好的和易性、较少的用水量和水泥用量以及较高的抗压强度。在石子规格上可根据施工条件，尽量选用粒径较大、级配良好的石子。因为增大骨料粒径，可减少用水量，而使混凝土的收缩和泌水随之减少。同时亦可减少水泥用量，从而使水泥的水化热减小，最终降低了混凝土的温升。当然骨料粒径增大后，容易引起混凝土的离析，因此必须优化级配设计，施工时加强搅拌、浇筑和振捣等工作。根据有关试验结果表明，采用 5~40mm 石子比采用 5~25mm 石子每立方米混凝土可减少用水量 15kg 左右，在相同水灰比的情况下，水泥用量可减少 20kg 左右。

粗骨料颗粒的形状对混凝土的和易性和用水量也有较大的影响。因此，粗骨料中的针、片状颗粒按重量计应不大于 15%。

细骨料以采用中、粗砂为宜。根据有关试验资料表明，当采用细度模数为 2.79、平均粒径为 0.38 的中、粗砂，它比采用细度模数为 2.12、平均粒径为 0.336 的细砂，每立方米混凝土可减少用水量 20~25kg，水泥用量可相应减少 28~35kg。这样就降低了混凝土的温升和减小了混凝土的收缩。

泵送混凝土的输送管道除直管外，还有锥形管、弯管和软管等。当混凝土通过锥形管和弯管时，混凝土颗粒间的相对位置就会发生变化，此时如混凝土的砂浆量不足，便会产生堵管现象。所以在级配设计时适当提高一些砂率是完全必要的，但是砂率过大，将对混凝土的强度产生不利影响。因此在满足可泵性的前提下，应尽可能使砂率降低。

另外，砂、石的含泥量必须严格控制。根据国内经验，砂、石的含泥量超过规定，不仅会增加混凝土的收缩，同时也会引起混凝土抗拉强度的降低，对混凝土的抗裂是十分不利的。因此在大体积混凝土施工中，建议将石子的含泥量控制在小于 1%，砂的含泥量控制在小于 2%。

（六）控制混凝土的出机温度和浇筑温度

为了降低大体积混凝土总温升和减少结构的内外温差，控制出机温度和浇筑温度同样很重要。

根据搅拌前混凝土原材料总的热量与搅拌后混凝土总热量相等的原理，可得出混凝土的出机温度 T_0 如下：

$$T_0 = \frac{(c_s + c_w w_s) m_s T_s + (c_g + c_w w_g) m_g T_g}{c_s m_s + c_g m_g + c_w m_w + c_c m_c}$$

$$+ \frac{c_c m_c T_c + c_w (m_w w_s m_c - w_g m_g) T_w}{c_s m_s + c_g m_g + c_w m_w + c_c m_c} \tag{3-42}$$

式中　c_s、c_g、c_c、c_w——分别为砂、石、水泥和水的比热（J/kg℃）；

　　　m_s、m_g、m_c、m_w——分别为每立方米混凝土中砂、石、水泥和水的用量（kg/m³）；

T_s、T_g、T_c、T_w——分别为砂、石、水泥和水温度（℃）；

w_s、w_g——分别为砂、石的含水量（%）。

计算时一般取：

$$c_s = c_g = c_c = 800J/kg℃$$

$$c_w = 4000J/kg℃$$

由式（3-42）可以看出，混凝土的原材料中石子的比热较小，但其在每立方米混凝土中所占的重量较大；水的比热最大，但它的重量在每立方米混凝土中只占一小部分。因此对混凝土出机温度影响最大的是石子及水的温度，砂的温度次之，水泥的温度影响很小。为了进一步降低混凝土的出机温度，其最有效的办法就是降低石子的温度。在气温较高时，为防止太阳的直接照射，可在砂、石堆场搭设简易遮阳装置，必要时须向骨料喷射水雾或使用前用冷水冲洗骨料。

混凝土从搅拌机出料后，经搅拌运输车运输、卸料、泵送、浇筑、振捣、平仓等工序后的混凝土温度称为浇筑温度。

关于浇筑温度的控制，由于在土建工程的大体积混凝土施工中，浇筑温度对结构物的内外温差影响不大，因此对主要受早期温度应力影响的结构物，没有必要对浇筑温度控制过严。如宝山钢铁总厂施工的 7 个大体积混凝土基础，其中有 4 个基础混凝土的浇筑温度为 32～35℃，均未采取特殊的技术措施，并未出现影响混凝土质量的问题。但是考虑到温度过高会引起较大的干缩以及给混凝土的浇筑带来不利影响，适当限制浇筑温度是合理的。建议最高浇筑温度控制在 40℃以下为宜，这就要求我们在常规施工情况下合理选择浇筑时间，完善浇筑工艺以及加强养护工作。

二、延缓混凝土降温速率

大体积混凝土浇筑后，为了减少升温阶段内外温差，防止产生表面裂缝；给予适当的潮湿养护条件，防止混凝土表面脱水产生干缩裂缝；使水泥顺利进行水化，提高混凝土的极限拉伸值；以及使混凝土的水化热降温速率延缓，减小结构计算温差，防止产生过大的温度应力和产生温度裂缝，对混凝土进行保湿和保温养护是重要的。

大体积混凝土表面保温、保湿材料的厚度，可根据热交换原理按下式计算：

$$\delta = \frac{0.5h\lambda(T_2 - T_g)}{\lambda_c(T_{max} - T_2)} \cdot K \qquad (3-43)$$

式中　δ——保温材料的厚度（m）；

　　　h——结构厚度（m）；

　　　λ——保温材料的导热系数（见表 3-7）；

　　　λ_c——混凝土的导热系数（可取为 2.3W/m·K）；

　　　T_2——混凝土表面的温度（℃）；

　　　T_{max}——混凝土中的最高温度（℃）；

　　　T_g——混凝土达到最高温度（浇筑后 3～5d）时的大气平均温度（℃）；

　　　K——传热系数的修正值（见表 3-15）。

式（3-43）中的 0.5h，是指混凝土中心最高温度向边界散热的距离，取为结构物厚度的 1/2。

传热系数的修正值 K
表 3-15

保 温 层 种 类	K_1	K_2
保温层纯粹由容易透风的保温材料组成	2.6	3.00
保温层由容易透风的保温材料组成，但在混凝土面层上铺一层不易透风的保温材料	2.00	2.30
保温层由容易透风的保温材料组成，并在保温层上再铺一层不易透风的材料	1.60	1.90
保温层由容易透风的保温材料组成，而保温层的上面和下面各铺一层不易透风的材料	1.30	1.50
保温层纯粹由不易透风的保温材料所组成	1.30	1.50

注：1. K_1 值为一般刮风情况（风速 < 4m/s，且结构物位置高出地面水平不大于 25m）的修正系数，K_2 是刮大风时的修正系数；

2. 属于不易透风保温材料的有油布、帆布、棉麻毡、胶合板、安装很好的模板，属于容易透风的保温材料有稻草板、锯末、砂子、炉渣、油毡、草袋等。

大体积混凝土结构进行蓄水养护亦是一种较好的方法，我国一些工程曾采用。

混凝土终凝后，在其表面蓄存一定深度的水。由于水的导热系数为 0.58W/m·K，具有一定的隔热保温效果，这样可延缓混凝土内部水化热的降温速率，缩小混凝土中心和混凝土表面的温差值，从而可控制混凝土的裂缝开展。

根据热交换原理，每一立方米混凝土在规定时间内，内部中心温度降低到表面温度时放出的热量，等于混凝土在此养护期间散失到大气中的热量。此时混凝土表面所需的热阻系数，可按下式计算：

$$R = \frac{XM(T_{max} - T_2)K}{700T_i + 0.28m_c \cdot Q} \tag{3-44}$$

式中　R——混凝土表面的热阻系数（K/W）；

　　　X——混凝土维持到指定温度的延续时间（h）；

　　　M——混凝土结构物的表面系数（1/m）：

$$M = \frac{F}{V} \tag{3-45}$$

　　　F——结构物与大气接触的表面面积（m^2）；

　　　V——结构物的体积（m^3）；

　　T_{max}——混凝土中心最高温度（℃）；

　　　T_2——混凝土表面的温度（℃）；

　　　K——传热系数的修正值，蓄水养护时取 1.3；

　　700——混凝土的热容量，即比热与表观密度的乘积（kJ/m^3·K）；

　　　T_i——混凝土浇筑、振捣完毕开始养护时的温度（℃）；

　　　m_c——每立方米混凝土中的水泥用量（kg）；

　　　Q——混凝土在指定龄期内水泥的水化热（kJ/kg）。

热阻系数与保温材料的厚度和导热系数有关，当采用水作为保温养护材料时，可按下式计算混凝土表面的蓄水深度：

$$h_s = R \cdot \lambda_w \tag{3-46}$$

式中　h_s——混凝土表面的蓄水深度（m）；

　　　　R——热阻系数，由式（3-44）求得；

　　　　λ_w——水的导热系数，取 0.58W/m·K。

此外，在大体积混凝土结构拆模后，宜尽快回填土，用土体保温避免气温骤变时产生有害影响，亦可延缓降温速率，避免产生裂缝。我国有的大体积混凝土结构工程就因为拆模后未回填土而长期暴露在外，结果引起裂缝。

三、减少混凝土收缩、提高混凝土的极限拉伸值

通过改善混凝土的配合比和施工工艺，可以在一定程度上减少混凝土的收缩和提高其极限拉伸值 ε_p，这对防止产生温度裂缝亦起一定的作用。

混凝土的收缩值和极限拉伸值，除与上述的水泥用量、骨料品种和级配、水灰比、骨料含泥量等有关外，还与施工工艺和施工质量密切有关。

对浇筑后的混凝土进行二次振捣，能排除混凝土因泌水在粗骨料、水平钢筋下部生成的水分和空隙，提高混凝土与钢筋的握裹力，防止因混凝土沉落而出现的裂缝，减小内部微裂，增加混凝土密实度，使混凝土的抗压强度提高 10% ~ 20% 左右，从而提高抗裂性。

混凝土二次振捣的恰当时间是指混凝土经振捣后尚能恢复到塑性状态的时间，一般称为振动界限。掌握二次振捣恰当时间的方法一般有以下二种：

（1）将运转着的振动棒以其自身的重力逐渐插入混凝土中进行振捣，混凝土仍可恢复塑性的程度是使振动棒小心拔出时混凝土仍能自行闭合，而不会在混凝土中留下孔穴，则可认为当时施加二次振捣是适宜的。

（2）为了准确地判定二次振捣的适宜时间，国外一般采用测定贯入阻力值的方法进行判定。即当标准贯入阻力值达到 350N/cm² 以前进行二次振捣是有效的，不会损伤已成型的混凝土。根据有关试验结果，当标准贯入阻力值为 350N/cm² 时，对应的立方体试块强度约为 25N/cm²，对应的压痕仪强度值约为 27N/cm²。

由于采用二次振捣的最佳时间与水泥品种、水灰比、坍落度、气温和振捣条件等有关。因此，在实际工程使用前做些试验是必要的。同时在最后确定二次振捣时间时，既要考虑技术上的合理，又要满足分层浇筑、循环周期的安排，在操作时间上要留有余地，避免由于这些失误而造成"冷接头"等质量问题。

此外，改进混凝土的搅拌工艺也很有意义。传统混凝土搅拌工艺在混凝土搅拌过程中水分直接润湿石子表面，在混凝土成型和静置的过程中，自由水进一步向石子与水泥砂浆界面集中，形成石子表面的水膜层。在混凝土硬化后，由于水膜的存在而使界面过渡层疏松多孔，削弱了石子与硬化水泥砂浆之间的粘结，形成混凝土中最薄弱的环节，从而对混凝土抗压强度和其他物理力学性能产生不良影响。

为了进一步提高混凝土质量，可采用二次投料的砂浆裹石或净浆裹石搅拌新工艺。这样可有效地防止水分向石子与水泥砂浆界面的集中，使硬化后的界面过渡层的结构致密，粘结加强，从而可使混凝土强度提高 10% 左右，也提高了混凝土的抗拉强度和极限拉伸值。当混凝土强度基本相同时，可减少 7% 左右水泥用量。

四、改善边界约束和构造设计

在这方面可采取下述措施：

1. 设置滑动层

由于边界存在约束才会产生温度应力，如在与外约束的接触面上全部设滑动层，则可大大减弱外约束。如在外约束的两端各 1/4～1/5 的范围内设置滑动层，则结构的计算长度可折减约一半。为此，遇有约束强的岩石类地基、较厚的混凝土垫层等时，可在接触面上设滑动层，对减小温度应力将起显著作用。

滑动层的作法有：涂刷两道热沥青加铺油毡一层；铺设 10～20mm 厚沥青砂；铺设 50mm 厚砂或石屑层等。

2. 避免应力集中

在孔洞周围、变断面转角部位、转角处等由于温度变化和混凝土收缩，会产生应力集中而导致裂缝。为此，可在孔洞四周增配斜向钢筋、钢筋网片；在变断面处避免断面突变，可作局部处理使断面逐渐过渡，同时增配抗裂钢筋，这对防止裂缝是有益的。

3. 设置缓冲层

在高、低底板交接处、底板地梁处等，用 30～50mm 厚聚苯乙烯泡沫塑料作垂直隔离，以缓冲基础收缩时的侧向压力（图 3-13）。

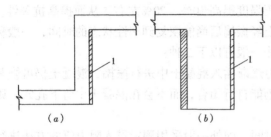

图 3-13　缓冲层示意图
（a）高、低底板交接处；（b）底板地梁处
1—聚苯乙烯泡沫塑料

4. 合理配筋

在设计构造方面还应重视合理配筋对混凝土结构抗裂的有益作用。

当混凝土的底板或墙板的厚度为 200～600mm 时，可采取增配构造钢筋，使构造筋起到温度筋的作用，能有效地提高混凝土抗裂性能。

配筋应尽可能采用小直径、小间距。例如直径为 $\phi 8～\phi 14$ 的钢筋，间距 150mm，按全截面对称配置比较合理，可提高抵抗贯穿性开裂的能力。

全截面含筋率控制在 0.3%～0.5% 之间为好。实践证明，当含筋率小于 0.3% 时，混凝土容易开裂。

受力钢筋能满足变形构造要求时，可不再增加温度筋。构造筋如不能起到抗约束作用时，应增配温度筋。

对于大体积混凝土，构造筋对控制贯穿性裂缝的作用较小。但沿混凝土表面配置钢筋，可提高面层抗表面降温的影响和干缩。

5. 合理的分段施工

当大体积混凝土结构的尺寸过大，通过计算证明整体一次浇筑产生的温度应力过大，有可能产生温度裂缝时，则可与设计单位研究后合理的用"后浇带"分段进行浇筑。

"后浇带"是在现浇钢筋混凝土结构中，于施工期间留设的临时性的温度和收缩变形缝。该缝根据工程安排保留一定时间，然后用混凝土填筑密实成为整体的无伸缩缝结构。

用"后浇带"分段施工时，其计算是将降温温差和收缩分为两部分。在第一部分内结构被分成若干段，使之能有效地减小温度和收缩应力；在施工后期再将这若干段浇筑成整体，继续承受第二部分降温温差和收缩的影响。这两部分降温温差和收缩作用下产生的温度应力叠加，其值应小于混凝土的设计抗拉强度。此即利用"后浇带"控制产生裂缝并达到不设永久性伸缩缝的原理。

"后浇带"的间距，由式（3-35）最大整浇长度计算确定，在正常情况下其间距一般为 20～30m。

"后浇带"的保留时间视其作用而定一般不宜少于 40d，在此期间早期温差及 30%以上的收缩已完成。有的要到结构封顶再浇筑。

"后浇带"的宽度应考虑方便施工，避免应力集中，使"后浇带"在混凝土填筑后承受第二部分温差及收缩作用下的内应力（即约束应力）分布得较均匀，故其宽度可取 70～100cm。当地上、地下都为现浇钢筋混凝土结构时，在设计中应标出"后浇带"的位置，并应贯通地下和地上整个结构，但该部分钢筋应连续不断。"后浇带"的构造如图 3-14 所示，多用平接式。

"后浇带"处宜用网状模板，赫-瑞布（Expamet Hy-R：b）模板即其中的一种。它由薄型热浸镀锌钢板制作，具有单向 ⊔ 形密肋，肋高 20.8mm，间距 89mm；在单向肋之间每隔 20mm 布置 4 道带小挡板的立体网格孔（尺寸为 15mm×15mm×8mm），刚度较好，能承受混凝土侧压力。网状模板是一种不拆除模板，浇筑混凝土时砂浆通过网格孔渗透到模板面，使表面成为一种抗剪性能很理想的

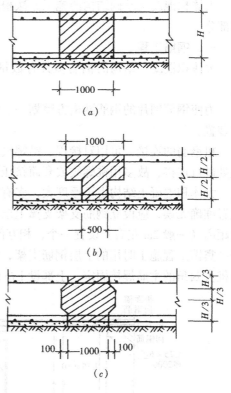

图 3-14 "后浇带"构造
（a）平接式；（b）T 字式；（c）企口式

均匀粗粒界面，第二次浇筑混凝土时，不需要拆模和凿毛，能保证后浇带混凝土的质量。上海一些高层建筑的后浇带即用这种模板，收到很好的效果。

后浇带处的混凝土，宜用微膨胀混凝土，混凝土强度等级宜比原结构的混凝土提高 5～10N/mm²，并保持不少于 15d 的潮湿养护。

五、施工监测

为了进一步摸清大体积混凝土水化热的多少，不同深度处温度场升降的变化规律，随时监测混凝土内部温度情况，以便有的放矢地采取相应技术措施确保工程质量，可在混凝土内不同部位埋设温度传感器，用混凝土温度测定记录仪，进行施工全过程的跟踪和监测。

大体积混凝土测温系统，包括温度传感器、信号放大和变换装置、微机等组成。

温度传感器为电流型精密半导体温度传感器，有良好测温特性，而且不必采取电阻补偿措施。

因为微机控制，能实现采集和监测温度，能自动生成温度曲线，可出屏幕和打印机上输出。可随时输出不同时刻各测点的温度，甚至能绘制混凝土内部温度二维图形。这样可做到信息化施工，从而确保工程质量。

第四节　大体积混凝土基础结构施工

大体积混凝土基础结构的施工方法根据基础型式而定，但都包括钢筋、模板和混凝土三部分。

一、钢筋工程

大体积混凝土结构的钢筋多具有数量多、直径大、分布密、上下层钢筋高差大等特点。

为使钢筋网片的钢筋网格方整划一、间距正确，在进行钢筋绑扎或焊接时，宜采用定位装置。

粗钢筋的连接，可用对接焊、锥螺纹和套筒挤压连接。有一部分粗钢筋要在基坑内底板处进行连接，故多用锥螺纹或套筒挤压连接。

大体积混凝土结构由于厚度大，多有上、下两层双向钢筋。为保证上层钢筋的标高和位置准确无误，应设立钢筋支架支撑上层钢筋。钢筋支架可由粗钢筋或型钢制作，每隔一定距离（一般 2m 左右）设置一个，相互间有一定的拉结，保持稳定。图 3-15 所示为上海华亭宾馆工程施工时用的上层钢筋支架，它是由 $\phi25$ 钢筋构成的门形架，门形架钢筋底端与桩头四角的主筋焊接固定，上部设 L75×10 角钢支架。

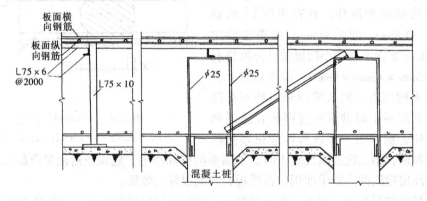

图 3-15　上层钢筋支架

如支架除去支撑上层钢筋外，亦支撑操作平台的施工荷载，则钢筋支架的强度和稳定性可能不足，宜改用型钢支架，并计算确定。

钢筋网片和骨架多在钢筋加工厂成型，运到工地进行安装。工地有时亦设简易钢筋加工成型机械，以便临时补缺。

二、模板工程

模板是保证工程结构外形和尺寸的关键，而混凝土对模板的侧压力是确定模板尺寸的依据。大体积混凝土采用泵送工艺，其特点是速度快，浇筑面集中，不可能同时将混凝土均匀地分送到浇筑混凝土的各个部位，而是一下子就使某一部分的混凝土升高很大，然后再移动输送管，依次浇筑另一部分的混凝土。因此采用泵送工艺的大体积混凝土的模板，不能按传统、常规的办法配置。应根据实际受力状况，对模板和支撑系统等进行计算，以确保模板体系具有足够的强度和刚度。

大体积混凝土结构基础垫层面积较大，垫层浇筑后其面层不可能在同一水平面。因此宜在基础钢模板下端统长铺设一根 50mm×100mm 小方木，用水平仪找平，以确保基础钢模板安装后其上表面能在同一标高上。另外沿基础纵向两侧及横向于混凝土浇筑最后结束的一侧，在小方木上开设 50mm×300mm 的排水孔，以便将大体积混凝土浇筑时产生的泌水和浮浆排出。

箱形基础的底板模板，多将组合模板（组合钢模板或钢框胶合板、竹胶板模板）按照模板配板设计组装成大块模板进行安装，不足处以异形模板补充。模板要支撑牢固，防止在混凝土侧压力作用下产生变形。有的工程其基础底板边线距离支护桩甚近，难以支设模板，因此有的底板侧模用砌砖代替。用砖砌模板混凝土浇筑后无法检查混凝土的浇筑质量，所以事先要与有关质量检查部门联系并取得许可。

三、混凝土工程

基础工程的大体积混凝土数量巨大，如新上海国际大厦基础底板混凝土为 17044m^3，金茂大厦基础底板混凝土为 13500m^3，上海煤炭大厦底板混凝土达 21000m^3，上海世界贸易商城底板混凝土达 24000m^3。很多工业设施的基础亦达数千立方米。对于这些大体积混凝土的浇筑，宜用预拌混凝土，利用混凝土泵（泵车）进行浇筑。

混凝土泵型号的选择，主要根据单位时间需要的浇筑量及泵送距离。如基础尺寸不很大，可用布料杆直接浇筑时，宜选用带布料杆的混凝土泵车。否则，即需布管，采用一次接长至最远处、边浇边拆的方式。

混凝土泵或泵车的数量按下式计算，重要工程宜有备用泵。

$$N = \frac{Q}{Q_A \cdot t} \tag{3-47}$$

式中　N——混凝土泵（泵车）台数；

　　　Q——混凝土浇筑数量（m^3/h）；

　　　Q_A——混凝土泵（泵车）的实际平均输出量（m^3/h）；

　　　t——施工作业时间（h）。

供应大体积混凝土结构施工用的预拌混凝土，宜用混凝土搅拌运输车供应。混凝土泵不应间断，宜连续供应，以保证顺利泵送。混凝土搅拌运输车的台数按下式计算：

$$N_g = \frac{Q'}{60Q_B}\left(\frac{60L}{v} + T\right) \tag{3-48}$$

式中　N_g——混凝土搅拌运输车台数；

　　　Q'——混凝土泵（泵车）单位时间计划泵送量（m^3/h）；

　　　Q_B——混凝土搅拌运输车的装载量（m^3）；

　　　L——混凝土搅拌运输车往返一次的行程（km）；

　　　v——混凝土搅拌运输车的平均车速（km/h）；

　　　T——往返一次内的因装料、卸料、冲洗、停歇等的总停歇时间（h）。

混凝土泵（泵车）能否顺利泵送，在很大程度上取决于其在平面上的合理布置与保证施工现场道路的畅通。如利用泵车，则宜使其尽量靠近基坑，以扩大布料杆的浇筑半径。混凝土泵（泵车）的受料斗周围宜有能够同时停放 2 辆混凝土搅拌运输车的场地，这样可轮流向泵或泵车供料，使调换供料时不至于停歇。

如使预拌混凝土工厂中的搅拌机、混凝土搅拌运输车和混凝土泵（泵车）相对固定，则可简化指挥调度，能提高工作效率。

　　图 3-16 所示为上海华亭宾馆基础大体积混凝土浇筑时的分段与各段混凝土泵车与输送管的布置情况。其主楼部分分为四段，裙房与地下车库部分分为三段，其他部分亦分为三段，共计分为十段，各段的混凝土工程量较接近。

　　由于泵送混凝土的流动性大，如基础厚度不很大，多斜面分层循序推进、一次到顶（图 3-17）。这种自然流淌形成斜坡的混凝土浇筑方法，能较好地适应泵送工艺。

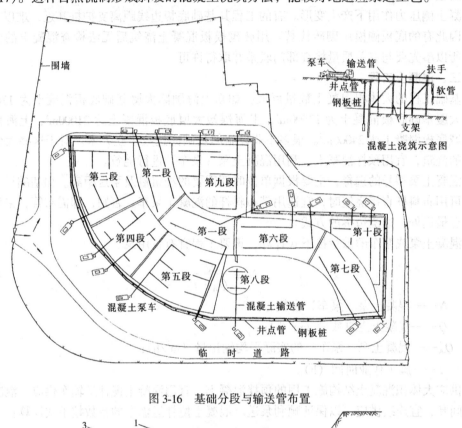

图 3-16　基础分段与输送管布置

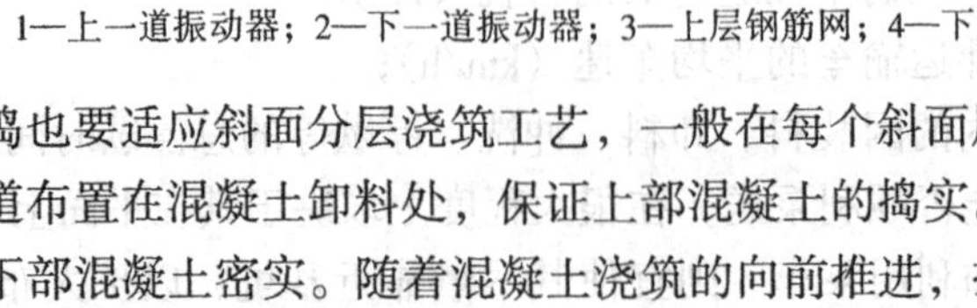

图 3-17　混凝土浇筑与振捣方式示意图
1—上一道振动器；2—下一道振动器；3—上层钢筋网；4—下层钢筋网

　　混凝土的振捣也要适应斜面分层浇筑工艺，一般在每个斜面层的上、下各布置一道振动器。上面的一道布置在混凝土卸料处，保证上部混凝土的捣实。下面一道振动器布置在近坡脚处，确保下部混凝土密实。随着混凝土浇筑的向前推进，振动器也相应跟上。

　　大流动性混凝土在浇筑和振捣过程中，上涌的泌水和浮浆顺混凝土坡面流到坑底，混凝土垫层在施工时已预先留有一定坡度，可使大部分泌水顺垫层坡度通过侧模底部预留孔排出坑外。少量来不及排除的泌水随着混凝土向前浇筑推进而被赶至基坑顶部，由模板顶部的预留孔排出。

当混凝土大坡面的坡脚接近顶端模板时，改变混凝土浇筑方向，即从顶端往回浇筑，与原斜坡相交成一个集水坑，另外有意识地加强二侧板模板处的混凝土浇筑强度，这样集水坑逐步在中间缩小成水潭，用软轴泵及时排除。采用这种方法基本上排除了最后阶段的所有泌水（图3-18）。

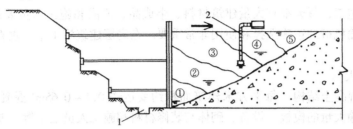

图 3-18　泌水排除与顶端混凝土浇筑方向
①、②……⑤表示分层浇筑流程，箭头表示顶端混凝土浇筑方向
1—排水沟；2—软轴抽水机

大体积混凝土（尤其用泵送混凝土）的表面水泥浆较厚，在浇筑后要进行处理。一般先初步按设计标高用长刮尺刮平，然后在初凝前用铁滚筒碾压数遍，再用木蟹打磨压实，以闭合收水裂缝，经12h左右再用塑料薄膜和草袋覆盖充分浇水湿润养护。

第四章　高层建筑施工用起重运输机械

高层建筑施工，每天都有大量建筑材料、半成品、成品和施工人员要进行垂直运输，因此，起重运输机械的正确选择和使用非常重要。在高层建筑施工中，垂直运输作业具有下述特点：

1. 运输量大

对于现浇混凝土结构，每平方米建筑面积约要运送 $0.4 \sim 0.65 \text{m}^3$ 混凝土、$80 \sim 130 \text{kg}$ 钢筋，还要运输大量的模板、设备、砌体与装修材料和施工人员上下等。尤其当结构工程与装饰工程平行立体交叉作业时，运输量更大；

2. 机械费用大

高层建筑施工中，机械设备的费用约占土建总造价的 $4\% \sim 9\%$，对总造价有一定的影响，根据工程特点正确的选用和有效的使用机械，对降低高层建筑的造价能起一定的作用；

3. 对工期影响大

高层建筑结构工期一般 $5 \sim 10 \text{d}$ 一层，有时甚至缩短至 4d 一层。该工期在很大程度上取决于垂直运输的速度。在高层建筑施工中，对于循环运输机械，垂直运输占用的时间可用下式表示：

$$\sum_{n=2}^{n} T_n = \frac{Q_n(n-1)}{3500\eta}\left(\frac{h_0 n}{v} + t_s\right) \tag{4-1}$$

式中　T_n——从第 2 层起至第 n 层止总的垂直运输时间（s）；

Q_n——每一层所需的垂直运输机械的工作循环数（吊次）；

n——层数；

η——起重运输机械的效率，$0.4 \sim 0.7$；

h_0——层高（m）；

v——起重运输机械吊钩升降平均速度（m/s）；

t_s——一个工作循环中装卸等占用的时间（s）。

在上式中，Q_n、η、h_0、v 皆为常数，从公式可看出，T_n 随 $(n-1)n$ 而变化，即随着高层建筑层数的增多、高度的增高，垂直运输所需的时间呈抛物线形向上增长。

高层建筑的施工速度在一定程度上取决于施工所需物料的垂直运输速度。

第一节　起重运输体系的选择

对于目前我国应用最多的混凝土结构的高层建筑，施工过程中需要进行运输的物品主要是模板（滑模、爬模除外）、钢筋和混凝土，另外还有墙体、装饰材料以及施工人员的上下。

墙体材料和楼盖模板、钢筋等运输主要利用塔式起重机，由于其起重臂长度大，模板的拼装、拆除方便，钢筋或钢筋骨架亦可直接运至施工处，效率较高。对于高度较低的高层建筑，或对于中、小城市一些缺乏大型起重运输设备的施工企业，也可利用简易塔式起重机或井架起重机上附装的拔杆进行模板、钢筋的吊运。

在混凝土结构的高层建筑中，混凝土数量巨大，一个楼层多在数百立方米以上，为加快施工速度，正确选择混凝土运输设备十分重要。混凝土的运输可用塔式起重机和料斗、混凝土泵、快速提升机、井架起重机，其中以混凝土泵的运输速度最快，可连续运输，而且可直接进行浇筑，如加用布料机则浇筑范围更大。

高层建筑施工过程中，施工人员的上下主要利用人货两用施工电梯。尺寸不大的非承重墙墙体材料和装饰材料的运输，可用施工电梯、井架起重机、快速提升机等。

基于上述分析，高层建筑施工时起重运输体系可按下列情况进行组合：

塔式起重机 + 施工电梯

塔式起重机 + 混凝土泵 + 施工电梯

塔式起重机 + 快速提升机（或井架起重机）+ 施工电梯

井架起重机 + 施工电梯

井架起重机 + 快速提升机 + 施工电梯

上述各种重运输体系组合，在一定条件下技术方面皆能满足高层建筑施工过程中运输的需要，但在进行选择时应全面考虑下述几方面：

1. 运输能力要能满足规定工期的要求

高层建筑施工的工期在很大程度上取决于垂直运输的速度，如一个标准层的施工工期确定后，则需选择合适的起重运输机械、配备足够的数量以满足要求；

2. 机械费用低

高层建筑施工因用的机械较多所以机械费用较高，在选择机械类型和进行其配套时，应力求降低机械费用，这对于中、小城市中的非大型建筑施工企业尤为重要；

3. 综合经济效益好

因为机械费用的高低有时不能绝对地反映经济效益。例如机械化程度高，势必机械费用也高，但它能加快施工速度和降低劳动消耗。因此对于机械的选用和其配套要考虑综合经济效益，要全面地进行技术经济比较。

从我国目前大中城市高层建筑施工时选用的起重运输机械的现状及发展趋势来看，采用塔式起重机加混凝土泵加施工电梯方案者愈来愈多。国外情况也类似。该方案对实现机械化，减轻劳动强度和加快施工速度有利。

第二节　塔式起重机

一、塔式起重机的基本型式

1. 按塔式起重机工地上使用架设的要求分

可分为固定式、轨行式、附着式、内爬式（图 4-1）。现代塔式起重机多为四用式，即可用作四种方式。

固定式不需铺设轨道，但其作业范围小。

轨行式的优点是可沿轨道两侧全幅作业范围内进行吊装，对施工的建筑物无附加的作用力，整机重心低、稳定性好、装拆方便；其缺点是路基工作量大、占用施工场地大，使用高度受一定限制，只能用于高度不大的高层建筑。

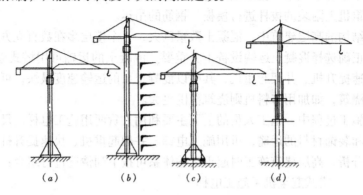

图 4-1　塔式起重机按使用架设要求分类
(a) 固定式；(b) 附着式；(c) 轨行式；(d) 内爬式

　　附着式的优点是占地面积小，起重高度大可达 100m 以上，可自升高、安装方便；缺点是需增设附墙支撑、对建筑物作用有附加力，塔身固定臂幅作用范围受限制。

　　内爬式的优点是起重机布置在建筑物中间，随建筑物的增高而向上爬升，对施工场地小的情况最适宜，作用的有效范围大，能充分发挥起重能力，整机用钢量少，造价低。

　　对高度较大的高层建筑目前应用较多的是附着式和内爬式。

　　2. 按塔式起重机的起重变幅型式分

　　可分为起重臂架改变仰角变幅式、起重小车变幅式和折臂变幅式（图 4-2）。

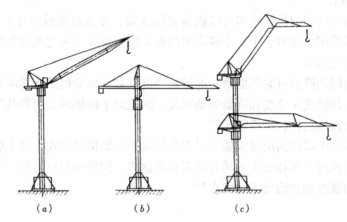

图 4-2　塔式起重机按起重变幅型式分类
(a) 改变仰角式；(b) 水平小车式；(c) 折臂式

　　臂架改变仰角变幅式，在同样臂趾高度情况下，起重高度有一定优势，且平衡后臂的回转半径小、重量较轻，但需设补偿卷筒以进行变幅，且因臂架仰角受限制使近塔身处的变幅半径难以利用。

　　起重小车变幅式，起重小车在臂架下弦杆上移动，变幅就位快，工作效率高，且起重幅度较大，自升塔式起重机采用较多。但由于臂架受弯本身截面较大，且与另两种变幅型式相比，起重高度利用范围小。

折臂变幅式，是近年发展起来的，在起重高度与幅度上弥补了上述两种型式的不足，且尾部回转半径小。但这种变幅机构复杂，制造与安装麻烦，在高层建筑施工中较少应用。

3. 按塔式起重机旋转部位分

可分为上旋式和下旋式。

下旋式的回转机构在塔身下部，旋转时塔身与起重臂一起旋转。这种旋转形式使起重机重心落低，稳定性好，且维修保养方便。但其回转机构较复杂，制造精度要求高，且起重机的旋转使塔身无法附墙或内爬，因而不适用于高层建筑施工用的自升塔式起重机。

上旋式的回转机构在塔身上部，起重机旋转时塔身不旋转，回转机构要求低，制造简单，且变幅与起重的绳轮系统不与转台联系，所以适用于自升塔式起重机。缺点是起重机重心较高，稳定性差，旋转改变方向时塔身弦杆交变受力；塔身的联接螺栓需施加一定的预紧力。目前塔式起重机多用上旋式。

4. 按塔身加节型式分

可分为上加节式、中加节式和下加节式三种。

上加节式，塔身加节时用吊钩将塔身标准节吊进起重机顶部中心位置就位，然后利用液压顶升机构自升，Z80 型自升塔式起重机即采用这种加节方式。这种加节方式的塔身标准节一次安装高度大，效率高，并简化爬升平台。但其在安装情况下的平衡较复杂，处理不当易发生安全问题。

中加节式，起重机自升时由爬升套架的侧面横向加节，借助液压顶升机构自升。它又分为两种，一种是采用外套架内塔身加节（如 ZT120 型自升塔式起重机）；另一种是采用内套架外塔身加节。自升塔式起重机多采用中加节方式进行塔身加节。

下加节式，其外套架连在起重机底部机座上，塔身加节在近地面处进行，QTZ80 型自升塔式起重机即如此。这种加节方式加节较安全，安装方便。但它只能用于下旋式塔式起重机，且加节的液压缸随塔身的加高而荷载增大，故塔身高度有一定限制。

二、对自升塔式起重机技术性能的要求

根据我国高层建筑的施工经验，对高层建筑施工用塔式起重机一般有下述要求：

1. 起重臂要长

塔式起重机的起重臂是由短向长发展的。在 20 世纪 60 年代初，起重臂长度超过 40m 的较少，至 20 世纪 70 年代，起重臂长度已能做到 70m。自升式塔式起重机的起重臂是可以接长的，标准臂长一般为 30~45m，可以接长到 50~60m。有的重型自升式塔式起重机的标准起重臂长 80m，最长可接长到 95m。

起重臂长度大则工作半径大，可带来更好的技术经济效果。此外，低合金高强钢材的应用和设计计算理论的进步，也使增长起重臂成为可能。

2. 工作速度要高而且能调速

近年来由于调速技术的进步，滑轮组倍率可变，以及双速、三速电机和直流电机调速的应用，使塔式起重机的工作速度提高很多。目前，起升机构普遍具有 3~4 种工作速度，重物起升速度超过 100m/min 者很多，有的重型塔式起重机，在起吊较轻荷载时的最大起升速度可达 233m/min。构件安装就位速度可在 0~10m/min 范围内进行选择。回转速度可在 0~1r/min 之间进行调节。小车牵引和大车行走大多也有 2~3 种工作速度。小车牵引速度最快可达 60m/min。

高层建筑高度大，起重机一个工作循环的时间长，提高塔式起重机的工作速度，可缩短一个工作循环的延续时间，有利于提高台班产量。

3. 宜用起重小车变幅式的臂架

小车变幅臂架的优点是通过起重小车行走来变幅，再辅以适当的旋转就可进行构件就位，比较方便；可同时进行起升、旋转和行走起重小车三项动作，工作平稳；最小幅度小，有利于起重性能的发挥和扩大材料和构件的堆放范围。其缺点是结构比较笨重，用钢量大；起吊高度不如仰俯臂架大。

由于小车变幅臂架有上述特点，所以在高层建筑施工中，尤其是用于构件和大模板的安装、钢结构构件的安装时非常有利。

4. 改善操纵条件

随着塔式起重机向大型、大高度、长起重臂方向发展，操作人员的能见度愈来愈差。因此需要在起重臂端部（仰俯变幅）或起重小车上（小车变幅）安装电视摄像机，在操作室可利用电视进行操作，以方便安装和就位。

根据上述要求，近年来我国研制生产了一系列高层建筑施工用的塔式起重机，其各项技术性能亦不断改善。

除此之外，为满足我国高层建筑施工的需要，还从国外（主要是德国、法国、意大利）进口了一些自升塔式起重机。

塔式起重机的结构与技术性能不断在改进，今后还会出现一些更有效、更完善的塔式起重机。

三、塔式起重机的选用

（一）基本参数的确定

塔式起重机的基本参数是幅度、起重量、起重力矩和吊钩高度。高层建筑施工时需根据施工对象特征确定所需要的参数。

1. 幅度

指从塔式起重机回转中心线至吊钩中心线之间的水平距离，又称回转半径或工作半径。它包括最大幅度和最小幅度两个参数。对于小车变幅的塔式起重机，最大幅度是指小车在臂架端头时，自回转中心线至吊钩中心线之间的水平距离；而当小车处于臂架根部端点时，自回转中心线至吊钩中心线之间的水平距离即为最小幅度。

塔式起重机应具备的最大幅度，取决于塔式起重机的型式（轨行式、附着式或内爬式），应力求使其覆盖所施工建筑物的全部面积，以免二次搬运。

小车变幅的塔式起重机的最小幅度，一般为 2.5~4.0m。

2. 起重量

包括最大起重量和最大幅度时的起重量两个参数。计算起重量时，应包括所吊重物、吊索、横吊梁（铁扁担）或容器等的重量。起重机的金属结构承载能力、起升机构的功率及吊钩滑轮绳数等都影响起重量。施工时宜根据所施工建筑物的结构、构件重量、施工方法等合理选择塔式起重机，要做到既满足施工需要，又能充分利用起重量。

3．起重力矩

幅度和与之对应的起重量的乘积称为起重力矩。它是表明塔式起重机起重能力的首要指标。施工中在选择塔式起重机时，在确定了起重量和幅度后，还必须参照塔式起重机的技术性能表，核查是否超过额定的起重力矩。

4．吊钩高度

是自轨道基础的轨顶表面或混凝土基础的顶面主吊钩中心的垂直距离。应根据所施工建筑物的总高度、吊索高度、构件或部件最大高度、脚手架尺寸和施工方法等进行选用。塔式起重机吊钩高度的计算如图 4-3 所示。

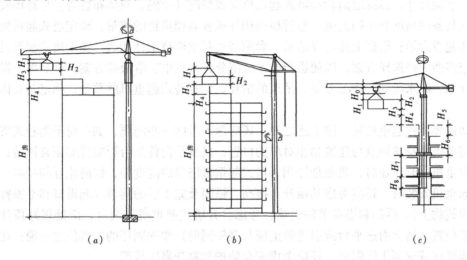

图 4-3 塔式起重机的吊钩高度计算简图
(a) 小车变幅塔式起重机（轨道式、固定式、附着式）；(b) 仰俯变幅塔式起重机；
(c) 小车变幅塔式起重机（内爬式）

轨道式、固定式、附着式小车变幅塔式起重机，其吊钩高度：

$$H_{吊} = H_1 + H_2 + H_3 + H_4 + H_{房} \tag{4-2}$$

式中　H_1——吊索高度（1~1.5m）；

　　　H_2——构件高度（m）；

　　　H_3——安全操作距离（2m）；

　　　H_4——脚手架或其他设施高度（m）；

　　　$H_{房}$——建筑物总高（m）。

按式（4-2）算得的吊钩高度 $H_{吊}$ 加吊钩中心至起重臂下边的距离 H_0（2~3.5m），不应超过塔式起重机的自由高度（自钢轨顶面至臂根铰点的垂直距离）。

仰俯变幅塔式起重机的吊钩高度，亦按式（4-2）计算，算得的吊钩高度应小于塔式起重机的最大吊钩高度。

小车变幅内爬式塔式起重机的吊钩高度 $H_{吊}$ 仍按式（4-2）计算，而塔身总高度 $H_{塔}$ 按下式计算：

$$H_{塔} = H_{吊} + H_5 + H_6 + H_7 + H_8 + H_0 \tag{4-3}$$

式中　H_5——正在施工的楼层高度（m）；

H_6——养护中的楼层高度（m）；

H_7——起重机锚固高度（8～12m）；

H_8——塔身基础节高度（m）；

H_0——由吊钩中心至臂架下边的垂直距离（m）。

按式（4-3）算得的塔身总高度，应不超过技术性能表中规定的塔身总高度。

（二）塔式起重机的选用

选择塔式起重机型号时，先根据建筑物特点，选定塔式起重机的型式；再根据建筑物体形、平面尺寸、标准层面积和塔式起重机布置情况（单侧、双侧布置等）计算塔式起重机必须具备的幅度和吊钩高度；然后根据构件或容器加重物的重量，确定塔式起重机的起重量和起重力矩；根据上述计算结果，参照塔式起重机技术性能表，选定塔式起重机的型号。应多做一些选择方案，以便进行技术经济分析，从中选取最佳方案。最后再根据施工进度计划、流水段划分和工程量、吊次的估算，计算塔式起重机的数量，确定其具体的布置。

如选择塔式起重机时，除上述之外，还应深入考虑一些问题，如：对于附着式塔式起重机应考虑塔身锚固点与建筑物相对应的位置，以及平衡臂是否影响臂架正常回转；多台塔式起重机同时作业时，要处理好相邻塔式起重机塔身的高度差，以防止互相碰撞；考虑塔式起重机安装时，还应考虑其顶升、接高、锚固及完工后的落塔（起重臂和平衡臂是否落在建筑物上）、拆卸和塔身节的运输；考虑自升塔式起重机安装时，应处理好顶升套架的安装位置（塔架引进平台或引进轨道应与臂架同向）和锚固环的安装位置正确；在建筑物密集地区或交通干线附近，还应考虑安全防护和避开高压线等。

在高层建筑施工中，应充分发挥塔式起重机的效能，不要大材小用，使台班费用低，提高经济效益。

四、塔式起重机使用中的几个技术问题

（一）塔式起重机的基础

附着式、固定式塔式起重机，采用固定式混凝土基础，它由 C35 混凝土和钢筋浇筑而成。分为整体式和分离式两种。前者是塔身节的四个肢通过预埋件固定在一厚钢筋混凝土板上，混凝土用量大，对预埋件位置、标高要求高，但它能起压载作用，提高塔身抗整体倾覆的稳定性。后者是塔机底架的四个肢直接座在四块混凝土基础上，无需预埋件，表面标高有差异时，用垫片调整，混凝土用量较少。

1. 整体式基础

整体式混凝土基础的计算简图如图 4-4 所示。其计算如下：

（1）基础底面压力计算

应符合下列要求：

1）轴心荷载时

$$p \le f_a \tag{4-4}$$

式中　p——基础底面平均压力；

　　f_a——地基承载力。

2）偏心荷载时

220

除符合式（4-4）要求外，尚应符合下式要求：

$$p_{max} \leq 1.2f_a \qquad (4\text{-}5)$$

式中　p_{max}——在偏心荷载作用下基础底面的最大压力。

当轴心荷载时

$$p = \frac{V + G}{A} \qquad (4\text{-}6)$$

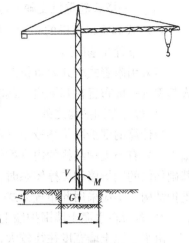

式中　V——塔式起重机传至基础顶面的竖向力；

　　　G——基础自重和其上的土重；

　　　A——基础底面面积。

当偏心荷载时

$$p_{max} = \frac{V + G}{A} + \frac{M}{W} \qquad (4\text{-}7)$$

式中　M——塔式起重机作用于基础上的弯矩；

　　　W——基础的抵抗矩。

当偏心距 $e > L/6$ 时，p_{max} 按下式计算：

$$p_{max} = \frac{2(V + G)}{3La} \qquad (4\text{-}8)$$

图 4-4　塔式起重机整体式
混凝土基础的计算简图

式中　L——垂直于弯矩作用方向的基础底面边长；

　　　a——合力（$V + G$）作用点至基础面最大压力边缘的距离。

（2）防止塔式起重机倾覆计算

要满足下列条件：

$$e = \frac{M_t + H \cdot h}{V + G} \leq \frac{1}{3}L \qquad (4\text{-}9)$$

式中　e——地基反力合力至基础中心线的距离；

　　　M_t——作用于塔身上的倾覆力矩；

　　　H——塔式起重机作用于基础上的水平力；

　　　其他符号同前。

2．分离式基础

（1）确定基础埋深

一般塔式起重机基础埋深为 $1 \sim 1.5mm$，视地基情况而定。

（2）计算基础底面面积 A

$$A = \frac{V + G}{f_a} \qquad (4\text{-}10)$$

分离式基础承受轴向荷载，基础为正方形。

（3）计算基础高度

要满足冲切要求，近似按下式计算：

$$h \geq \frac{V}{0.6f_t u_m} \qquad (4\text{-}11)$$

式中　h——基础高度；

　　　f_t——混凝土抗拉强度设计值；

u_m——塔式起重机支腿底座板周长。

3. 塔式起重机基础的布置

（1）布置在基础边

当采用附着式塔式起重机时，如基坑面积与上部建筑面积相近时，基础施工阶段的塔式起重机一般布置在基坑边，此时其布置方式有以下三种：

1）布置在围护墙之外

当计算的围护墙位移较小（不大于100mm）可采用这种布置方式。基础可按常规方法施工。只有当支护结构的内支撑体系较强时宜于采用这种布置方式。但在设计塔式起重机基础部位的围护墙和支撑体系时，要考虑塔式起重机引起的附加荷载。对重力式或悬臂式支护结构，不应采用此布置方式，因为其位移较大，会引起塔式起重机位移或倾斜。

2）布置在水泥土墙围护墙上

由于水泥土墙宽度往往较大，且格栅式布置的水泥土其承载力也较高，因此可在其上浇筑塔式起重机的整体式基础，实践证明此法有效也经济。

这种布置方法应注意的是，由于重力式挡土墙的位移较大，这对塔吊的稳定带来隐患，因此控制水泥土墙的位移十分重要，通常可采用加宽水泥土墙与加大其入土深度，必要时还可在塔式起重机部位的坑底采取加固手段，以减小其位移。此外，虽然塔式起重机设在水泥土墙上，增加了挡墙的自重，对其稳定是有利的，但它对水泥土墙的下卧层增加了荷载，应进行下卧层地基强度的验算。同时，在土方开挖时特别是开挖初期应加强对塔式起重机监测，包括位移，沉降及垂直度，保证其偏差在安全范围内。图4-5是水泥土墙上设置基础的示意图。

3）布置在桩上

当基坑边水泥土墙计算位移较大，塔式起重机直接置于水泥土墙顶上可能发生危险，则应在塔吊基础下设置桩基础，以确保安全。塔式起重机基础桩一般可设置4根，该桩主要受水平力，桩径与桩长应计算确定，一般可取桩径400mm×400mm或ϕ600左右，桩长12～18m。

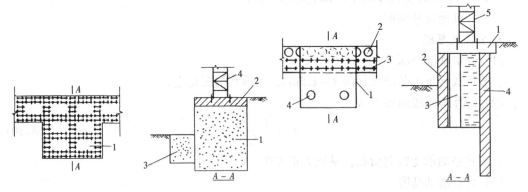

图4-5 水泥土墙上设置塔式起重机基础　　　　图4-6 塔式起重机桩基布置
1—塔吊基础下加宽水泥土墙；2—塔吊基础；　　1—塔吊基础；2—支护墙；3—止水帷幕；
3—坑底加固；4—塔式起重机　　　　　　　　4—塔式起重机桩基；5—塔式起重机

对于排桩式支护墙或地下连续墙，往往塔式起重机位置会座落在支护墙顶上，如直接设置塔式起重机基础，会造成基底软硬严重不均的现象，在塔式起重机工作时产生倾斜。

此时，应在支护墙外侧另行布置桩基，一般布置 2 根即可（图 4-6）。该桩验算以沉降为主，由于围护墙处有排桩或地下连续墙，在纵向都连成整体，其沉降量是很小的，而围护墙外侧的桩数较少，相对沉降较大，设计时应使其沉降差控制在 5mm 内，以保证塔吊的正常工作。

（2）布置在基坑中央

随着地下空间的利用，有很多地下室不局限设在上部主体结构以下的范围内，而是比上部建筑面积大得多，如，几幢高层或多层建筑下的地下室连成一片的地下室，基坑面积很大，往往上万平方米，甚至更大。此时基坑面积比上部建筑占地面积大得多，塔式起重机的布置往往不能设在基坑边，而需设在基坑中央。此外，如采用内爬式塔式起重机的工程，在基坑施工阶段的塔吊设置往往也需设在基坑中，以便上部主体结构施工至若干层后，直接改为内爬式，而不再拆装转移。

基坑中央的塔式起重机设置，可在地下工程施工前进行，其施工顺序为：

1）确定塔式起重机的布置位置

基坑内塔式起重机的布置位置主要根据上部结构施工的需要及所选塔式起重机类型确定。

如采用附着式塔式起重机，应根据上部结构的施工状况，将塔式起重机布置在地上结构的外墙外侧的合适位置，并根据附着装置确定具体定位尺寸。塔式起重机位置应避免设在地下室墙的部位、支护结构支撑的部位，换撑的部位及其他与支护结构或主体结构施工有影响的部位。

如采用内爬式塔式起重机，一般根据上部结构电梯井或预留塔式起重机爬升通道的位置设置塔式起重机。

2）塔吊桩基及支承立柱施工

由于在地下结构施工前就需将塔吊安装完成，而以后基坑又将开挖，故基坑中央设置的塔式起重机需采用桩基并用支承立柱将其托起（图 4-7）。支承柱上端设置塔式起重机承台，因此桩基一般采用钻孔灌柱桩，在浇筑混凝土前插入支承立柱。也可采用 H 型钢等桩、柱合一的形式。

钻孔灌注桩桩基一般用 4 根，桩顶设在基底标高处，桩长应根据计算确定。桩径不宜小于 $\phi700$，需考虑支承立柱的插入，配筋可采用半桩长配置方法。支承立柱一般采用格构式，也可采用 H 型钢。常用的格构式截面为 400×400 或 450×450，主肢采用 $4L125 \times 10$ 或 $4L140 \times 10$。

桩基也可采用 H 型钢等打入，采用这种方法把桩基与支承立柱合为一体，下端插入基坑底下，上端搁置塔吊承台。

由于施工过程中支承立柱需穿过底板，在地下室底板施工前需做好立柱的防水处理，可在立柱边焊接止水钢板。

3）塔吊承台

支承立柱顶部设置塔式起重机承台，其形式可为混凝土结构或钢结构。图 4-7（a）是采用的混凝土承台结构的示意图，图 4-7（b）是采用的钢结构承台的示意图。

4）塔式起重机安装

由于塔式起重机安装是在基坑开挖前进行，其安装与常规平地安装类似。

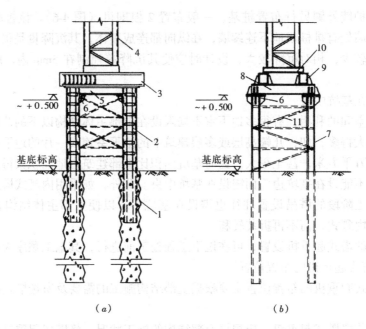

图 4-7 基坑中央塔式起重机的设置

(a) 灌注桩及钢筋混凝土承台；(b) 钢桩及钢结构承台

1—灌注桩；2—格构式支承立柱；3—混凝土承台；4—塔式起重机塔身；5—钢
梁；6—牛腿；7—H型钢桩（与支承柱合一）；8—钢主梁；9—箱形钢次梁；
10—塔式起重机十字底座；11—系杆

5）基坑开挖与系杆安装

塔式起重机安装经验收后即可投入施用，但在基坑开挖过程中，应随基坑开挖自上而下逐层安装系杆，将4个支承立柱连成整体以保证支承立柱的稳定性。一般情况下，塔式起重机立柱应独立自成体系，尽可能不要与支护结构的支撑体系连接，以免支撑体系受力复杂化，特别是钢支撑，其刚度较小，不可作为塔式起重机立柱的水平系杆，对于混凝土立柱，也应谨慎处置。

（二）附着式塔式起重机的附着装置

附着式塔式起重机随施工进行向上接高到限定的自由高度后，便需利用附着装置与建筑物拉结，以减小塔身长细比，改善塔身结构受力，同时将塔身上部传来的力矩、水平力等通过附着装置传给已施工的结构。

附着装置有整个塔身抱箍式和抱柱式两种。前者整体性好，但用钢多，构造复杂；后者结构简单、安装方便。附着装置由附着框架、附着杆和附着支座组成。附着杆由型钢、无缝钢管制成，应有调节螺母以调节长度，长的附着杆亦可为型钢焊成的空间桁架。

由塔身中心线至建筑物外墙皮之间的垂直距离称为附着距离，多为 $4.1 \sim 6.5\text{m}$，有时大至 $10 \sim 15\text{m}$。附着距离小于 10m 时，可用三杆式或四杆式附着装置，否则可用空间桁架式。

1. 附着杆计算

附着杆按两端铰支的轴心受压杆件计算。

（1）附着杆内力

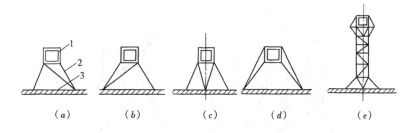

图 4-8 附着装置的布置方式

（a）、（b）三杆式；（c）、（d）四杆式；（e）空间桁架式

1—塔身；2—附着杆；3—已施工的结构（柱子、近楼板处的墙壁）

附着杆内力按说明书规定取用；如说明书无规定，或附着杆与建筑物连接的两支座间距改变时，则需进行计算。其计算要点如下：

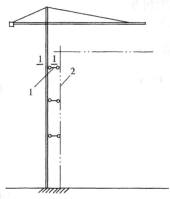

图 4-9 塔式起重机与建
筑物附着情况简图

1—最上一道附着装置；2—建筑物

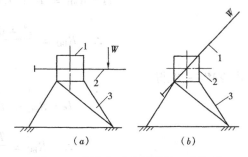

图 4-10 附着杆内力计算的两种情况

（a）计算情况Ⅰ；（b）计算情况Ⅱ

1—锚固环；2—起重臂；3—附着杆；W—风力

1）塔机按说明书规定与建筑物附着时，最上一道附着装置的负荷最大（图 4-9），因此，应以此道附着杆的负荷作为设计或校核附着杆截面的依据。

2）附着杆的内力计算应考虑两种情况：

计算情况Ⅰ：塔机满载工作，起重臂顺塔身 X-X 轴或 Y-Y 轴，风向垂直于起重臂，如图 4-10（a）所示；

计算情况Ⅱ：塔机非工作，起重臂处于塔身对角线方向，风由起重臂吹向平衡臂，如图 4-10（b）所示。

3）附着杆内力计算附着杆内力按力矩平衡原理计算。

计算情况Ⅰ（图 4-11a）：

由 $\Sigma M_{\mathrm{B}} = 0$，得

$$l_1 \cdot R_{\mathrm{AC}} = T + l_2 \cdot V'_{\mathrm{x}} + l_3 \cdot V'_{\mathrm{y}}$$

$$\therefore \quad R_{\mathrm{AC}} = \frac{T + l_2 \cdot V'_{\mathrm{x}} + l_3 \cdot V'_{\mathrm{y}}}{l_1} \tag{4-12}$$

由 $\Sigma M_{\mathrm{C}} = 0$，得

225

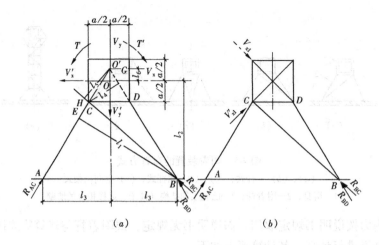

图 4-11 用力矩平衡原理计算附着杆内力

(a) 计算情况 I；(b) 计算情况 II

$$l_4 \cdot R_{BD} = T' + 0.5a \cdot V_x + 0.5aV'_y$$

$$\therefore \quad R_{BD} = \frac{T' + 0.5a(V_x + V'_y)}{l_4} \tag{4-13}$$

由 $\Sigma M'_O = 0$，得

$$l_5 \cdot R_{BC} = T + l_6 \cdot V_x$$

$$\therefore \quad R_{BC} = \frac{T + l_6 \cdot V_x}{l_5} \tag{4-14}$$

式中　T、T'——塔身在截面 1-1 处（最上一道附着装置处，见图 4-9，以下同）所承受的由于回转惯性力（包括起吊构件重、塔机回转部件自重产生的惯性力）而产生的扭矩与由于风力而产生的扭矩之和，风力按工作风压 $0.25kN/m^2$ 取用，$|T| = |T'|$，但方向相反，系考虑回转方向不同之故；

V_x、V'_x——塔身在截面 1-1 处在 x 轴方向的剪力，$|V_x| = |V'_x|$，方向相反，原因同上；

V_y、V'_y——塔身在截面 1-1 处在 y 轴方向的剪力，$|V_y| = |V'_y|$，方向相反，原因同上；

a、$l_1 \sim l_5$——力臂，见图 4-11a。

计算情况 II（图 4-11b）：

同样用力矩平衡原理，由 $\Sigma M_B = 0$、$\Sigma M_C = 0$、$\Sigma M_O = 0$，分别求得塔机在非工作状态下的 R_{AC}、R_{BC} 和 R_{AD} 之值。需注意的是，此计算情况下无扭矩作用，风力按塔机使用地区的基本风压值计算，V_{x1}、V'_{x1} 为非工作状态下的截面 1-1 处的剪力。

(2) 附着杆长细比计算

附着杆长细比 λ 不应大于 100。实腹式附着杆的长细比按 $\lambda = l : r$ 计算（l——附着杆长度；r——附着杆截面的最小惯性半径）；格构式附着杆的长细比 λ 按《钢结构设计规范》计算，此处从略。

（3）稳定性计算

附着杆的稳定性按下列公式计算：

$$\frac{N}{\varphi A} \le f \tag{4-15}$$

式中　N——附着杆所承受的轴心力，按使用说明书取用或由计算求得；

　　　A——附着杆的毛截面面积；

　　　φ——轴心受压杆件的稳定系数，按《钢结构设计规范》采用；

　　　f——钢材的抗压强度设计值，按上述规范取用。

2. 附着支座连接计算

附着支座与建筑物的连接，目前多采用与预埋在建筑物构件上的螺栓相连接。预埋螺栓的规格、材料、数量和施工要求，塔式起重机使用说明书一般也有规定。如无规定，可按下列要求确定：

（1）预埋螺栓（以下简称螺栓）用 Q235 镇静钢制作。

（2）附着的建筑物构件的混凝土强度等级不应低于 C20。

（3）螺栓的直径不宜小于 24mm。

（4）螺栓埋入长度和数量按下列公式计算：

$$0.75 n\pi d l f_\tau = N \tag{4-16}$$

式中　0.75——螺栓群不能同时发挥作用的降低系数；

　　　n——螺栓数量；

　　　d——螺栓直径；

　　　l——螺栓埋入混凝土长度；

　　　f_τ——螺栓与混凝土的粘接强度，对于 C20 混凝土取 $1.5N/mm^2$；对于 C30 混凝土取 $3.0N/mm^2$；

　　　N——附着杆轴向力，按使用说明书取用或计算求得。

计算结果，尚需符合下列要求：

1）螺栓数量，单耳支座不得少于 4 只；双耳支座不得少于 8 只；

2）螺栓埋入长度不应少于 15d；

3）螺栓埋入混凝土的一端应作弯钩并加焊横向锚固钢筋；

4）螺栓的直径和数量尚应按《钢结构设计规范》验算其抗拉强度。

（5）附着点应设在建筑物楼面标高附近，距离不宜大于 200mm。附着点处结构需验算，必要时可加强。

3. 附着框架计算

附着框架按方形钢架计算，其计算简图如图 4-12 所示；为便于计算，可将其分解，如图 4-13 所示。图中 P 为作用于附着框架的荷载；根据最大单根附着杆内力计算，作用点为顶紧螺栓（附着框架与塔身连接用）与附着框架的接触点。具体计算方法可参阅建筑结构力学有关内容，此处从略。

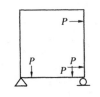
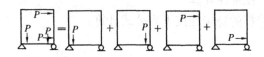

图 4-12 附着框架计算简图　　　图 4-13 附着框架计算分解图

在安装和固定附着杆时，必须用经纬仪检查塔身的垂直度，如塔身倾斜，可调节附着杆的长度进行调直。附着杆要安装坚固，倾角不得大于 10°。

一般情况下附着式塔式起重机设置 2~3 道附着装置即可满足施工需要。第一道附着装置设在距塔机基础表面 30~50m 处，自第一道附着装置向上，每隔 14~20m 设一道附着装置。对超高层建筑亦不必设置过多的附着装置，可将下部的附着装置拆换装到上部使用。

在降落塔身时，拆除附着装置要同步进行。严禁先拆除全部附着装置，然后再拆除塔身。

（三）附着式自升塔式起重机的加节接高

附着式自升塔式起重机的加节接高，一般分上加节与中加节两种接高方式。

Z80 型折臂自升式塔式起重机属于上加节，液压缸布置在塔身侧边，接高方式与日本 JCC 型自升塔式起重机相似，如图 4-14 所示。这种方法液压缸设计成单节，一次行程 1m 多，可连续多次顶升，液压缸及套架简化，但顶升时液压缸侧面顶升单向受力，尚不完善。

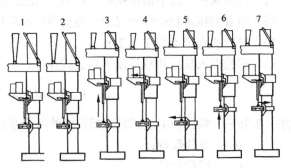

图 4-14　上加节自升塔式起重机接高爬升方向
1—塔身标准节从转台顶部装入；2—上销轴从承座拔出；3—液压缸顶升；4—上销轴从承座插入；5—下销轴从下套架拔出；6—液压缸收缩定位；7—下销轴从下套架插入

ZT-120 型自升塔式起重机则属中加节，中加节接高爬升方法如图 4-15 所示。中加节者液压缸可为中间顶升，亦可为两旁侧面顶升，后者液压缸均衡作用，受力情况较好。

五、内爬塔式起重机的爬升与拆除

内爬塔式起重机的爬升目前主要利用液压爬升系统，它分液压缸设在中间的中心顶升式内爬系统和液压缸设在塔身一侧支承梁上的侧顶升式内爬系统。国产 QTP60 型内爬塔式起重机即采用中心顶升式内爬系统，其爬升过程如图 4-16 所示。其塔身结构分内、外塔身，在爬升时内塔身支承整个塔式起重机，兼起爬升导向的作用。内、外塔身各有一个底座，每个底座各装 4 个伸缩式支腿，爬升时这些支腿分别交替搁置在楼板支承梁上或电梯井壁的预留孔中。液压缸和泵站装在内塔身的最高一节中，活塞杆向上伸出，活塞杆端装有扁担梁，梁两端设爬爪（顶升撑脚）。外塔身主弦杆内侧每隔 1m 对角地焊有导向块，在爬升过程中既起支承作用，又起导向作用。

内爬塔式起重机是在电梯井或楼板预留孔洞中爬升，一次可以爬升一个楼层或两个楼

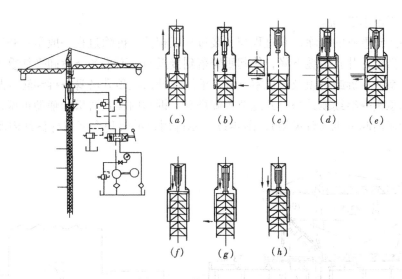

图 4-15　中加节自升塔式起重机接高爬升方法

(a) 液压缸顶升；(b) 套架销轴插入塔架，液压缸回缩；(c) 塔身标准节放在引进小车上；(d) 引进小车进入套架内；(e) 液压缸把标准节提上，引进小车退出；(f) 液压缸把标准节放下，塔架螺栓拧紧；(g) 液压缸活塞略顶，套架销轴退出；(h) 液压缸回缩，套架与塔架螺栓连接

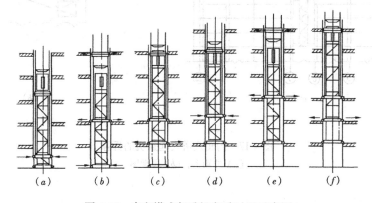

图 4-16　内爬塔式起重机爬升过程示意图

(a) 缩回外塔身支腿，液压缸活塞杆伸出通过扁担梁顶起外塔身；(b) 缩回内塔身支腿，伸出外塔身支腿，提起内塔身；(c) 伸出内塔身支腿，缩回活塞杆，调整扁担梁位置，准备再次顶升外塔身；(d) 缩回外塔身支腿，伸出活塞杆再次顶起外塔身；(e) 伸出外塔身支腿；(f) 缩回内塔身支腿，再次提起内塔身

层。爬升前，根据爬升要求、建筑结构情况，确定楼板开孔尺寸（通过楼板预留孔洞爬升时），并经过验算确定是否要加固。爬升时，使起重臂与平衡臂处于平衡状态，以便平衡爬升；起重臂的指向应与活塞杆端的扁担梁垂直；爬升过程中禁止回转起重臂；如发现有异常响声，应停机检查，故障未排除前不准爬升。爬升前应调好导向滚轮与塔身主层杆之间的间隙，一般以 2～3mm 为宜。风速超过 5 级，不得进行爬升。爬升完毕，应立即用钢楔将塔身嵌固在爬升孔内，并使导向装置顶紧塔身主层杆，以便使塔身所受水平力、扭矩等传给楼板。凡爬升时承受塔机荷载的楼板，均应用支柱（连续加固两层）临时加固。

　　内爬塔式起重机塔身下部在楼层内嵌固的长度，与内爬塔的自由高度、起重量等有关，但最少不得小于 8m。

内爬塔式起重机的拆除，其过程与安装过程正相反。拆除过程一般是：开动液压顶升系统使塔机沿爬升井孔缓缓下降，使起重臂落到接近与屋面平齐→拆卸平衡重→拆卸起重臂→拆卸平衡臂→拆卸塔顶及司机室→开动液压顶升系统顶升塔身→拆卸转台及回转支承装置→拆卸承座→继续顶升塔身并逐节拆卸塔身。拆卸内爬式塔机的辅助机械，我国多用人字拔杆和屋面起重机（台灵架），图 4-17 所示即用台灵架和人字拔杆拆卸内爬式塔机时的布置图。

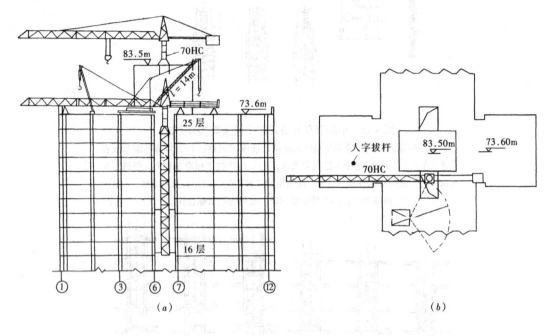

图 4-17　内爬式塔式起重机的拆除
(a) 立面图；(b) 平面图

第三节　外用施工电梯

外用施工电梯又称人货两用电梯，是一种安装于建筑物外部，施工期间用于运送施工人员及建筑器材的垂直提升机械。是高层建筑施工中垂直运输最繁忙的一种机械，为高层建筑施工不可缺少的关键设备之一。

外用施工电梯分为齿轮齿条驱动的和钢丝绳轮驱动的两类，目前前者使用较多。前者又分为单厢式和双厢式，可配平衡重，亦可不配平衡重。外用施工电梯又有单塔架式和双外式之分，我国主要采用单塔架式。

齿轮齿条驱动外用施工电梯由塔架（导轨架）、轿箱、驱动机构、安全装置、电控系统、提升接高机构等组成。塔架的断面尺寸多为 650mm×650mm 和 800mm×800mm，少数的亦有其他尺寸的。由四根无缝钢管焊成的空间桁架式标准节组成，标准节之间用套柱螺栓连接。主弦杆即轿厢升降的导轨，导轨通过附墙装置与施工中的建筑物拉结。塔架的不附着高度从 5.5m ~ 12.0m。轿厢由型钢焊接骨架和方眼编织网围护组成，顶上设有提升塔架标准节接高用的小吊杆。齿轮齿条驱动系统，由尾端带有盘式制动器的电动机、螺杆减速器和小齿轮组成，通过钢板机座安装在轿厢内，齿条安装在塔架面对轿厢的一侧的桁架上，小齿轮与齿条啮合，电机通电后蜗杆带动小齿轮在齿条上转动，从而驱使轿厢上下运行。轿厢上装有导轮，使轿厢以塔架主弦杆为导杆作直线运动而不偏摆。轿厢一侧设电梯司机专座，负责操纵电梯升降。

轿厢正常的升运速度一般在 36m/min 左右，当传动机构发生故障或电控失灵时，轿厢就会自由坠落，发生与底部撞击的事故，造成重大伤亡。为此，必须安装限速制动装置，一般规定下降速度不得超过 0.88 ~ 0.98m/s。常用的限速制动装置有重锤离心摩擦式捕捉器和偏心摩擦锥鼓制动器两种。前者是在轿厢降落速度超过限定值时，限速器就自行动作并带到一套楔块止动装置，使梯笼在较小的行程范围内强制性的刹住在导轨架上；后者由制动轮、制动毂、组合蝶簧、偏心块、限位开关等组成，主动齿轮套装在制动轮的轴端上，并直接与固定在导轨上的齿条相啮合，当轿厢运行速度超过限定值时，由于离心力作用被抛出的偏心块嵌入制动轮内壁的凸齿中，并迫使制动轮朝制动毂旋进，从而实现平缓的制

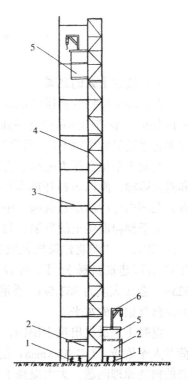

图 4-18　无配重双轿厢外用
施工电梯示意图
1—缓冲机构；2—底笼；3—附墙装置；
4—塔架；5—轿厢；6—小吊杆

动，逐步迫使轿厢停止运动。另外，旋进的最终结果是限位开关被迫作用而切断电源，使轿厢完全停止运动。从作用原理和操作来看，偏心摩擦锥鼓限速制动器优于重锤离心摩擦式捕捉器，因为它制动平稳，对乘员冲击小。

绳轮驱动的外用施工电梯，是近年来开发的新品种，它由三角形断面的无缝钢管焊接塔架、底座、轿厢、卷扬机、绳轮系统及安全装置等部件组成。其安全装置有上下限位开关、止挡缓冲装置、安全钳和轿厢自锁装置。安全钳由力的激发安全装置、速度激发安全装置和断电激发安全装置组成，在突然断电、卷扬机制动器失灵时起作用，使轿厢停止运行，制动后轿厢下滑距离不超过 100mm。

高层建筑施工时，应根据建筑体型、建筑面积、运输量、工期及电梯价格、供货条件等选择外用施工电梯。要求它参数（载重量、提升高度、提升速度）满足要求、可靠性高、价格便宜。根据我国一些高层建筑施工时外用施工电梯配置数量的调查，一台单笼齿轮齿条驱动的外用施工电梯，其服务面积一般为 2 ~ 4 万 m^2。

外用施工电梯布置的位置，应便利人员上下和物料集散；由电梯出口到各施工处的平均距离应最近；便于安装附墙装置；接近电源，有良好的夜间照明。

输送人员的时间约占外用施工电梯总运送时间的 60% ~ 70%，因此，要设法解决工人上下班运量高峰时的矛盾。在结构、装修施工进行平行交叉作业时，人货运输最为繁忙，亦要设法疏导人货流量，解决高峰时的运输矛盾。

第四节　混凝土泵和泵车

一、混凝土泵的发展

在混凝土结构的高层建筑施工中，混凝土的垂直运输量十分巨大。上海曾对 9 幢 13 ~ 16 层剪力墙结构体系的高层住宅做过分析，在其施工过程中，混凝土的垂直运输量占总垂直运输量的 75.64%。可见在高层建筑施工中正确选择混凝土的运输设备十分重要。

混凝土泵是在压力推动下沿管道输送混凝土的一种设备，它能一次连续完成水平运输和垂直运输，配以布料杆或布料机还可有效地进行布料和浇筑，因为它效率高、劳动力省，在国内外的高层建筑施工中得到广泛的应用，收到较好效果。

由于预拌混凝土的发展，目前混凝土泵在我国高层建筑施工中已较普遍采用。我国"三一重工"、"湖北建设机械股份有限公司"、"浠阳建设机械总公司"、"夹江机械厂"、"山东方园建筑机械公司"等皆生产混凝土泵和泵车。一泵高度在深圳地王大厦达到 325m、金茂大厦为 382.5m，香港国际金融中心达到 406m，这表示我国在混凝土泵送技术方面已有很高的水平。

混凝土泵最先出现于德国，1930 年，德国就制造了立式单缸的球阀活塞泵。1932 年荷兰人库依曼（J.C.Kooyman）制造出卧式缸的库依曼型混凝土泵，成功地解决了混凝土泵的构造原理问题，大大提高了工作的可靠性。1959 年，原联邦德国的施维英（Schwing）公司生产出第一台全液压的混凝土泵，它用油作为工作液体来驱动活塞和阀门，使用后用压力水冲洗泵和输送管。这种液压泵功率大，排量大，运输距离远，可做到无级调节，泵的活塞还可逆向动作以减少堵塞的可能性，因而使混凝土泵的设计、制造和泵送施工技术日趋完善。此后，为了提高混凝土泵的机动性，在 20 世纪 60 年代中期又研制了混凝土泵车，并配备了可以回转和伸缩的布料杆，使混凝土的浇筑工作更加灵活方便。

二、混凝土泵的工作原理

混凝土泵按驱动方式分为两大类，即活塞式混凝土泵和挤压式混凝土泵。我国主要利用活塞式混凝土泵。

活塞式混凝土泵中，目前生产的皆为液压式活塞泵。根据其能否移动和移动的方式，分为固定式、拖式和汽车式（泵车）。高层建筑施工所用的混凝土泵主要是后两种。拖式混凝土泵，其工作机构装在可移动的底盘上，由其他运输工具拖动转移工作地点。汽车式混凝土泵，其工作机构装在汽车底盘上，且都带有布料杆，移动方便，机动灵活，移至新的工作地点不需进行很多准备工作即可进行混凝土浇筑工作，因而是目前大力发展的机种。

液压活塞式混凝土泵的工作原理如图 4-19 所示。它主要由料斗、液压缸和活塞、混凝土缸、阀门、Y 形管、冲洗设备、液压系统、动力系统等组成。工作时，由混凝土搅拌机卸出的或由混凝土搅拌运输车卸出的混凝土拌合物倒入料斗 6，在阀门操纵系统作用下，阀门 7 开启，阀门 8 关闭，液压活塞 4 在液压作用下通过活塞杆 5 带动活塞 2 后移，料斗内的混凝土拌合物在自重和吸力作用下进入混凝土缸 1。然后，液压系统中的压力油进出反向，活塞 2 向前推压，同时阀门 7 关闭、阀门 8 开启，混凝土缸中的混凝土拌合物在压力作用下通过 Y 形管进入输送管而被输送至浇筑地点。由于两个缸交替进料和出料，

因而使混凝土泵能连续稳定的进行输
送。

三、分配阀

分配阀是活塞式混凝土泵中的一
个关键部件，它直接影响混凝土泵的
使用性能，也直接影响混凝土泵的整
体设计，在进行混凝土泵的方案设计
时，往往需要首先确定采用哪种型式
的分配阀，然后才能确定其他部件的
结构和布置。因此，可以认为分配阀
是活塞式混凝土泵的心脏。目前，世
界各国混凝土泵制造厂商生产的活塞
式混凝土泵的种类繁多，但这些混凝
土泵在基本构造上没有太大的差别，
所不同的只在于分配阀。因此，目前
各国对影响混凝土泵性能优劣的分配
阀都很重视，都作为关键部件进行研究。

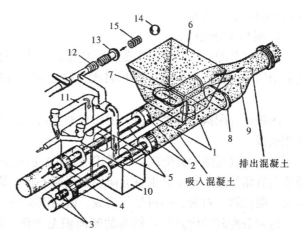

图 4-19　液压活塞式混凝土泵的工作原理图
1—混凝土缸；2—推压混凝土的活塞；3—液压缸；4—液压活塞；
5—活塞杆；6—料斗；7—吸入阀门；8—排出阀门；9—Y 形管；
10—水箱；11—水洗装置换向阀；12—水洗用高压软管；13—水洗
用法兰；14—海绵球；15—清洗活塞

对于双缸的活塞式混凝土泵，两个混凝土缸的吸入行程和排出行程相互转换，料斗口
和输送管依次和两个混凝土缸相接通，因此必需设置分配阀来完成这一任务。分配阀要具
有二位（吸料、排料）四通（通料斗、两个混凝土缸和输送管）的机能。

对于分配阀一般有下列一些要求：

（1）具有良好的吸入和排出性能。要具有良好的吸入性能，就要求吸入通道短，通道
流畅，截面和形状不变化或少变化，这样能使混凝土拌合物平滑的通过阀门，而且不产生
起拱现象阻塞通道。要具有良好的排出性能，同样，亦要求通道截面不变或少变，以减少
通过分配阀的压力损失；

（2）具有良好的转换性。即吸入和排出的动作谐调、及时、迅速。分配阀（尤其是闸
板阀）转换太快，机器振动大；转换太慢，又易被石子卡住。转换动作最好在 0.2s 内完
成，以防止灰浆倒流，这对于向上垂直泵送尤为重要；

（3）阀门和阀体的相对运动部位具有良好的密封性。这样可以防止漏浆，漏浆易使混
凝土拌合物的泵送性能变坏，而且也污染机器，不便工作；

（4）具有良好的耐磨性。分配阀的工作环境恶劣，在工作过程中始终与混凝土拌合物
进行强烈地摩擦，因而分配阀易于磨损。分配阀一旦摩损严重，会使混凝土泵的工作性能
变坏，容积效率降低，而且在泵送过程中易于产生阻塞。因此，一方面要求分配阀的结构
合理，另一方面也要求其材质具有良好的耐磨性。一般都对其进行热处理以提高其耐磨性
能；

（5）要求构造简单，便于加工制作。

此外，还要求分配阀有良好的排除阻塞的性能；分配阀如放在料斗内（如管形分配
阀），还要保证搅拌叶片不要有死角，以保证搅拌性能良好。

混凝土泵用的分配阀，分为转动式分配阀、闸板式分配阀和管形分配阀三类，目前应

用较多的是后面两类。

1. 闸板式分配阀

闸板式分配阀是活塞式混凝土泵应用较多的一种分配阀，它是在油压泵的作用下靠往返运动的钢闸板，周期地开启和封闭混凝土缸的进料口和出料口而达到进料和排料的目的。

闸板式分配阀的种类很多，主要有平置式（卧式）、斜置式和摆动式几种，以平置式应用较多。

（1）平置式闸板分配阀。平置式（卧式）闸板分配阀（参见图 4-19）的闸板与混凝土流道呈直角配置，闸板以垂直方向切割混凝土拌合物。平置式闸板分配阀由阀缸、阀杆、阀套、限位器、衬套、阀衬垫等组成，由油压驱动。

这种分配阀的优点是：阀套的断面积无变化，混凝土拌合物的流通性能好，不易阻塞；密封性能好；闸板换向快，转换力大，闸板的换向速度随混凝土的排量和坍落度而变化，一般为 0.2s，闸板以该速度换向，混凝土拌合物中的石子卡不住闸板，闸板可以粉碎石子而进行换向。转换力约 60kN 以上，但由于有缓冲装置，可以减少冲击振动和噪声；耐久性好，使用寿命长。据估算，每泵送 1 万 m^3 坍落度为 18cm 的混凝土拌合物，闸板来回运行次数达三千万次，因此要求有较好的耐磨性。现在用的闸板阀，板厚和阀杆直径都增大，而且还装有耐磨损的限位器坐板衬垫，因而延长了使用寿命。

（2）斜置式闸板分配阀。这种分配阀的闸板与混凝土流道斜交，不是垂直切割混凝土拌合物。

这种分配阀设置在料斗的侧面，可以降低料斗的离地高度，又能使泵体紧凑，而且流道合理，进料口大，密封性能好。其缺点是结构复杂，维修困难。单缸混凝土泵采用这种分配阀的较多。

2. 管形分配阀

管形分配阀是以管件的摆动来达到混凝土拌合物吸入和排出的目的。这种分配阀一般置于料斗中，其本身即输送管的一部分，它一端与输送管接通，另一端可以摆动。对于双缸混凝土泵，管形阀的管口与两个混凝土缸的缸口交替接通，对准哪一个缸口，哪一个缸就进行排料，同时另一个缸则进行吸料。

管形分配阀的优点是使料斗的离地高度降低，便于混凝土搅拌运输车向料斗卸料。另外，结构简单，流道通畅，耐用，易损件磨损后便于更换。由于省去 Y 形管，还可以减少阻塞事故。

管形分配阀的缺点是它置于料斗中，使料斗中的搅拌叶片布置困难产生死角；如混凝土的坍落度较小，阻力大，管阀的摆动速度较小，有时会影响混凝土缸的吸入效率。

管形分配阀目前有 S 形、C 形和裙形管阀三种。在一些新型混凝土泵中多有应用。

管形分配阀立放，对带布料杆的混凝土泵车尤为适宜，因为布料杆通常安装在车身前部，混凝土拌合物经立放的管形分配阀可直接引至布料杆，可以减少堵塞。

四、布料杆

在混凝土泵车上都装备有布料杆（图 4-20）。布料杆既担负混凝土拌合物运输又完成布料和摊铺工作，它由臂架和混凝土输送管组成。布料杆能在其所及的范围内进行水平和垂直方向的输送，甚至能跨越障碍物进行混凝土浇筑，这就要求它能够抬高、放低、伸缩和回转。

布料杆分为混凝土泵车布料杆和独立式布料杆两类。

混凝土泵车布料杆与混凝土泵一同装在汽车底盘上，组成混凝土泵车。这种布料杆多安装在司机室后方的回转支承架上，回转支承架以液压马达驱动、内齿轮传动的滚珠盘为底座，可作360°回转。这种布料杆目前几乎全是液压驱动的三节折叠式，服务的范围较大。

独立式布料杆的种类很多，分为移置式、管柱式和塔架式，一般是安装在底座、管柱或格构式塔架上，甚至安装在起重机的外伸臂上，以扩大其布料范围，来适应各种建筑物和构筑物的混凝土浇筑工作。

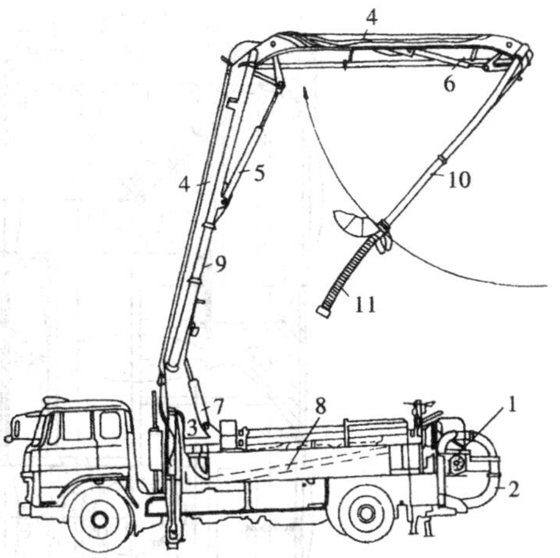

图 4-20 带布料杆的混凝土泵车

1—混凝土泵；2—输送管；3—布料杆回转支承装置；4—布料杆臂架；5、6、7—油缸；8、9、10—输送管；11—橡胶软管

在高层建筑施工中独立式布料杆应用较多。高层建筑高度大，除下面几层外，用混凝土泵或泵车进行楼盖结构等浇筑时都宜用独立式布料杆进行布料，以加速混凝土的浇筑工作。

图 4-21 所示为 RVM10-125 型的移置式布料杆。这是一种无动力驱动的最简单的移置式布料杆，可直接安放在需要浇筑混凝土的施工处，与混凝土泵或泵车配套使用。

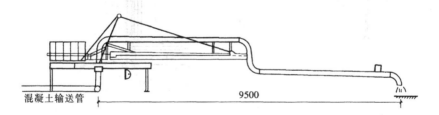

混凝土输送管　　　　　9500

图 4-21 移置式混凝土布料杆

图 4-22 所示为利用两台这种布料杆的布置图。

混凝土浇捣由左向右逐条平行向前推进。布料杆先放在 I 位置处，当混凝土浇完 I 位置的作业区后，再将布料杆移至 II 位置处，同时拆装安放在楼面上的水平的混凝土输送管。在同一个作业区内先浇捣柱、墙，后浇捣梁、板。在柱、墙浇捣完后要待混凝土略为收水再浇捣梁板。图中斜线部分和布料杆中心的 2m 环形范围内布不到混凝土，需用塔式起重机和吊斗进行浇筑，或用人工进行浇筑。在混凝土浇筑过程中两台布料杆要尽量做到同步前进，以免形成施工缝。

管柱式布料杆包括由多节钢管组成的立柱、三节式臂架、泵管、转台、回转机构、操作平台、底座等。其示意图如图 4-23 所示。最大幅度 16.8m，可 360°回转，三节臂直立时其垂直输送高度可达 16m。在其钢管立柱下部有液压爬升机构，借助爬升套架梁可在楼层预留孔洞中逐层向上爬升，工作十分方便。

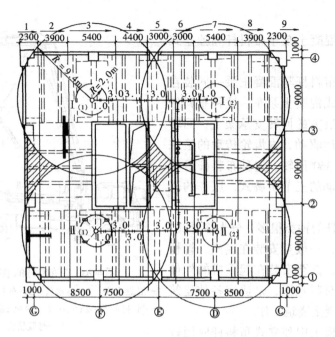

图 4-22　用移置式布料杆浇筑结构

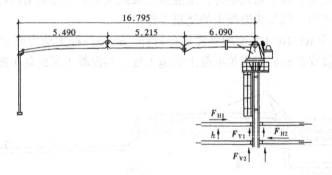

图 4-23　M17-125 型管柱式布料杆示意图

F_H—水平反力；F_V—垂直反力；h—楼层高度

五、混凝土泵的选择和应用

选择混凝土泵时，应根据工程结构特点、施工组织设计要求、泵的主要参数及技术经济比较等进行选择。

混凝土泵按混凝土压力高低分为高压泵与中压泵，凡混凝土压力大于 $7N/mm^2$ 者为高压泵，小于和等于 $7N/mm^2$ 者为中压泵。高压泵的输送距离大，但价格高，液压系统复杂，维修费用大，且需配用厚壁的输送管。

一般浇筑基础或高度不大的结构工程，如在泵车布料杆的工作范围内，采用混凝土泵车最宜。施工高度大的高层建筑，可用一台高压泵一泵到顶，亦可采用中压泵以接力输送方式亦可满足要求，这取决于方案的技术经济比较。

混凝土泵的主要参数，即混凝土泵的实际平均输出量和混凝土泵的最大输送距离。

混凝土泵的实际平均输出量，可根据混凝土泵的最大输出量、配管情况和作业效率，按下式计算：

$$Q_A = Q_{max} \cdot \alpha \cdot \eta \tag{4-17}$$

式中 Q_A——混凝土泵的实际平均输出量（m³/h）；

Q_{max}——混凝土泵的最大输出量（从技术性能表中查出）（m³/h）；

α——配管条件系数，为 0.8~0.9；

η——作业效率，根据混凝土搅拌运输车向混凝土泵供料的间歇时间、拆装混凝土输送管和布料停歇等情况，可取 0.5~0.7。

混凝土泵的最大水平输送距离，可试验确定；参照产品的性能表（曲线）确定；或根据混凝土泵产生的最大混凝土压力（从技术性能表中查出）、配管情况、混凝土性能指标和输出量，按下式计算：

$$L_{max} = \frac{P_{max}}{\Delta P_H} \tag{4-18}$$

$$\Delta P_H = \frac{2}{r}\left[K_1 + K_2\left(1 + \frac{t_2}{t_1}\right)v \right]\alpha \tag{4-19}$$

式中 L_{max}——混凝土泵的最大水平输送距离（m）；

P_{max}——混凝土泵产生的最大混凝土压力（Pa）；

ΔP_H——混凝土在水平输送管内流经 1m 产生的压力损失（Pa/m）；

r——混凝土输送管半径（m）；

K_1——黏着系数（Pa）：

$$K_1 = (3.00 - 0.1s) \cdot 10^2;$$

K_2——速度系数（Pa/m/s）

$$K_2 = (4.00 - 0.1s) \cdot 10^2;$$

S——混凝土坍落度（cm）；

$\dfrac{t_2}{t_1}$——分配阀切换时间与活塞推压混凝土时间之比，一般取 0.3；

v——混凝土拌合物在输送管内的平均流速（m/s）；

α——径向压力与轴向压力之比，对普通混凝土取 0.90。

当配管情况有水平管亦有向上垂直管、弯管等情况时，先按表 4-1 进行换算，然后再利用式 4-18、式 4-19 进行计算。

混凝土输送管的水平换算   表 4-1

类 别	单位	规 格	水平换算长度(m)	类 别	单位	规 格	水平换算长度(m)
向上垂直管	每 1m	100A（4B） 125A（5B） 150A（6B）	3 4 5	弯 管	每 1 根	$R = 0.5m$ 90° $R = 1.0m$	12 9
锥 形 管	每 1 根	157A→150A 150A→125A 125A→100A	4 8 16	软 管	第 5~8m 长的 1 根		20

注：1. R—曲率半径；

2. 弯管的弯曲角度小于 90°时，需将表列数值乘以该角度对 90°角的比值；

3. 向下垂直管，其水平换算长度等于其自身长度；

4. 斜向配管时，根据其水平及垂直投影长度，分别按水平、垂直配管计算。

在使用中，混凝土泵设置处应场地平整，道路畅通，供料方便，距离浇筑地点近，便于配管，排水、供水、供电方便，在混凝土泵作用范围内不得有高压线等。

进行配管设计时，应尽量缩短管线长度，少用弯管和软管，应便于装拆、维修、排除故障和清洗；应根据骨料粒径、输出量和输送距离、混凝土泵型号等选择输送管。在同一条管线中应用相同直径的输送管，新管应布置在泵送压力较大处；垂直向上配管时，宜使地面水平管长不小于垂直管长度的 1/4，一般不宜小于 15m，且应在泵机 Y 形管出料口 3～6m 处设置截止阀，防止混凝土拌合物反流；倾斜向下配管时，地上水平管轴线应与 Y 形管出料口轴线垂直，应在斜管上端设排气阀，当高差大于 20m 时，斜管下端设 5 倍高差长度的水平管，或设弯管、环形管满足 5 倍高差长度要求。

当用接力泵泵送时，接力泵设置位置应使上、下泵的输送能力匹配，设置接力泵的楼面应验算其结构所能承受的荷载，必要时需加固。

混凝土操作人员必须经过专门培训合格。混凝土泵启动后，先泵送适量水进行湿润，再泵送水泥浆或 1:2 水泥砂浆进行润滑。泵送速度应先慢后快，逐步加速，宜使活塞以最大行程进行泵送。当泵送压力升高且不稳定、油温升高、输送管振动明显时，应查明原因，不得强行泵送。泵送完毕，应及时清洗混凝土泵和输送管。

六、泵送混凝土对原材料及配合比的要求

混凝土泵送施工能否顺利进行，除与泵的技术性能、配管情况有关之外，还与泵送混凝土的原材料及配合比有密切关系。泵送混凝土用的粗骨料，应为最佳连续级配，级配曲线见现行"混凝土泵送施工规程"；针片状颗粒含量不宜大于 10%；其最大粒径与输送管径之比。当泵送高度在 50m 以下，碎石不宜大于 1:3，卵石不宜大于 1:2.5；泵送高度为 50～100m，宜为 1:3～1:4；泵送高度在 100m 以上，宜为 1:4～1:5。细骨料宜为中砂，通过 0.315mm 筛孔的砂，宜不少于 15%，亦应符合最佳级配级配曲线亦见现行"混凝土泵送施工规程"。泵送混凝土对水泥品种无特殊要求，但最小水泥用量宜为 300kg/m³。泵送混凝土的水灰比宜为 0.4～0.6。砂率宜为 38%～45%，对高强度等级混凝土不宜过高。应掺加适量符合"混凝土泵送剂"规定的外加剂，还宜掺加适量粉煤灰并符合有关规定。

泵送混凝土的坍落度，宜按不同泵送高度按表 4-2 选用。混凝土坍落度的经时损失如表 4-3 所示。

不同泵送高度入泵时混凝土坍落度选用值 表 4-2

泵送高度（m）	30 以下	30～60	60～100	100 以上
坍落度（mm）	100～140	140～160	160～180	180～200

混凝土坍落度经时损失值 表 4-3

大 气 温 度（℃）	10～20	20～30	30～35
坍落度损失值（mm） 掺粉煤灰和木钙经时 1h	5～25	25～35	35～50

混凝土的可泵性，用压力泌水试验结合施工经验进行控制，一般 10s 时的相对压力泌

238

水率 s_{10} 宜不超过 40% ，s_{10} 按下式计算：

$$s_{10} = \frac{V_{10}}{V_{140}}$$ (4-20)

式中 s_{10}——混凝土拌合物在压力泌水仪中加压至 10s 时的相对泌水率（%）；

V_{10}、V_{140}——分别代表加压至 10s 和 140s 时的泌水率（ml）。

V_{10}、V_{140} 和 S_{10} 均取三次试验的平均值。

第五章　高层建筑施工用脚手架

高层建筑施工中，脚手架使用量大、要求高、技术较复杂，对人员安全、施工质量、施工速度和工程成本有重大影响，所以需慎重对待，需有专门的设计和计算，必须绘制脚手架施工图。高层建筑施工常用的脚手架有：扣件式钢管脚手架、碗扣式钢管脚手架、门型组合式脚手架、附墙升降脚手架等。

第一节　落地钢管脚手架

一、扣件式钢管脚手架

（一）构造要求

这种脚手架是以标准的钢管杆件（立杆、横杆、斜杆）和特制扣件组成的脚手架骨架与脚手板、防护构件、连墙件等组成的。是目前最常用的一种脚手架。

钢管一般采用外径 $\phi48mm$、壁厚 3.5mm 的镀锌高频焊接钢管，亦可采用 $\phi51mm$、壁厚 3.0mm 者。最大长度不宜超过 6500mm，最大重量不应超过 25kg。可锻铸铁扣件有三种：供两根垂直相交钢管连接用的直角扣件；供两根任意相交钢管连接用的旋转扣件；和供两根对接钢管连接用的对接扣件。扣件质量应符合有关的规定。脚手板有定型冲压钢脚手板、焊接钢脚手板、钢框银板脚手板等，每块重量不宜超过 30kg。连墙件可用管材、型材或线材。

纵向水平杆应水平设置，长度不宜小于 3 跨，其接头应用对接扣件连接，两根相邻纵向水平杆的接头不应设置在同步、同跨内，两个相邻接头应错开的距离不小于 500mm，且各接头中心距立柱轴线的距离应小于 1/3 跨度。如采用搭接，搭接长度不应小于 1m，且用不少于 3 个旋转扣件固定。

当采用冲压钢脚手板等时，纵向水平杆用直角扣件固定在立杆上，作为横向水平杆的支座。

横向水平杆应设置在立杆与纵向水平杆相交处（中心节点），且离立杆轴线不应大于 150mm。非中心节点处的横向水平杆应根据脚手板的需要等间距设置。

当使用冲压钢脚手板时，双排脚手架的横向水平杆的两端应用直角扣件固定在纵向水平杆上；单排脚手的横向水平杆，一端用直角扣件固定在纵向水平杆上，另一端插入墙内不少于 180mm。

冲压钢脚手板应采用三支点承重，当长度小于 2m 时可两支点承重，但应两端固定。宜平铺对接，对接处距横向水平杆的轴线应大于 100mm、小于 150mm。

立杆均应设置标准底座，高度大于 24m 者应设可调底座。立杆应设置纵、横向扫地杆（离地面很近的纵、横向水平杆），用直角扣件固定在立杆上，纵向扫地杆轴线距底座下皮不应大于 200mm。立杆接头除顶层可用搭接外，其余均必须用对接扣件连接，对接扣件应交错布置，两根相邻立杆接头不应在同步内，左右两个相邻接头在高度方向应至少错开500mm。且各对接头中心距纵向水平杆轴线小于1/3步距。搭接者搭接长度不小于1m，至少用2个旋转扣件固定，扣件间距不小于800mm。

立杆必须用连墙件与建筑物连接。当架高≤20m时，每40m²不少于1个连墙件，且连墙件的竖向间距≤6m；当架高>20m时，每30m²不少于1个连墙件，且连墙件竖向间距≤4m。脚手架上部未设连墙件的自由高度不得大于6m。当设计位置或其附近不能设连墙件时，应采取其他可行的刚性拉结措施予以弥补。

脚手架应设置剪刀撑。当架高为6~25m时，应于外侧面的两端和其间按≤15m的中心距自下而上连续设置剪刀撑；当架高>25m时，应于外侧面满设剪刀撑。

剪刀撑的斜杆与水平面的交角宜为45°~60°，水平投影宽度应不小于2跨或4m和不大于4跨或8m。斜杆相邻连接点之间杆段的长细比不得大于60。

扣件式钢管脚手架，单排的搭设高度限值为20m；双排的为50m。

（二）搭设要求

为保证脚手架搭设过程中的稳定性，必须按施工组织设计中规定的搭设顺序进行搭设。脚手架必须配合施工进度搭设，一次搭设高度不应超过相邻连墙件以上二步。每搭完一步脚手架后，应按规定校正立柱的垂直度、步距、柱距和排距。

在地面平整、排水畅通后，铺设厚度不小于50mm、长度不少于2跨的木垫板，然后于其上安放底座。并应有排水设施。

搭设立杆时，不同规格的钢管严禁混合使用。底部立杆需用不同长度的钢管，使相邻两根立杆的对接扣件错开至少500mm。竖第一节立杆时，每6跨临时设一根抛撑，待连墙件安装后再拆除。搭至有连墙件处时，应立即设置连墙件。钢管脚手架立杆垂直度偏差≤1/300，且最大垂直偏差值：当架高≤20m时不大于50mm；当架高>20m时不大于75mm。纵向水平杆水平偏差≤1/250，且全架长的水平偏差值<50mm。

对于纵向水平杆的搭设，除满足构造要求外，对于封闭型外脚手架的同一步纵向水平杆，必须四周交圈，用直角扣件与内外角柱固定。纵向水平杆应用直角扣件固定在立柱内侧。

横向水平杆的搭设除满足构造要求外，对于双排脚手架其靠墙一端至墙装饰面的距离应小于100mm；对于单排脚手架，横向水平杆不应设置在设计上不允许留脚手眼的部位、砖过梁上及与过梁成60°角的三角形范围内、宽度小于1m的窗间墙、梁或梁垫下及其两侧各500mm范围内、砖砌体门窗洞口两侧3/4砖和转角处3/4范围内、独立或附墙砖柱处等。

连墙件、剪刀撑、横向斜撑、抛撑都需按构造要求搭设。剪刀撑、横向斜撑的下端需落地，支承在垫块或垫板上。当横向斜撑妨碍操作时，可临时解除一步架的横向斜撑，用后必须及时补上。

扣件规格必须与钢管外径相同。螺栓拧紧扭力矩不应小于40N·m，亦不大于60N·m。

在六级及六级以上大风和雾、雨、雪天应停止脚手架搭拆作业。在临街搭设的脚手架外侧应有防护措施、以防坠物伤人。脚手架不应在高、低压线下方搭设。脚手架外侧边缘距外电架空线路外侧边缘的安全距离不应小于表5-1的规定。

二、碗扣式钢管脚手架

碗扣式钢管脚手架是我国一种多功能脚手架，它无扣件丢失问题，其关键技术在于碗扣接头。

脚手架外侧边缘距外电架空线路外侧边缘的安全距离　　　　表 5-1

外电线路电压（kV）	<1	1~10	35~110	154~220	330~500
安全距离（m）	4	6	8	10	15

碗扣接头由上、下碗扣、横杆接头和上碗扣的限位销组成，下碗扣和限位销焊在立柱上。

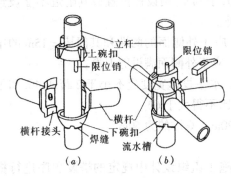

图 5-1　碗扣接头

（a）连接前；（b）连接后

进行杆件连接时，先将上碗扣的缺口对准限位销，将上碗扣沿立柱向上拉起，然后将固定于横杆上的横杆接头插入下碗扣的圆槽内，随后将上腕扣沿限位销滑下，并沿顺时针方向旋转扣紧，再用小锤轻击几下即达到扣紧要求。

碗扣式接头可同时连接四根横杆，横杆可互相垂直，亦可偏转一定角度，因而可搭设各种形式的脚手架，这是碗扣式钢管脚手架的特点。

碗扣式钢管脚手架立杆横距为 1.2m，纵距根据脚手架荷载可为 1.2、1.5、1.8、2.4m，步距为 1.8、2.4m。它结构简单、杆件全部轴向连接、力学性能好、接头构造合理、拆装方便，尤其易于搭设曲线形脚手架。

单排碗扣式钢管脚手架的搭设高度限值为 20m；双排者为 60m。但当架高≥30m 时，立柱纵距不大于 1.5m。

扣件式钢管脚手架的构造要求等亦适用于碗扣式钢管脚手架。

三、门式钢管脚手架

门式钢管脚手架，由螺旋千斤顶底座、门式框架、碗臂锁扣、十字撑、脚手板、梯子、承插连接扣等组成（图 5-2）。

搭设和使用门式钢管脚手架时，千斤顶底座下要铺好垫板，地基要夯实；第一层门型框架的间距、垂直度和水平度要准确；各层、各跨要满装十字剪刀撑，施工过程中如确需拆除临墙一侧某跨十字剪刀撑时，应预先在其中层铺设脚手板、防护栏杆和挂好安全网，施工完毕应立即恢复原剪刀撑，因为单侧设置十字剪刀撑会降低脚手架的承载能力；最上一步脚手和设置连墙杆的一步脚手必须满铺脚手板，并固定牢固；脚手架外侧应满挂细眼安全网。

门式钢管脚手架的连墙件，当架高≤20m 时，每 50m² 不少于 1 个连墙件，连墙

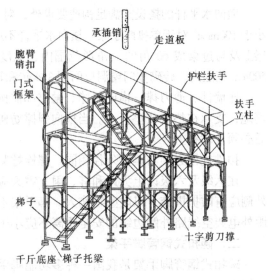

图 5-2　门型组合式脚手架构造示意图

件的竖向间距应≤6m；当架高>20m时，每30m²不少于1个连墙件，且连墙件的竖向间距应≤4m。脚手架上部未设连墙件的自由高度不得大于6m。

门式钢管脚手架和搭设高度限值，当施工总荷载≤3kN/m²时为60m；当施工总荷载≤5kN/m²时为45m。

四、落地钢管脚手架的计算

（一）荷载

脚手架承受的荷载包括恒载和活荷载。活荷载包括施工荷载（作业层上人员、材料和机具重量）和风荷载。计算时不考虑雪荷载、地震作用等其他活荷载。

1. 恒载

恒载标准值 G_K，一般按《建筑结构荷载规范》GB 5007—2001 的附录一确定。对木脚手板、竹串片脚手板，考虑搭接、吸水、泥浆等，取自重标准值为 0.35kPa。

2. 活荷载

（1）施工荷载标准值 Q_C

对结构作业层取 3kN/m²，对装修作业层取 2kN/m²。若施工中脚手架的实际使用施工荷载超过以上规定时，按可能出现的最大值计算。

（2）风荷载标准值

垂直于脚手架外表面的风压标准值为：

$$w_k = 0.7\mu_s\mu_z\omega_0 \tag{5-1}$$

式中　μ_s——风荷载体型系数，按下表采用：

μ_z——风压高度变化系数，按《建筑结构荷载规范》GBJ 9—87 中的规定值；

ω_0——基本风压（kN/m²），采用《建筑结构荷载规范》（GBJ 9—87）中的规定值；

0.7——按 5 年重现期计算的基本风压折减系数。

脚手架风荷载体型系数 μ_s 　　　　　　表 5-2

背靠建筑物的状况		全 封 闭	敞开、开洞
脚手架状况	各种封闭情况	1.0φ	1.3φ
	敞　　开	μ_{stw}	

注：1. μ_{stw} 为按桁架确定的脚手架构造结构的风荷载体型系数，可参照《建筑结构荷载规范》（GBJ 9—87）表 6.3.1 中第 31、32 和 36 项计算；

2. φ 为按脚手架封闭情况确定的挡风系数，

$$\varphi = \frac{挡风面积\ A_n}{迎风面积\ A_w};$$

3. 各种封闭情况包括全封闭、半封闭和局部封闭。

（二）计算项目

以最常用的扣件式钢管脚手架为例，其计算项目等见表 5-3。

（三）计算公式

1. 脚手架整体稳定性计算

（1）扣件式钢筋脚手架整体稳定性计算

1）不组合风荷载时

序 次	计 算 项 目	计 算 要 求
1	脚手架（立杆）整体稳定性计算	转化为验算立杆的承载力
2	横向平杆、纵向平杆、脚手板	在"跨度界值"之内验抗弯强度主；在"跨度界值"之外验算挠度
3	连墙件、扣件抗滑	按相应公式验算
4	地基	按相应公式验算
5	单肢稳定	按相应公式验算

$$\frac{0.9N}{\varphi A} \leqslant \frac{f_c}{r'_m} \tag{5-2}$$

式中 N——立杆验算截面处的轴心力设计值；

$$N = 1.2N_{GK} + 1.4\sum_{i=1}^{n} N_{QiK} \tag{5-3}$$

N_{GK}——脚手架自重标准值在立杆中产生的轴力（kN）；

$\sum_{i=1}^{m} N_{QiK}$——n 个活荷载标准值在立杆中产生的轴力（kN），一般只计算施工荷载一项；

A——立杆的计算截面面积（mm^2）；

φ——轴心受压杆件的稳定系数，根据长细比 λ 查得，$\lambda = \frac{l_0}{i}$，$l_0 = \mu h$；

μ——计算长度系数；

立杆横距 l_b（m）		连墙件布置	
		2 步 3 跨	3 步 3 跨
双 排 架	1.05	1.50	1.70
	1.30	1.55	1.75
	1.55	1.60	1.80
单 排 架		1.85	

h——步距；

f_c——钢材抗压强度设计值（kN/mm^2），对 Q235 钢为 0.205kN/mm^2；

r'_m——材料强度附加分项系数；

构件类别	r'_m 当荷载组合情况为	
	不 组 合 风 荷 载	组 合 风 荷 载
受弯构件	$r'_m = 1.19\frac{1+\eta}{1+1.17\eta}$	$r'_m = 1.19\frac{1+0.9(\eta+\lambda)}{1+\eta+\lambda}$
轴心受压构件	$r'_m = 1.59\frac{1+\eta}{1+1.17\eta}$	$r'_m = 1.59\frac{1+0.9(\eta+\lambda)}{1+\eta+\lambda}$

注：式中 $\eta = \frac{S_{QK}}{S_{GK}}$，$\lambda = \frac{S_{WK}}{S_{GK}}$，即分别为活载、风载标准值作用效应与恒载标准值作用效应的比值。作用效应即荷载作用下产生的内力。

2) 组合风荷载时

$$0.9\left(\frac{N'}{\varphi A} + \frac{M_W}{W}\right) \leq \frac{f_c}{r'_m} \tag{5-4}$$

式中　N'——组合风荷载时立杆验算截面处轴力设计值；

$$N' = 1.2(N_{GK} + N_{QK}) \tag{5-5}$$

N_{QK}——施工荷载标准值在立杆中产生的轴力（kN），（组合风荷载时，可变荷载要乘以荷载组合系数 $\varphi = 0.85$）；

M_W——风荷载在计算立杆段产生的最大弯矩；

$$M_W = 0.12q_{wh}h^2 \tag{5-6}$$

q_{wh}——风线荷载标准值；

$$q_{wh} = l_a \frac{A_n}{A_w} w_k \tag{5-7}$$

w_k——标准风压值；

A_w——脚手架立面的计算迎风面积，一般取 $A_w = l_a \cdot h$（mm^2）；

A_n——脚手架立面 A_w 内的挡风面积（mm^2）；

l_a——立杆纵距（mm）；

W——截面抵抗矩（mm^3）；

其他符号同前。

(2) 碗扣式钢管脚手架整体稳定性计算

只是计算长度系数 μ 按表 5-6 取决，其他计算完全与扣件式钢管脚手架相同。

碗扣式脚手架稳定性计算长度系数 μ 值   表 5-6

立杆横距 l_b（m）		μ 值，当连墙件的布置为	
		2 步 3 跨	3 步 3 跨
双 排 架	0.9	1.37	1.56
	1.2	1.43	1.61
	1.5	1.50	1.67
单 排 架		1.73	

(3) 门架式钢管脚手架整体稳定性计算

将整体稳定性计算转化为对门架立柱的计算。即要求门架立柱的轴力设计值 N 等于或小于立柱承载力设计值 N_d。即：

无弯矩作用时：

$$N \leq N_d \tag{5-8}$$

有弯矩作用时：

$$N + \frac{2M}{l_b} \leq N_d \tag{5-9}$$

式中　N——轴力标准值（包括不组合风荷载和组合风荷载）；

N_d——一榀门架的承载力设计值；

$$N_d = \frac{\varphi A f_c}{0.9 r'_m} \tag{5-10}$$

φ——门架立柱的稳定系数，按 λ 查得；

A——一榀门架两根立柱的毛截面面积；

f_c——门架钢材抗压强度设计值；

l_b——门架宽度；

M——风荷载对脚手架产生的弯矩；

$$M = 0.12 q_{wk} h_w^2 \qquad (5-11)$$

q_{wk}——作用于脚手架的风线荷载标准值；

h_w——连墙件竖向间距。

2. 单肢杆件的稳定性计算

对于门式钢管脚手架，其整体稳定性计算即单肢杆件的稳定性计算。

对于扣件式、碗扣式钢管脚手架，可能出现局部杆件计算长度过大、偏心荷载作用等情况，因而需要进行单肢杆件的稳定性计算。

其计算方法仍采用上述整体稳定性的计算方法，只是计算长度系数 μ 改变。扣件式钢管脚手架单肢杆件的计算长度系数为 μ_{1c}；碗扣式钢管脚手架单肢杆件的计算长度系数为 μ_{1w}。μ_{1c}、μ_{1w} 的计算都繁杂，建筑施工手册（第四版）第 1 册的 P501～P502 和 P503～P504 有表可查，需要时可查阅。

3. 水平杆件、脚手板计算

横向水平杆在立杆以外无铺板时，按简支梁计算；立杆以外伸出部分有铺板时，按带悬臂的单跨梁计算。

纵向水平杆按三跨连续梁计算。

定型挂扣式钢脚手板按简支梁计算；3～4m 长木脚手板一般按两跨连续梁计算；长 5～6m 者按三跨连续梁计算。

计算时可忽略水平杆的自重，脚手板的自重不能忽略。脚手板和横向水平杆按均布荷载考虑。纵向水平杆承受横向水平杆传来的集中荷载。

（1）抗弯强度验算

$$1.1(M_{GK} + 1.15 M_{QK})/W \leqslant \frac{f}{r'_m} \qquad (5-12)$$

式中　M_{GK}——由脚手板自重标准值产生的最大弯矩；

M_{QK}——由施工荷载标准值产生的最大弯矩；

W——水平杆或脚手板的毛截面抵抗矩；

f——杆件材料的抗弯强度设计值。

（2）挠度验算

$$w_{QK} \leqslant [w] \qquad (5-13)$$

式中　w_{QK}——由施工荷载标准值产生的挠度；

[w]——容许变形，横向水平杆和脚手板为 $l/150$（l 为绕度），纵向水平杆为 10mm。

4. 扣件抗滑移计算

要求满足

$$R \leqslant R_c \qquad (5-14)$$

式中　R——扣件节点处支座反力的计算值；

R_c——扣件抗滑移承载力设计值，每个直角扣件和旋转扣件取 8.5kN。

碗扣节点的承载力远远大于它承受的作用力，不必进行验算。

5. 连墙件计算

连墙件所承受的轴力 N_l 为：

$$N_l = N_w + N_s \tag{5-15}$$

式中　N_w——风荷载引起的连墙件轴向压力设计值；

$$N_w = 1.4 S_w \varphi w_k \tag{5-16}$$

S_w——连墙件的作用面积（等于连墙件横距与纵距的乘积）；

φ——稳定系数；

w_k——标准风压值（kN/mm^2）。

N_s——由脚手架平面外变形在连墙件中引起的轴向压力，取不小于 3kN。

由于连墙件构造各异，验算项目根据具体情况确定。

6. 立杆底座和地基承载力验算

立杆底座验算：

$$N \leqslant R_b \tag{5-17}$$

立杆地基承载力验算：

$$\frac{N}{A_d} \leqslant k f_k \tag{5-18}$$

式中　N——上部结构传至立杆底部的轴力设计值；

R_b——底座抗压承载力设计值，一般取 40kN；

A_d——立杆基础的计算底面积；支座直接放在地面上时，A 取支座板底面积，支座下设 50~60mm 厚木垫板时，$A = \dfrac{1}{n} a \times b$（$a$、$b$ 为垫板的两个边长，n 为立杆数）当 A 计算值大于 $0.25m^2$ 时，取 $0.25m^2$。

k——调整系数；碎石土、砂土、回填土为 0.4，黏土为 0.5；岩石、混凝土为 1.0；

f_k——地基承载力标准值。

第二节　附着升降脚手架

在高层尤其是超高层建筑施工中，如采用落地式脚手架，则需用大量脚手架材料，装、拆的工作量亦巨大，费用高、劳动量消耗大、亦延长工期。因而出现了非落地脚手架，即采用附着、挑、吊、挂方式设置的悬空脚手架，效果较好。目前常用的有附着升降脚手架、挑脚手架、挂脚手架和吊篮等。其中尤其是附着升降脚手架发展最快，应用较多，此处介绍之。

附着升降脚手架即利用附着装置将脚手架附着于结构（墙体框架等）边侧，并利用自身携带的提升设备按照施工的需要向上提升或向下降落。由于这种脚手架是处于高空作

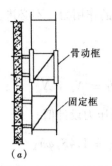

（a）

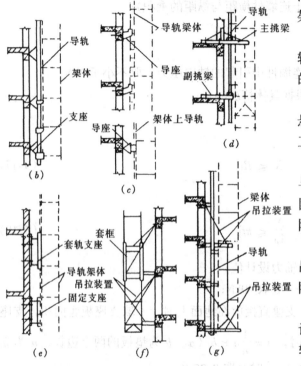

图 5-3　附着支承结构的几种形式示意图
（a）套框式；（b）导轨式；（c）导座式；（d）挑轨式；
（e）套轨式；（f）吊套式；（g）吊轨式

业，安全问题十分突出，因而需要配置防倾、防坠安全装置和控制设备。

套框（管）式附着升降脚手架，即由交替附着土墙体结构的固定框架和滑动框架（可沿固定框架滑动）构成的附着升降脚手架；

导轨式附着升降脚手架，即架体沿附着于墙体结构的导轨升降的脚手架；

导座式附着升降脚手架，即带导轨架体沿附着于墙体结构的导座升降的脚手架；

挑轨式附着升降脚手架，即架体悬吊于带防倾导轨的挑梁带（固定于工程结构）下并沿导轨升降的脚手架；

套轨式附着升降脚手架，即架体与固定支座相连并沿套轨支座升降、固定支座与套轨支座交替与工程结构附着的升降脚手架；

吊套式附着升降脚手架，即采用吊拉式附着支承的、架体可沿套框升降的附着升降脚手架；

吊轨式附着升降脚手架，即采用设导轨的吊拉式附着支承、架体沿导轨升降的脚手架。

图 5-4、5-5、5-6 分别为导轨式、导座式和套轨式附着升降脚手架的基本构造。

除上述者外，还有一种互爬式，附着升降脚手架（图 5-7），它有甲、乙两类架体，甲与墙体固定后提升乙，然后乙与墙体固定后再提升甲，即相互提升。下降原理亦相同。

上述附着升降脚手架有的是单跨提升，即每次单独升降一跨，如套框式多如此提升。而有的是整体提升，即四周全部架体，利用电动提升设备和同步控制装置一次全部提升，如吊轨式等即如此提升。

目前常用的提升设备为手动葫芦和电动葫芦。前者用于单跨提升的附着升降脚手架和互爬式附着升降脚手架；后者用于整体提升的附着升降脚手架。此外，目前还在研究一种滚压提升设备，它是依据塔式起重机液压顶升原理进行设计的。

为保证附着升降脚手架的施工安全，在架体结构、附着装置、提升设备和防倾、防坠装置等方面都有一些具体规定，要求严格执行。

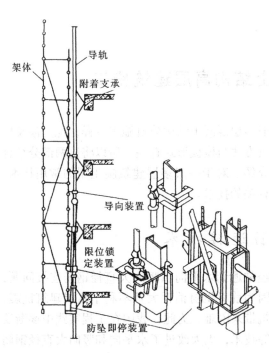

图 5-4 导轨式附着升降脚手架

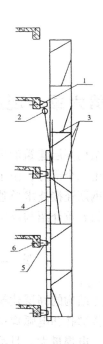

图 5-5 导座式附着升降脚手架

1—吊挂支座；2—提升设备；3—架体；

4—导轨；5—导座；6—固定螺栓

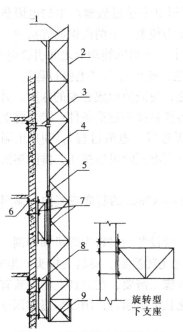

图 5-6 套轨式附着升降脚手架

1—三角挂架；2—架体；3—滚动支座 A；

4—导轨；5—防坠装置；6—穿墙螺栓；7—

滑动支座 B；8—固定支座；9—架底框架

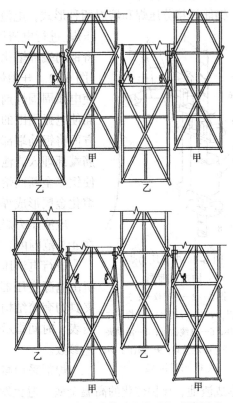

图 5-7 互爬式附着升降脚手架升降原理

第六章　现浇混凝土结构高层建筑施工

现浇混凝土结构高层建筑的施工，与一般多层混凝土结构建筑施工一样，也是涉及模板、钢筋和混凝土三个部分，由于混凝土浇筑方法与模板形式有关，所以将这两部分结合一起介绍，而将钢筋连接技术单独做为一节介绍。对于一般多层建筑施工用的常用技术，此处不再详述，只着重介绍与高层建筑施工有关的技术。

第一节　钢筋连接技术

在现浇混凝土结构的高层建筑施工中，经常遇到水平向和竖向大直径钢筋连接问题，它不能再采用搭接绑扎和电弧焊接的方法，因为前者钢材消耗大且不利于高层建筑抗震，后者钢材消耗多、电焊量大，且给混凝土浇筑带来困难。为此，我国在工程实践中逐渐发展和采用了电渣压力焊、气压焊、机械连接等技术，大大改进了水平向和竖向大直径钢筋连接技术，经济效益较好。

一、电渣压力焊

钢筋焊接分压焊和熔焊两种形式，电渣压力焊属于熔焊，后面要介绍的气压焊则属于压焊。进行电渣压力焊时，利用电流通过渣池产生的电阻热量将钢筋端部熔化，然后施加压力使上、下两段钢筋焊接为一体（图6-1）。开始焊接时，先在上、下面钢筋端面之间引燃电弧，使电弧周围焊剂熔化形成渣池；随后进行"电弧过程"，一方面使电弧周围的焊剂不断熔化，使渣池形成必要的深度，另一方面将钢筋端部烧平，为获得优良接头创造条件；接着将上钢筋端部埋入渣池中，电弧熄灭进行"电渣过程"，利用电阻热使钢筋全断面熔化；最后，在断电同时迅速挤压，排除熔渣和熔化金属形成焊接接头。

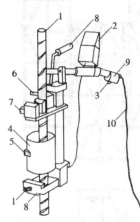

图 6-1　电渣压力焊
构造原理图

1—钢筋；2—监控仪表；3—电源开关；4—焊剂盒；5—焊剂盒扣环；6—电缆插座；7—活动夹具；8—固定夹具；9—操作手柄；

10—控制电缆

电渣压力焊适用于直径 14~40mm 的竖向或斜向（倾斜度在 4:1 范围内）钢筋的连接。

进行电渣压力焊使用的主要设备和材料为焊机和焊剂。焊机由电源变压器、控制箱、电流转换器、夹具（机头）组成。夹具为套筒结构，能适应现场施工需要，在夹具上还安装有电压表、时间指示灯、钢筋熔化长度指示灯，用以掌握和调整工艺参数。

焊剂采用高锰、高硅、低氟型 HJ431 焊剂。其作用是使熔渣形成渣池，保护熔化的高温金属，避免发生氧化、氮化作用，形成良好的钢筋接头。使用前必须经 250℃烘烤 2h。

电渣压力焊的工艺参数主要是：渣池电压、焊接电流和焊接通电时间，一般如见表6-1所示。不同直径钢筋焊接时，应根据较小直径钢筋选择工艺参数。

电渣压力焊工艺参数 表6-1

钢筋直径（mm）	渣池电压（V）	焊接电流（A）	焊接通电时间（s）
14		200～220	12～15
16		200～250	15～18
20		300～350	18～23
25	22～27	400～450	25～27
32		600～650	30～35
36		700～750	35～40
40		850～900	40～42

对钢筋电渣压力焊接头，应进行外观检查和强度检验。外观检查应逐根进行，应符合下列要求：

（1）接头焊包均匀，不得有裂纹，钢筋表面无明显烧伤等缺陷；

（2）接头处钢筋轴线偏移不得超过0.1钢筋直径，同时亦不得大于2mm；

（3）接头处钢筋轴线弯折不得大于4°。

进行强度检验时，对于框架结构每一楼层中以300个同类型接头（同钢筋级别、同钢筋直径）为一批，不足300个仍作为一批，切取其中3个试件进行拉伸试验。3个试件的抗拉强度均不得低于该级别钢筋抗拉强度标准值，如有1个试件低于上述数值，应取双倍试件进行复验，复验中如仍有1个试件不符合要求，则该批接头为不合格。

二、气压焊

钢筋气压焊是采用一定比例的氧气、乙炔焰对两连接钢筋端部接缝处进行加热，待其达到热塑状态时对钢筋施加 $30～40N/mm^2$ 的轴向压力，使钢筋顶锻在一起。

气压焊的机理，是钢筋在还原性气体保护下，产生塑性流变后紧密接触，促使端面金属晶体相互扩散渗透，再结晶和再排列，形成牢固的对焊接头。这种焊接工艺既适用于竖向钢筋的连接，也适用于各种方向钢筋的连接。宜于焊接直径16～40mm的。不同直径钢筋焊接时，两者直径差不得大于7mm。

气压焊所用之设备，主要包括氧气和乙炔瓶、加热器、加压器及钢筋卡具等（图6-2）。加热器由混合气管与多火口烤钳组成，称多嘴环管焊炬，设计成环状钳形，使多束火焰燃烧均匀，调整方便，火口数与钢筋直径有关。加压器由液压泵、顶压油缸、液压表、胶管组成，它通过夹具能对钢筋进行轴心顶锻。钢筋卡具包括可动卡子与固定卡子，用于卡紧和压接钢筋。

气压焊所用的氧气（O_2）应符合国家有关标准中Ⅰ类或Ⅱ类一级技术要求，纯度要求在99.5%以上，作业压力在0.5～0.7N/mm²以下。所用的乙炔（C_2H_2），

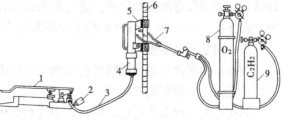

图6-2 气压焊设备工作示意图

1—脚踏液压泵；2—压力表；3—液压胶管；4—油缸；5—钢筋卡具；6—焊接的钢筋；7—多火口烤钳；8—氧气瓶；9—乙炔瓶

宜采用瓶装溶解乙炔，其质量要符合国家有关标准中的规定，纯度按体积比应达到 98%，其作业压力在 $0.05 \sim 0.07 N/mm^2$ 以下。氧气和乙炔气的混合比例为 1:1.27。

气压焊的工艺过程是：用砂轮锯切平钢筋端面，使断面与钢筋轴线垂直，去掉端面周边毛刺→用磨光机打磨钢筋压接面和端头（$50 \sim 100mm$），去除锈和污物，使其露出金属光泽→安装夹具夹紧钢筋，使两钢筋轴线对正，缝隙不大于 3mm，对钢筋轴心施加初压力（$5 \sim 10N/mm^2$）→用碳化焰（乙炔过剩焰，$O_2:C_2H_2$ 为 $0.85:1 \sim 0.95:1$）加热钢筋，待钢筋接缝处呈红黄色，压力表针大幅度下降时，对钢筋施加初期压力，使缝隙闭合→用中性焰（标准焰，$O_2:C_2H_2$ 为 1:1）继续加热钢筋端部，使其达到合适的压接温度（$1150 \sim 1300℃$）→当钢筋表面变成炽白色时，边加热边加压，达到 $30 \sim 40N/mm^2$，形成接头→拆卸夹具，进行质量检验。

进行气压焊时掌握好火焰功率（取决于氧、乙炔流量）很重要，过大易引起过烧现象，过小易造成接面"夹生"现象，延长压接时间。在合理选用火焰基础上，加热时间见表 6-2。

加热器火口数与加热时间选择表　　　　　　　　　　　　　　　　表 6-2

钢筋直径（mm）	加热器火口数	加热时间（min）	钢筋直径（mm）	加热器火口数	加热时间（min）
$16 \sim 22$	$6 \sim 8$	$1 \sim 1.5$	32	$10 \sim 12$	$2.5 \sim 3.0$
25	$8 \sim 10$	$1.5 \sim 2.0$	40	$12 \sim 14$	$3.0 \sim 4.0$
28	$8 \sim 10$	$2.0 \sim 2.5$	50	$16 \sim 18$	$4.5 \sim 7.0$

气压焊的全部焊接接头均需进行外观检查，检查项目及标准为：压接区两钢筋轴线的相对偏心量不得大于钢筋直径的 1/5 和 4mm；两钢筋轴线的弯折角不得大于 4°；镦粗区最大直径不小于钢筋直径的 1.4 倍，长度为钢筋直径的 1.2 倍；镦粗区最大直径处应为焊接面，否则最大偏移量不得大于钢筋直径的 0.2 倍；压焊面不得有裂缝和严重烧伤。

气压焊接接头外观检查合格后进行机械性能检验。以每层楼的 200 个接头为一批，不足 200 个者亦作为一批。试验时从每批中随机切取 3 个接头作拉伸试验，要求全部试件的抗拉强度均不得低于该级别钢筋的抗拉强度，均断于焊缝之外。若有 1 个试件不符合要求，切取双倍试件复验，如仍有 1 个试件不合格则该批接头判为不合格。如无条件进行拉伸试验，亦可以弯曲试验代替。进行弯曲试验时，将试件受压一侧的凸出部分除去，与钢筋外表齐平。弯至 90°试件外侧均不出现裂缝或发生断裂才算合格。

三、钢筋机械连接

钢筋机械连接是通过连接件的机械咬合作用或钢筋端面的承压作用，将一根钢筋中的力传递至另一根钢筋的连接方法。

其优点为：接头质量稳定可靠、不受钢筋化学成分的影响、人为因素影响小、操作简便、施工速度快、不受气候条件影响、无明火和火灾隐患、施工安全。在大直径钢筋连接中，其有很大的发展前景。

（一）连接方法分类及适用范围

钢筋机械连接方法分类及适用范围 表 6-3

机械连接方法		适 用 范 围	
		钢筋级别	钢筋直径（mm）
钢筋套筒挤压连接		HRB335、HRB400、RRB400	16～40
			16～40
钢筋锥螺纹套筒连接		HRB335、HRB400	16～40
		RRB400	16～40
钢筋镦粗直螺纹套筒连接		HRB335、HRB400	16～40
钢筋滚压直螺纹套筒连接	直接滚压	HRB335、HRB400	16～40
	挤肋滚压		16～40
	剥肋滚压		16～50

钢筋机械连接接头，根据静力拉伸性能以及高应力和大变形条件下反复拉、压性能的差异，分为三个性能等级：

A级：接头抗拉强度达到或超过母材抗拉强度标准值，并具有高延性及反复拉压性能；

B级：接头抗拉强度达到或超过母材屈服强度标准值的1.35倍，具有一定的延性及反复拉压性能；

C级：接头仅承受压力。

A、B、C级接头在单向拉伸、高应力反复拉压和大变形反复拉压情况下强度、割线模量、残余变形、极限应变等表现不同。

接头性能等级的选择，应考虑下述条件：

（1）结构中要求充分发挥钢筋强度或对接头延性要求较高的部位，应采用A级接头；

（2）结构中钢筋受力小或对接头延性要求不高的部位，可采用B级接头；

（3）非抗震设防和不承受动力荷载的结构中的钢筋只承受压力的部位，可采用C级接头。

（二）钢筋套筒挤压连接

钢筋套筒挤压连接（图6-3）属于机械连接，它是将需连接的变形钢筋插入特制钢套筒内，利用挤压机使钢套筒产生塑性变形，使它机械咬住变形钢筋以实现连接。这种连接接头质量稳定，可与母材等强。但操作人员工作强度大，有时液压油污染钢筋，综合成本较高。

1.钢套筒

材料宜用强度适中、延性好的钢材，其性能要求如下：屈服强度 $\sigma_s = 225～230N/mm^2$，抗拉强度 $\sigma_b = 375～500N/mm^2$，延伸率 $\delta \geqslant 20\%$，硬度 HB = 102～133。

钢套筒的规格和尺寸如表6-4所示。

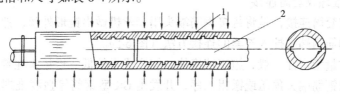

图 6-3 钢筋径向挤压连接原理图

1—钢套筒；2—钢筋

钢套筒型号	钢套筒尺寸（mm）			压接标志道数
	外 径	壁 厚	长 度	
G40	70	12	240	8×2
G36	63	11	216	7×2
G32	56	10	192	6×2
G28	50	8	168	5×2
G25	45	7.5	150	4×2
G22	40	6.5	132	3×2
G20	36	6	120	3×2

钢套筒规格和尺寸　　　　　　　　表 6-4

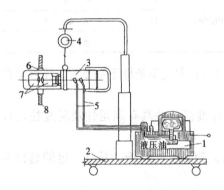

图 6-4　钢筋套筒挤压设备示意图

1—超高压泵；2—吊挂小车；3—挤压机；
4—平衡器；5—超高压胶管；6—钢套筒；
7—压模；8—被连接的钢筋

2. 挤压设备

由挤压机、超高压泵、超高压胶管等组成（图 6-4）。

3. 压接工艺与工艺参数

压接顺序为：钢筋、套筒验收→钢筋断料。划套筒套入长度标记→套筒按规定长度套入钢筋，安装压接模具→开动液压泵逐道压套筒→卸下压接模具等→接头外观检查。

压接有两种方式：一种是两根连接钢筋的全部压接都在施工现场进行；另一种是预先压接一半钢筋接头，运至工地就位后再压接另一半钢筋接头。后一种方法可减少现场作业，能加快连接速度。

压接接头性能主要取决于挤压变形量的工艺参数，它包括压痕最小直径和压痕宽度，同规格钢筋连接时工艺参数如表 6-5 所示。

同规格钢筋连接时的工艺参数　　　　　　表 6-5

连接钢筋规格	钢套筒型号	压模型号	压痕最小直径（mm）	压痕最小宽度（mm）
$\phi40$-$\phi40$	G40	M40	60-63	≥80
$\phi36$-$\phi36$	G36	M36	54-57	≥70
$\phi32$-$\phi32$	G32	M32	48-51	≥60
$\phi28$-$\phi28$	G28	M28	41-44	≥55
$\phi25$-$\phi25$	G25	M25	37-39	≥50
$\phi22$-$\phi22$	G22	M22	32-34	≥45
$\phi20$-$\phi20$	G20	M20	29-31	≥45
$\phi18$-$\phi18$	G18	M18	27-29	≥40

（三）钢筋锥螺纹套筒连接

钢筋锥螺纹套筒连接，是将待接钢筋端头用套丝机做出锥形外丝，然后用带锥形内丝的套筒将待接钢筋两端头拧入拧紧的连接方法（图 6-5）。

这种接头质量稳定性一般，施工速度快，综合成本较低。近年来在普通型锥螺纹接头基础上，又增加钢筋端头预压或镦粗工序，开发出 GK 型钢筋等强度锥螺纹接头，可达到与母材等强。

1. 锥螺纹套筒

锥螺纹套筒尺寸目前无统一规定，需经提供单位检验认定。

套筒的材质，对 HRB335 级钢筋采用 30~40 号钢；对 HRB400 级钢筋采用 45 号钢。应在专业工厂进行加工，用塞规进行检查，加工后两端锥孔用与其相应的塑料密封盖封严。

2. 钢筋锥螺纹加工和连接施工

钢筋下料应采用砂轮切割机，端头截面应与钢筋轴线垂直。

钢筋锥螺纹 A 级接头，应对钢筋端头进行镦粗或轴向顶压处理。

加工钢筋锥螺纹时，应采用水溶性切削润滑液。对大直径钢筋宜分次车削至规定尺寸。

锥螺纹丝头的锥度、牙形、螺距等都必须与套筒一致。加工检查合格后，拧上塑料保护帽。

连接施工时用扭力扳手按表 6-6 规定的力矩拧紧接头。

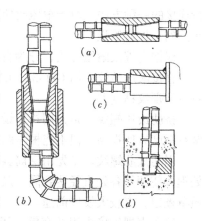

图 6-5　钢筋锥螺纹套管
连接示意图

(a) 两根直钢筋连接；(b) 一根直钢筋
与一根弯钢筋连接；(c) 在金属结构上
接装钢筋；(d) 在混凝土构件
中插接钢筋

锥螺纹钢筋接头拧紧力矩值　　　　　　　　　　　　　　　表 6-6

钢筋直径（mm）	16	18	20	22	25~28	32	36~40
扭紧力矩（N·m）	118	145	177	216	275	314	343

（四）钢筋镦粗直螺纹套筒连接

钢筋镦粗直螺纹套筒连接是先把连接钢筋端头镦粗，再切削直螺纹，然后用带直螺纹的套筒将两根钢筋端头连接起来的方法。这种接头质量稳定，连接速度快，施工简便，价格适中。

钢筋端部经冷镦后不仅直径增大，使套丝后丝扣底部截面积不小于钢筋原来截面积，而且由于冷镦后钢材强度提高，使接头有很高的强度，达到 A 级接头性能要求。

钢筋端头镦粗用钢筋液压冷镦机，型号有 HJC-200 型、HUC-250 型、GZD40 型等。

钢筋直螺纹套丝机有 GZL-40、HZS-40、GTS-50 型等。

镦粗直螺纹套筒，对 HRB335 级钢筋，用 45 号优质碳素钢；对 HRB400 级钢筋，用 45 号钢调质处理，或用不低于 HRB400 级钢筋性能的其他钢种。

套筒分同径连接套筒、异径连接套筒和可调节连接套筒。

直螺纹钢筋套筒连接时，采用扭力扳手，其拧紧力矩值如表 6-7 所示。

直螺纹钢筋套筒连接接头的拧紧力矩值　　　　　　　　　　　表 6-7

钢筋直径（mm）	16~18	20~22	25	28	32	36~40
拧紧力矩（N·m）	100	200	250	280	320	350

（五）钢筋滚压直螺纹套筒连接

钢筋滚压直螺纹套筒连接是对连接钢筋的端部强力滚压形成直螺纹，然后利用套筒进行连接的一种方法。由于滚压时使钢筋材料塑性变形产生冷作硬化，强度提高，因而使接头达到与母材等强。

根据直螺纹滚压方式，分为直接滚压螺纹、挤肋滚压螺纹和剥肋滚压螺纹三种类型。

直接滚压螺纹，用 GZL-32、GYZL-40、GSJ-40 等型号钢筋滚丝机。此法加工简单，设备少但螺纹精度差。

挤肋滚压螺纹，是先用挤压设备将钢筋的纵、横肋进行压平，然后再滚压螺纹。此法螺纹精度有所提高，但不能根本解决钢筋直径差异对螺纹精度的影响。

剥肋滚肋螺纹，是先用钢筋剥肋滚丝机（GHG40、GHG50 型）及钢筋的纵、横肋剥切处理，使钢筋各处直径达到同一尺寸，然后再进行螺纹滚压成型。此法螺纹精度高，接头质量稳定，有较大发展前途。

滚压直螺纹接头用的套筒，用优质碳素钢制作，其类型标准型、正反丝扣型、变径型、可调型等。

连接施工时亦用扭力扳手，接头拧紧力矩与表 6-7 相同。

第二节　组合式模板施工高层建筑

组合式模板是一种通用性强、装拆方便、周转次数多的模板。用它施工混凝土结构高层建筑，可以散装散拆，亦可按设计要求预组拼成梁、柱、墙、板的大型模板，整体吊装就位。

组合式模板分为两类，一类是组合钢模板；另一类是组合钢框木（竹）胶合板模板。

一、组合钢模板

目前最常用的是 55 型组合钢模板（又称组合式定型小钢模）以及中型组合钢模板（又称 G-70 组合钢模板）。

（一）55 型组合钢模板

是应用最早也是目前应用较广泛的一种组合式模板。它由 Q235 钢材制成，肋高 55mm、板面厚 2.5mm（对宽度≥400mm 者，板面厚 2.75mm 或 3.0mm）。由钢模板、连接件和支承件三部分组成。

钢模板包括平面模板、阴角模板、阳角模板、连接角模等。

数量最大的平面模板，宽 100～600mm，以 50mm 进位；长 450、600、750、900、1200、1500、1800mm。

连接件包括 U 形卡、L 形插销、钩头螺栓、紧固螺栓、扣件、对拉螺栓等组成。

支承件有钢楞、柱筋、梁卡具、钢支柱、早拆柱头、斜撑、挂架、钢管脚手支架等。

利用 55 型组合钢模板时，施工前应编制模板工程施工设计，其内容包括：

（1）绘制配板设计图、连接件和支承件布置图，以及细部结构、特殊部位详图；

（2）必要时，对模板和支承件进行验算；

（3）制定模板安装和拆除工艺，以及技术安全措施；

（4）制定模板周转使用计划，编制模板、配件的明细表。

这种模板及配件的容许挠度见表 6-8。

（二）中型组合钢模板（G-70 组合钢模板）

中型组合钢模板肋高为70、75mm等，模板规格尺寸也比55型大。现介绍用得较多的G-70组合钢模板。

钢模板及配件的容许挠度（mm）　　　　　　　　　表 6-8

部件名称	容许挠度	部件名称	容许挠度
钢模板面板	1.5	柱箍	$b/500$
单块钢模板	1.5	桁架	$L/1000$
钢楞	$L/500$	支承件累计	4.0

注：L 为计算跨度；b 为柱宽。

G-70组合钢模板用2.75mm和3mm厚钢板制成，肋高70mm，刚度大，能满足侧压力$50kN/m^2$的要求。由平面模板、阳角模、阴角模、L形调节板、连接角钢等组成。

平面模板长度为900、1200、1500mm三种；宽度对于标准板块为300、600mm两种，对非标准板块为100、150、200、250mm四种。

该模板如用于楼板、模板采用早拆支撑体系时，经济效果较显著。

二、组合钢框木（竹）胶合板模板

这种模板是以热轧异型钢为边框，以覆面胶合板为面板，并加焊若干钢加强肋承托面板的一种组合式模板。面板有木、竹胶合板、单片木面竹芯胶合板等。面板的覆面层有热压三聚氰胺浸渍纸、热压薄膜、热压浸涂、涂料等。

这种模板用钢量少，自重轻、面积大，可减少模板拼缝，提高构件浇筑表面质量。

目前这种模板的品种很多，此处只介绍常用者。

（一）55型钢框胶合板模板（又称利建模板）

这种模板可与55型组合钢模板通用。

模板由钢边框、加强肋和防水胶合板组成（图6-6）。边框用带面板承托肋的异型钢，宽55mm、厚5mm、承托肋宽6mm。纵、横加强肋间距300mm，用43×3mm扁钢。面板为12mm厚防水胶合板。

模板允许承受的侧压力为$30kN/m^2$。

模板长900、1200、1500、1800、2100、2400mm；宽300、450、600、900mm。

（二）75系列钢框胶合板模板

这种模板由凯博新技术开发公司研制，又称凯博75系列模板。

模板由平面模板、连接模板（阴角模、连接角钢、调缝角钢）、配件组成。平面模板边框高75mm；宽200、250、300、450、600mm；长900、1200、1500、1800、2400mm。

（三）78型（重型）钢框胶合板模板（又称利建模板）

模板由钢边框、加强肋和防水胶合板面板组成。边框高78mm、厚3mm；加强肋为60×30×3的槽钢，肋距300mm；面板为厚18mm的防水胶合板。

模板元件承受的混凝土侧压力为$50kN/m^2$。

模板长900、1200、1500、1800、2100、

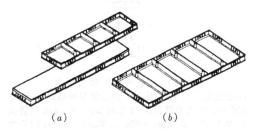

（a）　　　　　　　　　（b）

图6-6　模板块示意图

（a）1.2m×0.3m和1.5m×0.3m模板；

（b）1.5m×0.6m模板块

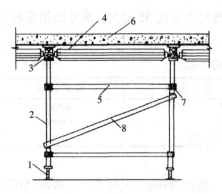

图 6-7　支撑系统示意图

1—底脚螺栓；2—支柱；3—早拆柱头；
4—主梁；5—水平支撑；6—现浇楼板；
7—梅花接头；8—斜撑

2400mm，宽 300、450、600、900、1200mm。

其支撑系统有带折叠三脚架的独立钢支撑、空腹工字钢梁、钢木工字钢（上、下翼缘为方木、腹板为薄钢板）。

三、早拆模板体系

按照常规的支模方法，由于混凝土需达到规定强度才允许拆模，模板配置量需 3～4 楼层的数量，一次投入量大。

早拆模板体系即通过合理的支承模板，将较大跨度的楼盖，通过增加支承点缩小楼盖的跨度（达到 ≤2m），这样混凝土达到设计强度的 50% 即可拆模，即早拆模板、后拆支柱，达到加快模板周转，减少模板一次配置量，有很好的经济效益。

早拆体系的关键技术是在支柱上加装早拆柱头（图 6-7）。目前常用的早拆柱头有螺旋式、斜面自锁式、组装式和支承销板式（图 6-8～图 6-11）。

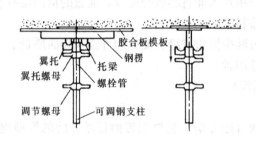

图 6-8　螺旋式早拆柱头

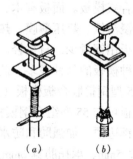

图 6-9　斜面自锁式升降头外形图

（a）使用状态；（b）降落状态

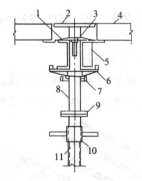

图 6-10　组装式早拆柱头节点

1—板托架；2—柱头板；3—高度调节插销；4—55 系列模板；72 系列模板或 75 系列模板；5—φ48 钢管或 8、10 号型钢或 40mm×80mm、50mm×100mm 的矩形方木；6—梁柱架；7—高度调节插销；8—立柱；9—连拉件；10—高度调节丝杆；11—插卡型支撑体系或可调支撑体系

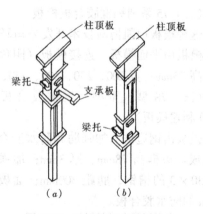

图 6-11　承插销板式早拆柱头

（a）升起的梁托；（b）落下的梁托

由于早拆柱头的构造不同，拆模方式亦不同，但总的说来是使支托楼板模板的支托下落，使楼板模板随之下落可以拆除，而支柱仍留在原位支承楼板（图6-12）。

四、胶合板模板

用胶合板作现浇墙体、楼板等的模板，是目前常用的一种模板技术。它板幅大、板面平整，比用组合式模板接缝少，可满足清水混凝土施工要求；材质轻、运输、使用都方便；保温性能好，能防止温度变化过快；便于加工等。在目前高层建筑施工中，已有相当的使用数量。

混凝土模板用的胶合板，有木胶合板和竹胶合板两种。

（一）木胶合板

按其耐水性能分为Ⅰ、Ⅱ、Ⅲ、Ⅳ类，模板用木胶合板为具有高耐气候、耐水性Ⅰ类木胶合板，胶粘剂为酚醛树脂胶，为用柳安、马尾松、云南松、落叶松、桦木、克隆、阿必车等树种加工而成。

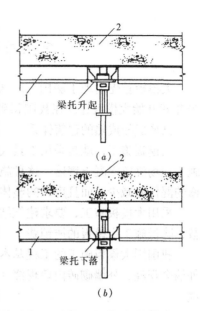

图 6-12　早期拆模原理

（a）支模；（b）拆模

1—模板主梁；2—现浇楼板

胶合板由多层（5、7、9、11层）单板经热压固化而胶合成型。相邻层的纹理相互垂直，最外层表板的纹理方向平行于板面长向，因此，整张胶合板长向为强向，短向为弱向，使用时必须注意。其力学性能见表6-9。

木胶合板的力学性能　　　　　　　　　　　　　　　　　　　　　　表 6-9

板 厚	静弯曲强度标准值（N/mm²）		强性模量（N/mm²）	
(mm)	平行向	垂直向	平行向	垂直向
12	≥25.0	≥16.0	≥8500	≥4500
15	≥23.0	≥15.6	≥7500	≥5000
18	≥20.0	≥15.6	≥6500	≥5200
21	≥19.0	≥15.0	≥6000	≥5400

注：1. 平行向指平行于胶合板表板的纹理方向；垂直向指垂直于胶合板表板的纹理方向；

　　2. 当立柱或拉杆直接支在胶合板上时，胶合板的剪切强度标准值应大于1.2N/mm²。

使用时注意选用经覆面处理的胶合板。如未经处理（白坯板、素板）使用前要刷涂料。胶合板边角要涂有封边胶，支模时，拼缝处宜贴防水胶带，防止漏浆。

（二）竹胶合板

模板用竹胶合板由芯板、面板组成。常用者厚9、12、15mm。

芯板是由宽14～17mm、厚3～5mm的竹条（竹帘单板）经软化后编织而成。

面板有两种，一种是竹编席单板，由竹席编织而成，平面平整度较差；另一种是薄木胶合板，它平整度好。

竹胶合板的力学性能：静弯曲强度为（80～105）N/mm²；强性模量为（7.6～11.1）×10³N/mm²，各地区产品不同。

第三节　大模板施工高层建筑

大模板首先出现于法国，二次大战后在欧洲得到广泛采用，以解决严重的房荒。从70年代开始大模板建筑在我国得到发展，现在为剪力墙体系高层建筑的主要施工方法之一，已形成较成熟的建筑体系。

大模板施工，就是采用工具式大型模板，配以相应的吊装机械，以工业化生产方式在施工现场浇筑混凝土墙体。这种施工方法，施工工艺简单，施工速度快，劳动强度低，装修的湿作业减少，而且房屋的整体性好，抗震能力强。

采用大模板施工，要求建筑结构设计标准化，以便能使大模板通用，提高重复使用次数，降低施工中模板的摊销费。

我国用大模板施工的工程基本上分为三类：外墙预制内墙现浇（简称内浇外挂）；内外墙全现浇；外墙砌砖内墙现浇（简称内浇外砌）。对于高层建筑目前主要是内外墙全现浇。

内外墙全现浇，就是内墙和外墙均利用大模板现场进行整体浇筑。根据隔热保温的需要外墙可以采用轻骨料混凝土，如果内外墙都用普通混凝土，为节约能源外墙内侧需加贴保温隔热材料。这种类型的结构，结构整体性好、用钢量少、造价较低。但是模板型号多、外墙模板的支设较复杂。

一、大模板施工对建筑设计的要求

大模板施工是一种工业化生产方式，要求设计、施工和构件生产三个方面，在工程的各个环节、各个部分上配套，形成一个完整的大模板工业化体系，这样才能充分发挥大模板施工的优越性。

在建筑方面，要求设计参数简化，开间和进深尺寸的种类要减少，而且应符合一定的模数，层高要固定，在一个地区内墙厚也应当固定，这样就为减少大模板的类型创造了条件，或利用一套组合式大模板就可以满足需要。

在结构方面，要加强整体性和提高建筑物的抗震能力。

为此，要求建筑物体形力求简单，尽量避免结构刚度的突变，以减少扭转、振动及应力集中。同时，要加强顶层、底层、端部开间、楼梯、电梯间和门洞周围等重点部位剪力墙的配筋，使剪力墙有一定的延性，防止其产生脆性破坏。

为了加强结构的整体性，就要加强内外墙之间、纵横墙之间、上下墙之间、楼板与墙之间、以及楼板之间的连接构造，使其具有足够的强度和韧性，并保证这些节点的施工质量。

二、大模板的构造与类型

（一）大模板构造

大模板的构造由于面板材料的不同亦不完全相同，通常由面板、骨架、支撑系统和附件等组成。图6-13所示为一整体式钢大模板的构造示意图。

面板的作用是使混凝土成形，具有设计要求的外观。骨架的作用是支承面板，保证所需的刚度，将荷载传给穿墙螺栓等，通常由薄壁型钢、槽钢等做成的横肋、竖肋组成。支撑系统包括支撑架和地脚螺栓，一块大模板至少设两个，用于调整模板的垂直度和水平标

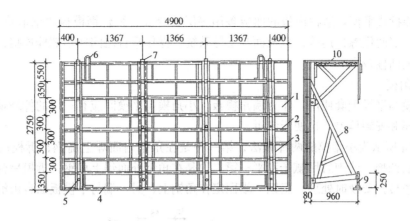

图 6-13 横墙大模板构造图

1—面板；2—横肋；3—竖肋；4—小肋；5—穿墙螺栓；6—吊环；

7—上口卡座；8—支撑架；9—地脚螺丝；10—操作平台

高、支撑模板使其自立。附件包括操作平台、穿墙螺栓、上口卡板、爬梯等。对于外承式大模板还包括外承架。

面板的种类较多，现在常用的有下述几种：

（1）整块钢板

一般用 4～6mm 钢板拼焊而成，刚度好，混凝土墙面平整光洁，重复利用次数多。但用钢量大，损坏后不易修复。

（2）组合钢模板组拼

由普遍用的组合式钢模板组拼而成。重量比整块钢板面板轻，强度、刚度可满足要求，用完拆零后可作他用。但拼缝多，整体性稍差。

（3）木质板

如多层胶合板、酚醛薄膜胶合板等。可用螺栓与骨架连接，表面平整，重量轻，有一定保温性能，表面经树脂处理后防水耐磨，是较好的面板材料。

（4）钢框胶合板模板组拼

面板由钢框胶合板模板组拼而成，于横向再以薄壁方钢横向骨架加固即组成大模板。自重轻，整体刚度较好，木质板面修补容易。

（二）大模板类型

常用的大模板有下列几种类型：

1. 平模

平模尺寸相当于房间一面墙的大小，是应用最多的一种。平模有下列三种：

（1）整体式平模。面板多用整块钢板，且面板、骨架、支撑系统和操作平台等都焊接成整体。模板的整体性好、周转次数多，但通用性差，仅用于大规模的标准住宅；

（2）组合式平模。以常用的开间、进深作为板面的基本尺寸，再辅以少量 20、30cm 或 60cm 的拼接窄板，即可组合成不同尺寸的大模板，以适应不同开间和进深尺寸的需要。它灵活通用，有较大的优越性，应用最广泛。且板面（包括面板和骨架）、支撑系统、操作平台三部分用螺栓连接，便于解体；

(3) 装拆式平模。这种模板的面板多用多层胶合板、组合钢模板或钢框胶合板模板，面板与横、竖肋用螺栓连接，且板面与支撑系统、操作平台之间亦用螺栓连接，用后可完全拆散，灵活性较大。

2．小角模

小角模与平模配套使用，作为墙角模板。小角模与平模间应有一定的伸缩量，用作调节不同墙厚和安装偏差，也便于装拆。

图6-14所示为小角模的两种做法，第一种是在角钢内面焊上扁钢，拆模后会在墙面留有扁钢的凹槽，清理后用腻子刮平；第二种是在角钢外面焊上扁钢，拆模后会出现突出墙面的一条棱，要及时处理。扁钢一端固定在角钢上，另一端与平模板面自由滑动。

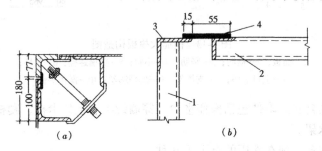

图 6-14　小角模

（a）扁钢焊在角钢内面；（b）扁钢焊在角钢外面

1—横墙模板；2—纵墙模板；3—角钢 $100 \times 63 \times 6$；4—扁钢 70×5

3．筒模

将一个房间四面墙的模板联结成一个空间的整体模板即为筒模。它稳定性好，可整间吊装而减少吊次，但自重大，不够灵活。多用于电梯井、管道井等尺寸较小的筒形构件。

三、大模板设计

（一）大模板外形几何尺寸确定

大模板的外形尺寸，主要根据房屋的开间、进深、层高、构件尺寸和模板构造而定。

1．模板高度

与层高和楼板厚度有关

$$H = h - h_1 - C_1 \tag{6-1}$$

式中　H——模板高度（mm）；

　　h——楼层高度（mm）；

　　h_1——楼板厚度（mm）；

　　C_1——考虑楼板不平和坐浆等的余量，一般取 20mm。

2．横墙模板长度

与进深尺寸、墙厚和模板塔接方法有关

$$L = L_1 - L_2 - L_3 - C_2 \tag{6-2}$$

式中　L——内横墙模板长度（mm）；

　　L_1——进深轴线尺寸（mm）；

　　L_2——外墙轴线至内墙面的尺寸（mm）；

L_3——内墙轴线至墙面的尺寸（mm）；

C_2——外端设置一角模，C_2 为角模宽度，通常取 50mm。

3. 纵墙模板长度

与开间尺寸、墙体厚度、横墙模板厚度有关

$$B = b_1 - b_2 - b_3 - C_3 \tag{6-3}$$

式中　B——纵墙模板长度（mm）；

b_1——开间轴线尺寸（mm）；

b_2——内横墙厚度（端部时为内横墙厚度的 1/2 加外墙轴线到内墙皮的尺寸）（mm）；

b_3——横墙模板厚度×2（mm）；

C_3——模板搭接余量，一般为 20mm。

（二）大模板结构计算

大模板的计算包括：验算模板在新浇混凝土侧压力作用下的强度和刚度；验算穿墙螺栓的强度；计算模板存放时在风力作用下的自稳角等。

模板是成型混凝土用，由刚度要求控制，要限制模板的挠度，以满足墙面平整度的要求，一般模板各构件的挠度要求控制在 $\leqslant l/500$。

大模板承受的荷载主要是混凝土侧压力，其计算方法与一般模板相同。

荷载求得后，大模板的面板、横肋、竖肋、穿墙螺栓等皆根据其支承情况按相应的钢结构构件进行计算。

四、大模板工程施工

（一）测量放线

1. 轴线的控制和引测

在每幢建筑物的四个大角和流水段分界处，都必须设标准轴线控制桩，用之在山墙和对应的墙上用经纬仪引测控制轴线。然后根据控制轴线拉通尺放出其他轴线和墙体边线（用筒子模施工时，应放出十字线），不得用分间丈量的方法放出轴线，以免误差积累。遇到特殊体型的建筑，则需另用其他方法来控制轴线。

2. 水平标高的控制与引测

每幢建筑物设标准水平桩 1～2 个，并将水平标高引测到建筑物的第一层墙上，作为控制水平线。各楼层的标高均以此线为基线，用钢尺引测上去，每个楼层设两条水平线，一条离地面 50cm 高，供立口和装修工程使用；另一条距楼板下皮 10cm，用以控制墙体顶部的找平层和楼板安装标高。另外，有时候在墙体钢筋上亦弹出水平线，用以控制大模板安装的水平度。

（二）钢筋绑扎

大模板施工的墙体宜用点焊钢筋网片，网片间的搭接长度和搭接部位都应符合设计规定。

点焊钢筋网片在堆放、运输和吊装过程中，都应设法防止钢筋产生弯折变形和焊点脱落。上、下层墙体钢筋的搭接部分应理直，并绑扎牢固。双排钢筋网之间应绑扎定位用的连接筋；钢筋与模板之间应绑扎垫块，其间距不宜大于 1m，以保证钢筋位置准确和保护层厚度。

在施工流水段的分界处，应按设计规定甩出钢筋，以备与下段连接。如果内纵墙与内横墙非同时浇筑时，亦应将连接钢筋绑扎牢固。

（三）大模板的安装和拆除

大模板进场后，应该对型号，清点数量，注明模板编号。模板表面应除锈并均匀地涂刷脱模剂。常用的脱模剂有甲基硅树脂脱模剂、妥尔油脱模剂和机柴油脱模剂等。

前一流水段拆模后，模板应由塔式起重机直接吊运到后一流水段进行支模，或在后一流水段的楼层上临时停放，以清除板面上的水泥浆，涂刷脱模剂。

安装大模板时，根据墙位线放置模板，先安装横墙一侧的模板，再安装另一侧的模板，随即旋紧穿墙螺栓。然后安装内纵墙的模板，旋紧螺栓。最后放入角模，使纵、横墙模板连成一体。墙体厚度由放在两块模板中间的穿墙螺栓的塑料套管来控制，垂直度用2m长的双十字形靠尺检查，通过支架上的地脚螺栓调整。

为防止混凝土烂根，必须将模板和楼板之间的缝隙堵严，但不能造成墙体下部两侧悬空，以免影响抗震能力。如采取在楼板上抹砂浆找平层的措施时，找平层进入墙体不得超过10cm。用模具先浇筑5~10cm混凝土导墙亦可。采用筒子模时，可在四角用砂浆点找平。

当内纵墙和内横墙分别浇筑时，应预留接槎孔洞，以增强整体连接。对于楼梯间的墙面，要采取措施保证墙面的垂直和平整，防止出现错台和漏浆现象。

现浇混凝土内墙应采用先立门口的做法，这样门框固定牢固，免去装拆假口以及钻孔、抹灰等工序。一般的做法是在大模板上钻出螺孔，将大模板与固定门口用的角钢框用螺栓拧紧，然后把门口放入框内，浇于混凝土之中。

模板安装完毕后，应将每道墙的模板上口找直，并检查扣件、螺栓是否紧固，拼缝是否严密，墙厚是否合适，与外墙板拉接是否紧固。检查合格验收后，方准浇筑混凝土。

在常温条件下，混凝土强度必须超过 $1.0N/mm^2$ 方准拆模。宽度大于1m的门洞口的拆模强度，应与设计单位商定，以防止门洞口产生裂缝。

起吊模板前，应认真检查穿墙螺栓是否全部拆完。起吊时应垂直慢速提升，无障碍后方可吊走。

（四）浇筑混凝土

要做到每天完成一个流水段的作业，模板每天周转一次，就要求混凝土浇筑后10h左右达到拆模强度。当使用矿渣硅酸盐水泥时，往往要掺早强剂。为增加混凝土的流动性，又不增加水泥用量，或需要在保持同样坍落度情况下减少水泥用量，常在混凝土中掺加减水剂。常用的减水剂有木质素磺酸钙等。

常用的浇筑方法是料斗浇筑法，即用塔式起重机吊料斗至浇筑部位，斗门直对模板进行浇筑。近年来用混凝土泵进行浇筑日渐增多，要注意混凝土的可泵性和混凝土的布料。

为防止烂根，在浇筑混凝土之前应先浇筑一层5~10cm厚与混凝土内砂浆成分相同的砂浆。墙体混凝土应分层浇筑，每层厚度不应超过1m，仔细进行捣实。浇筑门窗洞口两侧混凝土时，应由门窗洞口正上方下料，两侧同时浇筑，高度应一致，以防门窗口模板走动。

边柱和角柱的断面小、钢筋密，浇筑时应十分小心，振捣时要防止外墙面变形。

常温施工时，拆模后应及时喷水养护，连续养护 3d 以上。也可采取喷涂氯乙烯——偏氯乙烯共聚乳液薄膜保水的方法进行养护。

用大模板进行结构施工，必须支搭安全网。如果采用安全网随墙逐层上升的方法时，要在 2、6、10、14 层等每 4 层固定一道安全网。如果采用安全网不随墙逐层上升的方法，则从 2 层开始每两层支搭一道安全网。

第四节　爬升模板施工高层建筑

爬升模板（简称爬模）是一种在楼层间翻转靠自行爬升、不需起重机吊运的大型工具式模板。施工时模板不需拆装，可整体自行爬升；由于它是大型工具式模板，可一次浇筑一个楼层的墙体混凝土，可离开墙面一次爬升一个楼层高度，所以它具有大模板的优点。此外，它可减少起重机的吊运工作量；大风对其施工的影响较少，施工工期较易控制；爬升平稳，工作安全可靠；每个楼层的墙体模板安装时可校正其位置和垂直度，施工精度较高；模板与爬架的爬升、安装、校正等工序可与楼层施工的其他工序平行作业，因而可有效地缩短结构施工周期。由于爬升模板有上述优点，因而在我国高层建筑施工中已得到较广泛的应用。

爬升模板在 20 世纪 70 年代初期，于德、法、比、美、日、瑞典等国开始研究应用。我国于 1978 年首先在上海研究试用，1979 年即用于高层建筑施工。后来在全国推广。爬模还能斜爬，用于斜拉桥桥塔的施工等。

爬升模板分为有爬架爬模和无爬架爬模。而有爬架爬模又分为外墙爬模和内、外墙整体爬模两种。

一、有爬架爬模

（一）构造

爬升模板的构造如图 6-15 所示，由模板、爬架和爬升设备三部分组成。

1. 模板

模板与大模板相似，构造亦相同，其高度一般为层高加 100 ~ 300mm，新增加部分为模板与下层已浇筑墙体的搭接高度，用作模板下端定位和固定。为使模板与墙体搭接处相贴严密，于模板下端需增设软橡皮衬垫，以防浇筑混凝土时漏浆。模板的高度应以标准层的层高来确定。如用于层高较高的非标准层时，可用两次爬模两次浇筑、一次爬架的方法解决。

模板的宽度在条件允许时愈宽愈好，以减少模板间的拼接和提高墙面平整度。模板宽度一般取决于爬升设备的能力，可以是一个开间、一片墙甚至是一个施工段的宽度。

模板爬升以爬架为支承，模板上需有模板爬升装置；爬架爬升以模板为支承，模板上又需有爬架爬升装置。这两个装置取决

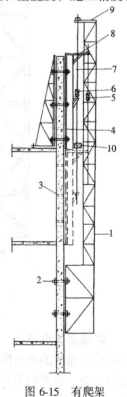

图 6-15　有爬架的爬升模板

1—爬架；2—螺栓；3—预留爬架孔；4—爬模；5—爬架千斤顶；6—爬模千斤顶；7—爬杆；8—模板挑横梁；9—爬架挑横梁；10—脱模架千斤顶

于爬升设备的种类。如用单作用液压千斤顶,模板爬升装置为千斤顶座;爬架爬升装置为爬杆支座。如用环链手拉葫芦,模板爬升装置为向上的吊环;爬架爬升装置为向下的吊环。

由于模板的拆模、爬升、安装就位和校正固定;模板的螺栓安装和拆除;墙面清理和嵌塞穿墙螺栓洞等工作人员均在模板外侧工作,因而模板外侧须设悬挂脚手架。在模板竖向大肋上焊角钢三角架,悬挂角钢焊成的悬挂脚手架,宽度为 600~900mm,4~5 步,每步高 1800mm,有 2~3 步悬挂在模板之下,每步均满铺脚手板,外侧设栏杆和挂安全网。为使脚手能在爬架外连通,可将脚手在爬架处折转。

2. 爬架

爬架的作用是悬挂模板和爬升模板。爬架由支承架、附墙架、挑横梁、爬升爬架的千斤顶架(或吊环)等组成,如图 6-16 所示。

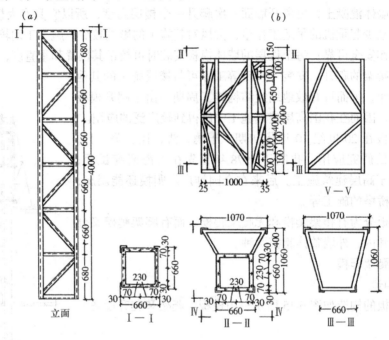

图 6-16　爬架构造图

(a) 支承架标准节(两节);(b) 附墙架

附墙架紧贴墙面,至少用 4 只附墙螺栓与墙体连接,作为爬架的支承体。螺栓的位置尽可能与模板的穿墙螺栓孔相符,以便用该孔作为附墙架的螺栓孔。附墙架的位置如果在窗洞口处,也可利用窗台作支承。附墙架底部应满铺脚手板,以防工具、螺栓等物件坠落。

支承架为由 4 根角钢组成的格构柱,一般做成 2 个标准节,使用时拼接起来。支承架的尺寸除取决于强度、刚度、稳定性验算外,尚需满足操作要求。由于操作人员下到附墙架内操作,只允许在支承架内上下,因此支承架的尺寸不应小于 650mm×650mm。

爬架顶端一般要超出上一层楼层 0.8~1.0m,爬架下端附墙架应在拆模层的下一层,因此,爬架的总高度一般为 3~3.5 个楼层高度。对于层高 2.8m 的住宅,爬架总高度为

9.3～10.0m。由于模板紧贴墙面，爬架的支承架要离开墙面0.4～0.5m，以便模板在拆除、爬升和安装时有一定的活动余地。

挑横梁、千斤顶架（或吊环）的位置，要与模板上相应装置处于同一竖线上，以便千斤顶爬杆或环链呈竖直，使模板或爬架能竖直爬升，提高安装精度，减少爬升和校正的困难。

3. 爬升装置

爬升装置有环链手拉葫芦、单作用液压千斤顶、双作用液压千斤顶和专用爬模千斤顶。

环链手拉葫芦是用人力拉动环链使起重钩上升，它简便、价廉、适应性强，虽操作人员较多，但仍是应用最多的爬升装置。每个爬架处设两个环链手拉葫芦。

单作用液压千斤顶即滑模施工用的滚珠式或卡块式穿心液压千斤顶。它能同步爬升、动作平稳、操作人员少，但爬升模板和爬升爬架各需一套液压千斤顶，数量多，成本较高，且每爬升一个楼层后需抽、插一次爬杆。

双作用液压千斤顶中各有一套向上和向下动作的卡具，既能沿爬杆向上爬升，又能使爬杆向上提升。因此用一套双作用液压千斤顶，在其爬杆上下端分别固定模板和爬架，在油路控制下就能分别完成爬升模板和爬升爬架。但目前这种千斤顶笨重，油路控制系统复杂，较少应用。

专用爬模千斤顶是一种长冲程千斤顶。活塞端连接模板，缸体端连接附墙架，不用爬杆和支承架，进油时活塞将模板举高一个楼层高度，待墙体混凝土达到一定强度，模板作为支承，拆去附墙架的螺栓，千斤顶回油，活塞回程将缸体连同附墙架爬升一个楼层高度。它效率高、省去支承架、操作简便，但目前成本高，较少应用。

（二）爬升原理

爬升模板的爬升，是爬架和模板相互交替作支承，由爬升设备分别带动它们一个个楼层的向上爬升，以完成混凝土墙体的浇筑。用爬升模板浇筑墙体的施工程序和爬升顺序如图6-17所示。

（三）爬架计算

爬架是模板爬升设备的支承结构，用以悬挂和爬升模板，同时依靠它借助校正螺栓精确地校正和固定模板。

爬架为一悬臂柱，其承受的荷载

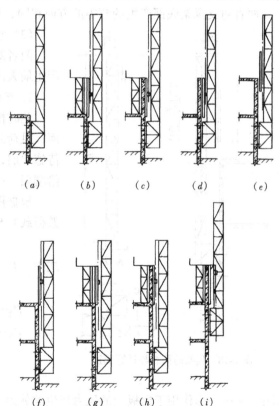

图6-17 爬升模板的施工程序

（a）底层墙完成后安装爬架；（b）安装外模（悬挂在爬架上）、绑扎钢筋、安装内模；（c）浇筑二层墙体混凝土；（d）拆除外、内模板；（e）三层楼板施工；（f）爬升外模并校正固定；（g）绑扎三层墙钢筋、安装三层墙内模；（h）浇筑三层墙体混凝土；（i）以外模为支承爬升爬架，固定在二层墙上

有:

1. 侧向荷载

是作用于模板和爬架上的风荷载。由于爬架的受风面比模板小得多，且模板与爬架距离相近，为简化起见，一般略去作用在爬架上的风荷载，只考虑作用在模板上的风荷载，作用在模板上再传给爬架。

2. 竖向荷载

主要是作用在吊点上的模板重量、悬挂脚手架重量及作用在脚手架上的施工荷载（只在非工作状态有）和爬架自重。由于支承架须离模板一定距离，所以模板吊点对支承架和附墙架是偏心的，所以爬架应按偏心受压的格构式构件计算。

爬架计算时，应对支承架、附墙架和其他部件分别进行计算。

考虑支承架的荷载组合时，应注意它有两种工作状态：

1. 支承架处于工作状态（即模板在爬升）

根据风向的不同，有下述两种荷载组合：

（1）竖向荷载 + 向墙面风荷载

两者对支承架底部产生的弯矩的方向相同，显然这种荷载组合对支承架不利。

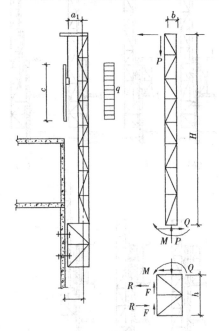

图 6-18 爬架的荷载与计算简图

（2）竖向荷载 + 背墙面风荷载

两者对支承架底部产生的弯矩的方向不同，不产生最大内力。

2. 支承架处于非工作状态

此时模板未爬升，停留在已浇筑混凝土墙侧面，风荷载直接传到建筑物上。或者模板已爬升到待施工层，已加以固定，模板承受的风荷载亦不传给爬架。因此，此时支承架上只有竖向荷载。

根据图 6-18 所示爬架的荷载（未标出悬挂脚手架荷载）与计算简图，则支承架内产生的内力为：

$$P = P_1 + P_2 + P_3 \tag{6-4}$$

式中 P——支承架的轴力（kN）；

P_1——大模板自重（kN）；

P_2——支承架自重（kN）；

P_3——悬挂脚手架、安全网等荷载（kN）。

$$Q = q \cdot c \cdot d \tag{6-5}$$

$$q = \beta_z \cdot \mu_s \cdot \mu_z \cdot w_0 \tag{6-6}$$

式中 Q——由作用于模板上的风力产生的剪力（kN）；

q——风荷载（kN/m²）；

c、d——模板的高度、宽度（m）；

β_z——风振系数；

μ_z——风压高度变化系数；

μ_s——风载体型系数；

w_0——基本风压值（kN/m^2），按 8 级风考虑，8 级风以上停工。

$$M = Q \cdot H + P_1 \cdot a_1 + P_3 \cdot a_3 \qquad (6-7)$$

式中　M——于支承架底端产生的弯矩值（$kN \cdot m$）；

　　　H——支承架的高度（m）；

　　　a_1——模板吊点至支承架轴线间的距离（m）；

　　　a_3——悬挂脚手架等荷载作用点至支承架轴线间的距离（m）。

　　然后按照偏心受压的格构式构件，验算支承架的整体强度、允许长细比、整体稳定、单肢的稳定和缀条。

　　附墙架与支承架一样亦有两种工作状态。于其处于工作状态（模板爬升时）下，当存在竖向荷载 + 背墙面风荷载时，两者对附墙架产生的弯矩方向相同，最为不利，应按此种荷载组合计算附墙架和附墙连接螺栓。为便于安全，如不考虑附墙架与墙间的摩擦力，则螺栓承受拉剪（或压剪）复合应力。

$$\left. \begin{array}{l} F = \dfrac{1}{2}P \\[2mm] R = \dfrac{M}{b} + Q \end{array} \right\} \qquad (6-8)$$

式中　F——附墙螺栓承受的剪力（kN）；

　　　R——附墙螺栓承受的拉（压）力（kN）。

　　如每排两个螺栓，则每个螺栓承受的剪力为

$$N_v = \frac{1}{2}F$$

　　每只螺栓承受的拉力为

$$N_t = \frac{1}{2}R$$

　　要求

$$\left(\frac{N_v}{[N_v^b]} \right)^2 + \left(\frac{N_t}{[N_t^b]} \right)^2 < 1 \qquad (6-9)$$

式中　$[N_v^b]$、$[N_t^b]$——某一直径粗制螺栓的允许剪力和拉力。

（四）内、外墙整体爬模

　　上述为用于外墙外模的有架爬模，爬架在外墙外面可无阻挡地爬升。如果外墙内模和内墙模板亦要爬升，则需设置内爬架，内爬架设于纵、横墙交接处，高度稍大于两个层高，截面较小，亦为一格构式钢构件。用内、外墙整体爬模，同时浇筑内、外墙体的施工顺序和模板、爬架的爬升方法如图 6-19 所示。

　　开始应用时，内爬架立于墙角处，内爬架本身亦为墙模的一部分，这样模板组装、校正较麻烦。后来发展到内爬架向内缩离开墙面，本身不再用作模板，且将一房间内立于四角的内爬架联接成一个整体，整体进行提升，简化了模板组装和内爬架爬升工艺。

二、无爬架爬模

　　无爬架爬模的特点是取消了爬架，模板由甲、乙两类模板组成，爬升时两类模板互为

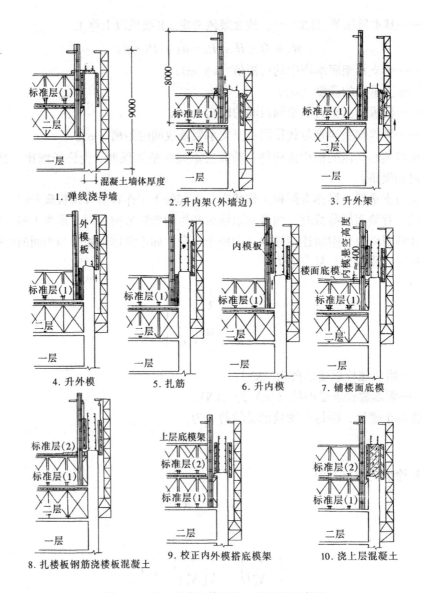

图 6-19 内、外墙整体爬模工艺流程示意图

依托，用提升设备使两类相邻模板交替爬升。

甲、乙两类模板中，甲型模板为窄板（图 6-20），高度大于两个层高；乙型模板按建筑物外墙尺寸配制，高度略大于层高，与下层墙体稍有搭接，以避免漏浆和错台。两类模板交替布置，甲型模板布置在内、外墙交接处，或大开间外墙的中部。每块模板的左右两侧均拼接有调节板缝的钢板以调整板缝，并使模板两侧形成轨槽以利模板爬升。模板背面设有竖向背楞，作为模板爬升的依托，并加强模板刚度。内、外模板用 $\phi 16$ 穿墙螺栓拉结固定。模板爬升时，利用相邻模板与墙体的拉结来抵抗爬升时的外张力，所以模板要有足够的刚度。

在乙型模板的下面，设有用 $\phi 22$ 螺栓固定于下层墙上的"生根"背楞（图 6-21）。背楞上端设连接板，用以支撑上面的乙型模板，解决模板和生根背楞的连接，并调节生根背

270

楞的水平标高，使背楞螺栓孔与穿墙螺栓孔的位置吻合。连接板与模板、生根背楞均用螺栓连接，以便于调整模板的垂直度。

爬升装置由三角爬架、爬杆、卡座和液压千斤顶组成。三角爬架插在模板上口两端套筒内，套筒用"U"形螺栓与竖向背楞连接，三角爬架可自由回转，用以支承爬杆。爬杆为直径 25mm 的圆钢，上端用卡座固定在三角爬架上。

每块模板上装有两台起重量为 3.5t 的液压千斤顶，乙型模板安装在模板上口两端，甲型模板安装在模板中间偏下处。供油用齿轮泵，输油管用高压胶管。

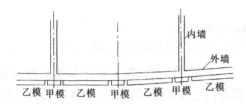

图 6-20　无爬架爬模模板布置示意图

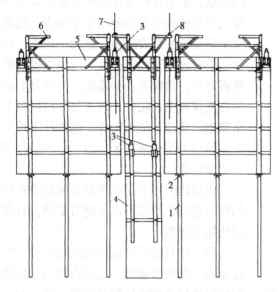

图 6-21　无爬架爬模的构造示意图
1—"生根"背楞；2—背楞上端连接板；3—液压千斤顶；4—
甲型模板；5—乙型模板；6—三角爬架；7—爬杆；8—卡座

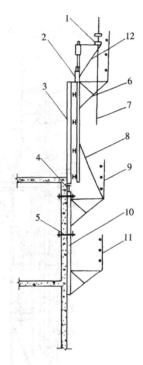

图 6-22　无爬架爬模示意图
1—卡座；2—液压千斤顶；
3—模板；4—连接板；5—
螺栓；6—上挑架；7—爬
杆；8—支撑；9—中挑架；
10—"生根"背楞；11—
下挑架；12—三角爬架

用无爬架爬模施工时，先用大模板以常规施工方法施工首层结构，然后再安装爬模。先安装乙型模板下部的"生根"背楞，用穿墙螺栓固定在首层已浇筑的墙体上。再安装中挑架（图 6-22），然后将在地面上将模板、三角爬架、液压千斤顶等组装好的乙型模板吊起置于连接板上，并用螺栓连接，同时在中挑台上设支撑临时支撑和校正模板。首次安装甲型模板时，由于模板下端无支承，故需用方木临时支托。待外墙内侧模板吊运就位后，即用穿墙螺栓将内、外侧模板固定，并校正垂直度。最后安装上、下挑台，挂好安全网，即可浇筑墙体混凝土。

271

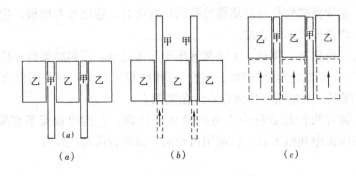

图 6-23　无爬架爬模的爬升顺序
(a) 模板就位，浇筑混凝土；(b) 甲型模板爬升；(c) 乙型模板爬升就位浇筑混凝土

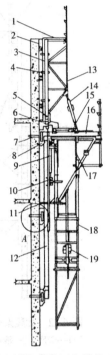

图 6-24　导轨式液压爬模构造示意图

1—平台板；2—外模板；3—附加背楞；4—锁紧钩；5—模板高低调节装置；6—防坠装置；7—穿墙螺栓；8—附墙装置；9—液压缸；10—爬升箱；11—上架体支腿；12—导轨；13—模板支撑架；14—调节支腿；15—模板平移装置；16—上架体；17—水平梁架；18—下架体；19—下架体提升机

无爬架爬模的爬升程序如图 6-23 所示。爬升前先松开穿墙螺栓，拆除内模板，并使外墙外侧的甲、乙型模板与混凝土脱离，但穿墙螺栓未拆除。调整乙型模板上三角爬架的角度，装上爬杆并用卡座卡紧，爬杆下端穿入甲型模板中部的液压千斤顶中。然后拆除甲型模板的穿墙螺栓，起动千斤顶，即将甲型模板爬升至预定高度。待甲型模板爬升并固定后，再爬升乙型模板。先松开卡座取出乙型模板上的爬杆，再调整甲型模板上三角爬架的角度，装上爬杆，使爬杆下端穿入乙型模板上端的液压千斤顶中，然后就可爬升乙型模板。

模板爬升可安排在楼板支模和绑扎钢筋的同时进行，所以不占用绝对工期，有利于加快施工进度。

除上述目前广泛应用的爬模之外，目前还出现一些新型爬模，北京市建筑工程研究院研制的导轨式液压爬升模板（图 6-24）即其中之一。其亦为架体与爬模互爬体系，其特点是爬模和架架联体上升完成结构施工到一定高度后，架体可分体下降进行装饰作业（图 6-25）。

该爬升模板由三部分组成：上架体、吊挂在上架体下部的下架体、在上架体上面的模板和平台系统。在结构施工阶段，下架体与上架体联成一个整体，随上架体的爬升而爬升，当结构施工到一定高度下部需要进行装饰作业时，可使下架体与上架体分离成为吊篮架，可提早进行外装饰作业。

由于上架体上面带有大模板，模板可随架体的爬升而爬升，所以这种爬模是一种大模板与升降脚手架一体化的系统。

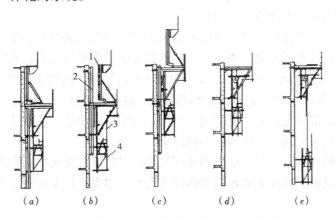

图 6-25　导轨式液压爬升模板工艺流程
(a) 墙体混凝土浇筑完毕；(b) 拆模；(c) 提升爬架；(d) 拆卸
大模板、安设吊篮提升设备；(e) 上下架体分开
1—大模板；2—导轨；3—上架体；4—下架体

第五节　滑动模板施工高层建筑

滑动模板（简称滑模）是现浇混凝土工程的一种施工工艺，前些年，我国曾用滑模施工了很多高层建筑，其中有剪力墙和筒体结构，也有少量框架结构。近年来，在高层建筑施工中应用有所减少，但仍有应用，如53层高205m的武汉国际贸易中心大厦即由滑模施工，而在高耸构造物、筒仓等结构中应用仍表现在较大优越性。

一、滑动模板施工对工程设计的要求

滑动模板施工时模板是整体提升的，一般不宜在空中重新组装或改装模板和操作平台；同时，要求模板提升有一定的连续性，混凝土浇筑具有一定的均衡性，不宜有过多的停歇。为此，用滑升模板施工对设计有一定的要求，满足这些要求，会使滑模施工均衡而连续，有较好的技术经济效益。否则，就会给滑升模板施工带来很大的麻烦。

（一）一般要求

设计滑模施工的建筑物时，建筑的平面布置和立面处理，应考虑滑模施工的特点，在不影响设计效果和使用的前提下，应力求做到简洁整齐。在结构构件布置方面，应使构件竖向的投影重合，有碍模板滑升的局部突出结构要尽量避免。

滑模工程施工的特点之一，是确定结构构件的截面尺寸时，需要考虑混凝土与模板之间的摩阻力。如果结构构件的截面尺寸过小，模板中的混凝土自重不足以克服混凝土与模板之间的摩阻力，则模板提升时有可能将混凝土带动，造成裂缝。采用钢滑升模板时，标准摩阻力为 1500 ~ 3000Pa。构件的截面尺寸以此为根据进行计算，无筋墙板的最小厚度可以做到略小于180mm，为了留有必要的余量，因而不宜小于180mm。对于混凝土墙板，由于配筋能提高抗裂强度，所以其厚度可不小于140mm。混凝土梁的宽度不宜小于200mm，如果梁的承载能力富裕，可以调整截面高度。至于混凝土柱子，按四面摩阻力计算，最小边长可小于300mm，但为了满足施工中布置千斤顶的需要，因而边长也不宜小于300mm。独立柱子的尺寸不应小于400mm×400mm。

在滑动模板施工过程中，施工荷载由结构承担，因此，混凝土强度等级除满足结构强度要求外，尚应保证施工安全，为此有一最低混凝土强度等级要求。采用滑升模板施工的普通混凝土结构，不应低于C15；当采用HRB335钢筋时，混凝土强度等级不低于C20；轻骨料混凝土不应低于C15。而且考虑到滑模施工速度快，在同一标高内的构件如使用几种不同强度等级的混凝土，势必延缓浇筑时间，影响滑升速度，也容易弄混，因此规定同一标高内的构件宜采用同一强度等级的混凝土。

为便于滑动模板施工，竖向结构的截面尺寸应尽量减少变化。应该优先采用变换混凝土强度等级和配筋量的办法来满足结构强度的需要。如果必须作截面尺寸调整时，调整次数宜尽量减少。

根据滑动模板的施工特点，构件的配筋应使之能在提升架横梁以下的净空高度内进行绑扎。否则就应当采取措施。预埋件或预留孔洞的位置，应当尽可能沿垂直和水平方向排列，以便利施工。对二次施工的构件，其预留孔洞的尺寸应有余量，应比构件截面尺寸每边大30mm。

横向结构的施工方法和施工程序，应与设计单位共同商定，要设法保证滑升模板施工过程中结构的稳定性。竖向结构与横向结构连接用的"胡子筋"，应用I级圆钢，其直径不宜大于8mm，否则弯折和事后的调直都困难。

为节约钢材，可能时宜利用结构受力钢筋作为滑升模板施工用的支承杆，对兼作支承杆的受力钢筋，其设计强度宜降低10%~25%，接头的焊接质量应与钢筋等强。

（二）对框架结构的要求

部分高层建筑为框架结构或框架剪力墙结构，为便于滑动模板施工，框架结构的结构布置和配筋宜遵守下列各点：

（1）为增强模板的刚度、减少桁架围圈的变形和避免在梁跨度中设置支承杆，框架结构的柱网间距不宜过大，最好在9m以下。柱子的截面尺寸应尽量少变化，当柱子截面尺寸必须变化时，边柱宜在同一侧变动，中柱宜按轴线对称变动。柱子的宽度宜比框架梁宽，两边各大50mm以上较好，否则，梁柱宜设计成等宽。柱上如有预埋件，其最大宽度应比柱宽每侧小25mm。

（2）同一轴线上的梁的宽度最好相等，这便于配置模板，而且竖向各层梁的投影应重合。框架梁和联系梁的梁底标高宜相近，最好不超过200mm，否则会给施工带来麻烦。

当框架中的楼层结构（次梁和楼板）为二次浇筑时，在主梁上要预留板厚和次梁的梁窝。

（3）当梁的高度较大时，梁的弯起钢筋往往受提升架横梁以下净空高度的限制而难以放置，所以梁内应尽量不设置弯起钢筋，可采用加密箍筋的办法来代替弯起钢筋。如果一定要设置弯起钢筋，则弯起钢筋的高度应小于提升架横梁距模板上口的净空尺寸加200mm，否则可将弯起钢筋设计成分段焊接。

纵向钢筋的端部应尽量不设弯直段，以便于施工。若有弯直段，弯直段应朝上设置在柱内。

当楼板为二次浇灌时，如果需要可在梁支座负弯矩区段楼板厚度线以下20mm的梁高

274

内，适当配置承受施工阶段荷载的负弯矩钢筋。

如果框架梁采用劲性钢筋骨架或由柔性配筋焊接成的骨架而不设置支撑时，钢筋骨架应能承受梁体本身混凝土的自重，其挠度应不大于梁跨度的 1/500。当骨架高度大于提升架横梁以下净空高度时，骨架上弦杆的端部节间可采用二次拼接。

(4) 柱子的纵向受力钢筋应尽量采用热轧变形钢筋，直径不宜小于 16mm。且纵向钢筋的配置应避开千斤顶底座及提升架横梁所占据的投影位置。一般应先确定支承杆钢筋的位置，然后根据所能放得下的钢筋根数来选择钢筋直径。

当上层柱配筋量有变化时，宜保持钢筋根数不变而调整直径。箍筋应设计成便于从侧面套入柱内的形式，以方便施工。

(5) 二次浇筑的次梁与主梁的连接，当主梁上预留次梁梁窝时，应验算主梁在施工荷载作用下能否满足强度要求，以防二次施工次梁和楼板时发生事故。需要时要采取加强措施，如在梁窝槽口部位适当加大架立筋直径，或增设粗短钢筋，加强主梁在二次浇筑前的抗弯能力。

(三) 对墙板结构的要求

墙板结构的高层建筑，宜于用滑动模板浇筑，其结构布置和配筋等宜遵守下列各点：

(1) 为了避免施工中在高空重新组装模板，要求墙板结构的上、下各层平面投影重合。高层建筑地下部分有 1~3 层，如果设计上能将地下墙板与地上墙板布置成一致，就能扩大滑模施工的范围，提高经济效益。

(2) 为了便于布置提升架，避免支承杆落入门、窗洞口内，要求各层的门、窗洞口位置一致。为减少滑升中停歇次数，加快施工进度，要求同一楼层的梁底标高及门窗洞口高度和标高统一。

(3) 由于墙的交叉处一般均要布置提升架，为减少围圈的悬挑长度和变形，要求丁字形或十字形墙板交接处的门，窗洞口边距另一方向墙内皮的尺寸不应小于 250mm。

(4) 当墙板结构含暗框架时，暗框架柱的配筋率宜取下限值，且暗柱的配筋应符合滑模施工对框架柱配筋的要求。

当墙板开设大洞口按壁式框架设计时，其梁的配筋应符合滑模施工对框架梁配筋的要求。

各种大洞口周边的加强钢筋，不宜在洞角处设 45°斜钢筋，宜加强其竖向和水平钢筋。

(5) 墙板竖向钢筋伸入楼板内的锚固段，其弯折长度不得超过墙板厚度。当锚固长度大时，将来可用焊接接长。

(6) 与墙体同时滑升施工的、支承在墙板上的梁，其伸入墙板内的锚固段钢筋宜向上弯，以便利施工。

二、滑模施工

滑模的组成如图 6-26 所示。施工时宜注意下述问题：

(一) 千斤顶、提升架的布置

滑模施工时所有的垂直荷载由液压千斤顶传至支承杆。因而千斤顶的布置较为重要。

千斤顶和支承杆的数量应根据总垂直荷载和允许承载力计算确定。当支承杆的允许承载力小于千斤顶的允许承载力时，按支承杆的允许承载力计算；反之则按千斤顶的允许承载力计算。

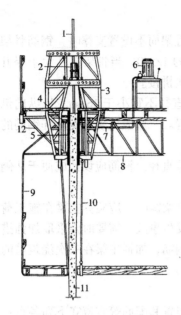

图 6-26　滑动模板
1—支承杆；2—液压千斤顶；3—提升
架；4—围圈；5—模板；6—油泵；
7—输油管；8—操作平台桁架；9—外
吊脚手；10—内吊脚手；11—混凝土
墙体；12—外挑架

对于支承杆，如采用 GDY 型滚珠式液压千斤顶目前多采用 $\phi25mm$ 和 $\phi28mm$ 的圆钢（支承杆设于体外者亦有用钢管者），根据施工中的情况，长细比约在 90 以上。在模板不滑空或不全部滑空，即模板不全部脱离结构混凝土的情况下，风力或操作平台倾斜而产生的水平荷载均由结构承担，所以支承杆处于垂直受力状态。当模板处于正常滑升状态，即从模板上口以下最多只有一个浇灌高度尚未浇灌混凝土的条件下，支承杆的允许承载力按下式计算：

$$[P] = \frac{\alpha 40 EI}{K(L_0 + 95)^2} \tag{6-10}$$

式中　$[P]$——支承杆的允许承载力（kN）；

　　α——工作条件系数，取 0.7～1.0，视施工操作水平、滑模平台结构确定。一般整体式刚性平台取 0.7；分割式平台取 0.8；采用工具式支承杆取 1.0；

　　E——支承杆的弹性模量（kN/cm²）；

　　I——支承杆的截面惯性矩（cm⁴）；

　　K——安全系数，取值应不小于 2.0；

　　L_0——支承杆脱空长度，取从混凝土上表面至千斤顶下卡头的距离（cm）。

实际上支承杆的承载能力与许多因素有关。作者曾在该方面进行过试验研究，先后对 80 余根支承杆进行过承载力试验，初步得出下述结论：

（1）支承杆的丝扣接头对支承杆承载能力影响很大，试验证明支承杆破坏是从接头处开始的，压屈破坏的弯点位置在接头处，支承杆压屈破坏也是由于接头破坏而导致，特别是接头不能保证支承杆顺直时，接头破坏更快。根据我们的试验结果，丝扣接头能使支承杆的压屈破坏荷载降低 30% 左右；

（2）支承杆下端的嵌固状态，对支承杆的承载能力产生影响。在滑升状态下，支承杆两端的嵌固状态，以前有两种观点：一种观点认为支承杆两端可视为弹性固接；另一种观点将支承杆上端视为弹性固接，而将支承杆下端视为铰接。至于采用"滑-浇一工艺"，当模板滑空时支承杆两端的嵌固状态，过去研究较少。当模板滑空时，模板与混凝土已脱空，模板对混凝土已无约束作用，且混凝土强度已有较大提高，对支承杆的约束作用亦有增强。从试验结果看，当混凝土表面以下 700mm 处混凝土强度大于 0.65MPa，支承杆的下端应视为弹性固接，因为此时支承杆的两端均能承受弯矩作用，且支承杆两端均有明显反弯点。因此，对于"滑-浇一工艺"滑空状态下支承杆两端的嵌固状态应是弹性固接。而且支承杆的承载能力随着下部混凝土强度的提高而提高；

（3）如支承杆不垂直，上端有水平位移，则支承杆承载能力有所下降。如上端有 30mm 水平位移，对脱空长度 1350mm 的支承杆，其承载能力将下降约 20%～25%。

根据试验的理论分析，初步认为对于"滑-浇一工艺"的滑空状态，当相邻提升架之间的升差不大于 5mm 时，支承杆的允许承载力可按下式计算：

$$[P] = \frac{34.85EI}{K(L_0 + 70)^2} \qquad (6\text{-}11)$$

式中　$[P]$——"滑-浇一工艺"滑空状态下支承杆的允许承载能力（kN）；

E——支承杆的弹性模量（kN/cm^2）；

I——支承杆的截面惯性矩（cm^4）；

K——安全系数，当支承杆脱空长度 $L_0 \leqslant 1850$mm 时，$K = 2.70$；当 1850mm $<$

$\qquad L_0 \leqslant 2050$mm 时，$K = 3.60$；

L_0——支承杆脱空长度，取从混凝土上表面至千斤顶下卡头的距离（cm）。

此外，试验证明在支承杆外加设套管，因为套管限制了挠曲的发展，所以承载能力有很大的提高（能提高 1~2 倍）。加设套管不但能提高支承杆的允许承载力，还可以抽出支承杆加以回收而重复使用，这是值得提倡的。如果支承杆放在结构内做为受力钢筋使用，则可加设短套管。

滑模施工时，是一群支承杆同时承受荷载。要精确的确定群杆的承载能力有一定困难，一般情况下群杆的承载能力不会超过各单杆承载能力之和。因为群杆在实际工作中不可能做到负载完全均匀一致，一旦其中某根支承杆超载失稳，则会给其他的支承杆增加额外的负担，可能导致其他支承杆以至于全部支承杆失稳。因此，支承杆的总数量应大于按单杆允许承载力计算的数量。

当采用 $\phi 48 \times 3.5$ 钢管作支承杆时，支承杆的允许承载力按下式计算：

$$[P] = \alpha \cdot f \cdot \varphi \cdot A_n \qquad (6\text{-}12)$$

式中　$[P]$——$\phi 48 \times 3.5$ 钢管支承杆的允许承载力（kN）；

α——工作条件系数，取 0.7；

f——支承杆钢材强度设计值，取 20kN/cm^2；

φ——轴压构件稳定系数，按长细比 λ 查得；

$$\lambda = (\mu L_1)/r$$

μ——长度系数，取 0.75；

r——回转半径，对 $\phi 48 \times 3.5$ 钢管 $r = 1.58$cm；

L_1——支承杆计算长度（cm），当支承杆在结构体内时，L_1 取千斤顶下卡头到

$\qquad$ 混凝土上表面的距离，当支承杆在结构体外时，L_1 取千斤顶下卡头到模

$\qquad$ 板下口第一个横向支撑扣件节点的距离；

A_n——支承杆截面积，对 $\phi 48 \times 3.5$ 钢管为 4.89cm^2。

支承杆数量计算确定后，即可着手进行千斤顶和提升架的布置。

应使千斤顶和支承杆受力均衡，以利于千斤顶同步滑升。应尽量将千斤顶布置在竖向连续有混凝土的部位，避开门窗洞口，以尽量减少支承杆的加固工作量。

千斤顶的布置与结构类型有关。对于框架结构，宜集中布置在柱子处，当在梁上或成串布置千斤顶时，对支承杆需进行加固。对于墙板结构，千斤顶宜沿墙体均匀布置，应设法避开洞孔。

提升架的布置应与千斤顶的位置相适应，当千斤顶均匀布置时，提升架的间距一般不宜超过 2m；当千斤顶集中布置时，提升架可根据结构的实际情况设计成 Y、X、井字形等形状，以提高其刚度。

（二）混凝土浇筑与模板滑升

滑模施工所用的混凝土，除满足设计规定的强度和耐久性等之外，更需根据施工现场的气温条件掌握早期强度的发展规律，以便在规定的滑升速度下正确掌握出模强度。至于混凝土的坍落度，要综合考虑滑升速度和混凝土垂直运输机械等来确定。目前在滑模施工中已采用混凝土泵配合布料杆进行混凝土垂直运输和浇筑，此时的混凝土坍落度就应稍大，否则泵送会发生困难。

混凝土的初凝时间宜控制在 2h 左右，终凝时间视工程需要而定，一般为 4 ~ 6h。当气温高时宜掺入缓凝剂。

混凝土的浇筑，必须分层均匀交圈浇筑，每一浇筑层的表面应在同一水平面上，并且有计划地变换浇筑方向，以保证模板各处的摩阻力相近，防止模板产生扭转和结构倾斜。分层浇筑厚度以 200 ~ 300mm 为宜。

在气温高时，宜先浇筑内墙，后浇筑阳光照射的外墙；先浇筑直墙，后浇筑墙角和墙垛；先浇筑厚墙，后浇筑薄墙。

合适的出模强度对于滑模施工非常重要，出模强度过低混凝土会坍陷或产生结构变形，出模强度过高，结构表面毛糙，甚至会被拉裂。合适的出模强度既要保证滑模施工顺利进行，也要保证施工中结构物的稳定。尤其是高层建筑，当滑模施工时如不及时浇筑楼板，墙体悬臂很大，风载又由结构物承受，出模强度过低，对保证施工中结构物的稳定不利。为此，出模强度宜控制在 $0.2 ~ 0.4\text{N/mm}^2$，或贯入阻力值为 $0.30 ~ 1.50\text{kN/cm}$。

模板的滑升速度，取决于混凝土的出模强度、支承杆的受压稳定和施工过程中工程结构的整体稳定性。当以出模强度控制滑升速度时，则

$$V = \frac{H - h - a}{t} \qquad (6\text{-}13)$$

式中　V——模板滑升速度（m/h）；

　　　H——模板高度（m）；

　　　h——每个浇筑层厚度（m）；

　　　a——混凝土表面至模板上口的高度（m），取 0.05 ~ 0.10m；

　　　t——混凝土达到规定出模强度所需的时间（h）。

当以支承杆的稳定来控制模板的滑升速度，则模板的滑升速度为：

$$V = \frac{10.5}{T \cdot \sqrt{K \cdot P}} + \frac{0.6}{T} \qquad (6\text{-}14)$$

式中　V——模板滑升速度（m/h）；

　　　P——单根支承杆的荷载（kN）；

　　　T——在作业班的平均气温条件下，混凝土强度达到 $0.7 ~ 1.0\text{N/mm}^2$ 所需的时间（h），由试验确定；

　　　K——安全系数，取为 2.0。

当以施工过程中的工程结构整体稳定来控制模板滑升速度时，应根据工程结构的具体情况计算确定。

合理的滑升制度对防止混凝土拉裂具有重要作用。一般说来，模板滑升的时间间隔愈短愈好。因为混凝土与模板间的摩擦力变化不大，而混凝土与模板间的粘结力则随着混凝

土的凝结而增大。提升时间间隔越长，粘结力越大，总摩阻力也越大，拉裂的可能性也愈大。反之拉裂的可能性就小。即使在滑升速度较慢的情况下，滑升时间间隔短也可以减少拉裂的可能性。因此，两次滑升的时间间隔不宜超过 1.5h，在气温较高时应增加 1~2 次中间滑升，中间滑升的高度为 1~2 个千斤顶行程。

当模板滑空时，应事先验算操作平台在自重、施工荷载和风荷载共同作用下的稳定性，并采取措施对操作平台和支承杆进行整体加固。当采用"滑一浇一工艺"时，部分模板要滑空，为此墙身顶皮的混凝土宜留待混凝土终凝以后出模，这样墙身混凝土拉裂现象可大大减少，同时亦有利于模板滑空时支承杆的受力。

在滑升过程中，每滑一个浇筑层应检查千斤顶的升差，各千斤顶的相对标高差不得大于 40mm，相邻两个提升架上千斤顶的标高差不得大于 20mm。

纠正结构的垂直度偏差时，应逐步徐缓进行，避免出现死弯。当以倾斜操作平台的办法来纠正垂直度偏差时，操作平台的倾斜度一般应控制在 1% 之内。

用滑模施工的高层建筑，竖向结构的断面往往要变化，滑升模板要适应这种变化。为此，提升架要设计成在负荷的条件下立柱可以在横梁上平行移动；围圈（围圈桁架）及操作平台的桁架应在相应位置设置活络接头，以改变其长度和跨度；模板可以按照变化进行更换。

（三）滑框倒模施工

滑模施工速度快，节省模板和劳动力，有一系列优点，因而在高耸结构施工中受到人们的青睐。但由于滑模施工时模板与墙体产生摩擦，易使墙面粗糙，滑升速度掌握不当还易造成墙体拉裂。因而对一些表面不再装饰、光洁度要求较高构筑物，或墙体厚度较小的建筑物等，用滑模施工则有一些难以克服的困难。为此，经过不断探索发展出滑框倒模工艺，于北京中央电视塔、天津国际大厦（38 层）、天津交易大厦（36 层）等工程上得到应用，收到较好效果。

滑框倒模工艺，仍然采用滑模施工的设备和装置，不同点在于围圈内侧增设控制模板的竖向滑道，该滑道随滑升系统一起滑升，而模板留在原地不动，待滑道滑出模板，再将模板拆除倒到滑道上重新插入施工。因此，模板的脱模时间不受混凝土硬化和强度增长的制约，不需考虑模板滑升时的摩阻力。

在滑框倒模施工中，滑道随滑升系统滑升后，模板则因混凝土的粘结作用仍留在原处。滑模施工中存在的模板与混凝土之间的滑动摩擦，改变为滑道与模板之间的滑动摩擦。混凝土脱模方式，也由滑模施工的滑动脱模，改变为滑框倒模施工的拆倒脱模。

在滑框倒膜施工中，滑道的滑升时间，以不引起支承杆失稳、混凝土坍落为准，一般混凝土强度达到 0.5~1.0N/mm² 为宜。

滑框倒模施工，虽然可以从容处理各种因素引起的施工停歇，但仍应作到连续滑升为主。

滑框倒模技术，虽然可以解决一些滑模施工无法解决的问题，但模板的拆倒多消耗人工，与滑模施工相比增加了一道模板拆倒的工序，因此，只应于存在滑模施工无法克服的矛盾的情况下才采用，

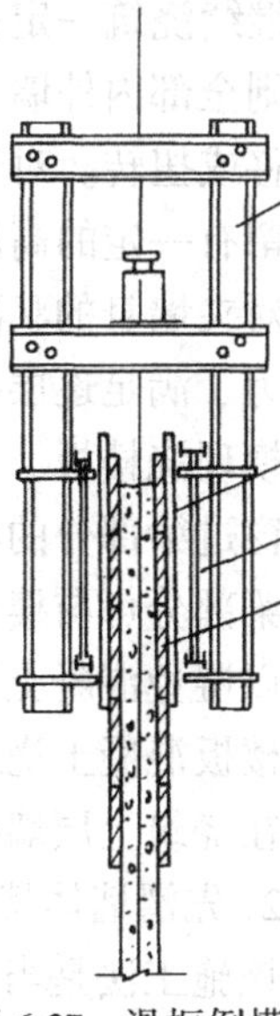

图 6-27 滑框倒模施工
装置示意图
1—提升架；2—滑道；
3—围圈；4—模板

否则，应优先选用滑模施工。

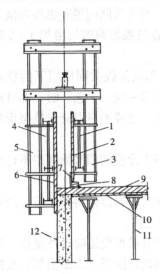

图 6-28　逐层空滑楼板并进施工时
外墙模板的加长

1—内围圈；2—内模；3—提升架内
立柱；4—外围圈；5—提升架外立
柱；6—外模；7—铁皮；8—木楔；
9—现浇楼板；10—楼板模板；11—支
柱；12—外墙

（四）楼板施工

高层、超高层建筑的楼板，为了提高建筑物的整体刚度和抗震性能，多为现浇结构。当用滑模施工高层、超高层建筑时，现浇楼板结构的施工，目前常用的有下述几种方法：

1. 逐层空滑楼板并进施工法（又称"滑一浇一法"和逐层封闭法）

采用这种工艺施工时，当每层墙体混凝土用滑模浇筑至上层楼板底标高时，将滑模继续向上空滑至模板下口与墙体脱空一定高度（脱空高度根据楼板厚度而定，一般比楼板厚度多 50～100mm），然后将滑模操作平台的活动平台板吊去，进行现浇楼板的支模、绑扎钢筋和浇筑混凝土，如此逐层进行。采用此法施工，滑升一层墙体后紧接着浇筑一层楼板，其优点是由于楼板全部进墙增强了建筑物的整体性和刚度，有利于保证高层建筑的抗震和抗水平力的能力；不再存在施工中墙体可能失稳的问题。其缺点是使滑模成为间断施工，影响滑升速度；模板空滑过程中，掌握不好易拉松墙体上部的混凝土。

模板与墙体的脱空范围，主要取决于楼板的配筋情况。如果楼板为单向板，横墙承重，则只需将横墙及部分内纵墙的模板脱空，外纵墙的模板可不必脱空。当横墙与内纵墙混凝土停浇后，外纵墙的混凝土应继续浇筑一定高度（一般为 50cm 左右），以保持模板体系的稳定。如果楼板为双向板，则全部内外墙的模板均需脱空，此时须对模板体系进行必要的加固，以免模板体系产生平移或扭转。对于不脱空的外纵墙，亦可使其内外模板长度不同，这样当平台滑空时，外模留有一定的高度和外墙接触（图 6-28），在每个房间内亦设几块加长的内模，与外模形成对夹墙身的状况，以增加滑模体系在部分脱空时的稳定性。

为了满足逐层空滑现浇楼板施工工艺的要求，平台结构要便于活动平台板的吊开，便于支模现浇楼板。

窗过梁部分的混凝土，由于滑升时上部无混凝土重量压住，滑升时容易被拉松，所以窗过梁部分可与楼板同时浇捣，以克服上述弊病。其他墙身顶皮混凝土，可待其终凝后出模，以避免混凝土被拉松。

楼板混凝土浇筑完毕后，楼板上表面距离滑升模板下皮一般留有 5～10cm 的水平缝隙。在浇筑上层墙体混凝土之前，可用活动挡板（铁皮）将缝隙堵严，防止漏浆。

2. 先滑墙体楼板跟进施工法

该施工法是当墙体用滑模连续滑升浇筑数层后，楼板自下而上插入逐层施工。楼板施工用模板、钢筋、混凝土等，可由设置在外墙门窗洞口处的受料平台转运至室内；亦可经滑模操作平台揭开的活动平台板处运入。

这种施工法楼板是后浇，为此要解决现浇楼板与墙体的连接问题。目前常用的方法是用钢筋混凝土键连接，即当墙体滑浇至楼板标高处，沿墙体每隔一定距离（大于500mm）预留孔洞（宽200~400mm、高为楼板厚加50mm），相邻两间的楼板主筋，可由孔洞穿过并与楼板钢筋连成整体，在端头一间，楼板钢筋应在端墙预留孔洞处与墙板钢筋加以联结。这种钢筋混凝土键连接，是否能保证结构的整体性和抗震性能，过去有争论。在这方面我们曾进行过一些试验研究，试验证明这种连接的最薄弱处在建筑物端墙与楼板连接处，其他承重横墙处由于楼板钢筋可穿过预留孔洞相互连接，整体性是不成问题的。就是端墙与楼板连接处，如果楼板钢筋与墙体钢筋适当联结，再加上保证混凝土浇筑质量，这种接头亦能满足整体性和抗震性能的要求。

至于楼板模板的支设方法，多用悬承式模板，在已滑升浇筑完毕的梁或墙的楼板位置处，利用钢销或挂钩作为临时支承，在其上支设模板逐层施工（图6-29）。

3. 降模法

用降模法浇筑楼板，多用于滑模施工的高层居住建筑。该法是利用桁架或纵横梁结构，将每间的楼板模板组成整体，通过吊杆、钢丝绳或链条悬吊于建筑物上（图6-30），先浇筑屋面板和梁，待混凝土达到一定强度后，用手推降模车将降模平台下降到下一层楼板的高度，加以固定后进行浇筑。如此反复进行，直至底层，最后将降模平台在地面上拆除。

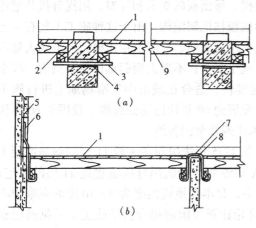

图6-29 悬承式支模方法

（a）横梁（或桁架）支模；（b）挂钩支模

1—楼板模板；2—方木；3—粗钢筋或螺栓；
4—梁内预埋管；5—支承杆；6—单向挂钩；
7—双向挂钩；8—垫板；9—横梁（或桁架）

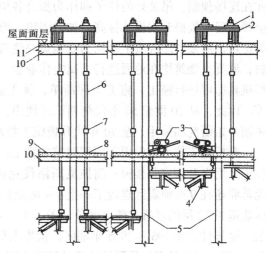

图6-30 楼板降模施工示意图

1—螺帽；2—槽钢；3—降模车；4—平台桁架；5—柱；6—吊杆；
7—接头；8—楼板留孔；9—楼板；10—梁；11—屋面板

第七章　装配式混凝土结构
高层建筑施工

装配式混凝土结构是指升板结构、装配式框架结构和装配式大板结构，近年来国内已甚少或基本上不见了。为什么还要简介呢？例如升板结构施工已基本上不见了，但与升板施工原理相似、施工设备也相同的升模法，却在一些重要的高耸和高层建筑中得到应用，如上海东方明珠电视塔和金茂大厦施工中都用了类似的模板体系，收到良好效果。

另外，国外也曾用分段升板法、悬挂升板法等成功的施工过高层建筑，且有一定的特色，故此处简介之。

一、高层升板结构施工的发展

升板法施工工艺是 1913 年由美国学者 A.Pelter 提出，而于 1948 年由美国人 P.Youtz 和 T.Slick 试验成功的。其基本原理是在施工现场就地重叠灌筑建筑物的楼、屋面板，柱子亦在现场预制，吊装好的柱子即作为提升各层楼、屋面板的支承和导架，用提升机具把各层楼、屋面板提升到设计标高后加以固定，形成板柱框架结构。由于这种施工工艺有一定的优点，例如各层混凝土板均为就地重叠浇筑，不需底模，只需少量边模，可节约大量木材；混凝土浇筑均在地面进行，高空作业少，施工安全；不需大型起重设备，只需一些小型机具即可进行施工，施工工序简单，施工速度快；适合在城市中狭窄场地上进行施工等。因此，从 20 世纪 50 年代初期正式使用，发展到 60 年代已达到高潮。我国于 60 年代中期开始研究和采用，至 70 年代升板施工技术也遍及全国各地。

升板施工技术也曾用于高层建筑的施工。如 1955 年法国即在一幢 11 层的钢筋混凝土住宅上用提升法安装楼板；前捷克斯洛伐克从 1959 年开始就用升板法建造 21 层的住宅；前苏联还在 9 度地震区建造了一批 9～16 层住宅；日本在地震烈度为 9～10 度的东京中心区建造了 12 层的百货大楼。此外，美、英、哥伦比亚等国都用升板法施工了一批高层建筑。据统计，在 1961～1975 年期间，世界上用升板法共建造了 9～36 层各种形式的高层建筑 59 幢，其中最高的是哥伦比亚的波哥大建成一幢 36 层的哥伦比亚航空公司大楼。美国在此期间建造了纽约市 20 层的公寓建筑。

我国从 1960 年正式采用升板法施工，1976 年北京采用柱子滑模施工了高 39.6m 的 8 层西南效冷库；1982 年天津采用升板和逐层现浇柱相结合的方式，完成高 40m 的 8 层果品冷库；1983 年天津又以同样方式完成高 48.9m 的 10 层华北轻工展销楼。此外，重庆和上海还先后用升板机升模的方法完成了 15 层、17 层和 36 层的混凝土结构施工。

在高层升板施工中长度超过 30m 的混凝土柱子，如整根预制，为满足整体吊装要求往往要增大柱子断面和提高混凝土强度等级。过大的增大断面不仅不经济，而且尚受到吊装设备起重能力的限制，故适当的提高柱子混凝土强度等级是较好的措施。另外，长柱吊装后的校正，受到阳光照射的影响，在阳光照射下由于温差会使柱子产生较大弯曲变形，且变形随时间而变化，难以准确校正，为此宜在上午 10 点前或下午 15 点后进行长柱的校正。

在高层升板施工中，利用整根的长钢筋混凝土柱是受到限制的，为此，我国在高层升板中采用了下述的方法。

二、劲性混凝土柱的升滑（升提）施工

高层升板建筑的施工，主要是柱子接长问题。在升板法施工中，提升楼、屋面板时，柱子是支承和导架，必须保证其在施工过程中的稳定性，所以对于独立的升板柱有 1/50 细长比的限制。因此，对于高层升板建筑，如果仍然采用惯用的一根到顶的预制混凝土柱，则截面和重量必然很大，不但不经济，而且吊装也会有困难。为此，可以采用预制混凝土柱上接劲性柱，或全部采用劲性柱以升滑（升提）法施工。

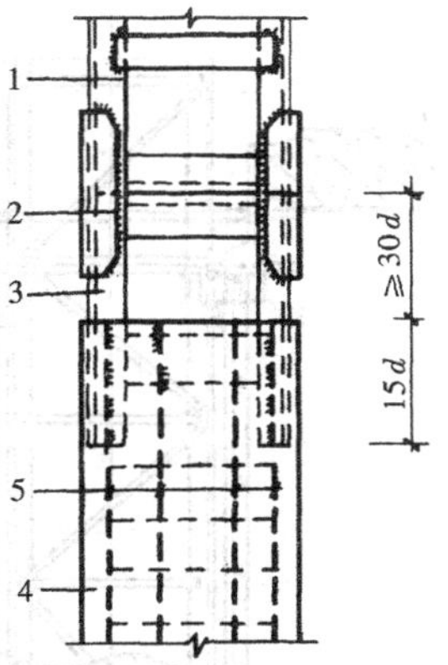

预制混凝土柱上接劲性柱，劲性柱可在地面上与预制混凝土柱连接，然后整体吊装，也可将劲性柱放在顶层板上，待顶层板提升到预制柱顶后再进行连接。颈性柱部分采用升滑（升提）法进行施工。劲性柱与预制柱的连接构造如图 7-1 所示。

采用劲性柱以升滑法进行施工时，柱模板的组装示意如图 7-2 所示。

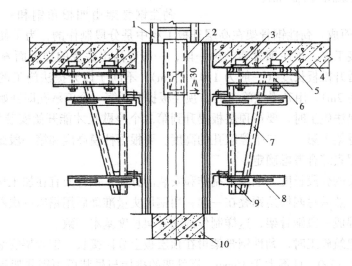

图 7-1 劲性柱与预制柱的连接
1—劲性柱；2—连接角钢；3—拼接段钢柱；4—预制柱；5—主筋

图 7-2 升滑法施工柱模板组装示意图
1—劲性钢骨架；2—抽拔模板；3—预埋的螺帽钢板；4—顶层板；5—垫木；
6—螺栓；7—提升架；8—支撑；9—压板；10—已浇筑的柱子

即在施工期间用劲性钢骨架代替预制混凝土柱作承重导架，在顶层板下组装柱子的滑模设备，以顶层板作为滑模的操作平台，在提升顶层板过程中浇筑柱子的混凝土，当顶层板提升到一定高度并停放后，就提升下面各层楼板。如此反复，逐步将各层板提升到各自的设计标高，同时亦完成了柱子的混凝土浇筑工作，最后浇筑柱帽形成固定节点。这样就把升板与滑模两种施工工艺结合起来，同时发挥了升板与滑模施工工艺的优越性，为高层升板建筑的施工创造了有利条件。

如采用颈性柱以升提法进行施工，柱模板的组装示意图如图 7-3 所示。即在顶层板下

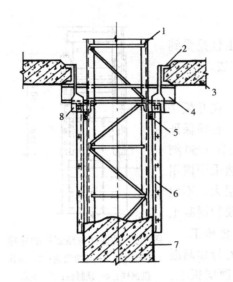

图 7-3 升提法施工时柱模板组装示意图
1—劲性钢骨架;2—提升环;3—顶层板;
4—承重销;5—垫块;6—模板;
7—已浇筑的柱子;8—吊板

组装柱子提模模板,每提升一次顶层板,重新组装一次模板,浇筑一次柱子混凝土。与升滑法不同之处在于,升滑法是边提升顶层板、边浇筑柱子混凝土,而升提法是在顶层板提升并固定后,再组装模板并浇筑柱子混凝土。

升滑法施工所用的柱模板,由四块转角模板、四块中间固定模板(两块是短的)和两块抽拔模板组成。用螺栓联结后构成上口稍小、下口稍大(模板的单面坡度 2/1000~4/1000)的高 1.20m 的一只方框。承重销两端及其上部的模板应做成抽拔式模板。柱模板通过围檩、压板、支撑与四个提升架相联。每个提升架用两只 $\phi 12$ 的螺栓与预埋在顶层板底的螺帽相联结。每个提升架与顶层板之间垫两块垫木,以保证提升架安装稳固。提升架设在提升孔方向,与承重销垂直。提升架之间的距离要能顺利通过提升杆的接头。

劲性钢骨架由四根角钢和一定间距的缀板(或缀条)焊接而成。劲性钢骨架在高层升板工程中是分段制作的,为了便于安装上段钢骨架并进行焊接工作,颈性钢骨架的第一段,一般应高出叠浇的楼板面 60cm。以升滑法施工的柱子的滑升模板长度(一般为 1.0~1.2m),不同于以升提法施工的柱子的提升模板长度(一般为 2m)。用升滑法施工时,顶层板提升到第一个停歇孔即开始安装柱子滑升模板;而用升提法施工时,要待顶层板提升到第二个停歇孔才能开始安装柱子提升模板。为此,颈性钢骨架上第一、二个停歇孔的高度,要根据柱模高度和第一段劲性钢骨架预浇混凝土高度等因素综合考虑确定。

劲性钢骨架的分段长度,取决于制作和安装的方便。钢骨架宜在加工场制作,制作前先将角钢校直,然后每四根角钢叠在一起,用钢尺丈量准确后用锯床一次断料,四根一次切断的角钢就焊成一段钢骨架,这样制作的钢骨架长度基本一致。

高层升板建筑施工时,劲性钢骨架可在顶层板上分段接长。钢骨架安装的竖向偏差不应超过柱高的 1/1500,且不大于 15mm。钢骨架的拼接与吊装可用钢井架等简易设备,施工完毕拆卸后可分散吊下。用钢井架吊装时,井架可固定在槽钢构成的底盘上,底盘上安装卷扬机,底盘下铺设行走用的钢滚筒,以便利井架移动。

钢骨架拼装时可先用螺栓临时连接,经垫平校直后在拼接处四角绑焊。若采用角钢绑焊时,阴角应刨方。焊接工艺应限制钢骨架变形,宜对称进行焊接。

在拟定提升程序时,要使劲性钢筋混凝土柱在升滑或升提施工期间,除顶层板外,其余各层板都应搁置在混凝土强度不低于 C10 的柱上。

升板结构在使用阶段类似现浇无梁楼盖结构,柱与板之间为刚结,其计算简图按等代框架确定。但是在提升阶段,楼板只是通过承重销搁置在柱上,板与承重销之间的摩擦力只能传递横向力,节点尚未形成固结,不能传递弯矩。因此,板柱节点在提升阶段只能看作铰接。柱子在提升阶段是一根独立而细长的构件,除承受全部结构自重和施工荷载外,还承受水平风力。在提升阶段，各层板就位临时固定后，群柱之间即由刚度很大的平板联系在一起，可以视作铰接排架结构。所以升板结构在使用阶段和提升阶段的计算简图有着本质的差别。升板结构的柱子提升阶段的长细比要比使用阶段大得多，稳定问题在提升阶段变得非常突出。因此，必须对提升阶段的柱子进行验算。同时应根据已确定的提升程序，对可能出现的搁置状态和提升状态进行验算。

在提升阶段，一般说来中柱受荷载较大而边角柱受荷载较小，孤立来看似乎中柱会先达到临界状态。但是由于屋、楼面板在平面内的刚度极大，承重销的摩擦力相当于与柱铰接的水平联杆，因此中柱的失稳要受到边角柱的约束，在强大平板的联系下，可以认为中柱与边角柱被迫同时失稳。因此，升板结构在提升阶段应对各个提升单元进行群柱稳定性验算。其计算简图可取一等代悬臂柱，其惯性矩为这个提升单元内所有单柱惯性矩的总和，并承担单元内的全部荷载。

用升滑或升提法施工高层升板结构，柱子改用劲性钢骨架后，如何考虑群柱的稳定性？如果只考虑劲性钢骨架柱的刚度显然是不合理的。因为开始升板时柱子混凝土的强度低，可以只考虑劲性钢骨架柱起作用，但随着板的不断提升，下部柱子的混凝土已具备一定的强度，对保证柱子的稳定性已能起一定的作用，此时如果再不考虑混凝土的作用就不合理了。为此，验算柱子为劲性钢骨架配筋的群柱稳定性时，将滑模（提模）施工的柱子看做是一个变刚度的等代悬臂柱。

对于以升滑或升提法施工的劲性混凝土柱的钢骨架，除按上述方法验算群柱稳定性外，还应按《钢结构设计规范》验算单柱的强度和稳定性（格构式偏心受压构件弯曲平面内的整体稳定性、单肢稳定性及缀条）。

当以升滑、升提法施工采用劲性混凝土柱时，如升板建筑内有电梯井、楼梯间等筒体抗侧力结构时，筒体抗侧力结构宜先行施工，并在板提升和搁置时，至少有一层板与先行施工的抗侧力结构有可靠的连接，这样柱子的计算长度可以减小，有利于群柱稳定。

如果劲性钢骨架柱很长，最好利用临时支撑将各柱顶连接稳固。在排列劲性钢骨架柱时，要使边柱的停歇孔与板边垂直，相邻排柱的停歇孔也应互相垂直，这样做有利于群柱的稳定。

在提升阶段如果实际风荷载大于验算取值时，用升滑或升提法施工的高层升板建筑，应停止升滑或升提，将模板与柱子夹紧，并采取有效措施将板加以临时固定。

采用劲性混凝土柱的升滑（升提）施工技术施工高层升板建筑，其他方面与一般升板工程相似，此处不再重复。

三、柔性配筋逐层升模现浇柱施工

用劲性配筋柱以"升滑法"或"升提法"施工高层升板建筑，是一个有效的方法，其缺点在于柱子的用钢量大、且需耗用一部分型钢。为了降低柱子的用钢量，可改用柔性钢筋混凝土柱，用升模或滑模方法来浇筑柱子。

用滑模方法浇筑升板结构的柱子，即在顶层板上组装浇筑柱子的滑升模板，按提升单元进行柱子的滑升浇筑，按柱子的混凝土强度实际增长情况，控制滑模速度。柱子混凝土的强度等级不应低于C25。柱子宜连续施工，其混凝土的强度在 $15N/mm^2$ 以上才能在其上进行板的提升，所以要根据板的提升程序图，安排现浇柱子的施工速度。

用逐层升模进行柔性配筋现浇柱的施工，需在顶层板上搭设操作平台、安装柱模和井架（图7-4）。操作平台、柱模和井架都随顶层板的逐层提升而上升。每当顶层板提升一个层高后，及时施工上层柱，并利用柱子浇筑后的养护期，提升下面各层楼板。当所浇筑柱子的混凝土的强度≥15N/mm² 时，才可作为支承用来悬挂提升设备继续板的提升，依次交替，循序施工。

板的提升单元的划分，由施工单位与设计单位共同商定。提升单元以不超过40根柱为宜。由于柱子为柔性配筋、现场浇筑，如提升单元过大，浇筑一层柱子的时间会过长。

板在提升之前必须编制提升程序图，提升程序应尽量满足下列各点：

（1）提升中停歇时，尽可能缩小各层板的距离，对于高层升板建筑，有条件时可采用集层升板，这对提高群性的稳定性有利。尽可能使顶层板在较低标高处，并尽早将底层板在设计位置上就位固定（采用承重销、剪力块时焊接牢固；采用后浇柱帽时，要使混凝土强度不低于 10N/mm²）；

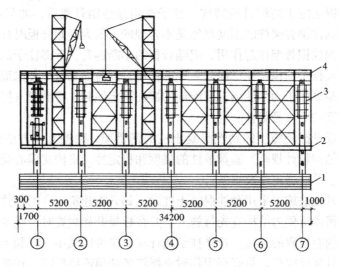

图7-4　逐层升模浇筑柔性配筋柱
1—叠浇板；2—顶层板；3—柱模板；4—操作平台

（2）方便施工，尽量减少吊杆拆装的次数，以及便于安装承重销或剪力块；

（3）采用自升式升板时，升板机的着力点尽量压低，以提高柱子在提升过程中的稳定性；

（4）在提升阶段若满足稳定条件，可连续提升各层板，就位后宜尽快使板柱形成刚接。

图7-5 所示为我国一幢9层、高33m的高层升板建筑的提升程序示意图。该高层升板建筑为柔性配筋逐层升模现浇柱，柱子现浇与板提升是交替进行的。该升板建筑旁边有一个11层的框架，该框架超前施工，可作为升板结构的抗侧力结构，在升板期间板与框架加以联系，有利于柱子的稳定性。

用逐层升模现浇柔性柱工艺施工高层升板建筑，虽然在顶层板上需搭设操作平台和进行一些现浇混凝土作业，但它在缺乏大型吊装设备、周围房屋密集无法进行预制柱安装的情况下，可以进行高层升板建筑施工。用现浇柔性柱代替预制柱，由于不受吊装应力的控制，柱子截面和用钢量可以减小，在经济方面也是合理的。

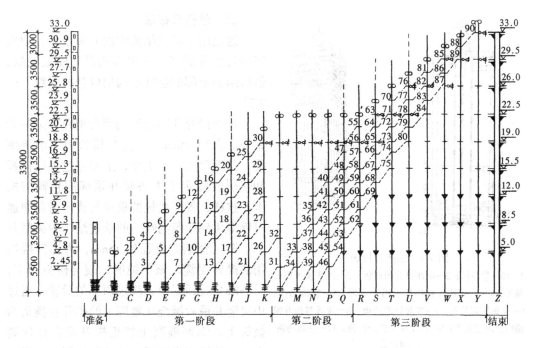

图 7-5 9 层升板建筑的提升程序示意图

四、分段升板法

分段升板法是为适应高层及超高层升板建筑而发展起来的一种新的升板技术。用此法施工的高层建筑典型代表，是 1979 年在奥地利首都维也纳市完成的"联合国城"的建筑群，其中最高的四幢三叶形的高层建筑，其高度分别为 62、77、108m 和 121m。

对高达六七十米直至百米以上的高层建筑用升板法施工，如果将全部楼板在地面浇筑而向上逐层升起，工期会很长。因此，可以在高层建筑的垂直方向分成若干段，每段的最下一层楼板采用箱形结构以增大其承载能力，以便在其上浇筑该段的各层楼板，同时又利用箱形内部的空间作为技术夹层，敷设各种管线，这一层称为承重层。

图 7-6 所示为"联合国城"三叶形高层建筑的承重结构示意图。该建筑物的核心筒、框架柱、楼梯间塔楼等采用滑升模板施工，到达第一承重层标高后，即现浇该段的承重层，然后一面继续向上滑升浇筑核心筒体等，一面在承重层上浇筑该段的各层楼板，以便经过养护达到规定强度后进行提升。这样，就将该高层建筑的许多层楼板分成若干承重层同时进行施工，比通常采用的全部楼板在地面浇筑和提升要快得多。上述维也纳市"联合国城"的四幢三叶形高层建筑就分别分成 1~3 个承重层在垂直方向同时进行施工的。这种多层次的立体平行大流水的升板施工，可用于高层和超高层建筑施工。

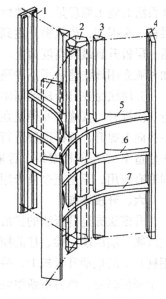

图 7-6 建筑物的承重结构示意图
1—框架柱；2—中央核心筒；
3—承重核心筒；4—楼梯间
塔楼；5、6、7—承重层

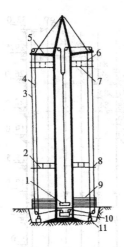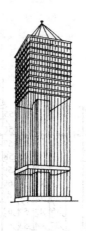

图 7-7　悬挂升板法

1、10—卷扬机；2—正在提升的楼板；3—提升楼板用的钢缆；4—永久性的悬挂楼板用的钢缆；5—悬臂结构；6—楼板固定装置；7—安装好的楼板；8—楼板与提升钢缆间的固定装置；9—在地面上叠浇的板；11—建筑物钢缆固定器

五、悬挂升板法

这是用于悬挂结构中的升板技术。中央竖井要事先施工，一般多用滑升模板浇筑，然后组装上部的悬臂结构用以悬挂钢缆（图7-7）。

板的提升和固定利用两套钢缆。第一套钢缆，直径75mm，是悬挂楼板用的承重钢缆，其下部固定于土中，上端穿过各层楼板和顶层板固定于中央竖井顶部的悬臂结构上。这样，各层楼板的重量及楼面荷载便通过钢缆传到建筑物唯一的承重结构中央竖井上。第二套钢缆直径约15mm，为提升楼板用的提升钢缆。该钢缆的一端与楼板固定，另一端穿过顶层板，绕过顶部的滑轮，通过中央竖井最后缠绕在地面上的提升卷扬机的鼓筒上。钢筋混凝土楼板提升至设计标高上，一端用固定装置与承重钢缆固定，另一端则与中央竖井联结在一起。

在高层悬挂结构中，用升板法提升各层楼板是经济而有效的。

此外，集层升板法、升层法等亦可用于施工高层升板建筑。集层升板法能压低各层板提升过程中的高度，有利于提升过程中的群柱稳定，特别适用于高层升板建筑施工。集层升板法的施工原理是，在地面上把各层楼板和屋面板进行叠浇，待其达到规定强度后把各层板一次提起，待板提升达到其设计标高时就将该板留下，其余各层板继续提升，直至最后一层板升到最终高度为止。美国于20世纪70年代初就用集层升板法建造9层住宅。保加利亚亦用该法建造了不少高层升板住宅。

升层法是在升板法的基础上发展起来的一种施工方法，它是将整个一层的主体结构进行一次提升。其施工原理是在升板的上面将外墙预制板和其他竖直结构事先安装好，然后一齐向上提升，这样逐层进行，直至最下一层就位。前苏联于1973年就在莫斯科用升层法建造了15层的档案馆，后来于1976年又建造了15层的书店等高层建筑。升层法在我国亦有应用，只是至今尚未用于施工高层建筑。

六、升模法施工

升模法亦是升板法的扩展，它用于超高层混凝土结构施工。升模法施工的原理，是将建筑物一层的墙、梁、柱的模板，通过承力架和吊杆等悬挂在固定于工具式钢柱（或劲性钢柱）上的电动升板机上，待混凝土浇筑拆模后，即用电动升板机将所有的模板一次提升一个楼层高度，然后重新组装和浇筑混凝土，如此逐层循环直至顶层。在模板逐层提升的同时，外挂脚手架亦随模板逐层提升，为结构施工服务，待结构施工结束，还可利用电动升板机再逐层下落外挂脚手架，为外装饰施工服务。

该施工法的升模系统如图7-8所示，它主要由工具式钢柱（或劲性钢柱）、承力架、操作平台、模板、外挂脚手架等组成。工具式钢柱为承力结构，电动升板机悬挂其上，通过吊杆吊住承力架，承力架下悬挂操作平台，操作平台下则悬挂全部墙、梁、柱模板和外挂脚手架。该法的优点是：

（1）由于大量模板的垂直运输由升板机承担，减少了塔式起重机的运输量，对于每层建筑面积较大的高层建筑物，一幢建筑一台塔式起重机亦可满足。且可避免6级以上大风对塔式起重机运输带来的影响；

（2）大模板原位进行提升、组装和拆卸，大模板亦可不落地。能简化大模板施工，提高工效，易于控制建筑物的垂直度；

（3）外挂脚手架整体升降，可大大降低施工费用和劳动力消耗。

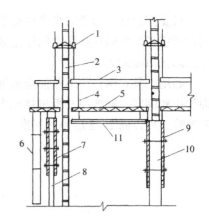

图 7-8　升模系统示意图

1—电动升板机；2—工具式钢柱（或劲性配筋的钢柱）；3—承力架；4—吊杆；5—操作平台；6—外挂脚手架；7—墙模板；8—外墙；9—柱模板；10—柱子；11—梁模板

升模施工虽然亦由升板机提升，但其提升工艺与升板不完全相同，它是提升不连续、反复进行升降的提升工艺。由于墙的水平钢筋和柱箍在操作平台和承力架之间绑扎，第一次升模后，须等绑扎完一个提升高度的柱、墙水平钢筋后再提升一个提升高度，然后再绑扎一个提升高度的柱、墙水平钢筋。待一个层高内的墙、柱水平钢筋扎完，才能连续提升两次，使墙、柱模板下端高出楼面1.8m左右，以便在楼板模板上安装管道和绑扎楼板钢筋并浇筑混凝土。待楼板完成后，再将墙、柱模板下降到楼板面上重新组装（图7-9）。如此反复进行。

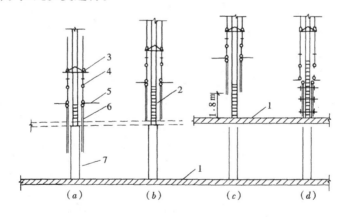

图 7-9　升模流程图

（a）扎完一个提升高度的水平钢筋后提升一次模板；（b）扎完第二个提升高度的水平钢筋后再提升一次；（c）一层高度内的水平钢筋都扎完后连续提升模板高出楼板面1.8m，浇筑楼板；（d）楼板浇筑后下降模板重新组装准备浇筑混凝土

1—楼板；2—柱箍筋或墙水平筋；3—升板机；4—承力架；5—操作平台；6—模板；7—混凝土墙（柱）

在施工过程中建筑物的垂直度取决于升模系统的水平度，如果操作平台水平控制好，模板的垂直度就能保证，从而就能控制建筑物的垂直偏差。由于操作平台悬挂在承力架

上，只要控制好承力架的水平度就能控制操作平台的水平度。为此，在承力架组装和提升前，测定各吊点的标高作为原始记录，以后每提升一次测定并校正一次，使相邻柱间的高差控制在 10mm 以内。

如用工具式钢柱，不能使全部钢柱同时卸荷、提升，应该卸荷一根就提升一根，并立即校正和固定，随即用升板机将承力架提升搁置于升高后的工具式钢柱上。为减少钢柱提升次数，可以隔 2~3 层提升一次，不超过 3 层为宜，提升钢柱用塔式起重机。

第八章　钢结构高层建筑施工

第一节　钢结构材料与结构构件

建筑钢材分为普通碳素钢、优质碳素结构钢和普通低合金钢三类。大量使用的仍以普通碳素钢为主。

我国目前在建筑钢结构中应用最普遍的是 Q235 钢，其屈服点为 185~235N/mm^2，抗拉强度 375~460N/mm^2，塑性和韧性都较好。Q345 为普通低合金钢，其屈服点为 275~345N/mm^2，抗拉强度 470~630N/mm^2，强度较高，应用它可节约钢材。

国外有些钢材的性能与我国钢材类似。类似我国 Q235 钢的有美国的 A36、日本的 SM41、德国的 ST37 以及前苏联的 CT3；类似我国 Q345 钢的有美国的 A440、德国的 ST52 等。采用国外进口钢材时，一定要进行化学成分和机械性能的分析和试验。

高层钢结构中的柱子，其截面多为宽翼缘工字形截面或箱形截面。宽翼缘工字形截面者多用轧制的宽翼缘 H 型钢，它宜于两个方向与梁连接，力学性能也好，因而当结构高度不十分高时，一般都选用这种截面。当荷载较大时还可用焊接的宽翼缘 H 型钢。当荷载大或存在双向弯矩时，多用箱形截面，可由 H 型钢上加焊钢板，或由四块钢板焊接而成，钢板的厚度计算确定。高度大的一些钢结构高层建筑的柱子多为这种截面。

此外，还有些钢结构高层建筑采用十字形截面的柱子，尤其是由两个轧制工字钢或钢板组合成的十字形截面柱子，特别适宜于承受双向弯矩，我国上海 27 层的瑞金大厦即为这种截面的柱子。

钢结构高层建筑的梁，多为轧制或焊接的 H 型钢梁，在需要时亦可制成复合截面。如高度受限制时，可以在轧制型钢梁的最大弯矩区焊以附加翼缘板，或在轧制型钢梁的上翼缘焊上槽钢以增加横向刚度等。对于高层建筑的大梁、悬臂梁，或悬挂结构的悬臂梁，亦可用焊接箱形截面的梁。

由于钢结构高层建筑的柱、梁多为 H 型截面，所以轧制和焊接的 H 型钢发展很快。如能满足使用要求，尽量采用轧制的 H 型钢，其价格较便宜，否则就采用焊接的 H 型钢。

当轧制型钢不能满足设计要求时，则可选用由自动焊接的设备焊接的焊接 H 型钢或箱形截面，截面大小由计算确定。

我国近年来在 H 型钢的生产方面亦取得很大的进展。冶金工业部颁布了轻型焊接 H 型钢和焊接 H 型钢的部颁标准。轻型焊接 H 型钢的规格为 100mm × 50mm（$H \times b$）~ 454mm × 300mm；焊接 H 型钢的规格为 300mm × 200mm ~ 1200mm × 600mm。其中尤其是采用自动埋弧焊工艺焊接的焊接 H 型钢，规格较大，宜于用作钢结构高层建筑的柱和梁。我国一些钢结构高层建筑，有的即采用国产的焊接 H 型钢。

焊接 H 型钢的翼缘突伸的最大宽厚比为 15t_2（t_2 为翼缘厚度），最大的腹杆高厚比为 70t_1（t_1 为腹板厚度）。焊接 H 型钢的钢板厚度，遵照我国的工程惯例，采用以 2mm 的级差递增，但保留 25mm 的一级。

柱与柱的连接，如为 H 型钢柱可用高强螺栓连接或高强螺栓与焊接共同使用的混合连接（图 8-1）；如为箱形截面柱，则多用焊接。

柱与梁的连接，因梁多为 H 型钢梁，可用高强螺栓连接、焊接或混合连接（图 8-2）。

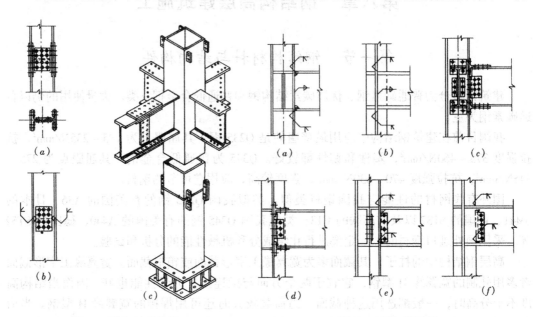

图 8-1　柱与柱的连接

(a) H 型钢柱的高强螺栓连接；(b) H 型钢柱
　的混合连接；(c) 箱形截面柱的焊接连接

图 8-2　梁与柱连接

(a)、(b) 焊接连接；(c)、(d) 高强螺栓连接；
(e)、(f) 混合连接

梁与梁，支撑与梁、柱的连接，同样可用高强螺栓连接或焊接连接。

在钢结构高层建筑中，减轻建筑物的自重是十分重要的问题。自重大，不但增加了竖向荷载，而且在地震区地震荷载也随自重的增大而增大，这样易于增大用钢量和提高造价。因此，在钢结构高层建筑中，除承重结构要用高强钢材和选择合理的构件截面型式外，在非承重结构中，如隔墙、围护墙等也要广泛采用各种轻质材料，如加气混凝土、石膏板、矿渣棉、塑料、铝板、玻璃围幕等。我国沿海一带很多地方是软土地基，在高层建筑中减轻自重的意义十分巨大。

第二节　高层钢结构安装

一、结构安装前准备工作

高层钢结构安装前的准备工作，主要有钢构件预检和配套；定位轴线、标高和地脚螺栓的检查；安排钢构件现场堆放；安装机械选择；安装流水段划分等。

1. 钢构件预检和配套

钢结构构件出厂前，制作厂应将每个构件的质量检查记录及产品合格证交安装单位。

安装单位对柱、梁、支撑等主要构件在安装前应进行复查。主要对构件外形尺寸、螺栓位置及孔径、连接件位置及角度、焊缝剖口、栓钉焊、高强螺栓接头摩擦面加工质量、构件表面油漆等进行检查，符合设计文件和有关标准后方能进行安装。凡偏差大于有关规范、规程规定的允许误差者，安装前应在地面修理。

关于检查用的钢尺，构件制作、安装、监理、验收及土建施工用者应按同一标准进行核定，并具有相同的精度。

凡端部进行现场焊接的梁柱，其长度尺寸应按下列方法检查：

（1）柱的长度应增加柱端焊接产生的收缩变形值和荷载使柱产生的压缩变形值；

（2）梁的长度应增加梁接头焊接产生的收缩变形值。

现场钢结构安装是根据规定的安装流水顺序进行的。钢构件必须按照安装流水顺序的需要供应构件，如制造厂的构件供货是分批进行的，同结构安装流水顺序不一致，如现场条件有限，有时需设置钢构件中转堆场用以起调节作用。中转堆场的主要作用是：

（1）储存制造厂的钢构件（工地现场没有条件储存大量构件）；

（2）根据安装施工流水顺序进行构件配套，组织供应；

（3）对钢构件质量进行检查和修复，保证以合格的构件送到现场。

构件配套按安装流水顺序进行，以一个结构安装流水段（一般高层钢结构工程的安装流水段是以一节钢柱框架为一个安装流水段）为单元，将所有钢构件分别由堆场整理出来，集中到配套场地，在数量和规格齐全之后进行构件预检和处理修复，然后根据安装顺序，分批将合格的构件由运输车辆供应到工地现场，配套中应特别注意附件（如连接板等）的配套，否则小小的零件将会影响到整个安装进度，一般对零星附件是采用螺栓或钢丝直接临时捆扎在安装节点上。

2. 定位轴线、标高和地脚螺栓检查

安装前应对建筑物定位轴线、平面封闭角、底层柱的位置线、混凝土基础的标高等进行复查，合格后方能进行安装。

框架的定位轴线的控制，可采用在建筑物外部或内部设辅助线的方法。每节柱的定位轴线应从地面控制轴线引上去，不得从下层柱的轴线上引。

楼层标高可按相对标高或设计标高控制。按相对标高安装时，建筑物高度的累积偏差不得大于各节柱制作允许偏差的总和；按设计标高安装时，应以每节柱为单位进行标高调整，将每节柱接头焊缝的收缩变形和在荷载作用下的压缩变形值加到柱的制作长度中去。

第一节柱的标高，可利用柱脚底板下地脚螺栓上加一螺母进行精确调节。

规范规定的允许偏差为：建筑物定位轴线 $L/20000$（L 为建筑长度或宽度），且不大于 3mm；基础上柱的定位轴线 1mm；基础上柱底标高 ± 2mm；地脚螺栓（锚栓）位移 2mm。

3. 钢构件现场堆放

按照安装流水顺序由中转堆场配套运入现场的钢构件，利用现场的装卸机械尽量将其就位到安装机械的回转半径内。由运输造成的构件变形，在施工现场要加以矫正。现场用地虽然紧张，但在结构安装阶段必要的用地还是必须安排的，例如，构件运输道路、地面起重机行走路线、辅助材料堆放、工作棚、部分构件堆放等。一般情况下，结构安装用地面积宜为结构占地面积的 1.5 倍，否则要顺利进行安装是困难的。

4. 安装机械的选择

高层钢结构安装皆用塔式起重机，要求塔式起重机的臂杆长度具有足够的覆盖面；要有足够的起重能力，满足不同部位构件起吊要求；钢丝绳容量要满足起吊高度要求；起吊速度要有足够档次，满足安装需要；多机作业时，臂杆要有足够的高差，能不碰撞的安全运转。各塔式起重机之间应有足够的安全距离，确保臂杆不与塔身相碰。

如用附着式塔式起重机，锚固点应选择钢结构便于加固、有利于形成框架整体结构和有利于玻璃幕墙安装的部位。对锚固点应进行计算。

如用内爬式塔式起重机，爬升位置应满足塔身自由高度和每节柱单元安装高度的要求。塔式起重机所在位置的钢结构，在爬升前应焊接完毕，形成整体。

5. 安装流水段划分

高层钢结构安装需按照建筑物平面形状、结构型式、安装机械数量和位置等划分流水段。

平面流水段划分应考虑钢结构安装过程中的整体稳定性和对称性，安装顺序一般由中央向四周扩展，以减少焊接误差。图 8-3 为北京长富宫钢结构柱子和主梁的安装顺序图，从中可以看出，平面上是划分为两个流水段，且符合从中央向四周扩展的安装原则。图 8-4 为北京京城大厦的钢结构安装平面流水段的划分，它根据两台塔式起重机对称地划分为两个流水段。

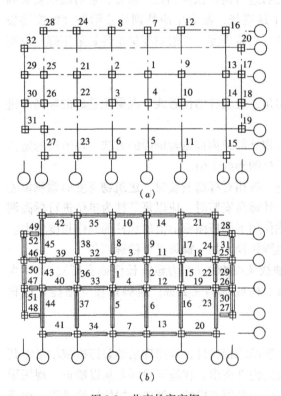

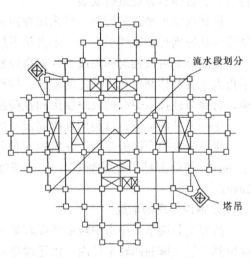

图 8-3　北京长富宫钢
结构安装平面流水段划分
（a）柱子安装顺序图；（b）主梁安装顺序图

图 8-4　北京京城大厦钢结构
安装平面流水段划分

立面流水段划分，以一节钢柱高度内所有构件作为一个流水段。一个立面流水段内的安装顺序如图 8-5 所示。

二、钢结构构件安装与校正

钢结构高层建筑的柱子，多为3~4层一节，节与节之间用剖口焊连接。

在吊装第一节钢柱时，应在预埋的地脚螺栓上加设保护套，以免钢柱就位时碰坏地脚螺栓的丝牙。钢柱吊装前，应预先在地面上把操作挂篮、爬梯等固定在施工需要的柱子部位上。

钢柱的吊点在吊耳处（柱子在制作时于吊点部位焊有吊耳，吊装完毕再割去）。根据钢柱的重量和起重机的起重量，钢柱的吊装可用双机抬吊或单机吊装（图8-6）。单机吊装时需在柱子根部垫以垫木，以回转法起吊，严禁柱根拖地。双机抬吊时，钢柱吊离地面后在空中进行回直。

钢柱就位后，先调整标高，再调整位移，最后调整垂直度。柱子要按规范规定的数值进行校正，标准柱子的垂直偏差应校正到零。当上柱与下柱发生扭转错位时，可在连接上下柱的耳板处加垫板进行调整。

柱子安装的允许误差为：底层柱柱底轴线与定位轴线偏移3mm；柱子轴线与定位轴线偏移1mm；单节柱的垂直度 $h/1000$（h 为柱高），且不大于10mm。

为了控制安装误差，对高层钢结构先确定标准柱，所谓标准柱即能控制框架平面轮廓的少数柱子，一般是选择平面转角柱为标准柱。正方形框架取4根转角柱；长方形框架当长边与短边之比大于2时取6根柱；多边形框架则取转角柱为标准柱。

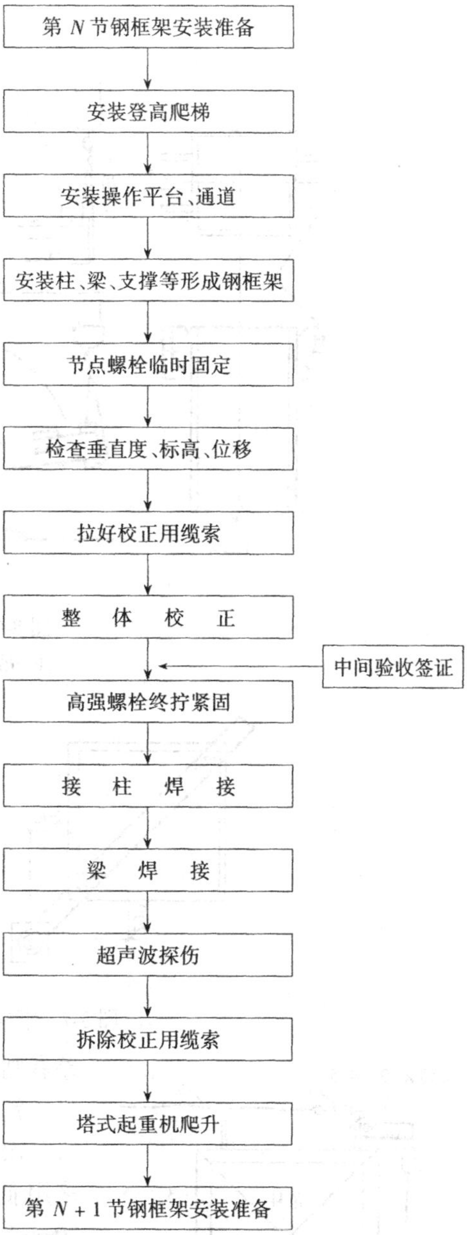

一般取标准柱的柱基中心线为基准点，用激光经纬仪以基准点为依据对标准柱的垂直度

```
第 N 节钢框架安装准备
        ↓
   安装登高爬梯
        ↓
 安装操作平台、通道
        ↓
安装柱、梁、支撑等形成钢框架
        ↓
  节点螺栓临时固定
        ↓
 检查垂直度、标高、位移
        ↓
  拉好校正用缆索
        ↓
   整 体 校 正  ←── 中间验收签证
        ↓
 高强螺栓终拧紧固
        ↓
  接 柱 焊 接
        ↓
  梁 焊 接
        ↓
  超声波探伤
        ↓
 拆除校正用缆索
        ↓
 塔式起重机爬升
        ↓
第 N+1 节钢框架安装准备
```

图8-5 一个立面安装流水段内的安装程序

进行观测，于柱子顶部固定有测量目标（图8-7）。在激光仪测量时，为了纠正由于钢结构振动产生的误差和仪器安置误差、机械误差等，激光仪每测一次转动90°，在目标上共测4个激光点，以这4个激光点的相交点为准量测安装误差。

为使激光束通过，在激光仪上方的金属或混凝土楼板上皆需固定或埋设一个小钢管。激光仪设在地下室底板上的基准点处。

除标准柱外，其他柱子的误差量测不用激光经纬仪，通常用丈量法，即以标准柱为依据，在角柱上沿柱子外侧拉设钢丝绳组成平面方格封闭状，用钢尺丈量距离，超过允许偏

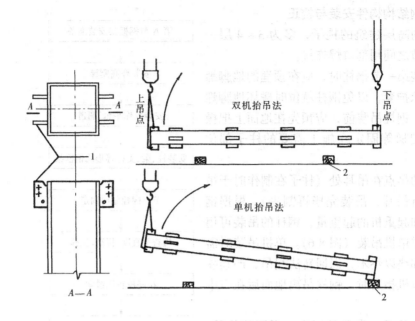

图 8-6　钢柱吊装

1—吊耳；2—垫木

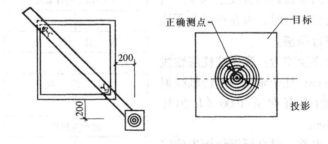

图 8-7　钢柱顶的激光测量目标

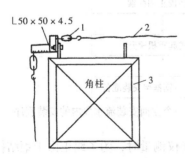

图 8-8　钢柱校正用钢丝绳

1—花篮螺栓；2—钢丝绳；3—角柱

差者则进行调整（图 8-8）。

钢柱标高的调整，每安装一节钢柱后，对柱顶进行一次标高实测，标高误差超过 6mm 时，需进行调整，多用低碳钢板垫到规定要求。如误差过大（大于 20mm）不宜一次调整，可先调整一部分，待下一次再调整，否则一次调整过大会影响支撑的安装和钢梁表面标高。中间框架柱的标高宜稍高些，因为钢框架安装工期长，结构自重不断增大，中间柱承受的结构荷载较大，基础沉降亦大。

钢柱轴线位移校正，以下节钢柱顶部的实际柱中心线为准，安装钢柱的底部对准下节钢柱的中心线即可。校正位移时应注意钢柱的扭转，钢柱扭转对框架安装很不利。

结构安装时应注意日照、焊接等温度变化引起的热影响对构件伸缩和弯曲引起的变化，应采取相应措施避免这种影响。

对设计要求顶紧的节点，接触面不应少于70%紧贴，且边缘最大间隙不应大于0.8mm。

钢梁在吊装前，应于柱子牛腿处检查标高和柱子间距，主梁吊装前，应在梁上装好扶手杆和扶手绳，待主梁吊装就位后，将扶手绳与钢柱系牢，以保证施工人员的安全。

一般在钢梁上翼缘处开孔，作为吊点。吊点位置取决于钢梁的跨度。为加快吊装速度，对重量较小的次梁和其他小梁，多利用多头吊索一次吊装数根。

有时将梁、柱在地面组装成排架进行整体吊装，如上海金沙江大酒店就是预组装成4~5层的排架进行整体吊装，减少了高空作业，保证了质量，并加快了吊装速度。

安装框架主梁时，要根据焊缝收缩量预留焊缝变形量。安装主梁时对柱子垂直度的监测，除监测安放主梁的柱子的两端垂直度变化外，还要监测相邻与主梁连接的各根柱子的垂直度变化情况，保证柱子除预留焊缝收缩值外，各项偏差均符合规范规定。

当一节柱的各层梁安装完毕，宜立即安装该节柱范围内的各层楼梯，并铺设各层楼面的压型钢板，安装压型钢板时，先在梁上画出压型钢板的位置线，铺放时要对正相邻两排压型钢板端头波形槽口，以便使现浇层中的钢筋能顺利通过。

压型钢板为压制成型的厚度1mm以下的槽形、楔形、波浪形等形状并经防锈处理的薄钢板（图8-9）。在高层钢结构工程中较普遍用于楼板结构。

压型钢板可与楼板混凝土通过一定构造措施形成组合结构，共同承受荷载。所以它在施工时起模板作用，承受混凝土自重和施工荷载，但后来又起混凝土中受拉钢筋的作用。

压型钢板多用栓钉与钢梁连接。浇筑混凝土时注意布料均匀。

在每一节柱子的全部构件安装、焊接、栓接完成并验收合格后，才能从地面引测上一节柱子的定位轴线。

钢结构安装与混凝土楼板施工应相继进行，两项作业相距不宜超过5层，如超过5层应会同设计单位和质检部门协商解决。

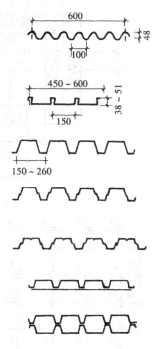

图8-9 各种断面的压延型钢

钢结构安装后主体结构的整体垂直度偏差，不得超过$H/1000$（H为结构高度）、且不大于25mm。整体平面弯曲偏差不得大于$L/1500$（L为结构长度）、且不大于25mm。

三、钢结构构件的连接

钢构件的现场连接是钢结构施工中的重要课题，对连接的基本要求是：提供设计要求的约束条件，应有足够的强度和规定的延性，制作和施工简便。

目前钢结构的现场连接，主要是用高强度螺栓和电焊连接。钢柱多为坡口电焊连接。梁与柱，梁与梁的连接视约束要求而定，有的用高强度螺栓，有的则坡口焊和高强度螺栓共用。

(一) 钢结构构件焊接工艺

1. 高层钢结构焊接顺序

焊接顺序的正确确定，能减少焊接变形、保证焊接质量。一般情况下应从中心向四周扩展，采用结构对称、节点对称的焊接顺序。图 8-10 所示为北京京城大厦和长富宫的焊接顺序，从中可看出其焊接顺序是遵守了上述原则。

至于立面一个流水段（一节钢柱高度内所有构件）的焊接顺序，一般是①上层主梁→压型钢板；②下层主梁→压型钢板；③中层主梁→压型钢板；④上、下柱焊接。

2. 焊接的工艺流程

柱与柱、柱与梁之间的焊接多为坡口焊，其工艺流程如图 8-11 所示。

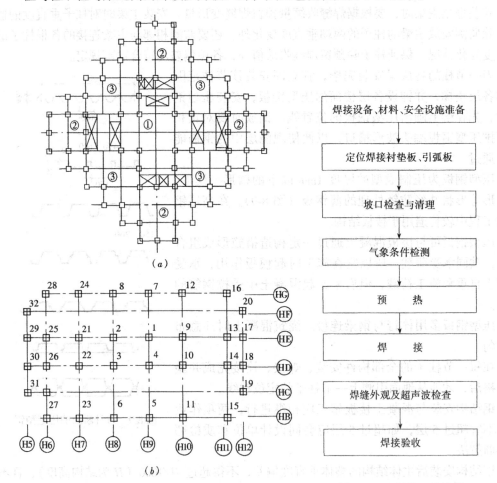

图 8-10　高层钢结构的焊接顺序

（a）京城大厦的焊接顺序；（b）长富宫柱子的焊接顺序

图 8-11　电焊的工艺流程

3. 焊接的准备工作

（1）钢结安装前，应对主要焊接接头（柱与柱、柱与梁）的焊接进行焊接工艺试验（焊接工艺考核），制定焊接材料、工艺参数和技术措施。施工期间如可能出现负温，还应进行负温条件下的焊接工艺试验。

（2）焊条烘焙。钢结构焊接要正确选择焊条，这取决于结构所用钢材的种类。我国在

298

焊接 H 型钢（YB3301—92）的使用说明中已有规定。对于已变质、吸潮、生锈、脏污和涂料剥落的焊条不准采用。焊接厚钢板，应选用与母材同一强度等级的焊条或焊丝。

焊条和粉芯焊丝使用前必须按质量要求进行烘焙。焊条在使用前应在 300℃～350℃ 烘箱内烘焙 1h，然后在 100℃ 温度下恒温保存。焊接时从烘箱内取出焊条，放在具有 120℃ 保温功能的手提式保温桶内带到焊接部位，随用随取，要在 4h 内用完，超过 4h 则焊条必须重新烘焙，当天用不完者亦要重新烘焙，严禁使用湿焊条。

焊条烘焙的温度和时间，取决于焊条的种类。

（3）气象条件检测。气象条件影响焊接质量。当电焊直接受雨雪影响时，原则上应停止作业。在雨雪后要根据焊接区水分情况决定是否进行电焊。当焊接部位附近的风速超过 5m/s（三级风）；进行气体保护焊时风速大于 3m/s（二级风），均应采取防风措施后方能施焊。

（4）坡口检查。柱与柱、柱与梁上下翼缘的坡口焊接，电焊前应对坡口组装的质量进行检查，如误差超过图 8-12 所示的允许误差，则应返修后再进行焊接。同时，焊接前对坡口进行清理，去除对焊接有妨碍的水分、垃圾、油污和锈等。

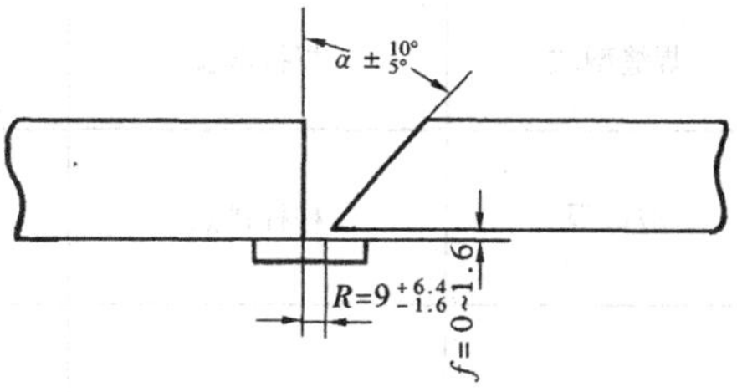

（5）垫板和引弧板

坡口焊均用垫板和引弧板，目的是使底层焊接质量保证。引弧板可保证正式焊缝的质

图 8-12　坡口允许误差

α—坡口角度；f—底面间隙；R—坡口根部间隙

量，避免起弧和收弧时对焊接件增加初应力和产生缺陷。垫板和引弧板均用低炭钢板制作，间隙过大的焊缝宜用紫铜板。垫板尺寸一般厚 6～8mm、宽 50mm，长度应考虑引弧板的长度。引弧板长 50mm 左右，引弧长 30mm。

4．焊接工艺

（1）预热

厚度大于 50mm 的碳素结构钢和厚度大于 36mm 的低合金结构钢，施焊前应进行预热，焊后应进行后热。预热温度宜为 100～150℃；后热温度应试验确定。预热区在焊道两侧，每侧宽度应大于焊件厚度的 2 倍，且不应小于 100mm。环境温度低于 0℃ 时，预热、后热温度应由工艺试验确定。

由于焊接时局部的激热速冷在焊接区可能产生裂纹，预热可以减缓焊接区的激热和速冷，避免产生裂纹。对约束力大的接头，预热后可以减小收缩应力。预热还可排除焊接区的水分和湿气，这样就排除了产生氢气的根源。

不同材质钢材需要预热的温度可参考表 8-1，对于具体的各种钢材，宜试验确定。

（2）焊接。柱与柱的对接焊，应由两名焊工在两相对面等温、等速对称焊接。加引弧板时，先焊第一个两相对面，焊层不宜超过 4 层，然后切除引弧板。清理焊缝表面，再焊第二个两相对面，焊层可达 8 层，再换焊第一个两相对面，如此循环直到焊满整个焊缝。

梁和柱接头的焊缝，一般先焊 H 型钢的下翼缘板，再焊上翼缘板。梁的两端先焊一端，待其冷却至常温后再焊另一端。

不同材质钢材需要预热的温度   表 8-1

钢 材 品 种	含碳量（%）	预热温度（℃）
碳素钢	<0.20	不预热
	0.20~0.30	<100
	0.30~0.45	100~200
	0.45~0.80	200~400
低合金钢		100~150

　　焊缝中不同焊层的焊条直径对焊接工效和质量有影响，而且焊条直径与电流大小亦有关，可参考表 8-2 选用。

不同部位焊条直径和电流大小的选择   表 8-2

焊缝型式	焊接部位	焊条直径 （mm）	焊机选用电流范围 （A）
坡口焊	柱柱接点	底部 4	150（110~180）
		中间 4~5	190（150~240）
		面层 5	185（150~230）
平坡口	柱梁节点	底部 4	150（110~180）
		中间 5~6	210（150~240）
			280（250~310）
		面层 5	210（150~240）
斜坡口	支撑节点	底部 3.2	130（80~130）
		中间 4	160（110~180）
		面层 4	160（110~180）
立角焊	剪力墙板	4	140（110~180）
仰角焊	剪力墙板	底部 5	180（110~180）
		中间 5	170（152~240）
		面层 4	140（110~180）

　　柱与柱、梁与柱的焊缝接头，应试验测出焊缝收缩值，反馈到钢结构制作单位，作为加工的参考。焊缝收缩值受周围已安装柱、梁的影响，约束程度不同收缩亦异。表 8-3 提供的收缩值仅供参考。

厚钢板焊缝收缩参考值   表 8-3

坡口焊型式	钢板厚度（mm）	焊缝收缩值（mm）	钢构件制作时加长值（mm）
上、下柱连接	19	1.3~1.6	1.5
	25	1.5~1.8	1.7
	32	1.7~2.0	1.9
	40	2.0~2.3	2.2
	50	2.2~2.5	2.4
	60	2.7~3.0	2.9
	70	3.1~3.4	3.3
	80	3.4~3.7	3.6
	90	3.8~4.1	4.0
	100	4.1~4.4	4.3

坡口焊型式	钢板厚度（mm）	焊缝收缩值（mm）	钢构件制作时加长值（mm）
柱、梁连接	12	1.0～1.3	1.2
	16	1.1～1.4	1.3
	19	1.2～1.5	1.4
	22	1.3～1.6	1.5
	25	1.4～1.7	1.6
	28	1.5～1.8	1.7
	32	1.7～2.0	1.8

5. 焊缝质量检验

钢结构焊缝质量检验分三级：1 级检验的要求是全部焊缝进行外观检查和超声波检查，焊缝长度的 2% 进行 x 射线检查，并至少应有一张底片；2 级检验的要求是全部焊缝进行外观检查，并有 50% 的焊缝长度进行超声波检查；3 级检验的要求是全部焊缝进行外观检查。钢结构高层建筑的焊缝质量检验。属于 2 级检验。应按 2 级焊缝的质量标准进行检查。经检查如发现有的焊缝不合格，必须进行返修，按同样的焊接工艺进行补焊，再经检查。同一部位的同一条焊缝，修理不宜超过 2 次，否则要更换母材，或会同设计和质检部门协商处理。发现焊接引起母材裂纹或层状撕裂时，宜更换母材。

（二）钢结构构件高强度螺栓连接

高强螺栓连接施工简便，质量可靠，近年来在钢结构高层建筑施工中应用愈来愈多，成为主要的连接型式之一，许多著名的超高层建筑都是用高强螺栓进行连接。在我国的钢结构高层建筑和工业厂房中亦广泛应用高强螺栓连接。我国还编制了《钢结构高强度螺栓连接的设计、施工及验收规程》（JGJ 82—91）。

1. 高强度螺栓连接副

根据我国的国家标准《钢结构用扭剪型高强度螺栓连接副》（GB/T 3632～3633—1995），高强螺栓连接副包括一个螺栓、一个螺母和一个垫圈，如图 8-13 所示。螺栓用 20MnTiB（GB 3077—82）钢制作，螺母用 15MnVB（GB 3077—82）或 35 号钢（GB 699—65）制作，垫圈用 45 号钢（GB 699—65）制作。

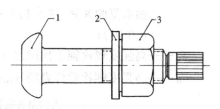

图 8-13　高强度螺栓连接
1—螺栓；2—垫圈；3—螺母

钢结构用高强度连接副的机械性能应符合有关的规定。

高强度螺栓连接分为摩擦型连接和承压型连接两种。前者在荷载设计值下，以连接件之间产生相对滑移，作为其承载能力极限状态；后者在荷载设计值下，则以螺栓或连接件达到最大承载能力，作为承载能力极限状态。承压型连接不得用于直接承受动力荷载的构件连接、承受反复荷载作用的构件连接和冷弯薄壁型钢构件连接。所以在高层钢结构中都是应用摩擦型连接。摩擦型连接在环境温度为 100～150℃ 时，设计承载力应降低 10%。

2. 高强螺栓连接施工

（1）高强度螺栓连接副的验收与保管。高强度螺栓连接副应按批配套供应，并必须有出厂质量保证书。运至工地的扭剪型高强度螺栓连接副应及时检验其螺栓楔负载，螺母保证载荷、螺母及垫圈硬度、连接副的紧固轴力平均值和变异系数，检查结果应符合有关的规定。安装单位应按《钢结构工程施工质量验收规范》GB 50205—2001 的规定进行高强度螺栓连接摩擦面的抗滑移系数试验和复验，现场处理的构件摩擦面应单独进行摩擦面抗滑移系数试验，应符合设计要求。

高强度螺栓拧紧后，丝扣以露出 2~4 扣为宜。

（2）高强度螺栓连接副的安装和紧固

高强螺栓接头各层钢板如发生错孔，允许用铰刀扩孔。一个节点中扩孔数不宜多于该节点孔数的 1/3。扩孔直径不得大于原孔径 2mm。严禁用气割扩孔。

安装高强螺栓时，应将螺栓自由投入，严禁用榔头强行打入或用扳手强行拧入。一组高强螺栓宜按同一方向穿入螺孔，并宜以扳手向下压为拧紧螺栓的方向。

安装高强度螺栓时，构件的摩擦面应保持干净，不得在雨中安装。摩擦面如用生锈处理方法时，安装前应以细钢丝刷除去摩擦面上的浮锈。

当梁与柱接头为腹板栓接、翼缘焊接时，宜按先栓后焊的方式进行施工。

高强螺栓的拧紧顺序，应以螺栓群中部开始向四周扩散，逐个拧紧。

大六角头高强度螺栓施工所用的扭矩扳手，班前必须校正，其扭矩误差不得大于 ±5%。校正用的扭矩扳手，其扭矩误差不得大于 ±3%。

高强螺栓宜通过初拧、复拧和终拧达到拧紧。终拧前应检查接头处各层钢板是否充分密贴。如钢板较薄，板层较少，也可只作初拧和终拧。大六角头高强螺栓的初拧扭矩为施工扭矩的 50% 左右，复拧扭矩等于初拧扭矩，终拧扭矩等于施工扭矩，施工扭矩按下式计算：

$$T_c = K \cdot P_c \cdot d \tag{8-1}$$

式中　T_c——施工扭矩值（N·m）；

　　　K——高强螺栓连接副的扭矩系数（按出厂批复验连接副的扭矩系数，每批随机抽取复验 8 套，8 套扭矩系数的平均值应在 0.11~0.15 范围内，其标准偏值 ≤0.01）；

　　　P_c——高强度螺栓施工预拉力（kN），见表 8-4；

　　　d——高强度螺栓螺杆直径（mm）。

大六角头高强度螺栓施工预拉力（kN）　　　　　　表 8-4

螺栓性能等级	螺栓公称直径（mm）					
	M16	M20	M22	M24	M27	M30
8.8S	75	120	150	170	225	275
10.9S	110	170	210	250	320	390

扭剪型高强螺栓的初拧扭矩为 $0.065 P_c \cdot d$，复拧扭矩等于初拧扭矩。用专用扳手进行终拧，直至拧掉螺栓尾部梅花头为止。

高强螺栓的初拧、复拧和终拧在同一天内完成。

四、安全施工措施

钢结构高层和超高层建筑施工，安全问题十分突出，应该采用有力措施保证安全施工。

（1）在柱、梁安装后而未设置压型钢板的楼板时，为便于人员行走和施工方便，需在钢梁上铺设适当数量的走道板。

（2）在钢结构吊装期间，为防止人员、物料和工具坠落或飞出造成安全事故，需铺设安全网。安全网分平网和竖网（图8-14）。

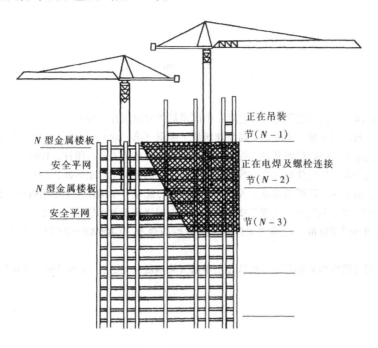

图8-14 安全平网和竖网

安全平网设置在梁面以上 2m 处，当楼层高度小于 4.5m 时，安全平网可隔层设置。安全平网要在建筑平面范围内满铺。

安全竖网铺设在建筑物外围，防止人、物飞出造成安全事故。竖网铺设的高度一般为两节柱的高度。

（3）为便于接柱施工，并保证操作工人的安全，在接柱处要设操作平台，平台固定在下节柱的顶部。

（4）钢结构施工需要许多设备，如电焊机、空气压缩机、氧气瓶、乙炔瓶等，这些设备需随着结构安装而逐渐升高。为此，需在刚安装的钢梁上设置存放施工设备用的平台。固定平台钢梁的临时螺栓数要根据施工荷载计算确定，不能只投入少量的临时螺栓。

（5）为便于施工登高，吊装钢柱前要先将登高钢梯固定在钢柱上。为便于进行柱梁节点紧固高强螺栓和焊接，需在柱梁节点下方安装挂篮脚手。

（6）施工用的电动机械和设备均须接地，绝对不允许使用破损的电线和电缆，严防设备漏电。施工用电器设备和机械的电缆，须集中在一起，并随楼层的施工而逐节升高。每层楼面须分别设置配电箱，供每层楼面施工用电需要。

（7）高空施工，当风速达 10m/s 时，有时吊装工作要停止。当风速达到 15m/s 时，一般应停止所有的施工工作。

（8）施工期间应该注意防火，配备必要的灭火设备和消防人员。

在高层钢结构施工方面，近年来还发展了与其有关的钢管混凝土结构施工、型钢混凝土组合结构施工和预应力钢结构施工等一些新的领域，在此不再介绍，可参阅有关参考书和手册。

参 考 资 料

1　赵志缙，赵帆编著．高层建筑施工．北京：中国建筑工业出版社，1996
2　赵志缙，叶可明，吴君侯，刘曜等．高层建筑施工手册（第二版）．上海：同济大学出版社，1997
3　赵志缙，赵帆编著．高层建筑基础工程施工．北京：中国建筑工业出版社，1994
4　赵志缙，赵帆编著．高层建筑结构工程施工．北京：中国建筑工业出版社，1994
5　赵志缙，应惠清主编．简明深基坑工程设计施工手册．北京：中国建筑工业出版社，2000
6　赵志缙，赵帆编著．混凝土泵送施工技术．北京：中国建筑工业出版社，1998
7　中华人民共和国国家标准．钢结构工程施工质量验收规范（GB50205—2001），北京：中国计划出版社，2001
8　建筑施工手册（第四版）编写组．建筑施工手册（第四版），北京：中国建筑工业出版社，2003